杨其国　主编

能源与动力工程概论

+ +

INTRODUCTION
TO ENERGY
AND POWER
ENGINEERING

化学工业出版社
·北京·

内容简介

本书以能源资源的生产、转换、存储及高效利用为主线，内容包括绪论、常规化石能源及其利用、可再生能源及其利用、储能材料与储能技术、电能的生产及其装备、航天航空与交通运输动力装备、制冷与低温工程、能源与环境、节能与能源安全、能源发展新纪元等，较为系统地介绍了能源动力工程领域的各分支学科知识，简述了我国在相关领域的发展历程及未来趋势。

本书兼顾专业性与通俗性，可作为高等学校能源与动力工程、新能源科学与工程、储能科学与工程、环境科学与工程及相关专业的教材使用，也可作为能源动力领域工程技术人员和科研人员的参考资料，还可供相关行业的技术管理人员借鉴学习。

图书在版编目（CIP）数据

能源与动力工程概论/杨其国主编. —北京：化学工业出版社，2022.8（2024.9 重印）

ISBN 978-7-122-41841-8

Ⅰ.①能… Ⅱ.①杨… Ⅲ.①能源-高等学校-教材 ②动力工程-高等学校-教材 Ⅳ.①TK

中国版本图书馆 CIP 数据核字（2022）第 123849 号

责任编辑：刘 婧 刘兴春　　文字编辑：郭丽芹 陈小滔

责任校对：王 静　　装帧设计：史利平

出版发行：化学工业出版社（北京市东城区青年湖南街 13 号 邮政编码 100011）

印 装：北京机工印刷厂有限公司

787mm×1092mm 1/16 印张 17 字数 405 千字 2024 年 9 月北京第 1 版第 5 次印刷

购书咨询：010-64518888　　售后服务：010-64518899

网 址：http://www.cip.com.cn

凡购买本书，如有缺损质量问题，本社销售中心负责调换。

定 价：68.00 元

《能源与动力工程概论》编写人员名单

主　　编：杨其国

编写人员：李　凌　张守玉　高　鹏　张冠华
刘　妮　陈家星　杨芸楠　陈　曦
杨　亮　焦雪勐

前言

能源与动力工程以能源的高效洁净开发、生产、转换和利用为应用背景和最终目的，研究能量的热、光、势能和动能等形式向功、电等形式转化或互逆转换的过程中能量转化、传递的基本规律，以及按此规律有效地实现这些过程的设备和系统的设计、制造和运行。其所涉及的相关行业对整个国民经济和工程技术发展起着基础、支撑和驱动的作用。随着化石能源过度消耗和人类环境保护意识的增强，节能减排、提高能效和发展可再生及其他清洁能源已成为本学科的主要任务。人类社会的可持续发展必然促进能源结构的清洁化、多元化，以及用能系统和相关设备的高效、集成、智能、低成本和低排放。以动力工程及工程热物理学科为例，其研究范围涵盖热力循环理论与系统仿真、热流体力学与叶轮机械、内燃机燃烧与排放控制、汽车动力总成与控制、工程热物理、制冷空调中的能源利用、低温系统流动传热、煤的多相流燃烧热物理、新能源转化与储能等，在碳中和背景下国家能源战略规划对学科发展又提出了新的时代要求。

能源与动力工程教学和科研面向我国碳达峰、碳中和的重大战略目标，探究新时代能源高质量发展之路，为构建清洁低碳安全高效的能源体系、实施重点行业领域转型升级行动、实现绿色低碳技术重大突破、完善绿色低碳政策和市场体系、营造绿色低碳生活、提升生态碳汇能力、加强应对气候变化国际合作等提供科研支撑和人才保障。

本书结合能源的资源形式、转换利用技术、可再生能源的开发利用、节能环保技术及相关动力装备发展情况，重点介绍了我国在相应领域的工作，引发在碳中和背景下能源结构如何调整的思考。结合国内外相关行业的发展，希望通过创新驱动，开发颠覆性技术以适应新形势要求，而不是拘泥于现有技术的集成。为改善生态环境，高效利用能源，开发并且大力推广可再生能源是未来发展趋势。因此了解、学习有关知识十分必要。

本书以能源与动力工程为基础，协同多学科内容，力求满足科学素质教育的要求，同时兼顾专业性与通识性，融入相关行业较新的研究成果和工程实践案例，为读者提供重要参考。

本书共 10 章，第 1 章由李凌编写，第 2 章由张守玉、高鹏编写，第 3 章由张冠华编写，第 4 章由刘妮编写，第 5 章由杨其国、陈家星编写，第 6 章由杨荟楠编写，第 7 章由陈曦编写，第 8 章、第 9 章由高鹏、杨其国编写，第 10 章由杨亮、焦雪勐编写；全书最后由杨其国统稿并定稿。另外，张华教授对本书提出了建设性的意见。本书的编写得到了上海理工大学一流本科系列教材建设项目立项支持，在此一并表示感谢。

限于编者编写时间及水平，书中不妥及疏漏之处在所难免，敬请广大读者批评指正。

编者

2022 年 5 月

目录

第1章 绪论 1

1.1 ▶ 能源概述 1
1.1.1 能源的分类 1
1.1.2 能源的转换、输送和储存 2
1.2 ▶ 能源与社会 3
1.2.1 能源与人类社会发展 3
1.2.2 能源与经济可持续发展 4
1.3 ▶ 能源资源 5
1.3.1 全球能源资源现状 6
1.3.2 我国能源资源现状 6
1.4 ▶ 我国能源与动力工程发展前景 7
1.4.1 能源与动力工程概述 7
1.4.2 我国能源与动力发展趋势与政策 8
参考文献 10

第2章 常规化石能源及其利用 11

2.1 ▶ 煤炭及其利用 11
2.1.1 煤的形成与性质 12
2.1.2 煤的清洁利用技术 14
2.2 ▶ 石油及其利用 30
2.2.1 石油的形成及特性 30
2.2.2 石油资源与开采 31
2.2.3 石油炼制及产品 37
2.2.4 中国石油产能简况 39
2.3 ▶ 天然气及其利用 40
2.3.1 天然气的形成及特性 40
2.3.2 天然气资源与开采 41
2.3.3 天然气的利用 44
2.3.4 中国天然气产能简况 46
参考文献 48

第3章

可再生能源及其利用

49

3.1 ▶ **太阳能** 51
3.1.1 太阳能资源 51
3.1.2 太阳能分布 51
3.1.3 太阳能特点 52
3.1.4 太阳能应用 52

3.2 ▶ **风能** 57
3.2.1 风能资源 57
3.2.2 风力发电系统 59
3.2.3 产业发展 61

3.3 ▶ **生物质能** 62
3.3.1 生物质的物理转化和化学转化 63
3.3.2 生物质的生物转化 65

3.4 ▶ **氢能** 66
3.4.1 氢的制取 66
3.4.2 氢的储存和运输 68

3.5 ▶ **核能** 69
3.5.1 概述 69
3.5.2 核能的优势 70
3.5.3 核燃料 71
3.5.4 海洋的核资源 72

3.6 ▶ **地热能** 73
3.6.1 地热资源及其特点 73
3.6.2 地热发电 74
3.6.3 地源热泵 75

3.7 ▶ **海洋能** 76

3.8 ▶ **水能** 77
3.8.1 简况 77
3.8.2 水力发电技术 78

参考文献 81

第4章

储能材料与储能技术

83

4.1 ▶ **引言** 83

4.2 ▶ **机械储能** 84
4.2.1 抽水储能 84
4.2.2 压缩空气储能 85

4.2.3 飞轮储能 86

4.3 ▶ 电化学储能 86
4.3.1 铅酸蓄电池 86
4.3.2 锂离子电池 88
4.3.3 镍基碱性二次电池 90
4.3.4 燃料电池 91
4.3.5 其他种类电池 94

4.4 ▶ 热质储能 96
4.4.1 显热储热技术 96
4.4.2 相变储热技术 96
4.4.3 相变储热材料 97
4.4.4 相变储热工程应用 100
4.4.5 化学储热技术 100

4.5 ▶ 电磁储能 101
4.5.1 超导储能技术 102
4.5.2 超级电容器储能 103

4.6 ▶ 储氢 104
4.6.1 储氢概述 104
4.6.2 压力储氢 105
4.6.3 低温储氢 105
4.6.4 固态储氢 106

4.7 ▶ 气体水合物储能技术 107
4.7.1 天然气水合物储气 107
4.7.2 气体水合物蓄冷 108

4.8 ▶ 微网技术与储能 110

参考文献 111

第5章
电能的生产及其装备
113

5.1 ▶ 我国电力发展简况 113

5.2 ▶ 燃煤发电设备 117
5.2.1 概述 117
5.2.2 锅炉 120
5.2.3 汽轮机 122
5.2.4 辅机设备 125

5.3 ▶ 燃气发电设备 128
5.3.1 用于发电的燃气轮机简况 128

5.3.2 燃气轮机 129
5.3.3 余热锅炉 130
5.3.4 示范工程 131
5.4 ▶ 清洁高效发电技术 133
5.4.1 燃煤发电技术 133
5.4.2 电力环保技术 137
5.4.3 新型动力循环发电 143
5.5 ▶ 核能发电 144
5.5.1 基本原理 145
5.5.2 主要设备 145
5.5.3 安全保障 148
5.6 ▶ 智慧能源与新型电力系统 151
5.6.1 能源互联网 151
5.6.2 综合能源系统 152
5.6.3 虚拟电厂 152
参考文献 154

第6章 航天航空与交通运输动力装备 155

6.1 ▶ 航天动力装置 155
6.1.1 航天器及火箭发动机简况 155
6.1.2 固体火箭发动机 159
6.1.3 液体火箭发动机 160
6.1.4 电火箭发动机 161
6.1.5 核火箭发动机 162
6.2 ▶ 航空动力装置 162
6.2.1 航空发动机发展简况 162
6.2.2 航空活塞式发动机 166
6.2.3 航空燃气涡轮发动机 167
6.3 ▶ 陆地交通工具动力装备 169
6.3.1 汽车动力装备发展简况 169
6.3.2 轨道交通工具动力装备发展简况 171
6.3.3 汽车内燃机 173
6.3.4 电动汽车动力装备 175
6.3.5 轨道交通工具动力装备 176
6.4 ▶ 水上交通动力装备 177
6.4.1 水上交通工具动力装备发展简况 177

6.4.2 船用蒸汽轮机 182
6.4.3 船用燃气轮机 183
6.4.4 船用柴油机 184

参考文献 185

第7章

制冷与低温工程

186

7.1 ▶ 制冷与低温技术发展简况 186
7.1.1 制冷技术发展简况 186
7.1.2 低温技术发展简况 187

7.2 ▶ 制冷技术与环境问题 188
7.2.1 制冷剂对环境的影响 188
7.2.2 制冷空调设备和系统的节能问题 189

7.3 ▶ 制冷技术与冷链 190
7.3.1 食品储运中的冷链技术 190
7.3.2 食品生产过程中的制冷技术和设备 191
7.3.3 冷库 193
7.3.4 冷藏运输设备和装置 194
7.3.5 轻型商用制冷技术与设备 195
7.3.6 冰箱 196

7.4 ▶ 制冷技术与人工环境 197
7.4.1 空调技术及设备 198
7.4.2 热泵技术及设备 203
7.4.3 制冷技术与冰雪运动 206

7.5 ▶ 制冷低温技术与气体液化分离 206
7.5.1 低温空分系统和装置 207
7.5.2 天然气液化系统和装置 210

7.6 ▶ 制冷低温技术与生命科学 213
7.6.1 生物样本低温保存及样本库建设与管理 213
7.6.2 食品、药品及生物制品的冷冻干燥 215
7.6.3 低温医疗装备 216

7.7 ▶ 制冷低温技术与国防航天 217
7.7.1 飞机环境控制及地面保障装备 217
7.7.2 低温火箭燃料 218
7.7.3 红外探测器的低温制冷装置 219
7.7.4 低温环境实验装置 220

7.8 ▶ 制冷低温与高科技 222
7.8.1 基础前沿科学对制冷低温的需求 222
7.8.2 大科学装置中的低温制冷技术 223
7.9 ▶ 中国制冷低温行业的发展机遇与挑战 224
7.9.1 节能减排与低碳发展 225
7.9.2 新型城镇化和基础设施 225
7.9.3 保障民生建设，提高人民生活水平 226
7.9.4 制造业发展模式的转型 227
参考文献 228

第8章 能源与环境 229

8.1 ▶ 常规化石能源开采利用过程引发的环境问题 229
8.1.1 煤炭开采过程引发的环境问题 229
8.1.2 石油和天然气开采利用过程引发的环境问题 230
8.2 ▶ 能源利用与环境协调发展 231
8.2.1 我国全面建设社会主义现代化国家之路 232
8.2.2 推动经济能源环境协同是实现可持续发展的必由之路 232
8.2.3 经济能源环境三者之间相辅相成 233
参考文献 234

第9章 节能与能源安全 235

9.1 ▶ 煤炭安全 235
9.1.1 我国煤炭供给安全的现状 235
9.1.2 保障我国煤炭供应安全的措施 236
9.2 ▶ 石油安全 237
9.2.1 我国石油供给安全的现状 237
9.2.2 我国石油供给安全存在的问题 238
9.2.3 我国石油供给安全问题的对策 239
9.3 ▶ 天然气安全 239
9.3.1 我国天然气供给现状 239
9.3.2 对天然气供应安全担忧的原因 240
9.3.3 保障我国天然气供应安全的建议 241
9.4 ▶ “双碳”目标背景下的能源安全 242

9.5 ▶ 我国工业节能技术与余热利用 —— 244
9.5.1 我国工业节能技术 …… 244
9.5.2 工业余热利用技术 …… 244
9.5.3 典型工业余热回收系统 …… 245
参考文献 —— 246

第10章
能源发展新纪元
247

10.1 ▶ 构建多元清洁的能源供应体系 —— 247
10.1.1 优先发展非化石能源 …… 247
10.1.2 清洁高效发展化石能源 …… 249
10.1.3 加快建设储运调峰体系 …… 249
10.2 ▶ 推动能源技术创新 —— 250
10.2.1 创新能源技术 …… 250
10.2.2 发展“互联网+”智慧能源 …… 253
10.3 ▶ 共建“一带一路”能源绿色可持续发展 —— 255
10.3.1 能源国际合作面临的机遇与安全的思考 …… 256
10.3.2 构建人类能源命运共同体 …… 256
10.4 ▶ 中国碳中和计划的机遇与挑战 —— 257
10.4.1 碳中和的概念与挑战 …… 258
10.4.2 碳中和背景下我国能源动力学科建设 …… 259
参考文献 —— 260

第1章 绪论

能源是人类生存及发展的物质基础，从人类开始利用火到现在，能源不断更替，也推动着人类文明持续进步。大约40万年前，人工取火代替了自然火的利用。人类社会脱离蛮荒时代，进入以薪柴为主要能源的时代，同时逐渐掌握了利用畜力、风力、水力等自然力作为动力替代人力。18世纪，蒸汽机的发明和煤炭的大规模使用标志着人类社会进入以煤炭为主要能源的蒸汽机时代，并引发了第一次工业革命。蒸汽动力开始大规模替代人力和自然力。19世纪下半叶，以内燃机的发明和使用为标志，人类进入了以电力和石油为主要能源的时代。从主要使用煤炭，转向以煤炭、石油、天然气等化石能源并重的方向发展，动力设备由蒸汽机逐渐过渡到内燃机、燃气轮机、电机等，能源利用的灵活性和效率大大提高，这一进程延续至今。以化石能源为核心的能源结构导致了二氧化碳等巨量温室气体的排放，造成环境温度升高，因此稳定大气中二氧化碳的累积排放量，控制温室效应成为横亘在人类社会面前的共同问题。我国也出台了一系列“绿色”措施，为全球气候治理注入新活力。

1.1 能源概述

1.1.1 能源的分类

能源是指能够直接或者经过转换而提供能量的自然资源。

目前可供人类利用的能源很多，如薪柴、煤、石油、天然气、水能、太阳能、风能、地热能、波浪能、潮汐能、海流能、核能等。为便于利用，我们可以把地球上形形色色的能源按其来源进行分类，如图1-1所示。

通常，我们也可以将能源按照成因或者是否经过转换分为一次能源和二次能源。以现成的形式存在于自然界中的能源称为一次能源，由其他能源转化或生产的能源称为二次能源。一次能源还可以按照能否再生而进一步分为可再生能源和不可再生能源。所谓可再生能源，就是不会随着自身的转化或人类的利用而日益减少的能源。不可再生能源是指那些随着人类的开发利用而越来越少的能源。其分类如图 1-2 所示。

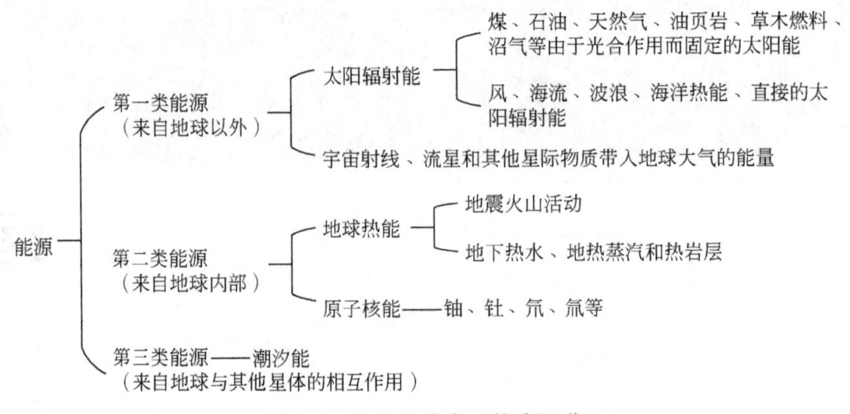

图 1-1　能源的分类（按来源分）

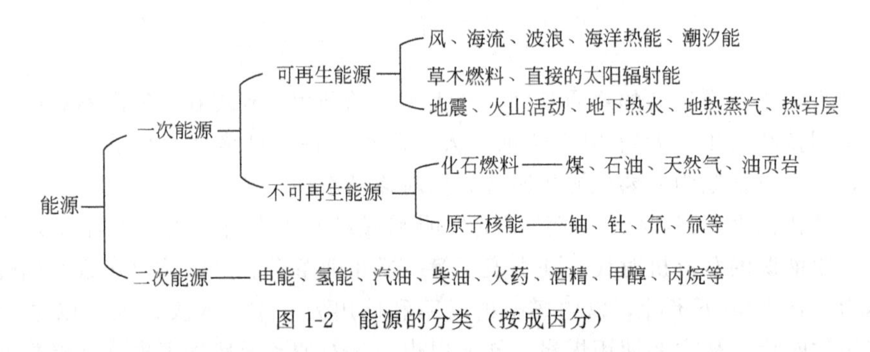

图 1-2　能源的分类（按成因分）

总之，能源有各种各样的分类方法，但归纳起来主要有以下几种。

① 按来源可分为：a. 来自地球以外；b. 来自地球内部；c. 来自地球与其他星体的相互作用。

② 按成因可分为：a. 一次能源；b. 二次能源。

③ 按性质可分为：a. 燃料能源；b. 非燃料能源。

④ 按使用状况可分为：a. 常规能源；b. 新能源。

⑤ 按对环境有无污染可分为：a. 清洁能源；b. 非清洁能源。

1.1.2　能源的转换、输送和储存

人类利用能源，往往不是直接利用能源本身（除了作为工业原料外），而是利用由能源直接提供或通过转换而提供的各种能量。例如在常规火电站，矿物燃料通过燃烧将化学能转变成热能，然后通过汽轮机将热能转换成机械能，再通过发电机将机械能转换成电能。

除了形态上的转换外，能量还有空间上的转换，即输送。能量的输送是通过输送载能体——能源进行的。如石油可通过火车、轮船、输油管道等输送，达到转换化学能的空间位置的目的。煤炭、天然气等也是如此。电能是通过输电线路来实现电能的空间转换的。

此外，能量还有时间上的转换，即储存。目前最难处理的是电能的储存。人们用电有高峰和低谷，在白天用电量大，在夜间用电量小。如果满足了白天的需求，夜间的电就用

不了，若保持连续发电就需要电厂运行时锅炉压火、少发电，即采用调峰工况。这会大幅降低发电的效率，浪费能源，还可能对系统安全可靠性产生影响。储存电能的方法主要是使用抽水蓄能电站、电池、飞轮、压缩空气等。用飞轮储电，即在用电低谷时用多余的电能带动电动机转动巨大的飞轮，将电能转换成机械能，到用电高峰时再将机械能通过发电机转换成电能。利用压缩空气储能，即利用废弃的矿井，将进出口堵住，在用电低谷时开动空气压缩机，将空气压缩到矿井中，将电能转换成势能；到用电高峰时，再用压缩空气推动汽轮机发电，将势能转换成电能。容量最大的是抽水蓄能电站，即建造两个有一定高度差的大水库，用电低谷时用电带动抽水机将低水位水库的水抽到高水位的水库中去，到用电高峰时再将高水位水库的水通过水力发电机发电储存到低水位的水库中，如此周而复始，达到储存电能的目的。

1.2 ▸ 能源与社会

1.2.1 能源与人类社会发展

纵观人类社会的发展历史可以发现，能源与人类社会发展有着密切的关系。远古人类和其他动物一样，只能利用太阳所给予的天然能源——太阳能。随后，人类学会了“刀耕火种”，开始用薪柴、秸秆和动物粪便等生物质燃料来取暖和烧饭，主要用人力、畜力和简单的风力、水力机械从事生产活动。这个以薪柴等为主要能源的时代延续了很长时间，由于当时的生产和生活水平都很低，所以社会发展非常迟缓。

从 18 世纪的产业革命开始，煤炭、电力、石油、天然气等取代了薪柴，被作为主要能源，社会生产力得到大幅度增长，人们的生活水平得到极大的提高，社会开始飞速发展。可以看到，每一次大的工业革命或飞速发展，都是以新能源开发和广泛应用为先导的。

第一次工业革命是由于煤和石油的广泛使用。煤的使用使蒸汽机成为生产中的主要动力，生产活动逐步实现机械化和半机械化，大大地提高了生产效率，工业得到迅速发展。石油的使用使动力机械效率更高、体积更小、功率更大，从而实现了便捷化。特别是交通运输业飞速发展，对于石油的需求更加迫切。

第二次工业大发展是由于电的广泛应用。19 世纪 70 年代末，汽轮机和发电机的发明促进了电力工业的飞速发展。电力的应用是能源科学技术的一次重大革命，它把燃料热能转化为电能，而电能被称为“能的万能形式”，可集中供应，也可分散供应，传输快且消耗低，输送、使用和管理非常方便，并能转化为多种形式的能量。电动机代替了蒸汽机，电灯代替了油灯和蜡烛，电能成了工业生产和日常生活的主要能源。

第三次工业大发展是由于石油消耗量的大幅度增加，带动了世界经济的迅猛发展。石油资源的发现开启了能源利用的新时期，特别是 20 世纪 50 年代，美国、中东、北非相继发现了巨大的油田和气田，西方发达国家很快从以煤炭为主要能源转换为以石油和天然气为主要能源。这是因为石油与煤炭相比有许多优点：a. 石油的勘探和开采更容易；b. 石油用作燃料时热值高，使用和运输方便，且洁净；c. 石油可用作工业原料，以石油为原料的工业产品有五千多种；d. 石油可加工成高级润滑油，为动力机械提高单位质量的功率提供了条件。

可见，工业生产的发展和人民生活水平的提高都必然伴随着能源的消耗。因此，能源是发展国民经济和保障人民生活的重要物质基础，也是提高人们生活水平的先决条件。能源更是现代化生产的动力源泉，其中现代工业、农业、交通运输、国防和生活方式都离不开能源动力。

在现代工业生产中，各种锅炉、窑炉都要以煤炭、石油和天然气作为燃料，钢铁冶炼要用焦炭和电力，机械加工、物料传送、气动液压机械、各种电机、生产过程的控制和管理都要用电力。任何机器的运转都需要机械动力驱动，没有能量（即动力），再先进的机器也会成为一堆废铁。另外，化石能源还是珍贵的化工原料，从石油中可以提炼出五千多种有机合成原料，其中最重要的基本原料有乙烯、丙烯、丁二烯、苯、甲苯、二甲苯、乙炔、萘等。由这些原料可以加工出塑料、合成纤维、人造橡胶、化肥、人造革、染料、炸药、医药、农药、香料、糖精等多种工业制品。一个国家的工业生产越发达，生产的产品越多，所消耗的能源也越多，因而能源工业的发展水平与速度是衡量一个国家经济实力的重要指标，特别是对消耗大量一次能源的部门，如冶金、化工、电力等，其影响尤其显著。

在现代农业中，农产品产量的大幅度提高需要消耗大量的能源，如耕种、灌溉、收割、烘干、冷藏、运输等都需要直接消耗能源，化肥、农药、除草剂的使用也要间接消耗能源。例如，生产1t合成氨需消耗相当于2.5～3.0t标准煤的能源，生产1t农药平均需要消耗相当于3.5t标准煤的能源。随着我国农业现代化程度的不断提高，农业机械化、电气化正飞速发展，对化肥、农药、除草剂等的需要也越来越多，若没有能源工业的发展加以保障，实现农业现代化只能是纸上谈兵。

在现代交通运输中，如果没有煤炭、石油和电力，无论汽车、电车、火车，还是轮船、飞机都不能运行。因此，能源工业不发展，交通运输业也不可能发展。

在现代国防中，各种运输工具和武器，如汽车、坦克和摩托车等需要石油，现代的喷气式飞机、火箭和导弹等也要消耗大量的石油，而当前没有其他能源（除核能外）能替代石油。因此，要实现国防现代化也必须发展能源工业。

在日常生活中，随着人们生活水平的提高，家用电器越来越多，煤气或天然气等的使用越来越普遍，能源消耗必然越来越多。在发达国家，民用消费的能源占国家全部能源消费的20%以上，而我国目前只有16%左右。

1.2.2 能源与经济可持续发展

保证能源供应是人类社会赖以生存和发展的最重要条件之一。人类的生产和生活离不开对能源的开发和利用，然而资源短缺和环境恶化已成为当今人类社会面临的两大问题，走可持续发展的道路成为全世界的共识和未来发展的战略目标。21世纪初，基于对化石能源开始耗竭比较清晰的分析及大量使用化石能源引起的环境污染与气候变暖日益严重，全世界已普遍认识到，必须最大限度地提高能源生产与利用效率，清洁、高效地利用各种能源。向着减小化石能源份额，增大可再生能源份额的方向发展，逐步建立可持续发展能源体系。

“可持续能源”的含义是指能源的生产和利用能够长期支持社会、经济和环境等各个领域的发展，不仅是能源的长期供应，而且是能源的生产和利用方式应当促进人类的长远利益和生态平衡，或者至少是与之相协调。然而现行的能源活动并未达到这个要求。

“可持续发展”的概念始于20世纪80年代，是指既满足当代人的需求，又不损害子孙后代且满足其需求能力的发展。可持续发展是涉及经济、社会、文化、科技、自然环境等多方面的综合概念，它以自然资源的可持续利用和良好生态环境为基础，以经济可持续发展为前提，以谋求社会的全面进步为目标。目前，以化石燃料为基础的能源体系则与这个目标相差甚远。随着经济的发展和能源消耗量的大幅度增长，能源的储量、生产和使用之间的矛盾日益突出，成为世界各国面临的亟待解决的重大问题之一。解决这个问题需要平衡三个相关联的方面——环境保护、经济增长和社会发展。可持续发展需要长期变化的生产模式和消耗模式，这些变化正在推动着国际政府间的协定，与所有企业和个人有着密切的联系。如何从自然界获取持续、高效的能源，同时又保证人类社会的可持续发展，已成为挑战人类智慧的重大课题。

目前，国际社会呼吁全球要高度重视能源问题，大力采取节能措施，开发、利用新能源，为实现世界经济的可持续发展而共同努力。从我国的情况来看，由于人口众多，能源资源相对不足，而且我国正处在工业化和城镇化的快速发展阶段，能源需求量不断增加。特别是高投入、高消耗、高污染的粗放型经济增长方式，加剧了能源供求矛盾和环境污染状况。我国已成为世界上最大的能源消费国，2020年CO_2排放量达98.94亿吨，占全球总排放量的31%，是世界上最大的碳排放国。基于国家经济安全和能源发展战略的考虑，要高度重视能源安全，有效借鉴一些发达国家的研究和实践经验，开发适应国情的能源发展模式，加大实施节能措施力度，促进我国经济的可持续发展。

节能是一项系统工程，是一项实践性很强的活动，涉及政府、社会、企业及公民等方面，需要全社会的大力支持和协调配合。因此，要按照科学的能源发展战略和节能措施，加大产业结构调整和技术改造的力度，提高能源利用效率。既可以利用较少的能源投入保障经济持续快速增长，也可以在低于目前发达国家人均能源消费量的条件下，进一步增强我国的综合国力。相反，如果过度消耗能源，不采取有效的节能措施，就会影响经济的可持续发展。因此，加快实施节能政策和措施是保障经济可持续发展的必由之路。

1.3 ▸ 能源资源

能源是重要的战略资源，影响国家经济、发展，乃至兴衰。当前不断震荡的能源价格使得全球能源格局出现结构性变化，使能源供需结构和产业技术发生重大调整。这些变化不仅对当前全球能源走势产生直接作用，而且对全球地缘经济和地缘政治产生多重影响。

自19世纪开始工业化进程以来，人类社会已经经历了两次能源结构的转型。第一次转型开始于19世纪，蒸汽机的发明和推广应用促成能源由以薪柴为主向煤转化。第二次是在进入20世纪以后，能源由煤向石油转化。第二次世界大战后，石油和天然气的生产与消费量持续上升，石油于20世纪60年代首次超过煤炭，占据一次能源的主导地位。到2020年年底，化石能源仍是全球的主要能源。

当前，由于环境问题日益突出，全球进入能源低碳变革新时期。全球能源低碳变革主要体现在以下几个方面：a. 全球可再生能源对石油等化石能源的替代正在加速进行，以风能、太阳能和地热能等为代表的新能源技术得到较大发展，全球新能源产业开始进入加速阶段；b. 全球的供需结构继续出现深刻变化，发达国家的能源需求已出现结构性减少趋势，部分发达国家已经在与低碳、环保相关的税费、排放权交易等机制方面开展了研究与实践，这将对未来的经济社会发展产生重要影响。

1.3.1 全球能源资源现状

全球煤炭的储藏量十分丰富，根据世界能源委员会评估，全球煤炭可采资源达48400亿吨标准煤，占世界化石燃料可采资源量的66.8%。全球探明煤炭储量能够满足153年的全球产量，大约是石油和天然气储产比的3倍。就地区而言，亚太地区拥有最多的煤炭探明储量（占全球42.8%）；就国家而言，美国拥有最大探明储量（占全球23.2%）。

石油不仅是优质燃料，而且是良好的化工原料。石油的诸多优点使其在所有燃料中占据统治地位。截至2020年年底，全球石油探明储量为2444亿吨，中东地区储量占据半壁江山。除中东地区外，中南美地区和北美地区石油探明储量占比较高，分别为18.7%和14%。从国家来看，委内瑞拉和沙特阿拉伯探明储量占比最多，分别为17.5%和17.2%。其他储量较高的国家还有加拿大（9.7%）、伊朗（9.1%）、伊拉克（8.4%）、俄罗斯（6.2%）、科威特（5.9%）、阿拉伯联合酋长国（5.6%）。全球石油（包括原油、页岩油、油砂、凝析油和天然气凝液）产量缓慢上升，2020年石油产量为41.65亿吨。

与此同时，全球石油消费量逐年上升，2020年，世界石油消费达到88477千桶/天，不同地区石油消费的增长情况各有差异。美国和中国是全球两大石油消费国家：2020年，美国的石油消费量为17178千桶/天，占全球石油消费总量的19.4%；中国的石油消费量为14225千桶/天，占全球石油消费总量的16.1%。其他主要的石油消费国家包括印度、沙特阿拉伯、日本、俄罗斯和巴西，石油消费量分别为4669千桶/天、3544千桶/天、3268千桶/天、3238千桶/天和2323千桶/天，分别占全球石油消费总量的5.3%、4.0%、3.7%、3.7%和2.6%。从全球范围看，石油消耗已经超过煤炭，近10年来石油消耗量比过去一个世纪消耗总量的2倍还多。

近年来，各国十分重视天然气的开发和利用，以替代储量日趋减少的石油，并可减轻环境污染。由于天然气具有热值高、易于开发、极富经济价值等特点，其消费量逐年增加。2020年天然气消费量占全球一次能源比例达24.7%，并仍保持强势增长。2020年年底，全球天然气探明储量为188.1万亿立方米，其中大部分集中于中东地区，占比40.3%。从国家来看，俄罗斯、伊朗、卡塔尔、土库曼斯坦、美国储量最多，合计占比64.0%。从历史数据来看，中东地区天然气储备相对稳定，美国受益于页岩气革命，储量增长明显。

1.3.2 我国能源资源现状

我国煤炭资源在地理分布上的总格局是西多东少、北富南贫。从地区分布看，储量主要集中分布在新疆、内蒙古、山西、陕西、贵州、宁夏、河南和安徽8地。在我国的自然资源中，能源资源的基本特点是富煤、贫油、少气，这就决定了煤炭在一次能源中的重要地位。我国远景煤炭资源总量为5.82万亿吨，按照目前的开发速度，基本满足中国经济社会发展需求，为国家能源安全提供了坚实保障。然而，煤炭低效、粗放的原始消费方式无法满足中国对生态环境、气候变化及未来能源消费方式的需求，高效、清洁地开发利用煤炭已成为共识。煤炭高效发电、煤炭资源化分级分质利用、燃煤污染物超低排放等是我国燃煤领域需要长期研究的课题。

我国石油在一次能源结构中的地位仅次于煤炭，但不能完全自给。2020 年，需从国外进口的石油用量占比已高达 73.5%。未来几年石油在我国能源结构中的地位将会有所变动，但对外依存度较高的情况将长期存在。我国天然气产业发展较为迅速：2000 年，国内天然气产量和消费量分别仅有 $2.74\times10^{10}m^3$ 和 $2.47\times10^{10}m^3$；2020 年，天然气产量和消费量分别达到 $1.925\times10^{11}m^3$ 和 $3262\times10^8m^3$，我国跻身世界天然气生产、消费大国行列，与此同时天然气对外依存度也已达到 43%。但我国天然气剩余资源量丰富，总体探明程度低，勘探潜力巨大。截至 2020 年年底，全国累计探明天然气地质储量为 $1.961\times10^{13}m^3$，探明率仅为 7%。

1949 年后，我国电力工业发展迅速，我国现已成为全球的电力强国，步入世界电力工业先进行列。截至 2020 年年底，全国电源总装机容量超过 22 亿千瓦，水电、风电、太阳能发电的装机和在建规模连续多年稳居世界第一。特高压直流输电技术逐渐成熟，柔性直流输电技术不断升级，柔性潮流控制技术已试点应用。电力新技术尚有许多重点攻关方向，例如完善需求侧响应技术手段、攻克大容量储能技术等。

我国 20 世纪 70 年代以前对可再生能源的开发利用以沼气、水力发电为主，直到 20 世纪 70 年代初，开始重视太阳能、风能、地热能的开发利用工作。截至 2020 年年底，中国可再生能源发电装机容量为 9.3 亿千瓦，约占全球可再生能源装机容量的 1/3，占我国全部电力装机容量的 42.5%。其中水、风、光利用率分别达到 96.6%、97.0%、98.0%。我国北方地区中深层地热供暖面积位居世界第一，浅层地热供暖制冷在全国全面铺开，地热发电稳步推进。生物质发电装机 543 万千瓦，同比增长 22.5%，生物质发电锅炉效率和生物质天然气生产效率不断提高。

随着科学技术的进步和工业的发展，能源被大量开发和利用，环境污染日益严重。20 世纪 50 年代以来，煤炭和石油消费量的急剧增长，大量有害的工业废气、废液、废渣的排放，造成了大气、水和土壤被严重污染，导致生态平衡破坏，直接威胁人类生存并制约了经济的发展。随着世界化石燃料消耗量的急剧增长，排入大气中的 CO_2 越来越多，使地球的平均气温升高。能源大量使用造成了能源环境问题。能源与环境必须协调发展，其实质是要以环境保护作为制约条件促使能源的开发、加工、利用不断合理化、最优化，达到既能满足社会经济发展对能源不断增长的需求，又能保证能源对环境的积极影响的最佳状态。因此，推动可持续发展是我们的共同责任和不懈追求。

1.4 ▸ 我国能源与动力工程发展前景

1.4.1 能源与动力工程概述

能源和动力的使用不但使人类摆脱了远古社会的低级生活方式，进入了现代文明社会，而且已经成为现代人类社会生产生活中的必要组成部分。常见的能源转换利用方式之一是通过燃烧直接将燃料的化学能转换为热能，供用能设备使用。转换装置有燃煤炉、燃气灶具、热水锅炉和采暖锅炉等。许多产品的生产也需要使用蒸汽才能实现，例如食品加工和医药生产需要利用具有一定压力和温度的蒸汽来完成蒸、煮和消毒工艺；衣料的染色和整理加工需要利用蒸汽来完成蒸、煮和热定形工艺。另一种转换方式是通过燃烧将燃料的化学能先转化为热能，再通过机械装置将热能转化为电能。热力发电厂就是燃料通过“化学能—热能—机械能—电能”转化路径实现系统循环的。

关于使用动力的过程，首先是制造能够产生动力的设备，然后将设备安装在需要动力的地方使用。例如，电动机就是一种动力设备，可以将电能转换为具有一定旋转速度和转动力矩的机械旋转运动，从而可以带动其他工作机转动。许多生产机械以电动机为动力设备，例如车床、铣床、刨床、纺织机、织布机等。除电动机以外，现代常用的动力设备还有以汽油或柴油为燃料的内燃机、以汽油或天然气为燃料的燃气轮机、以煤炭或石油为燃料的锅炉-汽轮机动力装置、靠水力转动的水轮机等。这些动力设备已经广泛应用在社会生产的各行各业。在铁路运输方面，为重达数千吨的列车提供牵引力的动力机车主要是内燃机车和电气机车。在公路交通方面，客车一般采用汽油机作发动机，货车一般采用柴油机作发动机。在航空运输方面，各国超声速飞机采用的动力设备是以汽油为燃料的燃气轮机，又称为涡轮喷气发动机；在航海运输方面，航海轮船的动力设备主要是柴油机和汽油机；在能源生产方面，有燃烧煤炭、石油、天然气的火力发电装置，还有水力发电装置；在工业生产方面，如上所述，绝大多数工业生产机械是由电动机驱动的，因为电动机价格低廉，操作简便；在农业生产方面，播种机、耕作机和收割机的动力设备主要是汽油机和柴油机，拖拉机的动力设备是柴油机；在生活方面，家庭常用设备，如洗衣机、冰箱和空调等均由电动机驱动。

可见，能源和动力的使用已经深入人类社会的方方面面。如果人类停止使用能源和动力，或者因某种原因不能提供足够的能源和动力，人类社会活动将无法正常进行。随着社会专业化分工，工程技术研究形成了如下几个相关的专业研究领域：

① 热力发动机研究将燃料燃烧的热能转换为机械能的方法；

② 水利水电动力工程研究将水的机械能（动能和势能）转变为电能的工程方法；

③ 流体机械工程是上述各研究领域的基础工程技术；

④ 低温技术与冷冻冷藏工程研究各种低温制冷和食品冷冻、冷藏方面的技术；

⑤ 热能动力工程研究热能转化和利用的方法；

⑥ 工程热物理研究涉及热工性能和热力过程方面的物理知识。

1.4.2 我国能源与动力发展趋势与政策

随着能源科技创新进程的加速推进，能源发展正由主要依靠资源投入向创新驱动转变，科技、体制和发展模式创新将进一步推动能源清洁化、智能化发展，培育形成新产业和新业态。能源消费增长的主要来源逐步由传统高耗能产业转向第三产业和居民生活用能，现代制造业、大数据中心、新能源汽车等成为新的用能增长点。智能电网加快发展，分布式智能供能系统在工业园区、城镇社区、公用建筑和私人住宅开始应用，越来越多的用能主体参与到能源生产和市场交易中来，智慧能源新业态初现雏形。新一轮能源变革将以一种全新的“科学用能”模式代替传统的、粗放的用能模式，把人类社会推进到以高效化、清洁化、低碳化、智能化为主要特征的能源时代。如何把握这次机遇，完成能源变革，成为引领新一轮工业革命的关键力量，是实现中华民族伟大复兴的重要一环。

改革开放以来，我国积极引进和吸收国外先进技术成果，在此基础上进行再创新，极大地推动了我国的科技进步，在较短时期内缩短了与发达国家的差距。能源装备、科技创新水平得到了显著提高，在勘探与开采、加工与转化、发电和输配电等方面形成了完整的产业体系，装备制造和工程建设能力进一步增强，同时在技术创新、装备国产化和科研成果产业化方面都取得了较大进步。我国逐步建成了煤炭、电力、石油天然气以及可再生能源全面发展的能源供应体系，能源服务水平普遍大幅提升，居民生活用能条件极大改善。能源的发展，为消除贫困、改善民生、保持经济长期平稳较快发展提供了有力保障。总的来说，中国的能源事业取得了长足发展，我国能源消耗总量持续大幅增长，并已成为世界能源生产和消费大国。但我国传统的粗放型经济发展方式也正面临资源消耗的瓶颈，能源利用方面存在效率低、污染严重等问题，节能减排工作将是我们长期研究的重要课题。

2006 年 3 月，十一届全国人大四次会议中首次提出，到 2010 年，单位 GDP 能耗比 2005 年降低两成、主要污染物排放减少一成。这两个指标结合在一起，就是我们所说的“节能减排”。全国上下加强节能减排工作，国务院发布了加强节能工作的决定，制定了促进节能减排的一系列政策措施，各地区、各部门相继做出了工作部署，节能减排工作取得了积极进展。同时我国在能源供给和利用模式上也存在一系列突出问题，如能源结构不合理、能源利用效率不高、可再生能源开发利用比例低、能源安全利用水平有待进一步提高等。习近平总书记在主持召开的中央财经领导小组第六次会议上，明确提出了我国能源安全发展的“四个革命、一个合作”战略思想。这是新中国成立以来，党中央首次专门召开会议研究能源安全问题，标志着我国进入了能源生产和消费革命的新时代。在能源供求关系缓和的同时，结构性、体制机制性等深层次矛盾进一步凸显，成为制约能源可持续发展的重要因素。深入推进能源革命，着力推动能源生产利用方式变革，建设清洁低碳、安全高效的现代能源体系，是我国能源发展改革的重大历史使命。

2017 年，我国发布了《推动“一带一路”能源合作愿景与行动》，并与世界各国正式成立了“‘一带一路’能源合作伙伴关系”，将能源合作带向了更高层次、更高水平的平台，助力打造出合作互赢、共同进步的局面。多边能源合作开始向“绿色”“清洁”“高效”方向迈进，各国能源安全得到进一步保障。2020 年 9 月，习近平总书记在第七十五届联合国大会上郑重宣布我国二氧化碳排放力争于 2030 年前达到峰值，努力争取 2060 年前实现碳中和。这一承诺体现了中国在环境保护和应对气候变化问题上的负责任大国作用和担当。2021 年 3 月，在十三届全国人大四次会议上，政府工作报告将“扎实做好碳达峰、碳中和各项工作”列为重点工作之一。

随着国家综合实力的日益强大，能源的利用也越来越受到重视，相关政策法规的及时跟进也为能源的可持续发展保驾护航。在诸多能源技术领域，我国已处在或接近世界科技前沿，积极推动自主创新是现实发展的必然要求。基础研究是自主创新的重要前提，制定前瞻性的技术发展路线图是保障研究方向正确的关键。当前，科技发展正处于从工业技术范式向智慧技术范式转换阶段，这为我国能源技术的发展提供了更好的机遇和更大的空间，也给把握技术发展方向带来更多的不确定性及更大的挑战。

参考文献

[1] 周友光．两次工业革命概述 [M]. 武汉：武汉大学出版社，1996.

[2] 刘笑盈．推动历史进程的工业革命 [M]. 北京：中国青年出版社，1999.

[3] 吴金星．能源工程概论 [M]. 2 版．北京：机械工业出版社，2019.

[4] 徐良才，郭英海，公衍伟，等．浅谈中国主要能源利用现状及未来能源发展趋势 [J]. 能源技术与管理，2010 (03)：155-157.

[5] 李晖，刘栋，姚丹阳．面向碳达峰碳中和目标的我国电力系统发展研判 [J]. 中国电机工程学报，2021，41 (18)：6245-6258.

[6] 庄贵阳．碳达峰目标和碳中和愿景的实现路径 [J]. 上海节能，2021 (06)：550-553.

[7] 岑可法．煤炭高效清洁低碳利用研究进展 [J]. 科技导报，2018，36 (10)：66-74.

[8] 张天诏．浅谈我国能源利用现状及发展趋势 [J]. 国土与自然资源研究，2021 (05)：76-78.

[9] 娄伟．中国可再生能源技术的发展 (1949—2019) [J]. 科技导报，2019，37 (18)：155-161.

[10] 李鹭光．中国天然气工业发展回顾与前景展望 [J]. 天然气工业，2021，41 (08)：1-11.

[11] 李业发，杨廷柱．能源工程导论 [M]. 2 版．合肥：中国科技大学出版社，2013.

[12] 田艳丰．能源与环境 [M]. 北京：中国水利水电出版社，2019.

第2章 常规化石能源及其利用

化石能源是一种烃类化合物或其衍生物，是上古时期遗留下来的动植物遗骸在地层下经过上万年的演变形成的能源。作为人类生存和发展的重要物质基础，煤炭、石油、天然气等化石能源支撑了19世纪到20世纪近200年来人类文明的进步和经济社会发展。“富煤、贫油、少气”的资源禀赋特点使我国长期以来形成了以煤炭为主的能源消费结构。随着国民经济的快速发展，我国能源安全形势日益严峻，尤其是石油和天然气供给安全及进口通道安全。在石油供给安全方面，由于我国石油资源地质储量少，我国原油对外依存度从2010年的53.8%迅速飙升到2020年的73.5%。在天然气供给安全方面，我国天然气生产和消费持续增长，对外依存度不断攀升，2020年达到43%。同时，化石能源的不可再生性和人类对其的巨大消耗，使化石能源正在逐渐走向枯竭，而且，化石能源使用过程中会排放大量温室气体CO_2，因此节能减排是我国常规化石能源利用今后发展的主要方向。

2.1 煤炭及其利用

煤是一种固体可燃性有机岩，是由碳、氢、氧、氮等元素组成的黑色矿物，可以用作燃料或工业原料。据2020年《BP世界能源统计年鉴》，截至2019年年底，世界煤炭探明可采储量为1.07万亿吨，无烟煤和烟煤为7491.67亿吨，次烟煤和褐煤为3204.69亿吨。世界上的煤炭资源以亚太和北美地区最为丰富，分别占全球地质储量的42.7%和24.1%，欧洲占12.6%。从中国能源资源分布来看，我国煤炭储量丰富。根据《中国矿产资源报告2021》，全国煤炭探明可采储量共计1415.95亿吨，较2019年新增300.1亿吨。无烟煤和烟煤的探明可采储量为1334.67亿吨，次烟煤和褐煤的探明可采储量为81.28亿吨。由于复杂的地质条件，中国煤炭资源分布极不均衡。在中国北方的大兴安岭—太行山、贺兰山之间的地区，煤炭资源量大于1000亿吨的产地多位于内蒙古、山西、陕西、宁夏、甘肃、河南6省区。在中国南方，煤炭资源量主要集中于贵州、云南、四川三省。

人类虽然很早就开始使用煤，但主要将其用于照明和取暖。直到第一次工业革命期间，随着蒸汽机的改造和应用，煤炭成为全球最主要的能源基础。一方面，煤被广泛用作工业生产的燃料，为机械化生产提供动力来源，同时，煤为炼铁工业提供了焦炭，促进大型机械化设备的制造，从而推动了工业和人类文明史的大跨越发展；另一方面，以煤炭为能源的蒸汽机使得火车、轮船纵横全球，大大加强了世界各国的联系，改变了世界的面貌。

第二次工业革命期间，石油得到了广泛应用，逐步成为人类新型能源的基础，推动了社会生产力的飞速发展。但是，随着两次“石油危机”的爆发，人们重新意识到煤炭作为能源的重要性。特别是20世纪90年代以来，国际石油价格剧烈波动，各国加紧了以煤为原料的化学工业研发，在煤气化、煤液化等方面开发了一系列战略性技术。进入21世纪，油价不断攀升、石油原料紧缺和成本居高不下，促使煤转化利用进入新一轮的发展时期，大规模煤气化技术、大型甲醇合成技术、甲醇制烯烃、合成油等石油替代技术的开发和工业化进程不断加快，世界煤化工产业进入全新的阶段。目前，50%以上的化学工业原料来源于煤，因此，煤炭也被视为“化工原料之母”。

鉴于我国“富煤、贫油、少气”的资源禀赋，煤炭在我国能源安全保障及化工原料供应中起着至关重要的作用。2021年9月13日，习近平主席在陕西榆林考察调研时指出，煤化工产业潜力巨大、大有前途，要提高煤炭作为化工原料的综合利用效能，促进煤化工产业高端化、多元化、低碳化发展，把加强科技创新作为最紧迫任务，加快关键核心技术攻关，积极发展煤基特种燃料、煤基生物可降解材料等。随着煤炭行业科技创新的快速发展，碳捕获、利用与封存技术有望实现重大突破，全社会用煤效率提升、煤炭利用过程的碳减排有望实现。目前，我国煤制燃料、煤制烯烃等煤化工技术业已成熟并形成了完整的产业链，具备了建立大型现代煤炭深加工市场的条件。未来，现代煤化工领域将成为煤炭转型的重要方向。

2.1.1 煤的形成与性质

我国的能源资源结构决定了煤炭是我国能源安全的基本保障。煤炭是我国重要的基础能源和化工原料，在国民经济中具有重要的战略地位。

2.1.1.1 煤的形成

煤是由远古植物残骸没入水中经过生物化学作用后被地层覆盖并经过物理与化学作用形成的沉积有机岩，是多种高分子化合物和矿物质组成的混合物。远古植物残骸必须在合适的气候、生物、地理、地质等条件的相互配合下才能形成具有工业利用价值的煤炭。

植物转化为煤要经历复杂而漫长的过程，逐步由低级向高级转化，依次是植物、泥炭（腐泥）、褐煤、烟煤、无烟煤。腐植煤的成煤过程大致分为泥炭化阶段和煤化阶段。高等植物经过生物化学作用演变为泥炭的过程称为泥炭化阶段，植物中所有的有机组分和泥炭沼泽中的微生物都参与了成煤作用。泥炭化阶段决定了煤中矿物质的种类、数量，也决定了煤中硫的含量和形态以及煤岩组成。泥炭被无机沉积物覆盖标志着泥炭化阶段结束，生物化学作用减弱直至停止，在温度、压力等物理化学因素作用下泥炭开始向褐煤、烟煤和无烟煤转变，这个阶段称为煤化阶段。煤化阶段主要决定了煤有机质的演化程度，即煤化程度。

2.1.1.2 煤的结构及组成

煤是主要由多种结构形式的有机物和不同种类的矿物组成的混合物。煤的组成包括岩相组成和化学组成，其直接影响着煤的根本性质，深入研究煤炭的组成及其结构特点对其有效利用具有重要意义。

（1）煤的岩相组成

煤的性质可使用岩石学的方法来研究。宏观煤岩成分是用肉眼可以区分的煤的基本组成单位，主要识别标志是颜色、光泽、断口、裂隙和硬度等，可以分为镜煤、亮煤、暗煤和丝炭四种。其中镜煤和丝炭是较单一的煤岩成分，而亮煤和暗煤是较复杂的煤岩成分。

煤的显微组分是指煤在显微镜下能够区分和辨识的基本组成成分，按其成分和性质可分为有机显微组分和无机显微组分。由植物残骸转变而来的组分称为有机显微组分，按其成因和工艺性质可大致分为镜质组、惰质组和壳质组三类。无机显微组分是指在显微镜下能观察到的煤中矿物质。

（2）煤的化学组成

煤是由无机组分和有机组分构成的混合物。无机组分主要包括黏土矿物、石英、方解石、石膏、黄铁矿等矿物质和吸附在煤中的水；有机组分主要是由碳、氢、氧、氮和硫等元素构成的复杂高分子有机化合物的混合物。为了研究煤的性质和指导煤炭加工利用，通常采用工业分析法、元素分析法、灰成分分析法和溶剂萃取法等分析和研究煤的有机组成和无机组成。

煤的工业分析是确定煤化学组成的最基本方法，人为地将煤的组成划分为水分、灰分、挥发分和固定碳四种组分。水分和灰分反映出煤中无机质的数量，挥发分和固定碳则表明煤中有机质的数量与性质。

煤的元素组成相当复杂，几乎包含了地壳中的所有元素。大量研究表明，煤中有机质主要由碳、氢、氧、氮和硫五种元素构成。利用元素分析数据并配合其他的工艺性质实验，可以了解煤的成因、类型、结构、性质。

除以上元素外，煤中有害元素主要有磷（P）、氯（Cl）、氟（F）、砷（As）、锑（Sb）、铍（Be）、镉（Cd）、铬（Cr）、钴（Co）、铅（Pb）、锰（Mn）、汞（Hg）、镍（Ni）、硒（Se）等，这些元素在煤炭应用过程中会生成有害的物质，从而损害人体健康、污染环境并对产品质量造成危害等。

（3）煤的结构

煤的结构包括大分子有机化学结构和物理空间结构。煤的化学结构是指煤的有机质分子中原子相互连接的次序和方式，是煤的芳香层大小、芳香性、杂原子、侧链官能团特征以及不同结构单元之间键合类型和作用方式的综合表现。物理空间结构是指煤的孔隙结构，主要包括煤中相界面间空隙及芳香层间的层间隙。

煤的大分子结构具有高分子聚合物的特点，但又不同于一般的聚合物，没有统一的聚合单体。研究表明，煤的大分子由多个结构相似的“基本结构单元”通过桥键连接而成，这种基本结构单元类似于聚合物的聚合单体，可分为规则部分和不规则部分。规则部分由几个或十几个苯环、脂环、氢化芳香环及杂环（含氮、氧、硫等元素）缩聚而成，称为基本结构单元的核或芳香核；不规则部分则是连接在核周围的烷基侧链、各种官能团和桥键。随着煤化程度的提高，构成核的芳香环数不断增多，连接在核周围的侧链、官能团和桥键数量则不断减少。

2.1.1.3 煤的性质

煤是我国主要能源，又是冶金和化工等行业的重要原料。煤的物理性质和化学性质是确定煤炭加工利用途径的重要依据。

(1) 物理性质

煤的物理性质指煤不需要发生化学变化就能表现出来的性质，是煤的一定化学组成和分子结构的外部表现。物理性质由成煤的原始物质及其聚积条件、转化过程、煤化程度、风化程度、氧化程度等因素所决定，包括煤的颜色、光泽、断口、裂隙、密度、力学性质(硬度、脆度、可磨性)、光学性质（折射率、反射率)、热性质（比热容、热导率、热稳定性)、电性质（电导率、介电常数)、磁性质等。煤的物理性质对煤的开采、破碎、分选、型煤制造、热加工等具有很强的实际意义，可作为初步评价煤质的依据。

(2) 化学性质

煤的化学性质是指煤发生不同化学反应的性质，主要包括煤的氧化、煤的热解、煤的加氢、煤的磺化等。

(3) 工艺性质

煤的工艺性质是指煤炭在一定的加工工艺条件下或某些转化过程中所呈现的特性，主要包括煤灰熔融性、煤灰黏度、煤灰结渣性、煤的反应性、煤的黏结性和结焦性等。煤工艺性质的变化是煤组成和结构特性的宏观表现。不同煤种或不同产地的煤工艺性质差别较大，不同加工利用方法对煤的工艺性质有不同的要求。因此，必须了解煤的各种工艺性质，以便选择最合理的利用途径，并满足各种工业用煤的质量要求。

2.1.1.4 煤的分类

煤的分类具有重要的科学意义和经济意义。煤是重要的能源和化工原料，种类繁多，其组成、性质又各不相同，而各种工业用煤对煤的质量又有特定的要求，所以为了保证合理地利用煤炭资源和指导生产，必须将煤炭进行分类。煤炭按照煤化程度由低到高基本上分为褐煤、烟煤、无烟煤三大类。

联合国欧洲经济委员会（ECE）于 1955 年提出了“硬煤国际分类”方案，并于 1956 年在日内瓦国际煤炭分类会上修订并正式给出国际标准的煤炭分类表。1974 年，国际标准化组织（ISO）制定了“褐煤国际分类”方案。1988 年 ECE 提出了中、高阶煤分类编码系统，以此替代 1956 年的硬煤国际分类方案。

2009 年 6 月 1 日，我国发布了最新的《中国煤炭分类》(GB/T 5751—2009)，并于 2010 年 1 月 1 日起实施。根据该分类标准，我国煤炭可以细分为褐煤、长焰煤、不黏煤、弱黏煤、1/2 中黏煤、气煤、气肥煤、1/3 焦煤、肥煤、焦煤、瘦煤、贫瘦煤、贫煤、无烟煤 14 类。

2.1.2 煤的清洁利用技术

洁净煤技术是煤炭开发和利用中减少污染和提高效率的相关技术，广泛应用于煤炭加工、转化、燃烧和污染控制等相关产业。

洁净煤技术开发项目包括近期应用技术以及 21 世纪新技术，主要有以下几方面：

① 提高燃烧效率、降低 CO_2 排放量，主要是循环流化床燃烧发电技术；

② 燃烧前后的净化，主要是水煤浆、型煤、脱硫、脱氮和除尘技术；

③ 煤炭转化，包括煤炭液化、气化和煤热解等；

④ 煤气化联合循环发电技术；

⑤ 21 世纪洁净煤技术，包括高效低污染燃烧技术、煤炭深度加工技术、煤气化燃料电池联合循环发电技术等。

彭苏萍院士于 2020 年根据《面向 2035 洁净煤工程技术发展战略》项目研究成果确定了 10 项洁净煤前沿技术，其中包括 700℃超超临界燃煤发电技术、煤制清洁燃料和化学品技术、煤炭分级转化技术、煤转化废水处置与回用技术、共伴生稀缺资源回收利用技术等。

2.1.2.1 型煤

全国工业锅炉、窑炉大部分属于层燃方式，适于燃用块煤。随着采煤机械化程度的提高，块煤年产量逐步下降，商品块煤的产量不足 20%，无法满足窑炉对块煤的需求。解决块煤供需矛盾的唯一办法是利用大量积压的粉煤生产工业型煤，不仅可缓解块煤供不应求的被动局面，而且为粉煤的合理、有效利用提供了技术途径。而且，发展型煤是减少环境污染、提高煤炭利用效率的重要途径。我国在生物质型煤技术、环保固硫型煤、型煤黏结剂及烟煤型煤技术等方面取得了巨大进展，强有力地促进了我国型煤产业的发展。

根据需要将粉煤通过技术手段加工成具有一定粒度、一定形状和一定理化指标的煤制品称为型煤。可以利用单种粉煤制成型煤，也可以利用不同煤质特征的粉煤如劣质煤、煤泥等通过配煤制成型煤，还可以利用生物质、污泥等原料配以粉煤制成型煤。通过粉煤成型可将粉煤转化成优质、高效、洁净的燃料或工业原料。型煤按照用途可以分为工业型煤和民用型煤。

在型煤加工过程中，通过加入不同的黏结剂或添加剂使型煤具有原料煤所没有的特性或工艺性能，如型煤的反应活性、易燃性、热稳定性大为增加，消除了煤的热爆性问题，而且使不能用于固定床气化炉或锅炉的黏结性煤破黏，使之成为合适的造气型煤或锅炉型煤，还可使工业废弃物或劣质燃料如焦粉、煤泥、洗中煤等转变为洁净型煤，从而扩大了煤炭的利用途径，也满足了各种用户的需求。

2.1.2.2 煤的焦化

煤在隔绝空气下加热至 950～1050℃，经过干燥、热解、熔融、黏结、固化、收缩等阶段最终制得焦炭，此过程称为炼焦。炼焦过程中，煤中有机质随着温度的升高发生一系列不可逆的化学、物理和物理化学变化，形成气态（煤气）、液态（焦油）和固态（半焦或焦炭）产物。由高温炼焦得到的焦炭可用于高炉冶炼、铸造、气化和化工等工业燃料或原料。炼焦过程中得到的干馏煤气经回收、精制后的各种有机物质可作为合成纤维、染料、医药、涂料和国防等工业的原料。经净化的焦炉煤气既是高热值燃料，又可作为合成氨、合成燃料和一系列有机产品的原料。炼焦是煤综合利用的重要方法之一，也是冶金工业的重要组成部分。

2017 年年底，我国焦化产能约为 6.5 亿吨，焦炭年产量为 4.3 亿吨。2018～2020 年，依然有 4000 万吨焦化新增产能陆续释放。2020 年，为加快焦化行业转型升级，促进焦化行业技术进步，提升资源综合利用率和节能环保水平，推动焦化行业高质量发展，工业和信息化部制定了《焦化行业规范条件》。

（1）煤的成焦原理

高温炼焦全过程一般可划分为以下几个阶段。

1）干燥和预热 从常温加热到200℃，煤在炭化室中干燥预热，析出吸附在煤中的CO_2、CH_4等气体，这一过程主要发生的是物理变化，煤质基本不变。200～350℃时煤开始分解，由于侧链的断裂和分解，产生气体和液体，350℃前主要分解出化合水、二氧化碳、一氧化碳、甲烷等气体，焦油蒸出很少，伴随微量的胶质体生成。

2）生成胶质体 350～450℃时由于煤化学结构上侧链的断裂生成大量的液体、高沸点焦油蒸气和固体颗粒，并形成一个多分散相的胶体系统，即胶质体。凡是能生成胶质体的煤都具有黏结性。

3）半焦收缩 450～550℃时胶质体中的液体进一步分解，一部分以气体析出，胶质体黏度增加，在液体表面固化并与半焦的平面网络结合在一起，生成硬壳（半焦）。半焦硬壳持续出现裂纹导致胶质体流出并固化。

4）生成焦炭 650～1000℃时，半焦内的有机物质继续热分解和热缩聚，析出苯环周围的氢，因而半焦平面网络间继续缩合、变紧，最后生成焦炭。此阶段析出的焦油蒸气与炽热的焦炭相遇，部分进一步分解，析出游离碳沉积在焦炭上。

煤热解时能否形成胶质体，对煤的黏结成焦很重要，不能形成胶质体的煤没有黏结性。黏结性好的煤，如焦煤、肥煤，在热解时形成的胶质体的液相物质多，能形成均一的胶质体，有一定的膨胀压力。如果煤热解形成的液体部分少，或者形成的液体部分的热稳定性差、易挥发，则其黏结性差，如弱黏结性气煤。

（2）捣固炼焦技术

捣固炼焦技术是利用专门的粉煤捣固机械将散装煤捣固成致密煤饼，再由炭化室侧面装入进行高温炭化的一种炼焦工艺。经捣固后，煤料堆密度增加，煤粒间接触致密，间隙减小，填充间隙所需的胶质体液相产物的数量也相对减少，可以使更多的胶质体液相产物均匀分布在煤粒表面，使炼焦过程中煤粒之间形成较强的界面结合而提高焦炭质量。捣固炼焦是一项节约能源、保护环境、自动化控制水平高、焦炭产率与质量好的新型炼焦技术。经过多年研发和设计，我国捣固炼焦技术与装备已达到国际先进水平。

（3）煤焦化产品链

煤在高温炼焦过程中主要生成固体焦炭、液体煤焦油和焦炉气。如图2-1所示，焦炭除了用于高炉冶炼、铸造外，还可与石灰石电弧熔融生成电石用于生产乙炔。煤焦油可分离得到沥青、蒽油、洗涤油、萘油、酚油等，可用于涂料和铺路、提纯蒽制备炭黑、焦炉气中粗苯的吸收剂等方面，精制后可用于染料与医药生产及甲酚、苯酚制备。焦炉气经过硫酸处理后回收的氨常以硫酸铵的形式作为最终产物，也可将其进行洗油处理后提取粗苯用作其他化工产品生产的原料。

随着我国环保政策的相继颁布，把原煤“吃干榨净”的煤炭加工产业链的思路逐渐成为建设循环、绿色经济的落脚点。以上海华谊能源化工有限公司（前身为上海焦化有限公司）为例，1958年其建立上海首套年产90万吨焦炭的炼焦制气装置。2003年，该公司以焦化为“龙头”的多联产生产链为社会提供了聚氯乙烯（PVC）29.43万吨、醋酸13.93万吨、甲醇21.82万吨、各类轮胎296万套、丙烯酸及酯类产品16.27万吨等。上海华谊

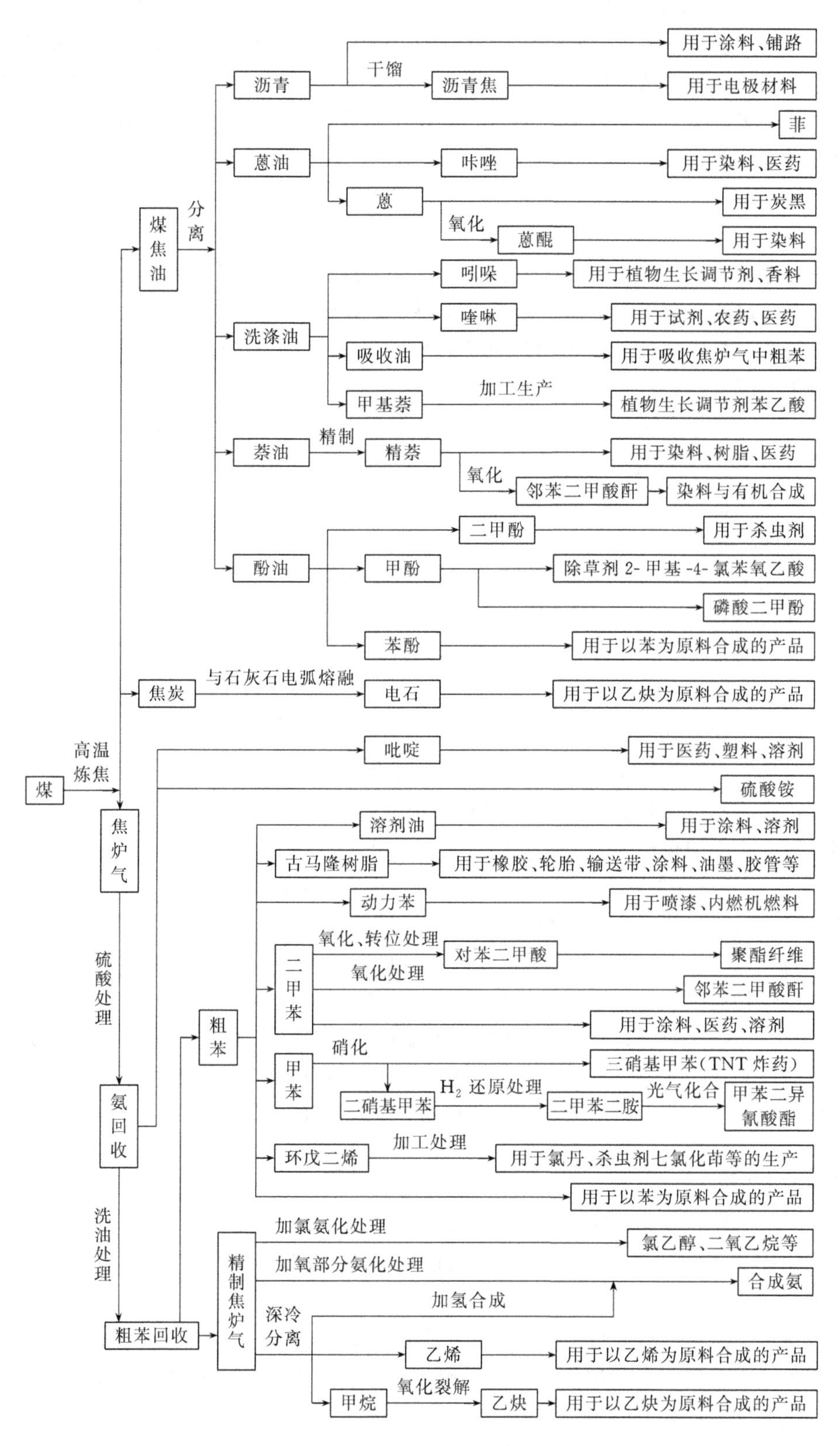

图 2-1　煤炭焦化产品链图

集团于2007年确定安徽煤基多联产化工产业基地，启动焦炭联产甲醇项目，并于2015年验收，生产能力达240万吨/焦炭联产60万吨/年甲醇。截至2021年，上海华谊集团年产冶金焦140万吨，联产城市煤气达240万立方米、甲醇80万吨、苯酐5万吨，炼焦相关产业链中的煤焦油系列、油脂化工系列、工业气体系列、无机锌系列、活性炭系列、减水剂系列等产品120余种，总计20余万吨。

2.1.2.3 煤的气化

煤的气化是指以煤、半焦等为原料，以空气、富氧、水蒸气、二氧化碳或氢气等作为气化剂，在一定温度和压力下通过化学反应将煤、煤焦中的可燃部分转化为气体的热化学过程。煤气的有效成分包括CO、H_2及CH_4等，气化煤气经处理后可用作城市煤气、工业燃气和化工原料气。

20世纪60年代，中国开始进行K-T炉粉煤气化试验，并于20世纪70年代初在新疆建成一套K-T炉粉煤气化制氨装置，生产能力达每台$4800m^3/h$。改革开放以来，我国启动了自主知识产权的煤气化技术的研发工作。“七五”期间，在国家重点科技攻关项目的支持下，中国科学院山西煤炭化学研究所（后简称山西煤化所）开展了灰熔聚气化技术的基础理论研究工作，并建成了投煤量24t/d的中试装置，完成了灰熔聚流化床工程放大特性研究。进入21世纪后，我国现代煤化工行业快速发展，以多喷嘴对置式水煤浆气化技术为代表的我国自主知识产权大型煤气化技术进入了世界领先行列，在核心技术水平和煤炭气化能力上均居国际引领地位。

（1）煤的气化原理

煤的气化是一个热加工转化过程。煤在气化炉内经加热后会发生一系列复杂的物理、化学变化，先后经历干燥、热解、气化和燃烧几个过程，其主要影响因素有气化介质种类、燃料与气化剂的接触方式、气化温度、气化压力和原料煤性质等。

1）干燥　原料煤加入气化炉后，由于煤与热气流或炽热的半焦之间发生热交换，使煤中的水分蒸发为水蒸气进入气相，从而使煤得到干燥。

2）热解　煤在气化炉中干燥后，随着温度的进一步升高，煤分子发生分解反应，生成大量挥发性物质（包括干馏煤气、焦油等），同时煤形成半焦。

3）气化　煤热解后形成的半焦在更高的温度下与通入气化炉的气化剂发生如下化学反应，生成以CO、H_2、CH_4及CO_2等为主要成分的气态产物，即粗煤气。

气化反应：
$$C+H_2O=\!=\!=CO+H_2 \tag{2-1}$$

气化反应：
$$C+\frac{1}{2}O_2=\!=\!=CO \tag{2-2}$$

气化反应（Boudouard反应）：
$$C+CO_2=\!=\!=2CO \tag{2-3}$$

甲烷化反应：
$$CO+3H_2=\!=\!=CH_4+H_2O \tag{2-4}$$

水煤气变换反应：
$$CO+H_2O=\!=\!=CO_2+H_2 \tag{2-5}$$

4）燃烧　煤与气化剂之间的反应主要是吸热反应，同时需要保证气化反应能够在较高的气化炉操作温度下连续进行，因此一般通过原料煤中部分碳和气化剂中的氧发生燃烧反应来提供气化所需要的热量。

（2）煤的气化工艺

煤的气化工艺根据煤和气化剂在气化炉中的流体力学状态或气固接触方式可分为固定

床气化、流化床气化、气流床气化。

固定床气化一般采用一定粒径的块煤或成型煤为原料。煤与气化剂分别由炉顶和炉底送入，流动气体的上升力不足以使固体颗粒的相对位置发生变化，床层高度亦基本维持不变。从宏观角度看，由于煤从炉顶加入，并在气化过程中逐渐向下移动，因而又称为移动床气化。固定床气化的特性是简单、可靠，同时由于气化剂与煤逆流接触，气化过程进行得比较完全，且热量得到合理利用，因而具有较高的热效率。典型的固定床气化工艺有Lurgi加压气化工艺、UGI气化工艺、熔融排渣的BGL气化工艺等。

流化床气化又称沸腾床气化。当气体或液体以某种速度通过颗粒床层并使颗粒物料保持悬浮时，便出现了颗粒床层的流态化现象。流化床的特点在于其较高的气-固之间的传热、传质速率，床层颗粒浓度和温度分布比较均匀。典型的流化床气化工艺有Winkler气化工艺、高温Winkler（HTW）气化工艺、U-Gas炉、循环流化床（CFB）气化工艺、KBR运输床气化工艺等。

气流床气化是一种并流式气化技术。气化剂（氧与蒸汽）携带煤粉（70%以上的煤粉粒径<0.075mm）进入气化炉，在1500～1900℃高温下转化成CO_2、H_2、CO等气体，同时残渣以液态熔渣形式排出气化炉。随气流的运动，未反应的气化剂、热解挥发物及燃烧产物夹杂着煤焦粒子高速运动，这种运动形态相当于流态化技术领域里对固体颗粒的“气流输送”，习惯上称为气流床气化。典型的气流床气化工艺有Texaco气化工艺、Shell气化工艺、K-T炉气化工艺、GSP气化工艺、多喷嘴对置式水煤浆气化工艺等。

（3）煤的气化产品链

煤气化是煤炭清洁高效利用的核心技术，如图2-2所示，通过该技术可以生产煤基大宗化学品（合成氨、甲醇、乙二醇、醋酸、乙烯、丙烯等）、液体燃料（汽油、柴油）和烯烃类塑料（聚乙烯、聚丙烯）等。同时，煤气化也是煤制天然气（SNG）、IGCC发电、煤基多联产、直接还原炼铁、制氢等过程工业的基础，是这些行业发展的关键技术。

我国煤气化技术取得了明显进步，例如兖矿集团（现山东能源集团有限公司）以煤炭气化技术为龙头，构建了“煤电油化联产、上下游一体化”发展模式，具备了年产100万吨油品、900万吨甲醇、醋酸及下游产品的生产能力，走出了一条产业循环、低碳清洁的发展路径，拥有了水煤浆气化、干煤粉气化、低温费托合成煤制油等10多项具有自主知识产权的核心技术。其中，水煤浆气化技术推广到36家国内外企业，实现了我国向发达国家输出煤化工大型成套技术的历史性突破。华谊钦州项目一期工程于2017年11月开工建设，主要是以煤气化为主要技术的煤化工产业链，生产包括氢气、合成气、氮气等工业气体以及甲醇、乙二醇、醋酸等化工产品。其二期项目主要为生产烯烃及下游深加工产品及乙烯-醋酸乙烯共聚物（EVA）等产品，进而延伸发展丁辛醇等精细化工品和高性能材料等。

2.1.2.4 煤的直接液化

煤直接液化又称煤加氢液化，是在一定温度和压力下借助供氢溶剂和催化剂使煤与氢反应，从而将煤中复杂的有机高分子结构直接转化为较低分子量的液体油。通过煤直接液化，不仅可以生产汽油、柴油、煤油、液化石油气，还可以提取苯、二甲苯混合物以及生产乙烯、丙烯等重要烯烃的原料。煤炭直接液化是目前由煤生产液体产品方法中最有效的路线，液体产率超过70%（以无水无灰基煤计），工艺总热效率通常为60%～70%。

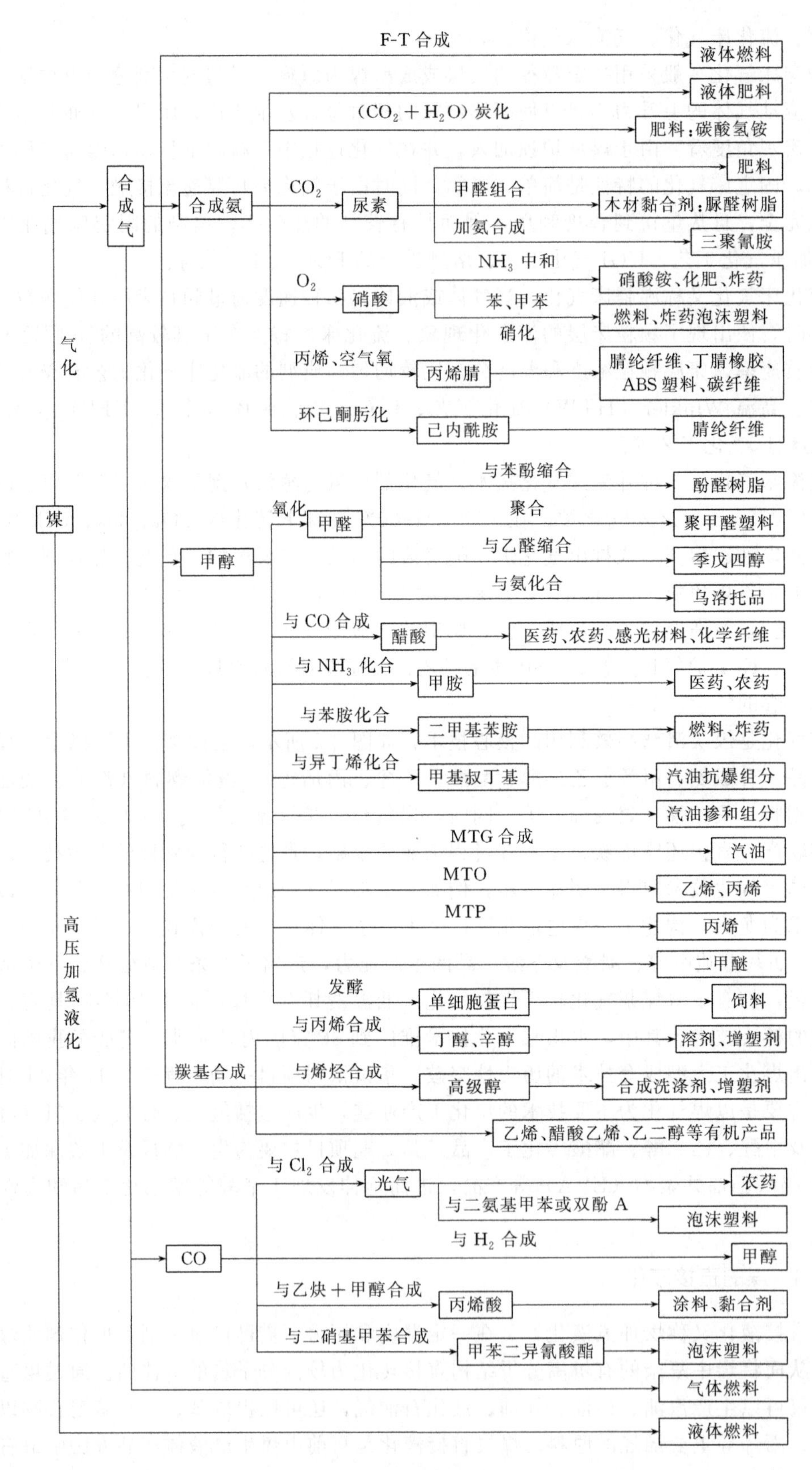

图 2-2 煤炭气化产品链图

(1) 国内外发展历程

自1869年Berthelot用碘化氢与煤在常压、温度为270～280℃下反应24h获得烃类和沥青产物以后，人们一直试图将固体煤转化为液体燃料，直到1913年德国科学家F. Bergius发现在高温高压下可将煤加氢液化生产液体燃料，获得了世界上第一个煤炭直接液化技术专利，然而由于没有使用催化剂，导致该工艺煤转化率很低。1926年，德国IG公司研制出煤炭高效加氢催化剂，并于1927年在莱纳（Leuna）建立了规模为10万吨/年的世界上第一个煤炭直接液化厂。

20世纪50年代后，中东地区大量廉价石油的开发使煤炭液化失去了竞争力。20世纪70年代，受1973年和1979年两次世界石油危机的影响，煤炭液化又开始引起世界各国的重视。美国、德国、英国、日本等国纷纷组织了一批科研机构及企业开展了大量的研发工作，相继开发出多种工艺，研究重点也从基础理论、反应机理转变为工艺开发、工程化开发。美国于1973年制定的能源发展计划强调在节约能源的基础上大力发展煤炭液化等能源技术。20世纪80年代初，日本进行了大量的煤直接液化基础研究，专门成立了新能源产业技术综合开发机构（NEDO），并组织十几家公司合作开发了NEDOL烟煤直接液化技术。

我国于20世纪70年代开始研究煤炭直接液化技术，目的是充分利用我国丰富的煤炭资源生产化工原料。原煤炭科学研究总院北京煤化学研究所通过国家“六五”“七五”科技攻关，对中国的上百个煤种进行了直接液化实验，选出了15种适合液化的煤种，同时在改进后的德国实验装置上完成了我国4种煤（兖州、天祝、神木、先锋）的直接液化工艺条件最佳化研究，并开发了煤液化油提质加工工艺，利用国产催化剂，获得了合格的汽油、柴油及航空煤油。1997年，中国煤炭科学研究总院与德国DMT和鲁尔煤炭公司签订了两年的协议，进行中国云南先锋煤液化5000t/d示范厂的可行性研究。

进入21世纪，我国在吸收国外先进液化技术的基础上，根据中国煤质特点，先后开展了高分散铁系催化剂的开发，其催化活性达到世界先进水平，煤直接液化装置更是走在世界前列。在“863计划”“973计划”等国家科技计划项目支持下，中国煤炭科学研究总院与神华集团合作，对0.12t/d煤加氢液化小型连续试验装置进行了针对性改造，建设并运行了6t/d煤直接液化工艺装置，形成了拥有自主知识产权的神华煤直接液化工艺。2008年12月30日，神华集团鄂尔多斯煤直接液化示范工程的第一条百万吨级生产线投煤试车，顺利产出合格的柴油和石脑油。

“十三五”期间，重点煤制油项目如宁夏神华宁煤二期、陕西兖矿榆林二期、新疆甘泉堡、新疆伊犁、贵州毕节等项目的陆续实施，体现了煤直接液化在我国未来发展中的重要战略地位。国家能源局下发的《2018年能源工作指导意见》指出，国家将继续推进煤制油项目建设，年内计划开工建设伊泰伊犁100万吨/年煤制油示范项目，并做好神华煤直接液化示范项目第二、第三条生产线的建设。

(2) 煤的直接液化原理

煤可在一定温度、压力和溶剂的条件下通过加氢实现液化，但是，由于煤炭是一种非常复杂的有机物，其液化过程中发生的化学反应极其复杂。煤液化过程中，供氢溶剂及催化剂起着非常重要的作用。研究表明，煤在一定温度、压力下的加氢液化过程基本上可分为3个过程：

① 当温度升至300℃以上时，煤受热分解，即煤的大分子结构中较弱的键开始断裂，

打破了煤的大分子结构，产生大量的以结构单元为基体的自由基碎片；

② 在具有供氢能力的溶剂环境和较高氢气压力的条件下，自由基被加氢稳定生成沥青烯及液化油分子；

③ 沥青烯及液化油分子继续被加氢裂化生成更小的分子。

参与液化反应的氢主要来源于溶解于溶剂中的氢在催化剂作用下转化为活性氢（氢气中的氢分子被催化剂活化为氢自由基）、溶剂油提供的或传递的氢（供氢溶剂碳氢键断裂产生的氢自由基）、煤本身可供应的氢（煤分子中碳氢键断裂产生的氢自由基）和化学反应生成的氢（如 $CO+H_2O \longrightarrow CO_2+H_2$）等。

（3）煤的直接液化工艺

迄今煤的直接液化工艺很多，但是由于煤炭性质及加氢过程的复杂性，大多停留于实验室阶段。目前经过工业性试验验证的煤直接液化工艺主要包括美国的 H-Coal、SRC-Ⅰ、SRC-Ⅱ、EDS 工艺与德国的 IGOR$^+$ 工艺、日本的 NEDOL 工艺、中国神华煤直接液化工艺等，这些工艺的共同特点是加氢反应的压力和温度等反应条件趋于缓和，煤的转化率和油的收率大幅提高，过程能耗下降，生产成本下降，工艺经济性趋于合理。

2.1.2.5 煤的间接液化

煤的间接液化是指煤炭在高温下与氧气和水蒸气发生气化反应转化为合成气（CO 和 H_2 的混合物），然后在催化剂的作用下催化合成为以液态烃为主要产品的技术。该技术于 1923 年由德国皇家煤炭研究所的 F. Fischer 和 H. Tropsch 发明，故称为 Fischer-Tropsch（F-T）合成或费托合成。F-T 合成反应作为煤炭间接液化过程中的重要反应，已经成为煤炭间接液化制取各种烃类及含氧有机化合物的重要方法之一。

（1）我国煤的间接液化发展历程

我国能源结构特殊，因此对煤间接液化技术十分重视。20 世纪 80 年代，中国科学院山西煤炭化学研究所主攻煤间接液化技术，开发了将传统的 F-T 合成与分子筛改质相结合的固定床两段合成法工艺（MFT）和浆态床-固定床两段合成工艺（SMFT），并于 1997 年开发了以铁催化剂和浆态床反应器为核心的费托合成技术。

“十五”期间，煤制油工程被列入我国重点组织实施的 12 大高新技术工程之一。“863”计划设立了“洁净煤技术主题”，煤炭科学研究总院与中国科学院山西煤炭化学研究所等机构申请了相关项目并分别开展了“煤基液体燃料合成浆态床工业化技术”“煤间接液化催化剂及工艺关键技术”等课题研究。中国科学院山西煤炭化学研究所分别于 2001 年和 2007 年开发了 ICC-Ⅰ低温（230～270℃）和 ICC-Ⅱ高温（250～290℃）两大系列铁基催化剂技术和相应的浆态床反应器技术。兖矿集团开发的低温铁系催化剂浆态床 F-T 合成技术、高温铁系催化剂固定流化床 F-T 合成技术分别于 2004 年和 2007 年完成中试试验。

神华宁煤集团年产 400 万吨/年煤炭间接液化示范项目于 2016 年 12 月 21 日打通全流程，并产出合格产品。该项目是“十二五”期间重点建设的煤炭深加工示范项目，同时也是全球单套投资规模最大、装置最大、拥有自主知识产权的煤炭间接液化示范项目。2017 年 6 月，“十三五”重点项目伊泰年产 200 万吨煤炭间接液化示范项目在准格尔旗大陆煤化工基地开工建设。山东能源集团于 2020 年 9 月针对 400 万吨/年煤间接液化项目进行了综合评价，该项目采用兖矿集团自主开发的 F-T 合成技术，建成后可年产 416.89 万吨优质油品及化学品。

(2) 煤的间接液化原理

F-T 合成反应是煤炭间接液化过程的核心，基本化学反应是由一氧化碳加氢生成饱和烃和不饱和烃，反应式如下：

$$nCO+2nH_2 \rightleftharpoons -(CH_2)_n- +nH_2O \tag{2-6}$$

当催化剂、反应条件、气体组成不同时，还进行如下平行反应：

$$CO+2H_2 \rightleftharpoons -CH_2- +H_2O \tag{2-7}$$

$$CO+3H_2 \rightleftharpoons CH_4 +H_2O \tag{2-8}$$

$$2CO+H_2 \rightleftharpoons -CH_2- +CO_2 \tag{2-9}$$

$$3CO+H_2O \rightleftharpoons -CH_2- +2CO_2 \tag{2-10}$$

F-T 合成过程因工艺与催化剂的不同其产物分布亦不同。以常用的铁基催化剂为例，F-T 合成的第一步是 CO 和 H_2 同时化学吸附在催化剂上，CO 中的 C 原子与催化剂金属结合，形成活化的 C—O 键，与活化的氢反应构成亚甲基团，亚甲基团进一步聚合形成链状烃。链状烃的增长是通过与催化剂表面相连的亚甲基插入一个金属烷基键而进行的，并因脱附、加氢或与产物反应而终止。

(3) 煤的间接液化工艺

煤的间接液化过程主要由三大部分组成，即煤制合成气（包括造气和净化）、合成气 F-T 合成以及合成油品加工精制，其中 F-T 合成单元是核心部分。F-T 合成工艺过程一般分为煤的气化、合成气净化、F-T 合成、产物分离、产品精制五大部分。

煤的间接液化工艺按 F-T 合成的反应温度可分为低温煤间接液化工艺和高温煤间接液化工艺，通常将反应温度低于 280℃的称为低温煤间接液化工艺，高于 300℃的称为高温煤间接液化工艺。低温煤间接液化通常采用固定床或浆态床反应器，高温煤间接液化通常采用流化床（循环流化床、固定流化床）反应器。

国外典型的工业化煤间接液化技术有南非 Sasol 的 F-T 合成技术、荷兰 Shell 公司的 SMDS 技术、Mobil 公司的 MTG 合成技术等。此外，我国大唐国际化工技术研究院有限公司、山西煤化所、西南化工研究院等机构也进行了大量研究，开发出了一系列自主研发技术，为我国煤炭间接液化技术的进一步发展奠定了基础。

2.1.2.6 煤制甲烷

煤制甲烷即从煤气化出发得到富甲烷气体的过程，此富甲烷气体被称为替代天然气（Substitute Natural Gas）或合成天然气（Synthetic Natural Gas），简称 SNG。煤制合成天然气从能效和水耗来看，是煤制能源产品最有效的利用形式之一，对发展煤制能源产品产业具有重要意义。

(1) 国内外发展历程

20 世纪初，国外即开始进行甲烷化催化剂与利用甲烷化反应脱除合成氨原料气中少量 CO、CO_2 的研究。20 世纪 70～80 年代，Lurgi 公司开发了煤制天然气甲烷化催化剂。1984 年，美国采用德国 Lurgi 公司的新型煤制天然气技术投产了一个日产 389 万立方米的煤制天然气工厂。20 世纪末，Davy 公司研发出 CRG 甲烷化催化剂和 HICOM 甲烷化技术。2014 年 6 月，福斯特惠勒、科莱恩与惠生合作建成了一套中试装置，并于 2016 年完成了所有的中试试验，结果表明该技术具备商业化应用条件。

20 世纪 60 年代，中国科学院大连化学物理研究所研制的中温甲烷化催化剂成功应用于合成氨厂，用于脱除合成氨原料气中少量的 CO、CO_2，将低热值水煤气甲烷化，提高其热值用作中热值城市煤气。2008 年 9 月，北京华福、大连瑞克、中煤龙化联合研发了无循环甲烷化新技术（NRMT），并于 2015 年 10 月实现中试装置连续稳定运行。同年 12 月，“无循环甲烷化新技术”被中国石油和化学工业联合会组织鉴定为国际先进水平，打破了国外技术对中国的垄断。2014 年，由中国化工集团西南化工研究设计院有限公司和中海石油气电集团有限责任公司合作研发的“煤制天然气甲烷化中试技术”通过中国石油和化学工业联合会组织的成果鉴定。

“十二五”期间，国家能源局积极倡导煤制气项目，其中甲烷化技术是煤制气产业链中的重要步骤。2011 年，中国科学院大连化学物理研究所在河南义马气化厂进行了 $4800m^3/d$ 的煤制天然气甲烷化中试，连续稳定运行 1000h。中国大唐国际内蒙古克什克腾旗煤制天然气项目与庆华新疆伊宁煤制天然气项目分别于 2012 年、2013 年建成投产。2018 年，中国石油天然气集团有限公司采用自主研发的甲烷化技术，在乌鲁木齐石化公司的 $5000m^3/h$ 合成气制甲烷化试验装置上试车成功，同时利用国内自主开发的焦炉煤气制甲烷技术建成了多个小型煤制气项目，为缓解我国天然气紧张局面做出了有益贡献。

（2）煤制甲烷原理

甲烷化是煤制天然气的核心技术，进入甲烷合成装置的合成气中的 CO、CO_2 和 H_2 在一定温度、压力和催化剂的作用下发生化学反应生成 CH_4，具体的反应如下：

$$3H_2+CO \longrightarrow CH_4+H_2O \tag{2-11}$$

$$4H_2+CO_2 \longrightarrow CH_4+2H_2O \tag{2-12}$$

伴随上述甲烷化反应进行，同时发生 CO 变换反应：

$$H_2O+CO \rightleftharpoons CO_2+H_2 \tag{2-13}$$

对于甲烷合成工艺，H_2/CO 应满足最佳化学计量比 B。

$$B=n(H_2-CO_2)/n(CO+CO_2)=3.04 \tag{2-14}$$

（3）Davy 甲烷化工艺

英国燃气公司于 20 世纪 60～70 年代开发出 CRG 技术，该技术也因 CRG 催化剂而闻名。20 世纪 90 年代，Davy 公司获得了 CRG 技术对外转让许可专有权，并进一步整合、开发、完善成为现在的 Davy 技术。

Davy 甲烷化工艺流程可分为两段：第一段为大量转化阶段，含两个主甲烷化反应器，采用串并联结合的方式连接，第二个甲烷化反应器出口的部分反应气作为循环气，经换热在 150℃左右提压，再与新鲜气混合进入第一个反应器，以控制第一段反应温升；第二段为补充转化阶段，含两个补充甲烷化反应器。全段共 4 个绝热固定床反应器，均采用相同的 CRG 系列催化剂。Davy 甲烷化技术的最大特点在于反应过程中的稳定性。在反应过程中采用 CRG 高镍催化剂，其最佳活性温度处于 300～600℃之间，温度跨度较大。英国 Davy 甲烷化技术采用的是 1～6MPa 的中压合成条件，可实现完全甲烷化，并且不需要调节氢气与氧气的配比。

（4）TREMP 甲烷化工艺

20 世纪 70 年代后期，丹麦托普索公司开发出托普索循环节能甲烷化工艺（$TREMP^{TM}$）。当调节 H_2/CO 约为 3 时，合成气进入串联的绝热固定床反应器。在第一个反应器后设有压缩循环工艺，降低入口 CO 的量以控制反应温度。第一个反应器为高温型，入口温度为 300℃，出口温度为 450℃。第一个和第三个反应器的出口气与蒸汽循环系统进行热交换，将产品气冷却的同时生产蒸汽，回收甲烷化释放的热量。该工艺技术CO转化率可达100%，CO_2转化率为99%。TREMP技术的特点主要体现在两个方面：一方面为具有较高的热回收率，在TREMP技术中采用的催化剂类型为MCR-2X，该催化剂可有效提高甲烷化反应速度，并且能够对热回收率进行强化；另一方面，TREMP系列催化剂在700℃的环境下能够表现出较高的活性，可减少气体循环，降低压缩机的功率。

采用托普索甲烷化技术的新疆庆华55亿立方米每年煤制天然气项目一期于2013年8月竣工投产。2014年12月，采用托普索甲烷化技术的庆华煤制气装置生产负荷已达到80%以上。同年采用托普索甲烷化技术的汇能煤制气项目正式投产，产出气中甲烷体积分数高达99.17%。2018年4月托普索公司与江苏省产业技术研究院、苏州高铁新城联合成立了江苏集萃托普索联合研发中心，主要面向中国市场及用户，加速该公司技术在中国产业化应用进程。

（5）浆态床甲烷化工艺

太原理工大学和中国化学赛鼎工程有限公司（原化学工业部第二设计院）于2014年合作开发了浆态床甲烷化工艺。该工艺中原料气与催化剂颗粒在反应器的液相介质中充分接触，生成的混合气体夹带的催化剂和液相组分通过气液分离器分离，气相产物冷凝得到合成天然气，液相产物经预热并补充新鲜催化剂后返回浆态床甲烷化反应器。浆态床甲烷化工艺具有反应温度均匀、原料适应性强、CO单程转化率高和设备投资少、催化剂可以连续再生等优点。

2.1.2.7 煤基醇醚燃料

醇醚燃料是由煤（包括原煤、煤层气、焦炉煤气等）通过气化合成低碳含氧燃料——甲醇、二甲醚等替代汽油、柴油的清洁燃料。煤制甲醇、二甲醚等煤炭转化技术可将煤转化为较为清洁的液体燃料，是缓解石油紧张、弥补石油缺口的有效途径之一。对“富煤缺油少气”的中国而言，发展煤基合成燃料是煤化工发展的重要内容之一，尤其对于保障国内能源供应安全具有十分重要的战略意义。

我国的甲醇车用燃料研究始于20世纪70年代，“六五”期间，国家科委与交通部共同组织，在山西省进行M15～M25甲醇燃料的研究试验。“七五”期间，由国家科委组织、中国科学院牵头组织攻关组，重点针对492发动机进行扭矩、热效率和尾气排放等方面的系统研究。

1995年，国家科学技术委员会组织中国科学院、清华大学、化工部、美国福特汽车公司、麻省理工学院等联合开展“中国山西省及其他富煤地区把煤转化成汽车燃料的经济、环境和能源利用的生命周期评估”科学研究，并取得重要成果。1996年，中国科学院工程热物理研究所、山西大同云冈汽车集团有限公司与福特汽车公司合作研制成功甲醇灵活燃料汽车，采用无铅汽油或甲醇含量低于85%的甲醇汽油混合燃料可适应不同的行驶环境。

2003年7月，山西省承担了国家“十五”科技攻关清洁汽车关键技术研究开发与示范应用项目——“甲醇燃料汽车（M85～M100）示范工程”，共55辆M85～M100高掺比甲醇汽车进行示范运营，取得了良好效果。随后我国相继出台了《醇基液体燃料》（GB 16663—1996）、《车用燃料甲醇》（GB/T 23510—2009）、《车用甲醇汽油（M85）》（GB/T

23799—2009）等国家标准，这些标准的制定实施有利于规范和推广甲醇燃料的应用。

（1）甲醇燃料

甲醇燃料主要用于车用燃料、民用燃料及燃料电池，也可用于合成汽油等石化产品，还可转化为氢气、二甲醚等清洁燃料。随着世界石油能源的日益枯竭，环境的不断恶化，燃料甲醇作为一种清洁能源越来越受到世界的重视。

1）甲醇燃料性质　甲醇是最简单的饱和脂肪醇，分子式为 CH_3OH，分子量为 32.04。常温常压下，纯甲醇是无色透明、易挥发、可燃且略带醇香味的有毒液体。甲醇热值低、汽化潜热大、抗爆性好、含氧量高，可进行氧化、脂化、羰基化、胺化、脱水等反应。

2）甲醇燃料生产　燃料甲醇主要指在工业甲醇的生产过程中仅脱除粗醇中的水分，而不分离其中所含的其他含氧副产物（如乙醇、丙醇等高级醇）。相对于工业甲醇的生产，其工艺流程简单，包括合成气制备、净化、合成等步骤。

① 合成气制备：甲醇合成气主要由 CO、H_2 以及 CO_2 等组成，可通过原料部分氧化或蒸汽转化等方法制得。合成气的制备工艺根据不同的原料有很大的差异，最终的合成气需满足合适的氢碳比、合适的 CO 与 CO_2 比例，并清除其中有害杂质。

合成气制备是指在气化炉中一定的温度和压力下煤与气化剂反应转化成可燃气体的过程。根据所采用的气化剂（空气、富氧空气、纯氧、水蒸气、二氧化碳等）和气化工艺的不同，可以制得不同成分的可燃性气体——煤气。合成甲醇的原料气制备一般选用水蒸气或水蒸气与纯氧作为气化剂，所得的原料气主要成分为 H_2 和 CO，含量可达 85%以上。

② 粗煤气净化：从气化炉中出来的粗煤气除了需要的成分外，还含有一些有害杂质，如粉尘、硫化物和氯化物等。煤气中粒径大于 20μm 的粉尘颗粒极易沉积堵塞后续设备及管道，硫化物及氯化物等气态杂质不但会腐蚀设备及管道，对催化剂的毒害性也非常大。因此，合成气需要经过除尘、脱硫、脱氯、脱除羰基金属化合物以及其他杂质，并净化到规定的标准。

③ 甲醇合成：甲醇合成的工艺流程有多种，其发展过程和新型催化剂、净化技术的开发与应用紧密相关。最早用于甲醇合成的催化剂是锌-铬催化剂，该催化剂需在 30～35MPa 的高压和 360～400℃的高温条件下才具有较高的活性，使用该催化剂合成甲醇的方法又称为高压法。该法生产甲醇的特点是技术成熟、催化剂耐硫性较好，但是投资及生产成本较高。国内甲醇催化剂研究主要集中于 $CuO/ZnO/Al_2O_3$ 催化剂上，主要研究单位有西南化工研究设计院、西北化工研究院、南京化学工业集团研究院等。自从开发出低温、低压合成甲醇的铜基催化剂及解决了相关的脱硫净化技术，甲醇生产高速发展，成本大大降低。目前，甲醇生产代表性工艺有 ICI 低压法和 Lurgi 低压法。由于低压法的设备体积相当庞大，因此在低压法的基础上发展了中压法。

（2）二甲醚燃料

二甲醚（Methoxymethane，DME）主要用于替代石油液化气作为民用燃料，替代柴油作为车用燃料、汽轮机燃料以及发电。

1）二甲醚燃料性质　二甲醚分子式为 C_2H_6O，分子量为 46.07，在常温下为一种无色、无腐蚀性的具有轻微醚香味的气体。二甲醚通常用作溶剂、气雾抛射剂、冷冻剂以及替代燃料。二甲醚的十六烷值高、压燃性能好，可用作柴油发动机燃料。二甲醚低热值为 64.58MJ/m^3，同等质量条件下其理论热值约为汽油、柴油的 64%。

2）二甲醚燃料制备工艺

① 甲醇脱水合成工艺：二甲醚基本上由甲醇脱水制得，即先合成甲醇，然后经甲醇脱水制成二甲醚。甲醇脱水制二甲醚分为液相法和气相法两种工艺。

液相法是将甲醇在浓硫酸存在的液相环境中进行脱水醚化，再进行碱洗脱酸、冷凝，进入压缩机压缩，压缩后的产物进入提纯塔提纯，最后对其进行冷凝处理，得到满足所需纯度的二甲醚。山东某企业改进了传统液相法所使用的催化剂，开发出独具特色的复合酸催化脱水液相生产二甲醚的新工艺，并于2001年9月建立了当时国内最大的5000t/a的二甲醚生产装置。四川某企业选用阳离子型液体催化剂和“液-液-气”工艺路线，开发出了阳离子型液体催化反应法二甲醚制备技术，其中二甲醚的选择性达到99.5%。2007年9月，山东某企业利用山东大学开发的反应精馏法、分步反应液相法建成二甲醚生产装置并开车成功，具备了单套装置达到百万吨级的生产能力。

气相法是将甲醇加热蒸发后的甲醇蒸气通过催化剂床层气相脱水制得二甲醚，常用的催化剂为活性氧化铝、结晶硅酸铝等。气相法的工艺过程主要由甲醇加热蒸发、甲醇脱水、二甲醚冷凝及精馏等组成。

国内在甲醇气相法制二甲醚的研究及技术改进方面做了大量工作，西南化工研究设计院是我国最早开始研究甲醇气相法制二甲醚的单位之一，其于1985年开始进行两步法合成二甲醚的技术研究，并于1997年通过100t/a甲醇气相脱水制二甲醚中试项目验收。

上海石油化工研究院采用自主研发的D-4型氧化铝催化剂建成一套0.2万吨/年甲醇气相催化脱水制二甲醚的工业装置，并于1995年开车成功。清华大学开发的二甲醚技术采用自主研发的专用高效固体酸催化剂和等温反应器，并于2007年5月在山东投产。中国科学院大连化学物理研究所开发出催化蒸馏制备二甲醚技术，生产的二甲醚产品纯度达99.9%。

② 直接合成工艺：一步法合成二甲醚即由合成气在同一反应器中的复合催化剂作用下，同时进行甲醇合成和甲醇脱水反应直接生成二甲醚。一步合成法流程简单，运行费用低，一次转化率高。二甲醚的一步合成法主要有固定床和浆态床两种工艺。

固定床一步法合成二甲醚技术是指将固体催化剂颗粒（固相）装填于反应器中，反应气（气相）通过催化剂床层与其接触进行气固两相化学反应。浙江大学、清华大学、中国科学院大连化学物理研究所（后简称中科院大连化物所）、中国科学院兰州化学物理研究所和中国科学院山西煤炭化学研究所等单位先后开发了一步法合成二甲醚的催化剂技术。中科院大连化物所采用金属-沸石双功能催化剂SD219-Ⅲ型催化剂可将合成气高选择性地转化为二甲醚，小试结果表明二甲醚在含氧有机物中的选择性为95%左右。浙江大学利用合成氨生产过程中的脱碳气与再生气配制成一定比例直接合成二甲醚，合理地利用了合成氨生产过程中排放的废气，并在湖北建成1500t/a的生产装置。

浆态床一步法二甲醚合成技术是将固体催化剂细粒悬浮在作为热量吸收剂的惰性溶剂中，反应气体穿过液相溶剂层到达悬浮于溶剂中的催化剂表面进行反应，是一个在气液固三相体系中的反应过程。清华大学于1998年开始与美国空气化学品公司合作研究浆态床生产技术，在金涌院士的主持下开发了循环浆态床一步法合成二甲醚技术并进行了中试研究，该工艺的一氧化碳转化率高达60%，二甲醚的选择性超过95%。清华大学与重庆某企业于2002年7月合作开发3000t/a燃料级二甲醚工业示范技术，2004年3月，以重庆地区的天然气为原料混合水蒸气以及二氧化碳重整制得的合成气进行了浆态床一步法合成燃料用二甲醚装置的试车成功，首次实现了利用浆态床工艺大规模合成燃料级二甲醚。

2.1.2.8 煤基多联产

以煤炭为主的相当长时期内难以根本改变的能源结构对中国实现可持续发展是一个严峻挑战。为此，必须高效洁净利用煤炭资源，优化终端能源结构，煤基多联产系统正是满足这一需求的高效、经济、灵活的煤炭综合利用技术。煤基多联产技术是以煤为原料，集煤气化、化工合成、发电、供热、废弃物资源化利用等单元构成的煤炭综合利用系统。

1953～1967 年，我国 6MW 以上的热电联产供热机组装机总容量达到 2960MW。至 21 世纪初，全国 6MW 及以上供热机组已达 2302 台。“十五”期间，兖矿集团有限公司和中科院工程热物理研究所承担了“国家高技术研究发展计划（简称 863 计划）”项目“高效洁净煤制甲醇与联合循环发电集成系统的研发和示范”课题，建立了 24 万吨/年甲醇和 60MW 联合循环发电多联产装置，其类型类似于简单关联并联型多联产，为 IGCC 与甲醇生产多联产装置在技术、装备、运行和管理等方面的进一步发展奠定了基础。2009 年 6 月国家发展和改革委员会核准位于临港工业区的华能天津 IGCC 电站示范工程项目，其建设内容包括 1 台 250MW 级 IGCC 发电机组。该工程于 2012 年 11 月投产并稳定运行，对于推动我国多联产事业发展具有重大意义。

（1）热电联产

热电联产是指同时生产电能（或机械能）和有用热能的能量利用方式，其将热、电生产有机地结合起来，在构成热、电联产的同时，通过对低品位热量的回收和合理使用来提高系统能量效率。热电联产所生产的电能并入公共电网，因此当其生产的热能被有效利用时可以始终在最大负荷下发电。

热电联产在形式上已经不仅仅局限于传统的燃煤热电厂和供热式汽轮机方式。由于天然气的大规模开发和应用，使得燃气轮机发电技术日益成熟，以燃气轮机、内燃机为动力机械，以天然气、工业废热、生物沼气、木柴等为能源的小型联产系统越来越受到人们的重视。

1）蒸汽轮机热电联产　蒸汽轮机热电联产是联产集中供热的最主要形式，一般使用化石燃料作为能量来源。蒸汽轮机热电联产系统中燃料在锅炉中燃烧将化学能转化为热能产生高温高压蒸汽，蒸汽在透平中膨胀做功，将部分热能转化为机械能，再利用电机将机械能转化为电能。发电后汽轮机的乏汽等则用于工业制造或取暖，以达到能量最大化利用的目的。蒸汽轮机热电联产广泛应用于大规模区域供暖系统，系统简单，操作较为方便。

2）燃气轮机热电联产　电力工业的发展经历了大机组、大电网集中供电的发展时期，目前人们对供电可靠性和用能的多样化要求越来越高，热电联产已经不仅仅局限于供热式汽轮机这种单一的方式。燃气轮机热电联产系统是利用燃气轮机的排气提供热能，对外界供热或制冷。在该联产系统中，空气经压气透平压缩后增温升压，进入燃烧室后和燃料（气或油）混合后燃烧产生高温烟气（大约 1000℃），再进入燃气透平膨胀做功，一部分机械轴功用于发电，一部分（大约 65％）用于压气透平压缩空气，末端烟气（大约 400～600℃）进入余热锅炉产生蒸汽，可直接作为生产用蒸汽或者作为热源供给居民。

因为燃气轮机热电联产结构精密、启动速度快，主要用于发电容量为 1～50MW 的工业企业和建筑物等中小型热电联产用户，其热电比一般为 1.4～2.5，发电效率为 25％～36％，综合效率可达 70％～80％。燃气轮机对燃料有广泛的适应性，可燃用天然气与轻柴油，适当地改进燃烧设备后，还可以燃用重油及产煤地区的坑道煤气。

（2）热电化多联产

热电化多联产系统集化工生产过程和动力系统中热力过程于一体，在完成发电、供热等热转化利用功能的同时，还利用各种能源资源生产清洁燃料（氢气、合成气与液体燃料等）和化工产品（甲醇、二甲醚等），是一个实现多领域功能需求和能源资源高增值目标的可持续发展能源利用系统。一方面，能源动力系统达到合理利用能源和低污染排放；另一方面，实现化工产品或清洁燃料的生产过程低能耗与低成本，满足多领域功能需求和能源资源高增值目标。热电化多联产以煤气化为核心，可将电力、化工、能源、冶金、稀有气体和公共气体等产品的生产集合成多联产系统。

采用煤基多联产的意义主要是把煤基燃气-蒸汽联合循环发电装置及其他煤基各类生产装置在技术上进行耦合，对物流（如燃料）进行合理利用，对能流（如蒸汽）进行统一平衡，实现梯级利用，从而提高整体热效率，减少煤炭的消耗，节约能源，减少污染物的排放，达到节能减排的效果。同时，还可以利用其他产品的经济效益改善单一 IGCC 装置投资高、发电成本较高等问题。

热电化组合的方式一般来说有两种：以洁净煤气化技术生产的粗合成气（或燃料气）分两股主物流分别进入燃气-蒸汽联合循环发电与化工（如甲醇）系统，称为并联型；以一股主物流先进入化工（如甲醇）系统，化工系统排出的未反应物流作为燃料再进入燃气-蒸汽联合循环发电系统，称为串联型。

1）并联型多联产　并联型 IGCC 与甲醇多联产按照物流和能流的关联程度可分为两种类型，即简单并联型、综合并联型。

简单并联型多联产系统是指化工流程与动力系统以并联的方式连接在一起，合成气平行地供给化工生产过程和动力系统，没有突破分产流程、以提高原料转化率与能量利用效率为目的的本质，基本上保持原来分产流程的固有结构，系统优化整合侧重于物理能范畴，其主要体现是回收化工过程弛放气用作动力系统燃料。

综合并联型多联产系统在简单并联型多联产系统基础上，综合优化整合用能系统，使得物理能综合梯级利用（热整合）更合理。与简单并联型多联产系统相比，更加强调化工侧与动力侧的综合优化，既满足了两个过程系统匹配，又兼顾了两个系统的热整合，所有化工工艺过程的能量需求均由动力系统对口的热能来供给，取消了化工流程的自备电厂，在更大的范畴内按照“温度对口、梯级利用”的原则实现热能的综合利用。在回收弛放气的基础上，采用废热锅炉回收混合气余热、甲醇合成反应副产蒸汽送往动力系统做功发电、利用低温抽气满足精馏单元热耗等措施，实现系统更完善的热整合，进一步提升系统性能。

2）串联型多联产　串联型多联产系统是指化工流程与动力系统以串联的方式连接在一起，合成气首先经化工生产流程，部分组分转化为化工产品，没有转化的剩余组分再作为燃料送往热力循环系统。与并联型系统相比，串联型系统最突出特征在于打破了分产流程的基本结构。

3）串并联型多联产　串联型多联产系统的热效率高，但运行稳定性及灵活性差，电力调峰能力差。并联型多联产系统的热效率虽然稍逊，但其运行稳定性和灵活性好，电力调峰能力强。两者进行组合，取利弃弊，可形成串并联型多联产。

21 世纪初，清华大学倪维斗院士等提出“多联产系统”是煤的超清洁利用的有效途径，并对“多联产系统”的应用前景作了分析，认为煤基多联产是未来发展的主要方向；在煤基多联产理论研究方面，天脊煤化工集团有限公司提出利用鲁奇煤气化技术大规模发展煤化工多联产系统，并用于生产煤基合成燃料和高附加值化工产品的建议。中国化学工程集团公司对“煤基多联产系统”的龙头工艺“煤气化”工艺及煤基多联产应用类型进行了归纳总结，认为煤基多联产的龙头煤气化技术应当规模化，以提高煤炭资源利用率和经济性。总之，虽然目前的煤基多联产系统还处于初级发展阶段，但相关领域的研究以及部分投入生产的项目如华能天津 IGCC 联产甲醇等已证明了煤基多联产系统的可行性。

2.2 石油及其利用

石油，指气态、液态和固态的烃类混合物，是一种黏稠的、深褐色液体，具有天然的产状，被称为“工业的血液”，也被称为“液体黄金”。

历史上最早钻油的是中国人，最早的油井是 4 世纪或者更早出现的。中国人使用固定在竹竿一端的钻头钻井，其深度可达约 1000m。他们焚烧石油来蒸发盐卤制食盐。10 世纪时，他们使用竹竿做的管道来连接油井和盐井。

2.2.1 石油的形成及特性

石油是古生物长期埋藏在地下形成的。按照有机成油理论，水体中沉积于水底的有机物和其他淤积物一道，随着地壳变迁，埋藏深度不断增加，并经历生物和化学转化过程。先是被好氧细菌，然后是厌氧细菌彻底改造，细菌活动停止后，有机物便开始了以地温为主要影响因素的地球化学转化阶段。一般认为，有效成油阶段从 50～60℃时开始，到 150～160℃时结束。过高地温将使石油逐步裂解成甲烷，最终演化为石墨。因此，石油只是有机物在地球演化过程中的一种中间产物。

石油的性质因产地而异，密度 0.8～1.0g/cm^3，黏度范围很宽，凝固点差别大（－60～30℃），沸点范围为常温到 500℃以上，可溶于多种有机溶剂，不溶于水，但可与水形成乳状液，不过不同油田的石油成分和外貌区别很大。石油主要被用作燃料，石油也是许多化学工业产品如溶剂、化肥、杀虫剂和塑料等的原料。

石油颜色非常丰富，有深红、金黄、墨绿、黑、褐红、透明；石油颜色是由它本身所含胶质、沥青质的含量决定的，含量越高颜色越深。我国华北大港油田中部分油井生产无色石油，克拉玛依石油呈褐至黑色，大庆、胜利、玉门石油均为黑色。

2.2.1.1 元素组成

石油在外观和物理性质上存在差异的根本原因在于其化学组分不完全相同。石油是由各种元素组成的多种化合物的混合物，其性质就不像单质和纯化合物那样确定，而是所含各种化合物性质的综合体现。

石油主要组成成分是碳和氢，碳氢化合物也简称为烃，烃是石油加工和利用的主要对象。石油中所含各种元素并不是以单质形式存在的，而是以相互结合的各种碳氢及非碳氢化合物的形式而存在的。组成石油的化学元素主要是碳（83%～87%）、氢（11%～14%）、硫（0.06%～0.8%）、氮（0.02%～1.7%）、氧（0.08%～1.82%）及微量金属元素（镍、钒、铁、锑等）。由碳和氢化合形成的烃类构成石油的主要组成部分，约占95%～99%，各种烃类按其结构分为烷烃、环烷烃、芳香烃。含硫、氧、氮的化合物对石油产品有害，在石油加工中应尽量除去。

此外，石油中所含微量的氯、碘、砷、磷、镍、钒、铁、钾等元素，也以化合物形式存在。其含量虽小，但其中的砷会使催化重整的催化剂中毒，铁、镍、钒会使催化裂化的催化剂中毒。故在进行石油加工时，对原料要有所选择或进行预处理。

2.2.1.2 石油的分类

石油的分类方法主要有以下几种。

(1) 工业分类法

在工业上通常按石油的相对密度将其分为四类，如表 2-1 所列。

表 2-1 石油的工业分类

工业分类	轻质石油	中质石油	重质石油	特重质石油
相对密度	低于 0.830	0.830～0.904	0.904～0.966	高于 0.966

(2) 商品分类法

① 按含硫量分类：可将石油分为三类，如表 2-2 所列。

表 2-2 石油按含硫量的分类

分类	低硫石油	含硫石油	高硫石油
含硫量/%	低于 0.5	0.5～2.0	高于 2.0

② 按含蜡量分类：一般是在石油中取出馏分，其黏度值为 $53mm^2/s$（50℃），然后测其凝点。当凝点低于－6℃时，称为低蜡石油；当凝点在 15～20℃时，称为含蜡石油；当凝点大于 21℃时，称为多蜡石油。

③ 按含胶质分类：以重油（沸点高于 300℃的馏分）中胶质含量来分。含胶质量小于17%，称为低胶质石油；含胶质量在 18%～35%，称为含胶质石油；含胶质量大于 35%，称为多胶质石油。

(3) 化学分类法

化学分类法是根据特性因素值的不同进行分类，见表 2-3。

表 2-3 石油的化学分类

分类	石蜡基石油	中间基石油	环烷基石油
特性因素值	大于 12.15	11.5～12.15	10.5～11.5
特点	含较多石蜡、凝点高	含一定数量烷烃、环烷烃与芳香烃	含较多环烷烃、凝点低

2.2.2 石油资源与开采

2.2.2.1 世界石油资源分布

石油原油数量单位一般用桶和吨来表示。石油输出国组织和英美等西方国家原油数量单位通常用桶来表示，而中国及俄罗斯等国则常用吨作为原油数量单位。1 桶约等于

159L。所谓的探明储量，是指经过详细勘探，在目前和预期的当地经济条件下，可用现有技术开采的储量。2020年，英国石油公司（BP）发布了《世界能源统计年鉴》第69版，统计年鉴收集和分析了2019年能源数据。委内瑞拉以3038亿桶的储量位居首位；其次是沙特阿拉伯、加拿大，其已探明石油储量分别为2976亿桶、1697亿桶。2019年，已探明石油储量排名前10的国家如下。

（1）委内瑞拉

拥有超过3000亿桶的探明储量，委内瑞拉被公认为拥有世界上探明石油储量最多的国家。虽然也有很大一部分石油以油砂形式存在，但是这里的油砂比加拿大油砂黏度更低，可用传统石油开采方式，开采费用也更低廉。石油产业所得约占委内瑞拉出口收入的80%。

（2）沙特阿拉伯

沙特阿拉伯已探明石油储量有2976亿桶，且大部分为集中在大型油田的易开采的石油。据美国地质勘探局调查估计，目前沙特阿拉伯还有1000亿桶左右的石油储量未被发掘。

加瓦尔油田位于沙特阿拉伯东部，首都利雅得以东约500km处，是全球探明储量最大的油田，也是世界最大的陆上油田，总储量超过700亿桶（112亿吨），年产量高达2.8亿吨，占整个波斯湾地区的30%。沙特阿拉伯是全球最大的石油出口国，也是石油输出国组织的主要成员国。

（3）加拿大

加拿大已探明石油储量大约有1697亿桶，其中97%以油砂形式存在。世界上85%的油砂集中在加拿大阿尔伯塔省北部地区。油砂是指富含天然沥青的沉积砂，实质上是一种沥青、沙、富矿黏土和水的混合物，其中，沥青含量为10%～12%，沙和黏土等矿物占80%～85%，余下为3%～5%的水。油砂外观似黑色糖蜜，属于非常规油气，其开采方法与传统石油开采截然不同。油砂开采是“挖掘”石油，而不是“抽取”石油。

由于在加拿大开采石油非常耗费人力和财力，开采成本非常高。当地石油公司通常都优先开采低密度、高价值的石油，以及在国际原油价格上涨时候才大量开采。虽然加拿大的石油储量全球排名第三，但是其石油产量非常低。

（4）伊朗

伊朗已探明石油储量接近1600亿桶，如果就易开采的石油储量计算，除去加拿大大量非常规、很难开采的石油储量，仅次于委内瑞拉和沙特阿拉伯。

（5）伊拉克

伊拉克已探明石油储量为1450亿桶，拥有非常多的石油原油储备，石油总储量在全球排名已经有近30年的历史。

（6）俄罗斯

俄罗斯的天然气和石油资源非常丰富，已探明石油储量为1072亿桶，主要集中在广阔的西伯利亚平原。

（7）科威特

从面积上来说，科威特是非常小的国家，但石油储量却占全球很大一部分，已探明石油储量为1015亿桶。科威特有着和沙特阿拉伯共享的布尔甘油田，储量700亿桶左右。石油、天然气工业为国民经济主要支柱，其产值占国内生产总值的45%、占出口收入的 92%。

(8) 阿拉伯联合酋长国

阿拉伯联合酋长国已探明石油储量为 978 亿桶，石油储量主要集中在扎库姆油田，也是中东地区第三大油田，仅次于沙特阿拉伯的加瓦尔油田和科威特的布尔甘油田。扎库姆油田位于阿拉伯联合酋长国的中西部，多数为自喷井。扎库姆油田原油质量好、含蜡少，由管道通往鲁韦斯油港和首都阿布扎比外运。

(9) 美国

美国是继沙特阿拉伯和俄罗斯联邦之后的世界第三大产油国。美国的石油已探明储量达到了 689 亿桶。

(10) 利比亚

利比亚的石油储量在非洲排名第一，已探明储量达到了 484 亿桶。

石油探明储量前 5 强国家（委内瑞拉、沙特阿拉伯、加拿大、伊朗和伊拉克）的总储量占全球储量的 61.7%，真正主导着世界石油开发的基本格局。石油输出国组织简称“欧佩克”（Organization of Petroleum Exporting Countries，OPEC)，是亚、非、拉石油生产国为协调成员国石油政策、反对西方石油垄断资本的剥削和控制而建立的国际组织，于 1960 年 9 月成立。它的宗旨是：协调和统一成员国石油政策，维持国际石油市场价格稳定，确保石油生产国获得稳定收入。最高权力机构为成员国大会，由成员国代表团组成，负责制定总政策，执行机构为理事会，日常工作由秘书处负责处理。现有 13 个成员国分别是阿尔及利亚、安哥拉、刚果、赤道几内亚、加蓬、伊朗、伊拉克、科威特、利比亚、尼日利亚、沙特阿拉伯、阿拉伯联合酋长国、委内瑞拉。总部设在奥地利维也纳。2019 年，OPEC 各国已探明石油总储量 1.2 万亿桶，占全球已探明石油总储量的 70%。

2.2.2.2 我国石油资源分布

我国石油资源集中分布在渤海湾、松辽、塔里木、鄂尔多斯、准噶尔、珠江口、柴达木和东海陆架八大盆地。

从资源深度分布看，我国石油可采资源 80%集中分布在浅层（<2000m）和中深层（2000～3500m)，而深层（3500～4500m）和超深层（>4500m）分布较少。从地理环境分布看，我国石油可采资源有 76%分布在平原、浅海、戈壁和沙漠。从资源品位看，我国石油可采资源中优质资源占 63%、低渗透资源占 28%、重油占 9%。截至 2019 年年底，全国石油累计探明地质储量 389.65 亿吨，剩余技术可采储量 35.55 亿吨。

自 20 世纪 50 年代初期以来，我国先后在 82 个主要的大中型沉积盆地开展了油气勘探，发现油田 500 多个。在我国，中国石油天然气集团有限公司（简称“中石油”)、中国石油化工集团有限公司（简称“中石化”）及中国海洋石油集团有限公司（简称“中海油”）旗下都有数个大油气田。其中隶属中石油的有大庆油田、长庆油田、新疆油田、辽河油田、吉林油田、塔里木油田等；隶属中石化的有胜利油田、中原油田、江汉油田等；隶属中海油的有渤海油田等。以下是我国主要石油产地：

(1) 大庆油田

位于黑龙江省西部，松嫩平原中部，地处哈尔滨、齐齐哈尔市之间。油田南北长 140km，东西最宽处 70km，总面积 5470km^2。1960 年 3 月党中央批准开展石油会战，1963 年形成了 600 万吨的生产能力，当年生产石油 439 万吨，对实现中国石油自给自足起到了决定性作用。1976年石油产量突破5000万吨成为我国第一大油田。大庆油田累计探明石油地质储量56.7亿吨。

(2) 胜利油田

地处山东省北部渤海之滨的黄河三角洲地带，主要分布在东营、滨州、德州、济南、潍坊、淄博、聊城、烟台8个城市的28个县（区）境内。截至2017年年底，胜利油田累计探明石油地质储量53.87亿吨，生产原油10.87亿吨。

(3) 辽河油田

全国最大的稠油、高凝油生产基地，主要分布在辽河中上游平原以及内蒙古东部和辽东湾滩海地区。2017年，原油生产能力1000万吨。

(4) 吉林油田

地处吉林省扶余地区，油气勘探开发在吉林省境内的两大盆地展开，截至2017年年底，先后发现并探明了18个油田，其中扶余、新民两个油田是储量超亿吨的大型油田，油田生产已达到年产原油350万吨以上，形成了原油加工能力70万吨特大型企业的生产规模。

(5) 华北油田

位于河北省中部冀中平原的任丘市，包括京、冀、晋、内蒙古区域内油气生产区。1975年，冀中平原上发现我国最大碳酸盐岩任丘油田。1978年石油产量达到1723万吨，为当年全国石油产量突破1亿吨做出重要贡献。直到1986年，保持年石油产量1000万吨达10年之久。

(6) 大港油田

位于天津市滨海新区，勘探地域辽阔，包括大港探区及新疆尤尔都斯盆地，总勘探面积34629km^2，其中大港探区18628km^2。现已在大港探区建成投产15个油气田、24个开发区，形成年产石油430万吨和天然气3.8亿立方米的生产能力。

(7) 中原油田

地处河南省濮阳地区，于1975年发现，经过20年的勘探开发建设，已累计探明石油地质储量4.55亿吨，探明天然气地质储量395.7亿立方米，累计生产石油7723万吨、天然气133.8亿立方米，现已是我国东部地区重要的石油天然气生产基地之一。

(8) 克拉玛依油田

地处新疆克拉玛依市。40年来在准噶尔盆地和塔里木盆地找到了19个油气田，以克拉玛依为主，开发15个油气田，建成792万吨石油配套生产能力，从1990年起，陆上石油产量居全国第四位。2017年11月30日，中石油新疆油田公司宣布，经过十余年勘探攻关，准噶尔盆地玛湖地区发现10亿吨级砾岩油田。

(9) 塔里木油田

位于新疆南部的塔里木盆地，东西长1400km，南北最宽为520km，总面积56万平方千米，中部是号称“死亡之海”的塔克拉玛干大沙漠。累计探明油气地质储量3.78亿吨，具备年产500万吨石油、25亿立方米天然气的资源保证。

(10) 吐哈油田

位于新疆吐鲁番、哈密盆地境内，盆地东西长600km、南北宽130km，面积约5.3万平方千米。截至2020年年底，累计生产原油5920万吨，天然气250亿立方米。

(11) 玉门油田

位于甘肃省玉门市境内，总面积 114.37km^2。油田于 1939 年投入开发，1959 年生产石油曾达到140.29 万吨，占当年全国石油产量的50.9%。创造了20 世纪70 年代60 万吨稳产 10 年和 80 年代 50 万吨稳产 10 年的优异成绩。被誉为中国石油工业的摇篮。

(12) 长庆油田

勘探区域主要在陕甘宁盆地，勘探总面积约 37 万平方千米。油气勘探开发建设始于 1970 年，累计探明油气地质储量 5.4 亿吨（含天然气探明储量 2330 亿立方米），已成为我国主要的天然气产区，并成为北京天然气的主要输送基地。长庆油田已成为我国重要能源基地和油气上产主战场。

(13) 青海油田

位于青海省柴达木盆地，盆地面积约 25 万平方千米。2018 年 4 月 15 日中石油青海油田在敦煌举行新闻发布会，宣布经过千余名科技工作者历时 10 年，突破地质认识禁区，使得油气地质理论和勘探技术取得重大突破，油气勘探获得重大发现，油气资源量从 46.5 亿吨增加到 70.3 亿吨。连续发现 5 个亿吨级油气田，新增探明油气储量 4.6 亿吨。

(14) 四川油田

地处四川盆地，是一个以天然气为主、石油为辅的资源开发区，面积约 20 万平方千米。现有油气田 100 多个，年产石油约 15 万吨、天然气约 160 亿立方米，是中国首个天然气产量超百亿气区。

(15) 江汉油田

是我国中南地区重要的综合型石油基地。油田主要分布在湖北省的潜江、荆州等地和山东省的寿光市、广饶县以及湖南省的衡阳市。累计探明石油储量 3.8 亿吨，已开发储量 3.14 亿吨、累计生产原油 6697 万吨。

2.2.2.3 石油开采

石油开采是指在有石油储存地方对石油进行挖掘、提取的行为。在开采石油过程中，油气从储层流入井底，又从井底上升到井口。油田开发包括石油勘探、钻井和油田的开采。

勘探是石油开发最重要的基础环节，包括寻找、发现和评估。石油勘探投资巨大，尤其是海上石油勘探，据估计，其费用相当于油田开采和石油炼制的总和。近百年来，石油勘探迅速发展，石油地质理论日益成熟，勘探手段更加先进，除地震勘探外，地球化学勘探、遥感、遥测、资源卫星等先进技术引入石油勘探中，使勘探效率和成功率大大提高。

钻井是从地面打开一条通往油、气层的孔道，以获取地质资料和油气能源。最古老的钻井方法是绳钻，即用绳端的铲头掷向井下打井取泥，现代则使用井架钻台，油井平均深度为 1700m，有的大于 10000m。钻到油气后，用泥浆压力或其他方法压井，再退出钻管。油被溶解气或四周水压压出岩砂流向孔道，形成自喷井。再通过装在井口的阀门输出油、气。由于海上油田大量发现，海上石油钻井得到迅速发展，但海上钻井易受海水腐蚀及海浪、海流和潮汐的影响。由于从陆地到大洋海底的坡度是逐渐变化的，海上钻井装置也应随海深而变化。

当自喷井产油一段时间后，油压降低，产量下降；当其不能自喷时，就需用油泵或深井泵采油。再过一段时间后，抽油泵也不能连续采油了，需要间隔一段时间，让地下远处的石油聚集过来，再抽一段时间。依靠地下自然压力把油集中到油井的采油期称为一次采油期，它只能采出油藏的15%～25%。为了增加采收率，可以向地下油藏注水或气体，以保持其压力，称二次采油。二次采油可提高采收率，平均可到25%～33%，个别高达75%。如果加注蒸汽或化学溶剂加热或稀释石油后再开采，称为三次采油。三次采油的成本很高，还需消耗大量能源。当采油成本不合算或耗能过大时就应关闭油井。

2.2.2.4 海上钻井平台

海上钻井平台是主要用于钻探井的海上结构物。平台上装钻井、动力、通信、导航等设备，以及安全救生和人员生活设施，它被称为“海上流动的国土”，是人类获取海洋油气资源不可或缺的装备。海上钻井平台主要有自升式和半潜式钻井平台。

自升式钻井平台带有能够自由升降的桩腿，作业时桩腿下伸到海底，站立在海床上，利用桩腿托起船壳，并使船壳底部离开海面一定的距离（气隙）。

半潜式钻井平台，又称立柱稳定式钻井平台，是大部分浮体没于水面下的一种小水线面的移动式钻井平台。

早年间我国没有较先进的海上钻井平台，海上石油被其他国家疯狂开采。进入21世纪，我国只用了短短十几年时间，追上与世界的差距，并领跑世界，如今全世界最高端的石油钻井平台很多都是由中国制造，世界纪录一次次在中国人手中刷新。中国钻井平台发展飞速：a. 20世纪60年代建造了简单的浅海石油钻井平台；b. 20世纪80年代初建造了第一艘半潜式石油钻井船；c. 2008年世界上最大的坐地式石油平台在秦皇岛下水；d. 2011年全球最先进的半潜式深海钻井平台“海油981”在上海下水；e. 2017年全球最大半潜式钻进平台“蓝鲸1号”在烟台下水。

半潜式深海钻井平台“海油981”，是中海油深海油气开发“五型六船”之一，是根据中海油总公司的需求和设计理念，由中国船舶工业集团公司第七〇八研究所设计、上海外高桥造船有限公司承建的，耗资60亿元，中海油拥有自主知识产权，由中海油田服务股份有限公司租赁并运营管理。2012年5月9日，“海油981”在南海海域正式开钻，是中国石油公司首次独立进行深水油气的勘探，标志着中国海洋石油工业的深水战略迈出了实质性的步伐。

“海油981”半潜式深海钻井平台长114m，宽89m，面积比一个标准足球场还要大，平台正中是约五六层楼高的井架。平台自重约3万吨，承重12.5万吨，可起降西科斯基S-92直升机。作为一架兼具勘探、钻井、完井和修井等作业功能的钻井平台，“海油981”代表了海洋石油钻井平台的一流水平，最大作业水深3000m，最大钻井深度可达10000m。

半潜式深海钻井平台“蓝鲸1号”是由中集集团旗下山东烟台中集来福士海洋工程有限公司建造的，该平台长117m，宽92.7m，高118m，最大作业水深3658m，最大钻井深度15240m，适用于全球深海作业。与传统单钻塔平台相比，“蓝鲸1号”配置了高效的液压双钻塔和全球领先的DP3闭环动力管理系统，可提升30%作业效率，节省10%的燃料消耗。“蓝鲸1号”代表当今世界海洋钻井平台设计建造的最高水平，将我国深水油气勘探开发能力带入世界先进行列。

2.2.2.5 石油运输

我国石油运输大体经历了以公路为主、以铁路为主和以管道为主三个阶段。至于水路运输，初期与铁路联运，之后又与管道、铁路联运。从1975年起，开始了以管道运输为主的阶段，当年的原油运输，管道占44.8%，铁路占32.7%，水运占22.5%。此后，管运和水运呈上升趋势。2009年，中国石油原油运输量约13863万吨，其中：管道运输10840万吨，占78.2%；铁路运输2118万吨，占15.3%；水路运输460万吨，占3.3%；公路运输445万吨，占3.2%。

与油品的铁路、公路、水路运输相比，管道运输具有独特的优点：

① 运输量大；

② 运费低，能耗低，且口径越大，管道单位运费越低；

③ 输油管道一般埋在地下，安全可靠，且受气候环境影响小，对环境污染小，运输油品的损耗率较铁路、公路、水路运输都低；

④ 建设投资小，占地面积小。管道建设的投资和施工周期均不到铁路的1/2。管道埋在地下，投产后有90%的土地可以耕种，占地只有铁路的1/9。

虽然管道运输有很多优点，但也有其局限性：

① 主要适用于大量、单向、定点运输，不如车、船运输灵活多样；

② 对一定直径管道，有一个经济合理的输送量范围。

对于大宗原油运输，可供选择的方式主要是管道和水运。水运首先取决于地理条件，且发油点和收油点要有装卸能力足够大的港口；其次，油轮的运输成本随着油轮吨位的增大而降低。

2.2.3 石油炼制及产品

石油炼制工业是把原油通过石油炼制过程加工为各种石油产品的工业，包括石油炼厂、石油炼制的研究和设计机构等。中国是最早发现和利用石油的国家之一，但近代石油炼制工业是在中华人民共和国成立后，随着大庆油田的开发和原油产量的增长才得到迅速发展的。加工手段和石油产品品种比较齐全，装置具有相当规模和一定技术水平，已成为一个能基本满足国内需要，并有部分出口的加工行业。

2.2.3.1 炼制方法

石油炼制的基本方法较多，主要炼制方法如下。

① 蒸馏：利用气化和冷凝的原理，将石油分割成沸点范围不同的各个组分。蒸馏通常分为常压蒸馏和减压蒸馏。在常压下进行的蒸馏叫常压蒸馏，在减压下进行的蒸馏叫减压蒸馏，减压蒸馏可降低碳氢化合物的沸点，以防重质组分在高温下的裂解。

② 裂化：在一定条件下，使重质油的分子结构发生变化，以增加轻质成分比例的加工过程叫裂化。裂化通常分为热裂化、减黏裂化、催化裂化、加氢裂化等。

③ 重整：用加热或催化方法，使轻馏分中的烃类分子改变结构的过程叫作重整。分为热重整和催化重整，催化重整又因催化剂不同，分为铂重整、铂铼重整、多金属重整等。

④ 异构化：是提高汽油辛烷值的重要手段。即将直馏汽油、气体汽油中的戊烷、已烷转化成异构烷烃。也可将正丁烷转变为异丁烷，用作烷基化原料。

经过石油炼制的基本方法得到的只是成品油的馏分，还要通过精制和调合等程序，加入添加剂，改善其性能，以达到产品的指标要求，才能得到最后的成品油料。

2.2.3.2 炼制特点

① 炼油生产是装置流程生产，石油沿着工艺顺序流经各装置，在不同的温度、压力、流量、时间条件下，分解为不同馏分，完成产品生产的各个阶段。一套装置可同时生产几种不同的产品，而同一产品又可以由不同的装置来生产，产品品种多。因此，为了充分利用资源，在管理上需采用先进的组织管理方法，恰当安排不同装置的生产。

② 炼油装置一般是联动装置，加工对象为液体或气体，需要在密闭的管道中输送，生产过程连续性强，工序间连接紧密。在管理上需按照要求保持平稳连续作业，均衡生产。

③ 炼油生产有高温、高压、易燃、易爆、有毒、腐蚀等特点，安全要求特别严格。在管理上，要防止油气泄漏，保持良好通风，严格控制火源，保证安全生产。

④ 炼油生产过程基本上是密闭的，直观性差，且不同原料的加工要求和工艺条件也不同。在管理上需要正确确定产品加工方案，优选工艺条件和工艺过程。

⑤ 炼油生产过程通过高温加热使石油分离，经冷却后调和为不同油品或进一步加工为其他产品。在管理上必须保持整个生产过程的物料平衡，按工艺规定比例配料生产，同时还要组织好企业的热平衡，以不断降低能耗。

⑥ 炼油产品深加工的可能性大，效益高，且原料代用范围广。在管理上，应采取现代管理方法，加强综合规划与科学管理，不断提高炼油生产的综合经济效益。

⑦ 不同的炼油厂，它们生产的产品品种可能有所不同，但它们的生产过程特点是相同或相近的，它们的经济关系流是相同的。因此，可以采用统一的方法和模式来分析炼油厂的生产经营总体状况，制定企业的综合发展规划，指导企业生产。

2.2.3.3 炼制产品

(1) 燃料

各类石油产品中用量最多的是动力燃料类，各种牌号的汽油、柴油、煤油和燃料油，广泛用于各种类型汽车、拖拉机、轮船、军舰、坦克、飞机、火箭、锅炉、火车、推土机、钻机等动力机械。一架波音 747 飞机飞行 1000km 要用燃料 6t；一台拖拉机年耗柴油约 4t 以上。石油燃料是用量最大的油品，按其用途和使用范围可分为如下 5 种：

① 点燃式发动机燃料有航空汽油、车用汽油等；

② 喷气式发动机燃料（喷气燃料）有航空煤油；

③ 压燃式发动机燃料（柴油机燃料）有高速、中速、低速柴油；

④ 液化石油气燃料即液态烃；

⑤ 锅炉燃料有炉用燃料油和船舶用燃料油。

(2) 润滑油

润滑油使各类滑动、转动、滚动机械及仪器减少磨损，保证速率，起到润滑、散热、密封、绝缘等作用。润滑油和润滑脂被用来减少机件之间的摩擦，保护机件以延长它们的使用寿命并节省动力。润滑油的数量只占全部石油产品的 5%左右，且其品种繁多。

(3) 沥青

沥青具有良好的黏结性、抗水性和防腐性，广泛用于铺筑路面、作防腐防水涂料及制造油毛毡和碳素材料等。它们是从生产燃料和润滑油进一步加工得来的，其产量约为所加工石油的百分之几。

(4) 溶剂

溶剂汽油是橡胶、涂料、皮革、油布等工业所需的溶剂，并可用于洗涤机器和零件，是有机合成工业的重要基本原料和中间体。

2.2.4 中国石油产能简况

我国原油生产主要集中在东北、西北、华北、山东和渤海湾等地区，消费覆盖全国，中心主要集中在环渤海、长江三角洲及珠江三角洲等地区。

我国原油主要消费在工业部门，其次是交通运输业、农业、商业和生活消费等部门。其中，工业石油消费占全国石油消费总量的比重一直保持在50%以上；交通运输石油消费量仅次于工业，占25%左右。

根据《BP世界能源统计年鉴》2019版，从2004年至2018年，我国原油产量从1.74亿吨上升至1.89亿吨，年均增长0.57%，为世界第八大产油国；原油消费量从3.23亿吨上升至6.28亿吨，年均增长6.30%，为世界第二大石油消费国。

1993年我国成为石油产品净进口国，1996年成为原油净进口国。随着国内需求的不断增加，原油进口量也在逐年攀升。据中国海关数据统计，从2004年至2019年，我国原油进口量从1.23亿吨上升至5.06亿吨，年均增长19.46%，我国已成为全球第一大原油进口国。

20世纪90年代以前，原油曾是我国出口创汇的重要商品。随着我国经济发展对石油需求的增长，自90年代中期以来原油出口逐步减少。目前少量的原油出口主要是履行与有关国家签订的长期贸易协定。根据《BP世界能源统计年鉴》2019版，2018年我国累计出口原油464万吨。

截至2019年年底，我国国内有203家炼厂（包含地方炼厂），一次原油加工能力达到9亿吨/年，我国总炼油能力仅次于美国，占到全球炼油能力的17.8%。若不计地方炼厂（指无稳定原油油源和稳定开工率的炼厂），我国主营炼厂的一次加工能力为5.94亿吨/年，总炼能同比增长2.24%，占到全球炼油能力的11.7%。此外，地方炼厂一次加工能力在2019年年底达到3.11亿吨/年，同比增长13.32%，占到我国总炼能的34.36%。截至2019年年底，我国主营炼厂中超过1000万吨/年的炼厂合计一次加工能力达到4.6亿吨/年，占我国主营炼厂总能力的50.8%。我国一次加工能力在1000万吨/年以上的前十炼厂如表2-4所列。

表2-4　我国一次加工能力1000万吨/年以上的前十炼厂

序号	炼厂	隶属	一次加工能力/(万吨/年)	区域	所占比例
1	镇海炼化	中石化	2300	浙江	4.09%
2	大连石化	中石油	2050	辽宁	3.64%
3	金陵石化	中石化	1800	江苏	3.20%
4	茂名石化	中石化	1800	广东	3.20%
5	独山子石化	中石油	1600	新疆	2.84%
6	广州石化	中石化	1570	广东	2.79%
7	齐鲁石化	中石化	1400	山东	2.49%
8	上海石化	中石化	1400	上海	2.49%
9	福建联合石化	中石化	1400	福建	2.49%
10	燕山石化	中石化	1350	北京	2.40%

2.3 ▸ 天然气及其利用

天然气是一种产于地表下的天然气体，其主要成分是甲烷。天然气是除煤和石油之外的另一重要一次能源。它与石油、煤炭构成了当代世界能源的三大支柱。石油和天然气的共同特点是容易开采、使用方便、污染小、易储存和输送、使用过程易调节和控制，是目前主要的动力燃料，同时也是重要的化工原料。

2.3.1 天然气的形成及特性

一般认为石油和天然气是孪生的，两者在成因、聚集和保存上均有共性。但天然气生成条件比石油生成条件要宽得多。当生油岩埋藏较浅，地温低于70℃时，有机质则由细菌和温度作用形成干气，即甲烷；当生油岩埋藏的深度在1300～2100m，地温为70～110℃时，有机质转化的主要方向是石油，同时还生成天然气；当生油岩埋藏深度超过2100m，地温超过110℃时，有机质继续转化为天然气。此外，在90～110℃时，石油也开始裂解成为天然气，随着温度增高，裂解石油越来越多，地温越高，干气在天然气中占的比例越大，当地温超过145℃时，就只生成干气了。所以，天然气生成贯穿了整个有机质演化过程，比石油生成要广泛得多。

根据油气的成因，世界上发现的天然气资源有如下几类：

① 油田气，即有机物在成油过程中产生的天然气，这是迄今为止被世界各国开发利用的主要一类。其资源量大致与石油量相当，即每吨石油储量相应有1000m^3的天然气。

② 煤层气，即有机质在成煤过程中产生的以甲烷为主要成分的天然气。一般认为每吨煤伴生天然气38～68m^3。

③ 生物成气，是未成熟的有机质在低温70℃下由厌氧生物分解生成的甲烷气体。

④ 水合物气，是低温或高压条件下，气体分子（甲烷）渗入地层深处的水分子晶隙中而被水缔合成气体水合物。

⑤ 深海圈闭气，由深海类似冰一样的水和甲烷混合物所圈闭的天然气。

天然气也分为常规天然气和非常规天然气。常规天然气是指天然存在的烃类和非烃类气体以及各种元素的混合物，其在地层条件下呈气态或者溶解于油、水中，在地面标准条件下只呈气态。非常规天然气资源主要包括致密气、页岩气、煤层气及天然气水合物4类。常规天然气与非常规天然气的区别主要表现在两个方面：一方面，常规天然气存在于单个的天然气藏（圈闭）中，圈闭界限很明显，而非常规天然气是存在于大面积连续分布的储层中，圈闭界限不明显；另一方面，常规天然气可以通过传统技术获得有经济价值的自然工业产量，而非常规天然气用传统技术无法获得自然工业产量，需用新技术改善储层渗透率等才能实现经济开采。

天然气的勘探、开采同石油类似，但采收率较高，可达60%～95%。在常温常压下，天然气以气态存在，故天然气皆以管线输送，每隔80～160km需设一增压站，加上天然气压力高，故长距离管道输送投资很大。在越洋运输时，因铺设海底管线难度较高，通常先将天然气冷冻至−164℃形成液态的液化天然气（Liquefied Natural Gas），液化后体积仅为原来体积的1/1600，因此可用冷藏油轮运输，运到使用地后再予以气化。

天然气主要成分为甲烷及微量的乙烷、丙烷、丁烷及其他杂质如硫化氢和其他含硫化合物、水分、二氧化碳、氮气等。因此，天然气在使用前也需净化，即脱硫、脱水、脱二氧化碳、脱杂质等。

天然气的密度约为空气的 65%，故其泄漏时扩散较快。天然气燃烧浓度（与空气的混合比）为 4.5%～15%，燃烧性良好，达到燃烧浓度时遇火就会爆炸，其燃点为 550℃。液态天然气比水的密度小，密度约是水的 45%。

天然气完全燃烧后，CO_2 排放量为提供同样热能时煤的 50%、油的 75%，因此可减轻地球的温室效应，是世界公认的干净商用燃料。天然气液化后，可为汽车提供方便且污染小的天然气燃料，CO 排放量约为汽油车的 1/3，NO 排放量约为汽油车的 1/2。

2.3.2 天然气资源与开采

2.3.2.1 世界天然气资源分布

截至 2018 年年底，全球天然气剩余探明可采储量为 196.9 万亿立方米，约 72%分布在中东和独联体国家。探明剩余可采储量前五名的国家分别为俄罗斯（38.9 万亿立方米）、伊朗（31.9 万亿立方米）、卡塔尔（24.7 万亿立方米）、土库曼斯坦（19.5 万亿立方米）和美国（11.9 万亿立方米），合计占全球探明剩余可采储量的 64.5%。我国天然气探明剩余可采储量 6.1 万亿立方米，占全球探明剩余可采储量的 3.1%，全球排名第七。

常规天然气主要集中分布在欧亚大陆和中东地区，欧亚大陆和中东地区的常规天然气剩余技术可采资源量分别为 134 万亿立方米和 103 万亿立方米，合计占全球常规天然气剩余技术可采资源量的近 1/2（表 2-5）。

表 2-5 全球常规和非常规天然气剩余技术可采资源表 单位：万亿立方米

地区	常规天然气	非常规天然气			合计	
		致密气	页岩气	煤层气	资源量	探明储量
北美洲	51	11	61	7	130	12
中南美洲	28	15	41		84	8
欧洲	19	5	18	5	47	5
非洲	51	10	40	0	101	17
中东	103	9	11		123	80
欧亚大陆	134	10	10	17	172	74
亚太地区	45	21	53	21	139	20
世界	431	81	234	50	796	216

非常规天然气主要集中在北美洲和亚洲地区。亚太地区的致密气和煤层气剩余技术可采资源量均为 21 万亿立方米，位居全球各大区首位。北美洲和亚太地区的页岩气剩余技术可采资源量分别为 61 万亿立方米和 53 万亿立方米，合计占全球页岩气剩余技术可采资源量的近 1/2。

探明储量和年产量是评价天然气生产企业规模的重要指标。2018 年，全球前十大石油天然气公司（表 2-6）天然气产量达到 15095 亿立方米，合计占全球总产量的 39%。全球前十名天然气公司共拥有 102 万亿立方米天然气储量，占全球前 50 大石油公司总储量的 82%。

表 2-6　2018 年全球前十大石油天然气公司的天然气产量排名表

天然气产量排名	公司	天然气产量/(亿立方米/年)	占全球总产量份额
1	俄罗斯天然气工业公司	4744	12%
2	伊朗国家石油公司	2243	6%
3	中国石油天然气集团公司	1287	3%
4	卡塔尔石油总公司	1196	3%
5	沙特阿美国家石油公司	1114	3%
6	皇家荷兰/壳牌集团	1103	3%
7	埃克森美孚石油公司	1055	3%
8	阿尔及利亚国家石油公司	829	2%
9	英国石油公司	800	2%
10	马来西亚国家石油公司	724	2%
总计		15095	39%

2.3.2.2　我国天然气资源分布

我国常规天然气富气盆地主要分布在中部、西部和海域。中西部地区的富气盆地主要为克拉通盆地和前陆盆地，普遍具有海陆相叠合和多期次构造演化的特征，包括四川、鄂尔多斯和塔里木等盆地。海域的富气盆地多为中新生界大陆边缘裂陷盆地，包括莺歌海、琼东南等盆地。四川盆地纵向上发育多套生烃层系，资源类型多，包括深层碳酸盐岩气藏(灯影-龙王庙组和栖霞-茅口组)、中浅层碳酸盐岩气藏（长兴-飞仙关组、雷口坡-嘉陵江组）等，具有多层系立体勘探优势。塔里木盆地为古生代海相克拉通盆地与中新生代陆相前陆盆地组成的叠合复合盆地，发育了多套主力烃源岩和区域储盖组合。鄂尔多斯盆地是陆上第二大沉积盆地，发育上古生界、下古生界两套含气层系。莺歌海-琼东南盆地为裂谷型含油气盆地，主要烃源岩是始新统的湖相和渐新统崖城组海陆过渡相烃源岩，中央凹陷带峡谷水道为深水区的重要储集层，是我国重要的深水天然气产区。值得注意的是，2019 年 2 月中海油在渤海湾盆地发现天然气探明地质储量超过 1000 亿立方米的渤中 19-6 大型太古界低潜山圈闭群，说明富油型盆地天然气勘探也大有潜力。

非常规天然气资源分布相对广泛。致密气资源主要分布在鄂尔多斯盆地、四川盆地、松辽盆地和塔里木盆地，层系以上古生界最为丰富。页岩气资源主要分布在四川盆地、鄂尔多斯盆地及中-下扬子地区，层系以寒武系—志留系为主。我国煤层气资源主要集中在沁水盆地、二连盆地、鄂尔多斯盆地、准噶尔盆地、吐哈-三塘湖盆地等中小型富含煤的盆地。天然气水合物资源主要分布在南海海域的新近系。

天然气也同原油一样埋藏在地下封闭的地质构造之中，有些和原油储藏在同一层位，有些单独存在。对于和原油储藏在同一层位的天然气，会伴随原油一起开采出来。

2.3.2.3　天然气开采

只有单相气存在的，称为气藏，其开采方法既与原油的开采方法十分相似，又有其特殊的地方。由于天然气密度小，为 0.75～0.8kg/m^3，井筒气柱对井底的压力小；天然气黏度小，在地层和管道中的流动阻力也小；又由于膨胀系数大，其弹性能量也大。因此天然气开采时一般采用自喷方式。这和自喷采油方式基本一样。不过因为气井压力一般较高，加上天然气属于易燃易爆气体，对采气井口装置的承压能力和密封性能比对采油井口装置的要求要高得多。

天然气和原油一样与底水或边水常常是一个储藏体系。伴随天然气的开采进程，水体的弹性能量会驱使水沿高渗透带窜入气藏。在这种情况下，由于岩石本身的亲水性和毛细管压力的作用，水的侵入不是有效地驱替气体，而是封闭缝洞或空隙中未排出的气体，形成死气区。这部分被圈闭在水侵带的高压气，数量可高达岩石孔隙体积的30%～50%，从而降低了气藏的最终采收率。气井产水后，气流入井底的渗流阻力会增加，气液两相沿油井向上的管流总能量消耗将显著增大。随着水侵影响的日益加剧，气藏的采气速度下降，气井自喷能力减弱，单井产量迅速递减，直至井底严重积水而停产。

治理气藏水患主要从两方面入手，一是排水，二是堵水。堵水就是采用机械卡堵、化学封堵等方法将产气层和产水层分隔开或是在油藏内建立阻水屏障。办法较多，主要原理是排除井筒积水，专业术语叫排水采气法。

小油管排水采气法是利用在一定的产气量下，油管直径越小，则气流速度越大，携液能力越强的原理，如果油管直径选择合理，就不会形成井底积水。这种方法适用于产水初期，地层压力高，产水量较少的气井。

泡沫排水采气方法就是将发泡剂通过油管或套管加入井中，发泡剂溶入井底积水与水作用形成气泡，不但可以降低积液相对密度，还能将地层中产出的水随气流带出地面。这种方法适用于地层压力高，产水量相对较少的气井。

柱塞气举排水采气方法是在油管内下入一个柱塞。下入时柱塞中的流道处于打开状态，柱塞在其自重的作用下向下运动。当到达油管底部时柱塞中的流道自动关闭，由于作用在柱塞底部的压力大于作用在其顶部的压力，柱塞开始向上运动并将柱塞以上的积水排到地面。当其到达油管顶部时柱塞中的流道又被自动打开，转为向下运动。通过柱塞的往复运动，就可不断将积液排出。这种方法适用于地层压力比较充足，产水量又较大的气井。

深井泵排水采气方法是利用下入井中的深井泵、抽油杆和地面抽油机，通过油管抽水、套管采气的方式控制井底压力。这种方法适用于地层压力较低的气井，特别是产水气井的中后期开采，但是运行费用相对较高。

2.3.2.4 天然气水合物

天然气水合物（Natural Gas Hydrate/Gas Hydrate）是天然气与水在高压低温条件下形成的类冰状结晶物质，因其外观像冰，遇火即燃，因此被称为“可燃冰”、“固体瓦斯”和“气冰”。天然气水合物分布于深海或陆域永久冻土中，其燃烧后仅生成少量的二氧化碳和水，污染远小于煤、石油等，且储量巨大，因此被国际公认为石油等的接替能源。科学家的评价结果表明，仅在海底区域，可燃冰的分布面积就达4000万平方千米，占地球海洋总面积的1/4。科学家估计，海底可燃冰的储量至少够人类使用1000年。

国内可燃冰主要分布在南海海域、东海海域、青藏高原冻土带以及东北冻土带，据粗略估算，其资源量分别约为64.97万亿立方米、3.38万亿立方米、12.5万亿立方米和2.8万亿立方米。

“可燃冰”的开发既复杂又相当危险。在天然气水合物开采过程中如果不能有效地实现对温压条件的控制，就可能产生一系列环境问题，如温室效应的加剧、海洋生态的变化以及海底滑塌事件等。因为天然气水合物是在低温高压下形成的，一旦脱离地下或洋底，便迅速气化。长期禁锢在洋底的天然气水合物像被打开的潘多拉魔盒一样，大量释放甲烷气，其猛烈程度可能导致海床崩塌或者其他灾害，十分危险。因此，美国地质调查所发出警告，“开发可燃冰必须谨慎从事，免酿后患”。

天然气水合物在给人类带来新的能源前景的同时，对人类生存环境也提出了严峻挑战。天然气水合物中的甲烷，其温室效应为同质量 CO_2 所产生的温室效应的 20 倍，而全球海底天然气水合物中的甲烷总量约为地球大气中甲烷总量的 3000 倍，若有不慎，让海底天然气水合物中的甲烷气逃逸到大气中去，将产生无法想象的后果。而且一旦条件变化使甲烷气从固结在海底沉积物中的水合物中释出，还会改变沉积物的物理性质，极大地降低海底沉积物的工程力学特性，使海底软化，出现大规模的海底滑坡，毁坏海底工程设施，如海底输电或通讯电缆和海洋石油钻井平台等。

2017 年 5 月 18 日，国土资源部中国地质调查局在南海宣布，在南海北部神狐海域进行的可燃冰试采获得成功，这也标志着我国成为全球第一个实现了在海域可燃冰试开采中获得连续稳定产气的国家。2020 年 3 月 26 日，国土资源部召开的汇报会上发布，中国海域天然气水合物第二轮试采已取得成功并超额完成任务。在水深 1225m 的南海神狐海域，试采创造了“产气总量、日均产气量”两项新的世界纪录，实现了从“探索性试采”向“试验性试采”的重大突破。试采攻克了深海浅软地层水平井钻采核心关键技术，实现了产气规模大幅提升，为生产性试采、商业开采奠定了坚实的技术基础。我国也成为全球首个采用水平井钻采技术试采海域天然气水合物的国家。

2.3.3 天然气的利用

2.3.3.1 西气东输

改革开放以来，中国能源工业发展迅速，但结构很不合理，长期以来，煤炭在一次能源生产和消费中的比重均高达 70%以上。大量燃煤使大气环境不断恶化，发展清洁能源、调整能源结构已迫在眉睫。

我国西部地区的塔里木、柴达木、陕甘宁和四川盆地蕴藏着 26 万亿立方米的天然气资源，约占全国陆上天然气资源的 87%。特别是新疆塔里木盆地，天然气资源量有 8 万多亿立方米。塔里木北部的库车地区的天然气资源量有 2 万多亿立方米，是塔里木盆地中天然气资源最富集的地区，具有形成世界级大气区的开发潜力。塔里木盆地天然气的发现，使我国成为继俄罗斯、卡塔尔、沙特阿拉伯等国之后的天然气大国。

(1) 西气东输一线

西气东输一线是指将新疆塔里木盆地的天然气，输送到上海及长江三角洲等东部地区的工程。这项工程由上游气田开发、中游输气管道建设和下游市场开发利用三部分组成。

2000 年 2 月，国务院批准启动西气东输一线工程，这是仅次于长江三峡工程的又一重大投资项目，是拉开西部大开发序幕的标志性建设工程。规划中的西气东输一线，投资规模 1400 多亿元。该管道直径 1016mm，设计压力 10MPa，年设计输量 120 亿立方米；全线采用自动化控制，供气范围覆盖中原、华东、长江三角洲地区。西起新疆塔里木轮南油气田，东西横贯新疆、甘肃、宁夏、陕西、山西、河南、安徽、江苏、上海等省、自治区、直辖市。

(2) 西气东输二线

西气东输二线是西气东输系列中的第 2 个工程，主气源为中亚进口天然气，调剂气源为塔里木盆地和鄂尔多斯盆地的国产天然气。工程包括一条干线和首批八条支干线，主要目标市场是早先西气东输一线工程未覆盖的华南地区，并通过支干线兼顾华北和华东市场。工程西起新疆霍尔果斯口岸，南至广州，途经新疆、甘肃、宁夏、陕西、河南、湖北、江西、湖南、广东、广西等省、自治区、直辖市，止于香港。西气东输二线配套建设3座地下储气库，分别为河南平顶山储气库、湖北云应盐穴储气库、南昌麻丘水层储气库。工程设计输气能力300亿立方米/年。

(3) 西气东输三线

西气东输三线工程是继西气东输一、二线工程又一项天然气运输工程，于2012年10月16日开工，建成后每年可向沿线市场输送300亿立方米天然气。西气东输三线工程干支线沿线经过新疆、甘肃、宁夏、陕西、河南、湖北、湖南、江西、福建和广东等省、自治区。

(4) 西气东输的工程影响

西气东输工程将大大加快新疆地区以及中西部沿线地区的经济发展，相应增加财政收入和就业机会，带来巨大的经济效益和社会效益。这一重大工程的实施，还将促进中国能源结构和产业结构调整，带动钢铁、建材、石油化工、电力等相关行业的发展。西气东输沿线城市可用清洁燃料取代部分电厂、窑炉、化工企业和居民生产使用的燃油和煤炭，将有效改善大气环境、提高人民生活品质。

截至2021年6月25日，西气东输公司累计实现安全生产超过6395天，平稳供气超过6800亿立方米，折合替代标煤8.76亿吨，减少0.6亿吨二氧化硫、4.78亿吨粉尘和5.2亿吨二氧化碳酸性气体的排放，相当于种植阔叶林29.89亿公顷，使天然气在我国一次能源消费结构中的比例提高近2个百分点，占我国新增天然气消费量近50%。我国西部、长江三角洲、珠江三角洲、华中等地区的200多个城市，3000余家大中型企业，近5亿人从中受益。

2.3.3.2 中俄东线天然气管道

中俄东线天然气管道项目是中石油天然气集团公司与俄罗斯天然气工业股份公司的联合项目，包括俄罗斯境内的西伯利亚力量管道和我国境内的中俄东线天然气管道。中俄东线天然气管道起自俄罗斯东西伯利亚，由布拉戈维申斯克进入中国黑龙江省黑河市。俄罗斯境内的西伯利亚力量管道起自科维克金气田和恰扬金气田，沿途经过伊尔库茨克州、萨哈共和国和阿穆尔州等3个联邦主体，直达布拉戈维申斯克市的中俄边境，管道全长约3000km，管径1420mm。中国境内的中俄东线天然气管道从黑龙江省黑河市入境，途经黑龙江、吉林、内蒙古、辽宁、河北、天津、山东、江苏、上海9个省、自治区、直辖市，全长5111km。其中，新建管道3371km，利用在役管道1740km，全线分北段、中段、南段进行建设。

2014年5月，俄罗斯天然气工业股份公司与中石油天然气集团公司签署《中俄东线供气购销合同》，合同约定总供气量超过1万亿立方米、年供气量380亿立方米，期限30年。

2.3.3.3 液化天然气船

液化天然气船简称LNG船，是指将液化天然气（Liquefied Natural Gas，LNG）从液化厂运往接收站的专用船舶，是一种“海上超级冷冻车”。液化天然气主要成分是甲烷，为便于运输，通常采用在常压下极低温（－164℃）冷冻的方法使其液化。我国不仅是继韩国、日本等国后实现自主研发系列LNG船型的国家，而且我国设计船型在安全、节能、环保方面具有明显的后发优势。

（1）国产 LNG 船——“大鹏昊”

我国制造的第一艘 LNG 船“大鹏昊”如图 2-3 所示，是世界上最大的薄膜型 LNG 船，船长 292m、宽 43.35m、型深 26.25m，装载量为 14.7 万立方米。于 2008 年 4 月顺利交船，成为广东深圳大鹏湾秤头角的国内第一个进口 LNG 大型基地配套项目。

图 2-3 “大鹏昊”LNG 船

（2）国产 LNG 船——“大鹏月”

我国的第二艘 LNG 船“大鹏月”是由中船集团所属沪东中华造船（集团）有限公司制造的，为广东大型 LNG 运输项目建造的第二艘 LNG 船。该船同“大鹏昊”属同一级别，货舱类型为 GTT NO. 96E-2 薄膜型，是世界上最大薄膜型 LNG 船。船坞周期为 160 天，比首制船缩短近 1 个月，码头周期比首制船缩短 66 天，总建造周期比首制船缩短 126 天。

（3）国产 LNG 船——“闽榕”

我国的第三艘 LNG 船“闽榕”是由中船集团公司所属沪东中华造船（集团）有限公司制造的，为福建大型 LNG 运输项目建造的第 1 艘 LNG 船。该船长 292m，船宽 43.35m，型深 26.25m，装载量 14.7 万立方米，货舱类型为 GTNPO. 96E-2 薄膜型，属于世界上大型薄膜型 LNG 船。该船建造历时近 3 年，总建造周期比首制船缩短 125 天。

（4）国产 LNG 船——“闽鹭”

我国的第四艘 LNG 船“闽鹭”是由中船集团公司所属沪东中华造船（集团）有限公司制造的，为福建大型 LNG 运输项目建造的第 2 艘 LNG 船。该船长 292m，船宽 43.35m，型深 26.25m，装载量 14.7 万立方米，货舱类型为 GTNPO. 96E-2 薄膜型，属于世界上大型薄膜型 LNG 船。该船建造历时近 3 年，总建造周期比首制船缩短 123 天。

2.3.4 中国天然气产能简况

我国天然气产业链分为三个部分，分别为上游勘探生产、中游运输以及下游分销，产业链较为完整，参与公司众多，发展格局较为稳定。上游天然气勘探生产相关资源集中于中石油、中石化和中海油等综合油气公司。中游运输包括通过长输管网、省级运输管道等。下游分销主要由燃气公司从事该项业务。除燃气分销以外，燃气公司主业还包括燃气接驳、燃气运营和燃气设备代销等，服务于居民、工商业等用户。

2019年，全国油气（包括石油、天然气、页岩气、煤层气和天然气水合物）勘查、开采投资分别为821.29亿元和2527.10亿元，同比分别增长29.0%和24.4%，勘查投资达到历史最高；截至2019年年底，中国天然气探明储量达59666亿立方米，新增探明地质储量8091亿立方米，同比下降2.7%。

我国天然气供给主要由国产气和进口气两大部分组成，2019年由于国产天然气增量有限，天然气累计产量1736.2亿立方米，同比增长8%；低于消费量增速9.4%，导致下游额外的消费量只能靠进口来弥补。2019年，中国进口天然气9656万吨，同比增长6.9%。2020年我国天然气产量增长明显，2020年我国天然气累计产量1889亿立方米，同比增长8%；2020年我国天然气消费量同比增长约4.3%，产量增速高于消费量增速，使得对外依存度略有下降，截至2020年12月，我国天然气对外依存度下降至41%。

截至2019年年底，新增探明地质储量大于1000亿立方米的盆地有2个，分别为鄂尔多斯盆地和四川盆地。新增探明地质储量大于1000亿立方米的气田有3个，为鄂尔多斯盆地的靖边气田和苏里格气田，以及四川盆地的安岳气田。

天然气产量大于50亿立方米的盆地有鄂尔多斯、四川、塔里木、珠江口、柴达木和松辽盆地，合计产量达1352.68亿立方米，占全国总量的89.7%。

国内天然气主要由中石油、中海油等企业供应，国内最大天然气供应商中石油前三季度天然气产量约为872亿立方米，占比64%。2020年中石油国内天然气产量当量首次突破1亿吨，同比增加116亿立方米，是年度增量最大的一年，天然气产量也首次超过其国内的原油产量。中石化前三季度国内共生产天然气218.67亿立方米，占比16.0%。

天然气生产区域分布方面，全国天然气产量最大的三个省份（自治区）是陕西、四川、新疆，2019年，陕西、四川的天然气产量均在400亿立方米以上，分别为473.42亿立方米和441.35亿立方米，占全国天然气总产量的比重分别为26.87%和25.05%，位居全国第一和第二；新疆天然气产量为342.03亿立方米，也位于第一梯队。而我国其他省市天然气产量则相对较少，占比不足10%。

下游终端消费方面，2020年，煤炭能源消费占比为57.7%，石油能源消费占比为18.9%；天然气位居第三，但是占比远低于煤炭，仅为8.1%。

虽然我国天然气能源消费占比远低于煤炭等能源，但是随着国家出于环境保护、节约能源等方面考虑，作为清洁能源、煤炭能源的替代品，天然气需求近年来强劲增长。根据国家统计局数据，2019年，中国天然气消费量为3047.9亿立方米，较上年同期增长9.4%。

2020年，随着新冠疫情的暴发，全社会对于能源和电力的需求下降。虽然如此，天然气等清洁能源逆市实现正增长，全国天然气消费量为3240亿立方米，同比增长5.6%。

从天然气出口情况来看，2015年至今，中国天然气出口规模波动变化。2019年，中国天然气及人造气的出口金额达到19.74亿美元，同比增长了9.2%，出口金额增速加快。2020年前11个月，中国天然气出口规模为19.2亿美元，同比增长达7.1%。

2019年以来，我国持续推进天然气市场化改革，从而推动了天然气行业的发展。上游环节放宽市场准入，激发勘探开发活力。中游环节实施运销分离组建国家油气管网公司，下游环节深化天然气价格改革，实施减税降费，扩大天然气消费。

2020年虽然面对新冠疫情冲击，中国天然气产业发展面临挑战，但是整体而言，天然气产业持续稳步发展的总基调不变，未来中国天然气产业将朝着高质量发展。

参考文献

[1] 胡文韬，段旭琴．煤炭加工与洁净利用 [M]．北京：冶金工业出版社，2016.
[2] 汪寿建．现代煤化工技术应用及发展综述 [J]．煤炭加工与综合利用，2015 (12)：1-10，100.
[3] BP. BP Statistical Review of World Energy 2020 [R] . 2020.
[4] 中华人民共和国自然资源部．中国矿产资源报告 [R] . 2021.
[5] 王海宁．中国煤炭资源分布特征及其基础性作用新思考 [J]．中国煤炭地质，2018，30 (07)：5-9.
[6] 张双全．煤化学 [M]．徐州：中国矿业大学出版社，2019.
[7] 崔馨，严煌．煤分子结构模型构建及分析方法综述 [J]．中国矿业大学学报，2019，48 (04)：704-717.
[8] 郭树才，胡浩全．煤化工工艺学 [M]．北京：化学工业出版社，2012.
[9] 中国煤炭分类：GB/T 5751—2009 [S]．
[10] 孙旭东，张蕾欣，张博．碳中和背景下我国煤炭行业的发展与转型研究 [J]．中国矿业，2021，30 (02)：1-6.
[11] 姜玉珊，王高敏，吴越，等．我国生物质型煤技术进展 [J]．生物化工，2020，6 (06)：164-166，172.
[12] 谌伦建，张传祥，黄光许，等．工业型煤技术 [M]．北京：煤炭工业出版社，2012.
[13] 温福星．炼焦工艺 [M]．徐州：中国矿业大学出版社，2014.
[14] 王翠萍．煤焦化产品回收与加工 [M]．北京：煤炭工业出版社，2014.
[15] 周博强．我国焦化工艺技术的发展 [J]．煤炭技术，2020，39 (10)：169-172.
[16] 中国炼焦行业协会．创新发展中的中国焦化业 [M]．北京：冶金工业出版社，2017.
[17] 王永刚，周国江．煤化工工艺学 [M]．徐州：中国矿业大学出版社，2014.
[18] 王辅臣．煤气化技术在中国：回顾与展望 [J]．洁净煤技术，2021，27 (01)：1-33.
[19] 焦多瑞．Lurgi 加压气化用型煤工业应用研发展望 [J]．化工管理，2020 (12)：5-6.
[20] 徐绍平．煤化工工艺学 [M]．大连：大连理工大学出版社，2016.
[21] 孙启文，吴建民，张宗森．煤间接液化技术及其研究进展 [J]．化工进展，2013，32 (01)：1-12.
[22] 孙启文，吴建民，张宗森．费托合成技术及其研究进展 [J]．煤炭加工与综合利用，2020 (02)：35-42.
[23] 刘丽秀．煤化工技术的发展与新型煤化工技术 [J]．煤炭技术，2014，33 (02)：196-198.
[24] 李忠，谢克昌．煤基醇醚燃料 [M]．北京：化学工业出版社，2011.
[25] 李忠，郑华艳，谢克昌．甲醇燃料的研究进展与展望 [J]．化工进展，2008 (11)：1684-1695.
[26] 孙晓轩，王晓东．世界二甲醚应用开发现状 [J]．中外能源，2008 (02)：16-22.
[27] 李文英，冯杰，谢克昌．煤基多联产系统技术及工艺过程分析 [M]．北京：化学工业出版社，2011.
[28] 马军民，王保明，王子建，等．洁净型煤生产系统技术改造 [J]．煤炭加工与综合利用，2021 (04)：81-84.
[29] 周乃君．能源与环境 [M]．长沙：中南大学出版社，2008.
[30] 柳广弟．石油地质学 [M]．北京：中国石油大学出版社，2018.
[31] 刘吉余．油气田开发地质基础 [M]．北京：石油工业出版社，2006.
[32] 马廷霞．石油化工过程系统概论 [M]．北京：中国石化出版社，2014.
[33] 李润东，可欣．能源与环境概论 [M]．北京：化学工业出版社 2013.
[34] 李建忠，郑民，张国生，等．中国常规与非常规天然气资源潜力及发展前景 [J]．石油学报，2012，33 (01)：89-98.
[35] 赵靖舟，张金川，高岗．天然气地质学 [M]．北京：石油工业出版社，2013.
[36] 郭建春，唐海．油气藏开发与开采技术 [M]．北京：石油工业出版社，2013.
[37] 顾安忠．液化天然气技术 [M]．北京：机械工业出版社，2013.
[38]《西气东输工程志》编委会．西气东输工程志 [M]．北京：石油工业出版社，2012.
[39] 顾安忠，鲁雪生，汪荣顺，等．液化天然气应用的基础研究 [J]．深冷技术，2001 (2)：5-8.
[40] 郭焦锋，高世楫．中国气体清洁能源发展报告 (2014) [M]．北京：石油工业出版社，2014.

第3章

可再生能源及其利用

可再生能源是指在自然界中可以不断再生并有规律地得到补充的能源，如太阳直接辐射能（简称太阳能）、风能、海洋能、地热能等。可再生能源是21世纪最具有发展前景的能源，它们将逐步取代传统的化石能源，成为人类的主流能源。化石能源的大量开发和使用，是造成环境污染与生态破坏的主要原因之一。如何在开发和使用能源的同时保护好我们赖以生存的地球环境与生态，如期实现碳达峰以及碳中和的目标，已经成为全球性的重大课题，而大力开发和利用可再生能源是人类走出困境的必由之路。

在现代化进程中，石油、天然气、煤炭等化石燃料曾占据着重要的地位。而近年来由于化石燃料引发的能源危机，特别对生态环境造成的巨大影响，使人类开始寻找化石燃料的替代品。太阳能、风能、水能、生物质能、波浪能、潮汐能、地热能等可再生能源逐渐进入人类的视野并得到了前所未有的发展。所有的可再生能源，几乎都离不开太阳辐射的巨大能量。太阳还能存在50亿年，对于人类来说，可以认为是能长久利用、不枯竭的。

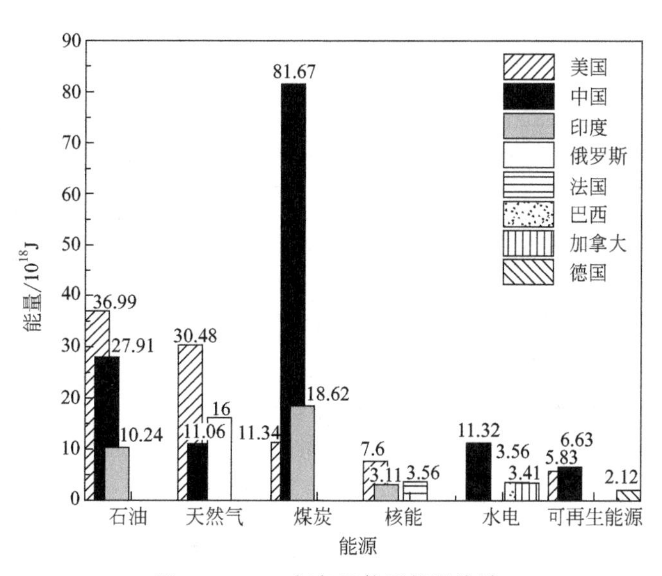

图3-1　2019年各国使用能源统计

地球表面每年来自太阳的能量为 5.45×10^{24}J，大约为全世界能量消耗的 2 万倍。

由于可再生能源在使用过程中仅会产生极低的温室气体和其他污染气体，对地球上的生态系统和人类的健康影响很小，因此，在国际上受到越来越多的重视（见图 3-1，图 3-2）。

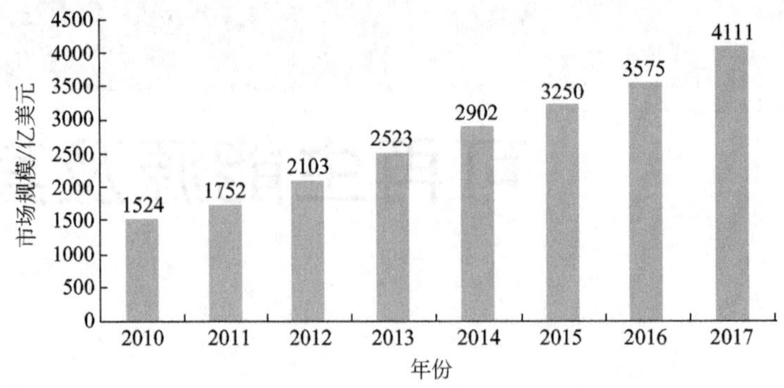

图 3-2　2010～2017 年全球可再生能源投资规模

从 20 世纪 70 年代石油危机开始，发达国家就斥巨资开发可再生能源技术，抢占能源技术的制高点。我国大力支持和发展可再生能源的研究与应用，包括太阳能光伏发电、风力发电、垃圾发电、太阳能热利用、地热利用、沼气利用、秸秆气化等很多新技术现在已经逐步进入商品化推广应用阶段。可再生能源占总能源的比例逐年增加（见图 3-3，图 3-4）。

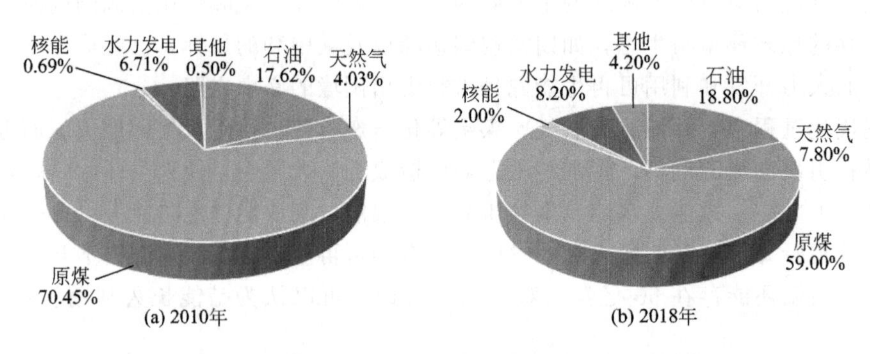

图 3-3　2010 年和 2018 年中国各类能源消费结构比例

图 3-4　2012～2018 年中国一次能源消耗总量及增长

3.1 ▸ 太阳能

太阳能一般是指太阳光的辐射能量，在现代一般用于发电。太阳能是各种可再生能源中最重要的基本能源，生物质能、风能、海洋能、水能等都来自太阳能，广义地说，太阳能包含以上各种可再生能源。太阳能作为可再生能源的一种，是指太阳能的直接转化和应用。因此，狭义的太阳能则限于太阳辐射能的光热、光电和光化学的直接转换。

3.1.1 太阳能资源

中国的太阳能资源储量十分丰富，发展潜力巨大，面对当前中国传统能源短缺和环境污染问题的日益显现，作为清洁、可再生能源的太阳能，越来越受到关注。中国与世界一次能源的探明储量比较见图 3-5。探明储量是通过地质与工程信息以合理的确定性表明，在现有的经济与作业条件下，将来可从已知储层采出的资源储量。可开采年限指当年探明储量除以当年产量所得结果，也叫储产比。

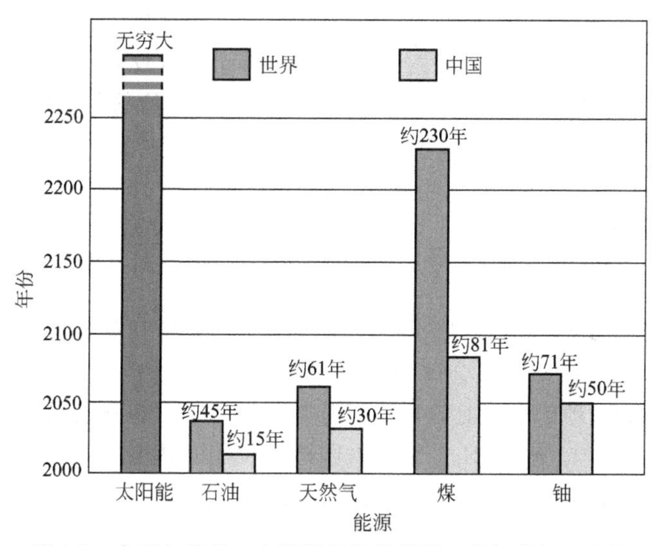

图 3-5 中国与世界一次能源的探明储量（以年份记）比较

3.1.2 太阳能分布

（1）我国太阳能资源的分布带

中国地处北半球，亚欧大陆的东部，主要处于温带和亚热带，具有比较丰富的太阳能资源。根据全国 700 多个气象台站长期观测积累的资料，中国各地的年太阳辐射总量为在 3.35×10^3～8.40×10^3 MJ/m^2，其平均值约为 5.86×10^3 MJ/m^2。根据各地接受太阳总辐射量的多少，可将全国划分为五类地区。一类地区为我国太阳能资源最丰富的地区，年太阳辐射总量为 6680～8400MJ/m^2，相当于日辐射量 5.1～6.4kW·h/m^2。这些地区包括宁夏北部、甘肃北部、新疆东部、青海西部和西藏西部等地。二类地区为我国太阳能资源较丰富地区，年太阳辐射总量为 5850～6680MJ/m^2，相当于日辐射量 4.5～5.1

kW·h/m²。这些地区包括河北西北部、山西北部、内蒙古南部、宁夏南部、甘肃中部、青海东部、西藏东南部和新疆南部等地。三类地区为我国太阳能资源中等类型地区，年太阳辐射总量为5000～5850MJ/m²，相当于日辐射量3.8～4.5kW·h/m²。主要包括山东、河南、河北东北部、山西南部、新疆北部、吉林、辽宁、云南、陕西北部、甘肃东北部、广东南部、福建南部、江苏北部、安徽北部、台湾西南部等地。四类地区是我国太阳能资源较差地区，年太阳辐射总量为4200～5000MJ/m²，相当于日辐射量3.2～3.8kW·h/m²。这些地区包括湖南、湖北、广西、江西、浙江、福建北部、广东北部、陕西南部、江苏北部、安徽南部以及黑龙江、台湾东北部等地。五类地区主要包括四川、贵州两省，是我国太阳能资源最少的地区，年太阳辐射总量为3350～4200MJ/m²，相当于日辐射量只有2.5～3.2kW·h/m²。

（2）世界太阳能资源的分布

太阳辐射的分布因纬度、季节、一天时间的不同而变化。根据太阳辐射地理分布将地球南北半球分别划分为四个地域带。以北半球为例（同样适用于南半球），太阳能应用最有利的地域带为北纬15°～35°，特点是属于半干旱地区，具有最大的太阳辐射量，超过90%，一般年光照时间为3000h。中度有利的地域带介于赤道和北纬15°之间，其特点是湿度高，云量频繁，散射辐射的比例相当高，年日照时间约为2500h，且四季变化不大。较差的地域带为北纬35°～45°，虽然太阳的强度平均与另外两个地域带几乎一样，但是由于有两个明显的季节性变化，冬季辐射强度和日照时间相对较低。最不利的地域带位于北纬45°以上，这里冬季时间较长，约一半的辐射为漫辐射。值得关注的是，多数发展中国家位于比较有利的地域带，即北纬15°～35°。

3.1.3 太阳能特点

（1）太阳能的优点

① 普遍。太阳光普照大地，没有限制，处处皆有，可直接开发利用，且无须开采和运输。

② 无害。开发利用太阳能不会污染环境，它是最清洁的能源之一。

③ 巨大。每年到达地球表面上的太阳辐射能约相当于130万亿吨标准煤，其总量属世界上可以开发的最大能源。根据21世纪初太阳产生核能的速度估算，氢的储量足够维持上百亿年，而地球的寿命约为几十亿年，从这个意义上讲可以说太阳的能量是用之不竭的。

（2）太阳能利用的不足之处

① 分散性。到达地球表面的太阳能辐射的总量尽管很大，但是能流密度很低。因此，在利用太阳能时，想要得到一定的转换功率，往往需要面积相当大的一套转换设备，造价较高。

② 不稳定性。由于受到昼夜、季节、地理纬度和海拔高度等自然条件的限制，以及晴、阴、云、雨等因素的影响，所以，到达某一地面的太阳能辐射照度既是间断的又是极不稳定的，这给太阳能的大规模应用增加了难度。

③ 效率低和成本高。截至21世纪初，太阳能利用的发展水平，有些方面在理论上是可行的，技术上也是成熟的。但有些太阳能利用装置，因为效率偏低、成本较高，总的来说，其经济性还不能与常规能源竞争。

3.1.4 太阳能应用

对太阳能的大规模应用主要包括光伏发电和光热发电两大类。

(1) 光伏发电

光伏发电利用光生伏特效应（简称为光伏效应）将太阳辐射能直接转变为电能。光伏效应是材料接收电磁辐射产生电压的现象，最早由法国物理学家 Edmond Becquerel 于 1839 年提出。1880 年，Charles Fritts 开发出以硒为基础的光伏电池。1954 年，美国贝尔实验室的 Gerald Pearson 等研制出效率为 6%的太阳电池。到 1958 年，单晶硅电池在地球表面的光电转换效率已经达到了 14%，并被广泛应用于空间电源。在 1977 年，GaAs 电池被应用在人造卫星上，其价格较单晶硅电池更为昂贵，但光电转换效率却高出许多。

目前基于光伏效应制造的太阳电池，主要是利用 P 型半导体和 N 型半导体结合形成的 P-N 结在光子驱动下形成的电势差。当太阳光照射到太阳能电池时，穿透进入的光子会在半导体内部激发形成电子-空穴对（统称为少数载流子），由于 P-N 结具有由 N 区穿越 P-N 结指向 P 区的内建电场，在内建电场的作用下电子由 P 区穿越 P-N 结到达 N 区，而空穴由 N 区穿越 P-N 结到达 P 区，结果是 P 区空穴过剩，N 区电子过剩，从而对外呈现电压。在 P 区和 N 区外侧分别接上起到搜集少数载流子作用的金属电极，将其导通连接成回路后，电子将从 N 区流出，经过负载，由外电路返回到 P 区外侧，并与 P 区的空穴复合，形成源源不断的电流，同时对负载输出电功。

太阳电池可由多种基体材料制成，据此可将其分为晶硅电池、非晶硅薄膜电池、非硅基薄膜电池、有机材料电池等。实际应用中，晶硅电池具有相对成熟的制备技术，以及相对高效率、低成本的优势，是目前光伏市场上的主导产品。晶硅电池主要包括单晶硅和多晶硅电池。薄膜电池具有柔韧性好、易集成的优势，可显著拓展其用途，例如可以制成瓦状电池装在屋顶或玻璃中。

近年来，伴随着世界新能源的发展态势，我国在该领域取得了巨大进展，2020 年国内光伏发电新增装机 48.2GW，累计装机达到 253.4GW，当年新增量位居世界第一位，约占全球太阳能发电新增装机容量 4%。

图 3-6 为我国首个千万千瓦级光伏发电基地——青海塔拉滩的光伏电站，该电站占地 609km^2，和新加坡国土面积相当。该电站号召附近牧民到光伏发电站公园养“光伏羊”，形成板上发光、板下养羊的独特景观。不仅可以起到除草、消除火灾隐患等效果，而且可以节省除草费用与成本，使附近牧民不需要搬迁实现增加经济收入。如今青海省内光伏产业年均发电量达到 8000 万千瓦时以上，不仅满足省内消费，还输送至江苏和河南等地。

图 3-6 青海塔拉滩光伏电站

(2) 光热发电

太阳能热发电是指先将太阳辐射能转变为热能，再将热能利用发电机转变为电能的一种发电方式。太阳能能流密度低是其天然缺陷，要实现太阳能的高温利用，必须克服该缺陷。通过镜面或透镜将阳光聚集是克服该缺陷的有效途径，通过聚光可以达到较理想的高温，经过热力循环转换为电能。根据聚光方式的不同，光热发电技术主要分塔式、槽式、碟式和菲涅尔式 4 种。前两种都是利用太阳能产生高温蒸汽，然后利用蒸汽轮机驱动发电机产生电能。碟式采用单点聚焦式集热器自动跟随太阳旋转并将太阳光聚到焦点上，通过驱动位于焦点的斯特林发动机进行发电。斯特林发动机是一种外燃式发动机，斯特林循环热转换效率高，但目前存在造价高的问题。菲涅尔式工作原理类似槽式，只是采用菲涅尔结构的聚光镜来替代抛面镜。这使得它的成本相对来说低廉，但效率也相应降低。上述 4 种热发电技术，槽式和塔式太阳能热发电已经实现了商业化，而碟式和菲涅尔式尚处于示范阶段。

我国大型光热电站——中广核德令哈 50MW 导热油槽式光热电站，是目前全球海拔最高、极端温度最低的大型商业化光热电站，图 3-7(a) 为电站实物图。中国首个 100MW 级国家太阳能热发电示范电站——被称为“超级镜子发电站”的首航高科敦煌熔盐塔式光热电站，日发电量达到 212 万千瓦时，可 24h 连续发电，图 3-7(b) 为电站实

(a) 德令哈50MW槽式光热电站

(b) 敦煌100MW熔盐塔式光热电站

图 3-7　德令哈 50MW 槽式光热电站与敦煌 100MW 熔盐塔式光热电站

物图。

（3）太阳能相关利用

① 太阳能与建筑一体化。太阳能与建筑一体化是未来太阳能技术发展的方向，通过光伏发电组件与建筑物外表面的结合，更多的利用太阳能资源将其转化为电能，给建筑物提供一定数量的清洁能源，其系统主要分为太阳能光伏屋顶、太阳能光伏幕墙等。

国内建筑能耗占全社会总能耗的比重比较大，热水、空调和采暖能耗占建筑能耗的65%左右，而综合利用太阳能，可全面实现太阳能与建筑一体化及太阳能光热光电综合应用一体化，太阳能热水可补充15%的建筑能耗，采暖、制冷系统可解决50%的建筑能耗，光伏发电可节约30%的建筑能耗。

② 太阳能海水淡化。与传统动力源和热源相比，太阳能具有安全、环保等优点，将太阳能采集与脱盐工艺两个系统结合是一种可持续发展的海水淡化技术。太阳能海水淡化技术由于不消耗常规能源、无污染、所得淡水纯度高等优点而逐渐受到人们重视。

太阳能海水淡化的基本原理如图3-8所示，太阳光通过透明盖板照射到装有海水的池中，池底是黑色吸热层，底部有绝热层。在直接盆式太阳能海水淡化原理（池式）蒸馏系统的基础上，人们还发展了一些其他的太阳能蒸馏海水淡化系统，如多级蒸馏系统等。

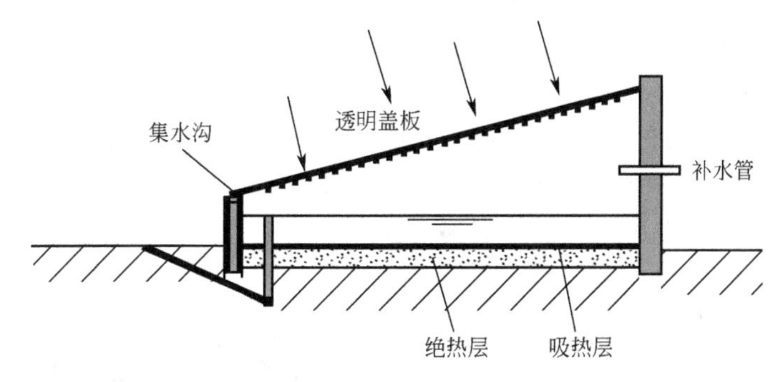

图3-8 太阳能海水淡化原理图

扩展阅读：上海理工大学太阳能研究

1973年爆发的第四次中东战争引发了世界能源危机，上海理工大学（原上海机械学院）就是在这时瞄准了太阳能项目进行探索和研究，1976年建成了国内最早的“太阳能研究室”（图3-9），并于1979年荣获上海市国庆30周年献礼科学技术成果奖。

1980年9月，由中国太阳能学会组织的平板太阳能集热器试验标准议定会在上海理工大学召开，清华大学、天津大学、北京市太阳能研究所等34家单位参会。会前，学会委托北京市太阳能研究所和上海理工大学太阳能研究所，共同起草了《平板太阳能集热器性能试验方法》讨论稿，并在会上审议通过了《平板太阳能集热器热性能试验暂行标准》。1984年，《平板太阳集热器热性能试验方法》（GB/T 4271—1984）被批准为国家标准，该标准对于实验的范围条件、装置、测量仪表、试验步骤以及数据整理方法提出了规定，对太阳能研究与利用具有里程碑式的意义。

上海理工大学持续在太阳能领域开展科研工作，取得了许多科研成果。学校依托动力工程及工程热物理一级学科以及上海市动力工程多相流动与传热重点实验室、中国

图 3-9　低温太阳能发电实验电站（动力馆太阳能楼）

机械环保制冷剂重点实验室，开展与太阳能相关交叉研究和人才培养。学校承担了国家重点研发计划、国家自然科学基金、上海市自然科学基金、教育部博士点基金、上海科技援疆等科研课题，同时承担了大量企业委托的科研项目，研发出众多技术，服务社会民生、助力脱贫攻坚。这方面代表性的研究有太阳能热气流发电、太阳能槽式热发电（图 3-10）、太阳能有机朗肯循环发电（图 3-11）、太阳能光伏驱动空调、太阳能喷射制冷、太阳能热泵、太阳能疫苗冰箱、太阳能供热、太阳能干燥等课题。特别是太阳能蓄能供热系统攻克多项技术瓶颈，在新疆、西藏、内蒙古、青海、北京、天津等地得到广泛应用。

图 3-10　太阳能槽式集热系统（动力二馆楼顶）

图 3-11　太阳能有机朗肯循环发电装置（ORC）

3.2 ▶ 风能

风能是流动的空气所具有的能量。从广义太阳能的角度看，风能是由太阳能转化而来的。地球表面各处因受太阳照射的情况不同而产生温差，从而产生气压差，形成空气的流动。风能在 20 世纪 70 年代中叶以后日益受到重视，其开发利用也呈现出不断升温的势头，成为 21 世纪大规模开发的一种可再生清洁能源。

风能属于可再生能源，不会随着其本身的转化和人类的利用而日趋减少。与天然气、石油相比，风能不受价格的影响，也不存在枯竭的威胁；与煤相比，风能没有污染，是清洁能源；最重要的是风能发电可以减少二氧化碳等有害排放物。据统计，每装 1 台单机容量为 1MW 的风能发电机，每年可以少排 2000t 二氧化碳、10t 二氧化硫、6t 二氧化氮。

按照不同的需要，风能可以被转换成其他不同形式的能量，如机械能、电能、热能等，以实现泵水灌溉、发电、供热、风帆助航等功能。

3.2.1　风能资源

(1) 风向方位

为了表示一个地区在某一时间内的风频、风速等情况，一般采用风玫瑰图来反映一个地区的气流情况。风玫瑰图是以“玫瑰花”形式表示各方向上气流状况重复率的统计图形，所用的资料可以是一月内的或一年内的，但通常采用一个地区多年的平均统计资料，其类型一般有风向玫瑰图和风速玫瑰图。风向玫瑰图又称风频图，是将风向分为 8 个或 16 个方位，在各方向线上按各方向风的出现频率，截取相应的长度，将相邻方向线上的截点用直线连结的闭合折线图形［图 3-12(a)］。在图 3-12(a) 中该地区最大风频的风向为北风，约为 20%（每一间隔代表风向频率 5%）；中心圆圈内的数字代表静风的频率。如果用这种方法表示各方向的平均风速，就称为风玫瑰图。风玫瑰图还有其他形式，如图 3-12(b) 和图 3-12(c) 所示，其中图 3-12(c) 为风频风速玫瑰图，每一方向上既反映风频大小（线段的长度），又反映这一方向上的平均风速（线段末段的风羽多少）。

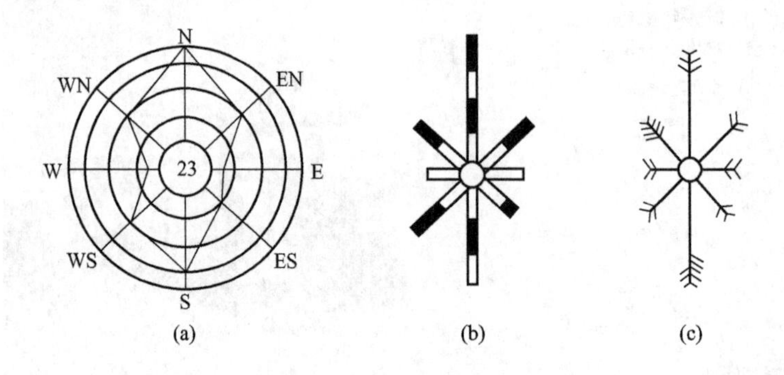

图 3-12　风玫瑰图

（2）风能密度

风能密度是指垂直穿过单位截面的流动的空气所具有的动能，一般情况下计算风能或风能密度采用标准大气压下的空气密度。由于不同地区海拔高度不同，其气温、气压不同，因而空气密度也不同。在海拔高度 500m 以下，即常温标准大气压下，空气密度值可取为 $1.225kg/m^3$，如果海拔高度超过 500m 则必须考虑空气密度的变化。

（3）风速频率分布

按相差 1m/s 的间隔观测 1 年（1 月或 1 天）内吹风总时间的比例，称为风速频率分布。风速频率分布一般以图形表示，如图 3-13 所示。

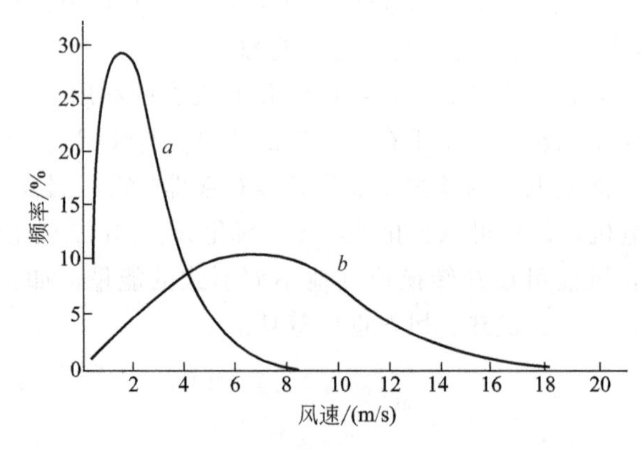

图 3-13　风速频率分布曲线

图中表示出两种不同的风速频率曲线，图 3-13 风速频率分布曲线 a 变化陡峭，最大频率出现于低风速范围内；曲线 b 变化平缓，最大频率向风速较高的范围偏移，表明较高风速出现的频率增大。从风能利用的观点看，曲线 b 所代表的风况比曲线 a 所代表的要好。利用风速频率分布可以计算某一地区单位面积（$1m^2$）上全年的风能。

（4）风能的特点

图 3-14 为地球表面风的形成和风向。风能与其他能源相比有明显的优点：风能的蕴藏量巨大，是取之不尽、用之不竭的可再生资源。风能在转化成电能的过程中，不产生任

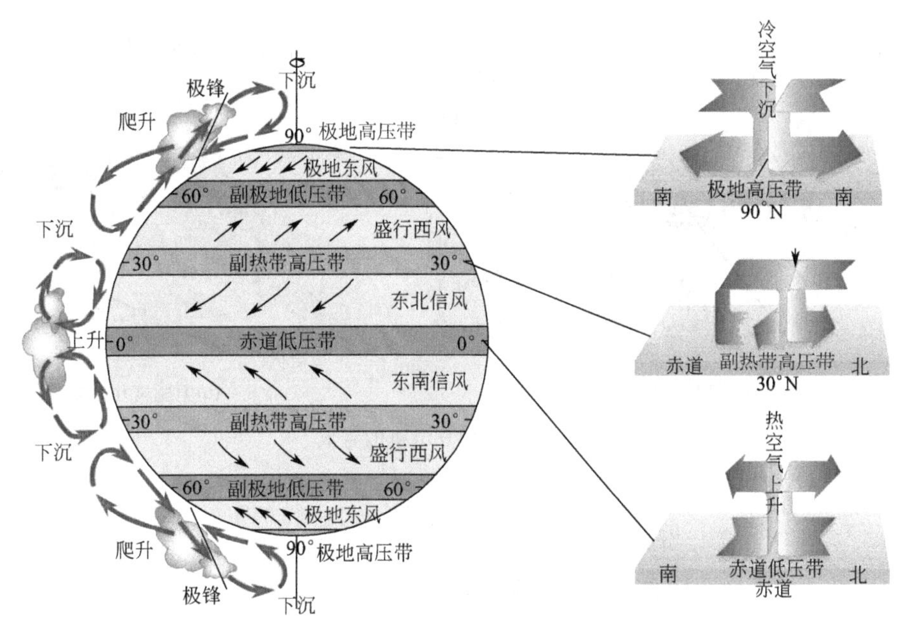

图 3-14　地球上的气压带和风带

何有毒气体和废物造成环境污染。而且在许多交通不便，缺乏煤炭、石油、天然气的边远地区，广泛分布的风能更能体现出无可比拟的优越性——无需运输，可以就地取材开展风力发电。但风能也有一定的缺点：风能来源于空气的流动，由于气流瞬息万变，风随季节变化明显，有很大的波动，影响了风能的利用。地区差异大，地理纬度、地势地形不同，会使风力有很大的差异。

3.2.2 风力发电系统

（1）系统组成

风力发电是目前可再生能源利用中技术最成熟、最具商业化发展前景的利用方式。风的动能通过风力机转换成机械能，再带动发电机发电，转换成电能。

风力发电系统即风机系统，是由风轮（叶片）、传动系统、发电机、限速安全机构、储能设备、塔架及电器系统组成的发电设备，大中型风力发电系统还有自控系统。

风力发电系统分为两类：一类是独立的风电系统；另一类是并网的风电系统。

独立的风电系统是由风力发电机（图 3-15）、逆变器和蓄电池组成的，主要建造在电网不易到达的边远地区。然而，由于风力发电输出功率的不定性和随机性，需要配置充电装置，这样在风电机组不能提供足够的电力时，风电系统依然可以为照明、广播通信、医疗设施等提供应急动力。最普遍使用的充电装置为蓄电池，风力发电机在运转时，为用电装置提供电力，同时将过剩的电力通过逆变器转换成直流电，向蓄电池充电。在风力发电机不能提供足够电力时，蓄电池再向逆变器提供直流电，逆变器将直流电转换成交流电，向用电负荷提供电力。另一类独立风电系统为混合型风电系统，除了风力发电装置之外，还带有一套备用的发电系统，经常采用的是柴油机。风力发电机和柴油发电机构成一个混合系统。在风力发电机不能提供足够的电力时，柴油机投入运行，提供备用的电力。此外，也有将风力发电机与太阳能光伏发电相结合的风光互补系统（图 3-16）。

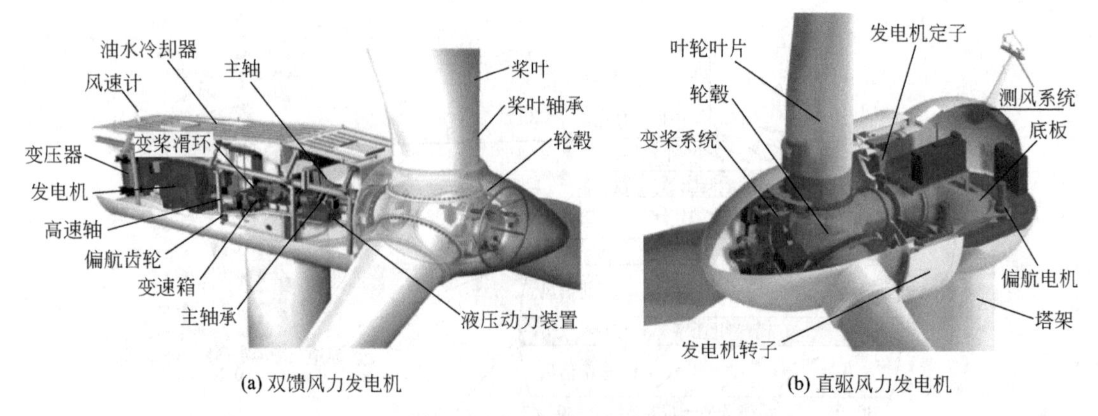

(a) 双馈风力发电机　　(b) 直驱风力发电机

图 3-15　风力发电机的组成

图 3-16　风光互补太阳能发电实物图

并网的风电机组直接与电网相连接，由于风机的转速随着外来的风速而改变，不能保持一个恒定的发电频率，因此需要配备一套交流变频系统。由风机产生的电力进入交流变频系统，通过交流变频系统转换成交流电网频率的交流电，再进入电网。由于风电的输出功率是不稳定的，为了防止风电对电网造成的冲击，风电场装机容量占所接入电网的比例需控制在一定范围内，这是风电场向大型化发展的一个重要的制约因素。而且由于风电输出功率的不稳定性，电网系统内还需配置一定的备用负荷。总之，采用风力发电机与电网连接，由电网输送电能，是克服风的随机性而带来的储能问题的最稳妥易行的运行方式，同时可达到节约化石能源的目的，它是大规模利用风能最经济的方式。

（2）新型风力发电设备

海上风力发电是风能开发的热点，建设海上风电场是未来国际能源发展的重要方向。与陆地相比，海上的风更强更持续，而且空间也广阔。此前，不少国家已经在海边建造了一些风力发电站，但是更多的风力资源是在茫茫的大海上。然而，要利用大海上的这些风力资源也很不容易，因为没有建造风力发电机的地基。挪威的科学家开发并建成了可以漂浮在海中的发电机支柱，取名叫“海风”。这是世界上首台悬浮式风力发电机，建造在挪威的斯塔万格地区的海域中，与陆地上的风力发电机所用的材质大致相同。不同的是，其在海水下的部分被安装在一个100多米的浮标上，并通过三根锚索固定在海下120～700m深处，以便它随风浪移动，迎风发电。“海风”发电机的功率为2.3MW，其叶片直径为80m，相当于一个标准足球场的长度。发电机机舱高出海平面约65m，浮置式的发电设备安装在浮标上。悬浮式风力发电技术不仅仅是为了充分利用海上风力资源，更重要的是为日渐增多的海上活动提供能源，军事雷达工作、海运业、渔业和旅游业都会从中获益。全球风能委员会2021年2月25日发布的数据分析显示，2020年全球共有26个在建海上风电项目，容量接近10GW；中国连续三年领跑全球，新增容量超过3GW占全球新增1/2以上，海上风电总装机容量超过德国，跃居全球第二大海上风电市场。图3-17为海上风力发电机组实物图。

图3-17　海上风力发电机组实物图

平原内陆地区的风速远低于山区及海边，但由于其面积广阔，因此也蕴含着巨大的风能资源。由于风力发电量增长迅速，而适合安装高风速风机的地点终究有限，因此要实现风力发电的可持续发展，就必须开发低风速风力发电技术。所谓低风速，指的是在海拔10m的高度上年平均风速不超过5.8m/s，相当于4级风。要在此条件下使发电成本合乎要求，必须对风机进行必要的改进，主要措施包括：在不增加成本的前提下，尽量增大转子直径，以获取尽可能多的能量；尽量增加塔架高度，好处是可以提高风速；提高发电设备及动力装置的效率。

新西兰研制出一种新型风力发电用涡轮机，这种涡轮机用一个罩子罩着涡轮机叶片，以产生低压区，使它能够以相当于正常速度3倍的速度吸入流过叶片的气流。涡轮机材质为高强度纤维强化钢材，在不增加重量的情况下，弯曲时承受的应力比普通钢材高3倍。该风力发电机安装有7.3m长的叶片，整机可达21层楼的高度，每台涡轮机额定功率达3MW。专家预测，新型涡轮机发出的电力相当于传统涡轮机的6倍，10台这种新型风力涡轮发电机可为1.5万个家庭提供每年所需电能。

3.2.3　产业发展

我国的风力发电始于20世纪50年代后期，主要是海岛和偏僻的农村牧区等电网无法到达的地区采用，主要由当地政府或个人解决资金问题。在发展初期，风电设备都是独立运行的。1988年新疆完成了达坂城风力发电场第一期工程，安装有250台风车，总装机容量为125MW，这是中国第一个大型风电厂。

经过多年的发展，我国风电产业历经初期示范及产业化建立阶段，逐步进入规模化、国产化阶段，并成为拥有巨大发展空间的朝阳产业。2020年，我国新增风电装机容量达71.67GW，同比2019年增长178.70%。截至2020年年底，我国风电装机累积容量达到281GW。

总体上看，我国已经掌握了兆瓦级风电机组的制造技术，形成了规模化的生产能力。中国船舶集团海装风电股份有限公司相继推出了8MW、10MW机组和浮式风电，其中，H210系列风电机组叶片长度达102m，是目前亚洲最长的10MW级别风电叶片。该机组叶片已于2021年2月在江苏盐城基地成功下线，拥有完全自主知识产权。该机组一级部件100%国产，所有元器件级零件国产化率超过95%，对实现我国海上风电全产业链国产化具有重大意义。

随着我国风电技术的发展，风机国产化已经取得了阶段性成果。中国可再生能源规模化发展项目提供的数据显示：到2020年为止，兆瓦级以上机组占国内全部装机容量50%以上，其中80%是由国内厂商生产的。预计随着项目的进展和技术的提升，国内厂商生产（国产）的风机比例将进一步提升。图3-18为2011～2020年中国及其他国家和地区风电新增吊装容量。

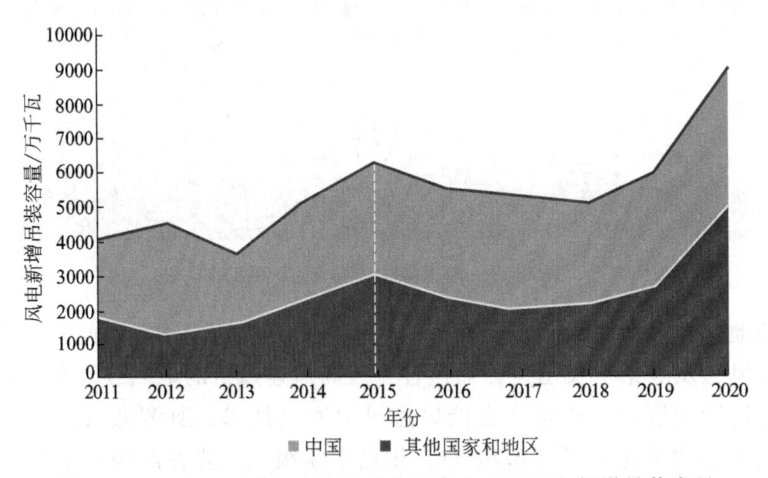

图3-18　2011～2020年中国及其他国家和地区风电新增吊装容量

我国风力发电技术与国外先进水平存在一定的差距，例如在大功率风电机组的制造方面，自然界风速和风向变化具有极端复杂性，要保证机组在不规律的交变和冲击载荷下正常运行20年还有一定的困难。此外，由于风的能量密度低，要求机组必须增大风轮直径捕获能量。当前最大的机组风轮直径和塔架高度都超过110m，机舱质量超过400t，对材料和结构的要求越来越高。

3.3 ▸ 生物质能

生物质直接或间接来自植物。广义地讲，生物质是一切直接或间接利用绿色植物进行光合作用而形成的有机物质，它包括世界所有的动物、植物和微生物，以及由这些生物产生的排泄物和代谢物。狭义地说，生物质是指来源于草本植物、树木和农作物等的有机物质。地球上生物质资源相当丰富，世界上生物质资源不仅数量庞大，而且种类繁多、形态多样。按原料的化学性质主要分为糖类、淀粉和木质纤维素物质。按原料来划分，主要包括以下几类：农业生产废弃物，主要为作物秸秆等；薪柴、枝杈柴和柴草；农林加工废弃物，如木屑、谷壳、果壳等；人畜粪便和生活有机垃圾等；工业有机废弃物，有机废水和废渣；能源植物，包括作为能源用途的农作物、林木和水生植物等。

生物质能是太阳能以化学能形式蕴藏在生物质中的一种能量形式，它直接或间接地来源于植物的光合作用，是以生物质为载体的能量。生物质能具有以下特点：生物质利用过程中二氧化碳的零排放特性；生物质是一种清洁的低碳燃料，其含硫和含氮都较低，同时灰分含量也很低，燃烧后 SO_x、NO_x 和灰尘排放量比化石燃料小得多，是一种清洁的燃料；生物质资源分布广，产量大，转化方式多种多样；生物质单位质量热值较低，而且一般生物质中水分含量大而影响了生物质的燃烧和热裂解特性；生物质的分布比较分散，收集运输和预处理的成本较高；可再生性好。图 3-19 为自然界光合作用的原理图。

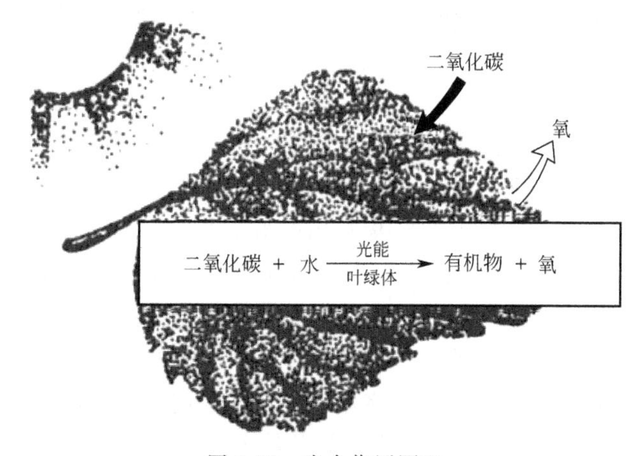

图 3-19　光合作用原理

生物质的转化利用途径主要包括物理转化、化学转化、生物转化等。生物质可以转化为二次能源，如热能或电力、固体燃料、液体燃料和气体燃料等。

3.3.1　生物质的物理转化和化学转化

生物质的物理转化是指生物质的固化，将生物质粉碎至一定的平均粒径，不添加黏结剂，在高压条件下，挤压成一定形状。物理转化解决了生物质能形状各异、堆积密度小且较松散、运输和贮存使用不方便问题，提高了生物质的使用效率。生物质化学转化主要包括直接燃烧、热解、气化、液化、酯交换等。燃烧过程中产生的能量可被用来产生电能或供热。

生物质转化为电力主要有直接燃烧后用蒸汽进行发电和生物质气化发电两种。生物质直接燃烧发电的技术已进入推广应用阶段。从环境效益的角度考虑，生物质气化发电是更洁净的利用方式，它几乎不排放任何有害气体，小规模的生物质气化发电比较适合生物质的分散利用，投资较少，发电成本也低，适于发展中国家应用。大规模的生物质气化发电一般采用生物质联合循环发电技术，适合于大规模开发利用生物质资源，能源效率高，是今后生物质工业化应用的主要方式。截至 2020 年年底，全国已投产生物质发电项目 1353 个；并网装机容量 29.52GW，年发电量 132.6GW·h。

生物质在空气中燃烧是利用不同的过程设备将贮存在生物质中的化学能转化为热能、

机械能或电能；其产生的热气体温度在800～1000℃之间。由于生物质燃料特性与煤炭不同，从而导致了生物质在燃烧过程中的燃烧机理、反应速度以及燃烧产物的成分与煤炭存在较大差别。

生物质直燃发电技术与常规火力发电技术的区别主要体现在两方面：一是上料系统；二是燃烧设备。这也是生物质直燃发电的两大技术难点。秸秆类生物质的堆积密度通常只有80～100kg/m^3，这使得其进料系统比燃煤锅炉的进料系统庞大。生物质燃烧过程与煤炭相比，也有较为显著的差异，这种差异一方面源于生物质挥发分含量高，另一方面则由于其K^+、Na^+和Cl^-含量高，前者导致生物质燃烧过程非常不稳定，后者则是造成生物质在锅炉中燃烧时产生严重结渣和沉积腐蚀问题的根源。

生物质燃料的燃烧过程是燃料和空气间的传热、传质过程。燃烧不仅需要燃料，而且必须有足够温度的热量供给和适当的空气供应。生物质直接燃烧是生物质能最早被利用的传统方法，就是在不进行化学转化的情况下，将生物质直接作为燃料燃烧转换成能量的过程。燃烧过程所产生的能量主要用于发电或者供热。生物质直接用作燃料时，其可燃部分主要是纤维素、半纤维素、木质素。按质量计算，纤维素占生物质的40%～50%，半纤维素占生物质的20%～40%，木质素占生物质的10%～25%。

对于生物质来说近期有前景的应用是现有电厂利用木材或农作物的残余物与煤的混合燃烧。利用此技术，除了显而易见的废物利用的好处外，另一个益处是燃煤电厂可降低NO_x的排放。因为木材的含氮量比煤少，并且木材中的水分使燃烧过程冷却，减少了NO_x的热形成。在煤中混入生物质如木材，会对炉内燃烧的稳定和给料及制粉系统有一定的影响。许多电厂的运行经验证明，在煤中混入少量木材（1%～8%）时可正常运行，当木材的混入量上升至15%时，需对燃烧器和给料系统进行一定程度的改造。

生物质热解是在无氧条件下加热或在缺氧条件下不完全燃烧，最终转化成高能量密度的气体、液体和固体产物。由于液体产品容易运输和贮存，国际上近来很重视这类技术。最近国外又开发了快速热解技术，液化油产率以干物质计，可得70%以上，该法是一种很有开发前景的生物质应用技术。

生物质的气化是以氧气（空气、富氧或纯氧）、水蒸气或氢气作为气化剂，在高温下通过热化学反应将生物质的可燃部分转化为可燃气（主要为一氧化碳、氢气和甲烷以及富氢化合物的混合物，还含有少量的二氧化碳和氮气）。通过气化，原先的固体生物质能被转化为更便于使用的气体燃料，可用来供热、加热水蒸气或直接供给燃气机以产生电能，并且能量转换效率比固态生物质的直接燃烧有较大的提高。生物质气化燃烧装置如图3-20所示。

图3-20 生物质气化燃烧装置

我国在20世纪60年代就开始了生物质气化发电的研究，研制出样机并进行了初步推广，后因经济条件限制和收益不高等原因停止了这方面的研究工作。近年来，随着乡镇企业的发展和人民生活水平的提高，一些缺电、少电的地方迫切需要电能；其次是由于环境问题，丢弃或焚烧农业废弃物将造成环境污染，生物质气化发电可以有效地利用农业废弃物。所以，以农业废弃物为原料的生物质气化发电逐渐得到人们的重视。我国的生物质发电技术的最大装机容量与国外相比，还有很大差距。在现有条件下利用现有技术，研究开发经济上可行、效率较高的生物质气化发电系统是我国今后有效利用生物质的关键。

生物质液化是一个在高温高压条件下进行的热化学过程，其目的在于将生物质转化成高热值的液体产物。生物质液化的实质即是将固态大分子有机聚合物转化为液态小分子有机物质。根据化学加工过程的不同技术路线，液化又可以分为直接液化和间接液化。直接液化通常是固体生物质在高压和一定温度下与氢气发生加成反应（加氢）。间接液化是指将生物质气化得到的合成气（$CO\text{-}H_2$）经催化合成为液体燃料（甲醇或二甲醚等）。

生物柴油是将动植物油脂与甲醇或乙醇等低碳醇在催化剂或者超临界甲醇状态下进行酯交换反应生成的脂肪酸甲酯（生物柴油），并获得副产物甘油。生物柴油可以单独使用以替代柴油，也可以一定的比例与柴油混合使用。除为公共交通车、卡车等内燃机车提供替代燃料外，还可为海洋运输业、采矿业、发电厂等具有非移动式内燃机行业提供燃料。

3.3.2 生物质的生物转化

生物质的生物转化是利用生物化学过程将生物质原料转变为气态和液态燃料的过程。生物化学过程是利用原料的生物化学作用和微生物的新陈代谢作用生产气体化燃料和液化燃料。由于其能将利用生物质能对环境的破坏降到最低程度，因而在当今世界对环保要求日益严格的情况下较具发展前景。该技术主要是利用生物质厌氧发酵生成沼气和在微生物作用下生成乙醇等能源产品。

沼气是由有机物质（粪便、杂草、作物、秸秆、污泥、废水、垃圾等）在适宜的温度、湿度、酸碱度和厌氧的情况下，经过微生物发酵分解作用产生的一种可以燃烧的气体，由于这种气体最早在沼泽地发现，故名沼气。在自然界中，除含腐烂有机物质较多的沼泽、池塘、污水沟、粪坑等处可能有沼气外，也可以人工制取。用作物秸秆、树叶、人畜粪便、污泥、垃圾、工业废渣、废水等有机物质作原料，仿照产生沼气的自然环境，在适当条件下进行发酵分解即可产生沼气。

沼气是一种混合气体，其组成不仅取决于发酵原料的种类及其相对含量，而且随发酵条件及发酵阶段的不同而变化。当沼气池处于正常稳定发酵阶段时，沼气的体积组成大致为：甲烷（CH_4）60%～70%；二氧化碳（CO_2）30%～40%；此外还有少量的一氧化碳（CO）、氢气（H_2）、硫化氢（H_2S）、氧气（O_2）和氮气（N_2）等气体。沼气最主要的性质是可燃性，主要成分是甲烷，甲烷是一种无色、无味、无毒的气体，密度是空气的1/2，是一种优质燃料。氢气、硫化氢和一氧化碳也能燃烧，不可燃成分包括二氧化碳、氮气和氨气等气体。一般沼气因含有少量的硫化氢，在燃烧前带有臭鸡蛋味或烂蒜气味。沼气燃烧时放出大量热量，热值为21520kJ/m^3（甲烷含量60%、二氧化碳含量40%），约相当于1.45m^3煤气或0.69m^3天然气的热值，属中等热值燃料。因此，沼气是一种燃烧热值很高、很有应用和发展前景的可再生能源。

公认的沼气发酵的过程共有5大类群的细菌参与沼气发酵活动，即：a. 发酵性细菌；b. 产氢产乙酸菌；c. 耗氢产乙酸菌；d. 食氢产甲烷菌；e. 食乙酸产甲烷菌。各种复杂有机物（无论是固体或溶解状态）都可以经微生物作用而最终生成沼气。

相比于其他生物质类项目，沼气具有如下优势：沼气具有多种功能，既可以产出电能或热能，也可以提纯出天然气供给管网或作为燃料，同时还适用于分布式能源供给。高效率，在所有生物质类项目中，沼气具有最高的能源回收效率。与其他生物燃料相比，通过采用多种混合原料工艺，能够充分利用全部农作物原材料，发酵后的沼渣还可用作优质的有机肥。最后，沼气的使用也可以实现二氧化碳的平衡。适应性强，沼气可以储存，可以承担峰、谷载荷，沼气的生产也不会受到天气条件的影响。

乙醇，俗称酒精，是一种无色透明且具有特殊芳香味和强烈刺激性的液体，沸点和燃点较低，属于易挥发和易燃液体。当乙醇蒸气与空气混合时，极易引起爆炸或火灾，因此生产、存储、运输和使用过程中必须严格注意防火，以免发生事故。乙醇的生产方法有两类——合成法和生物法。近年来由于受原油价格波动的影响，合成法乙醇生产受到很大制约，使生物法乙醇生产得以恢复和发展。生物法乙醇生产就是以淀粉质（玉米、小麦等）、糖蜜（甘蔗、甜菜、甜高粱秸秆汁液等）或纤维质（木屑、农作物秸秆等）为原料，经发酵、蒸馏制成，将乙醇进一步脱水再添加变性剂（车用无铅汽油）变性后成为燃料乙醇。燃料乙醇是用粮食或植物生产的可加入汽油中的品质改善剂，它不是一般的乙醇，而是乙醇的深加工产品。

燃料乙醇技术大大提高了生物质能源的能量密度，并具有容易规模化生产等特点，是一种前景十分广阔的生物质能利用技术。发展燃料乙醇技术对保障国家能源安全，降低对石油进口的依赖程度，降低温室气体及其他有害气体的排放，带动相关产业的增长具有积极作用。

3.4 氢能

氢能一种二次能源，是一次能源的转换形式。也可以说，它只是能量的一种储存形式。氢能在进行能量转换时其产物是水，可实现“零排放”。

近年来，随着质子交换膜燃料电池技术的突破，高效储氢燃料电池已经应用于电动客车（图3-21）。由于氢的制备、储存等方面仍存在一定的技术难题，限制了氢能的大规模应用。但随着制氢技术的发展，氢能将会像石油、天然气、煤炭一样进入我们的生活，为我们的生活提供便利。清洁方便的氢能系统，将给人们创造舒适、干净的生活环境。

3.4.1 氢的制取

现在世界上的制氢方法主要是以天然气、石油、煤为原料，在高温下使其与水蒸气反应或部分氧化法制得。我国的氢气来源主要有两类：一是采用天然气、煤、石油等蒸汽转

图 3-21 氢燃料电池汽车实物图

化制气或是甲醇裂解、氨裂解、水电解等方法得到含氢气源，再分离提纯这种含氢气源；二是从含氢气源如精炼气、半水煤气、城市煤气、焦炉气、甲醇尾气等用变压吸附法(PSA)、膜法来制取纯氢。

长期以来，天然气制氢是化石燃料制氢工艺中最为经济与合理的方法。经地下开采得到的天然气含有多组分，其主要成分是甲烷。在甲烷制氢反应中，甲烷分子惰性很强，反应条件十分苛刻，需要首先活化甲烷分子。温度低于 700K 时，生成合成气(H_2+CO 混合气)。在高于 1100K 的温度下，才能得到高产率的氢气。甲烷制氢主要有 4 种方法：甲烷水蒸气重整法、甲烷催化部分氧化法、甲烷自热重整法和甲烷绝热转化法。

煤制氢的核心是煤气化技术，分为地面气化和地下气化。煤炭地下气化，就是将地下处于自然状态下的煤进行有控制的燃烧，通过对煤的热作用及化学作用产生可燃气体。所谓煤气化是指煤与气化剂在一定的温度、压力等条件下发生化学反应而转化为煤气的工艺过程，包括气化、除尘脱硫、甲烷化、CO 变换反应、酸性气体脱除等。

煤的催化气化制氢受反应物、催化剂、反应器的形式和反应参数等诸多因素影响，水也是影响煤气化的主要因素之一，过高的水会使气化炉内单位面积煤气产率降低、含酚废水量增多，从而增加生产成本。

将增加水导电性的酸性或碱性电解质溶入水中，让电流通过水，在阴极和阳极上就分别得到氢和氧，电分解水所需要的能量由外加电能提供（图 3-22）。为了提高制氢效率，采用的电解压力多为 3.0～5.0MPa，由于电解水的效率不高且消耗大量的电能，因此利用常规能源生产的电能来大规模电解水制氢显然是不合算的。

电解池是制氢的主要装置，决定电解能耗技术指标的电解电压和决定制氢量的电流密度是电解池的两个重要指标。电解池的工作温度和压力对上述电解电压和电流密度有明显影响。由于池内存在诸如气泡电阻、过电位等因素引起的损失，使得工业电解池的实际操作电压高于理论电压（1.23V），多在 1.65～2.2V 之间，电解效率一般只有 50%～70%，使得工业化的电解水制氢成本仍然很高，很难与矿物燃料为原料的制氢过程相竞争。

生物质资源丰富、可再生，可实现高效清洁利用，具有发展潜力。生物质制氢方法主

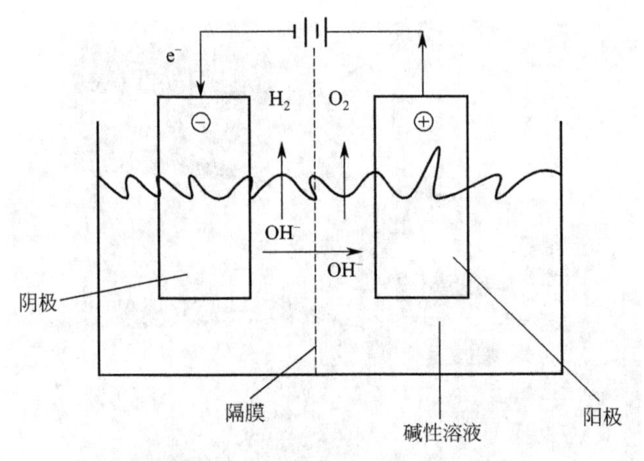

图 3-22 电解水制氢的原理

要分为三类：微生物化学分解法、生物质热化学气化法和生物质液化后再转化制氢法。

微生物化学分解法制氢是利用微生物在常温常压下进行酶催化反应制氢气的方法。生物法制氢可分为厌氧发酵有机物制氢和光合微生物制氢两类。

传统的制氢方法由于需要消耗大量的常规能源，使得制氢的成本大大提高。如果利用取之不尽的太阳能作为获取氢气的一次能源，则能大大降低制氢的成本，使氢能具有广阔的应用前景。利用太阳能制氢主要有以下几种方法：太阳能光解水制氢、太阳能光化学制氢、太阳能热化学制氢、太阳能热水解制氢、光合作用制氢及太阳能光电化学制氢等。

3.4.2 氢的储存和运输

（1）氢的储存

氢的储存是一个至关重要的技术，储氢问题是制约氢经济的瓶颈之一，储氢问题不解决，氢能的应用则难以推广。氢是气体，它的输送和储存比固体煤、液体石油更困难。一般而论，氢气可以气体、液体、化合物等形态储存。氢的储存方式主要有以下几种。

氢气可以像天然气一样用低压储存，使用巨大的水密封储罐。该方法适合大规模储存气体时使用。由于氢气的密度太低，所以应用不多。

常压下，液氢的沸点为−253℃，汽化热为921kJ/kmol。在常压和−252℃下，气态氢可液化为液态氢，液态氢的密度是气态氢的845倍。液氢的热值高，每千克热值为汽油的3倍。

金属氢化物储氢就是用储氢合金与氢气反应生成可逆金属氢化物来储存氢气。通俗地说，即利用金属氢化物的特性，调节温度和压力，分解并放出氢气后而本身又还原到原来合金的原理。金属是固体，密度较大，在一定的温度和压力下，表面能对氢起催化作用，促使氢元素由分子态转变为原子态而能够钻进金属的内部，而金属就像海绵吸水那样能吸取大量的氢。需要使用氢时，氢被从金属中“挤”出来。利用金属氢化物的形式储存氢气，比压缩氢气和液化氢气两种方法方便得多。需要用氢时，加热金属氢化物即可放出氢。

有机化合物储氢是一种利用有机化合物的催化加氢和催化脱氢反应储放氢的方式。某些有机化合物可作为氢气载体，其储氢率大于金属氢化物，而且可以大规模远程输送，适于长期性的储存和运输，也为燃料电池汽车提供了良好的氢源途径。例如苯和甲苯的储氢量分别为 7.14% 和 6.19%。氢化硼钠（$NaBH_4$）、氢化硼钾（KBH_4）、氢化铝钠

($NaAlH_4$) 等络合物通过加水分解反应可产生比其自身含氢量还多的氢气，如氢化铝钠在加热分解后可放出总量高达 7.4%的氢。这些络合物是很有发展前景的新型储氢材料，但是为了使其能得到实际应用，还需探索新的催化剂或将现有的钛、锆、铁催化剂进行优化组合以改善材料的低温放氢性能，处理好回收再生循环的系统。

3 种储氢方式的详细介绍见本书 4.6 节。

(2) 氢的运输

2014 年，我国建成了全长 42km 的全国最长输氢管道——巴陵-长岭氢气输送管道。其中，巴陵石化城区片区到云溪片区长 24km，云溪片区到长岭炼化长 18km。该输氢管道主要将煤制气装置甲烷化后含氢量 85.84%体积的原料气提纯至 99.5%体积的氢气，管道压力为 4MPa，由管道利用原料压力送至巴陵石化云溪片区和长岭炼化，为相关装置提供氢气资源。该输氢管道已安全运行多年，是我国运行时间最长的输氢管道。

由于液态氢的能量密度高于气态氢的能量密度，因此值得长距离输送大量氢气，然而液化过程耗能较多，需要消耗运输的氢的能量的 30%，相当于每运输 1kg 氢气消耗 7～10kW·h 能量。由于液氢与环境温度之间存在较大的温差，因此对所用材料的绝热性能有很高的要求。通常，液态氢运输适用距离应该超过 400～1000km，并且运输温度应该保持在－253℃左右。

未来的液氢输送方式还可能包括管道运输，尽管这需要管道具有良好的绝热性能。此外，未来的液氢输送管道还可以包含超导电线，液氢 (20K) 可以起到冷冻剂的作用，这样在输送液氢的同时，还可以无损耗地传输电力。管道运输可以长距离运输大量氢气，在工业领域特别有利。但建设管道网络的成本昂贵，尤其是在城市区域搭建网管需要考虑的因素太多。

3.5 ▸ 核能

3.5.1 概述

核能或称原子能是通过质量转化而从原子核中释放的能量。核能可通过 3 种核反应释放：a. 核裂变，打开原子核的结合力；b. 核聚变，原子的粒子熔合在一起；c. 核衰变，自然的慢得多的裂变形式。

19 世纪末，物质结构的研究开始进入微观领域，此后的几十年内，人类在这方面取得了重大进展，在物理学中建立了研究物质微观结构的三个分支学科——原子物理、原子核物理和粒子物理；发现了微观世界的运动规律，创造了量子力学和量子场论。原子能的释放，为人类社会提供了一种新能源，推动社会进入原子能时代。原子能的释放是通过原子核反应实现的，是 20 世纪物理学对人类社会的最大贡献之一。

19 世纪末英国物理学家汤姆逊发现了电子。1895 年德国物理学家伦琴发现了 X 射线。1896 年法国物理学家贝克勒尔发现了天然放射现象。1898 年居里夫人发现新的放射性元素钋。1902 年居里夫人经过 4 年的艰苦努力又发现了放射性元素镭。1905 年爱因斯坦提出质能转换公式。1914 年英国物理学家卢瑟福通过实验确定氢原子核是一个正电荷单元，称为质子。1935 年英国物理学家查得威克发现了中子。1938 年德国科学家奥托哈恩用中子轰击铀原子核发现了核裂变现象。1942 年 12 月 2 日美国芝加哥大学成功启动了世界上第一座核反应堆。1945 年 8 月 6 日和 9 日美国将两颗原子弹先后投在了日本的广岛和长崎。1954 年世界上第一艘核动力潜艇——鹦鹉螺号正式服役。1954 年苏联建成了世界上第一座核电站——奥布灵斯克核电站。1961 年世界第一艘核动力航母——企业号正式服役。

1945 年之前，人类在核能利用领域只涉及物理变化和化学变化。随着技术的逐渐成熟，第二次世界大战时原子弹诞生了，随后出现了核潜艇、核电站、核航母等，人类开始将核能运用于军事、能源、工业、航天等领域。美国、俄罗斯、英国、法国、中国、日本、以色列等国相继展开对核能应用前景的研究。

3.5.2 核能的优势

核能是一种经济、清洁和安全的能源，目前在民用领域主要用于发电，它具有以下优势：

(1) 能量密度大

核能的能量密度大，消耗少量的核燃料就可以产生巨大的能量，每千克铀 235 释放的能量相当于 2500t 优质煤燃烧释放的能量。对于核电厂来说，只需消耗少量的核燃料，就能产生大量的电能。例如一座 1000MW 的火力发电厂每年要耗煤 $(3\sim4)\times10^6$t，而相同功率的核电厂每年只需核燃料 30～40t。因此，核能的利用不仅可以节省大量的煤炭、石油，而且极大地减少了运输量。

(2) 比较清洁

核能是一种清洁能源，核能利用是减少我国能源环境污染的有效途径。与煤电相比，核电对公众产生的辐射照射相对较小，因此对公众健康的影响也较小。从对环境的影响来说，煤电排出 SO_2 和 NO_x 等气体对森林、农作物等的影响十分明显。而核电是各种能源中温室气体排放量最小的发电方式。图 3-23 给出了各种类型能源温室气体排放量的估计。核能温室气体排放源大部分来自核燃料的提取、加工、富集过程以及建筑材料钢和水泥生产过程而消耗的化石燃料。从图中可看出，核电温室气体排放量甚至小于水电、风力或生物质能。最后，核电向环境排放的废物要少得多，大约是煤电的几万分之一。它不排放 SO_2，也不产生粉尘、灰渣，是排放温室气体最少的能源，也是减小温室气体排放经济有效的手段。

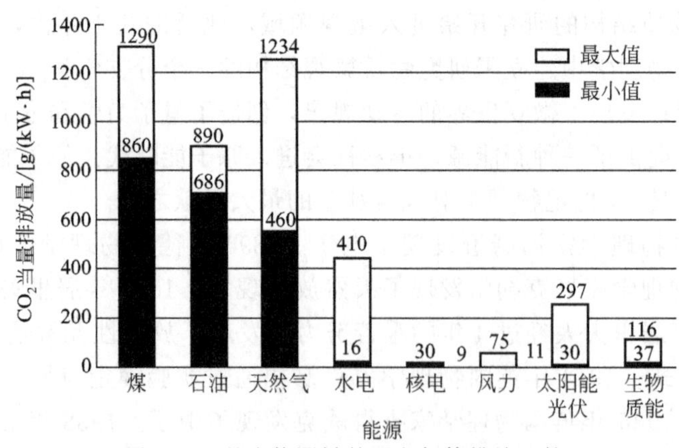

图 3-23 整个能源链的温室气体排放比较

我国核工业辐射环境质量评价表明，核工业对评价范围内居民产生的集体剂量小于同一范围内居民所受天然辐射剂量的1/10000，核设施周围关键居民组（指所受剂量中的最大者）所受剂量基本上均小于天然本底的1/10，秦山、大亚湾核电厂小于1/100。由此可见核能是一种环境友好的绿色能源。

（3）比较经济

发电的成本由投资费、燃料费和运行费三部分组成，它们在核电站、烟煤电站中所占比重各不相同。核电站由于特别重视安全和治理，投资与运行维修费用高于燃煤电站，但核能是高密度能源，故核电站的燃料费用相比燃煤电站要低得多。这就意味着，投产后核电厂的发电成本受燃料价格波动的影响远小于煤电厂，而天然气发电成本受燃料价格波动的影响最大。尽管核电站的投资与运行维修费用比燃煤电站高，但将各自的燃料开采、加工、运输费用包括进去后，其综合投资相近。从长远看，随着技术水平的提高。核电设备的改进，核电规模扩大，核电的费用会逐步降低，而随着环境要求的提高，煤电站需要增加环境保护设备来减少燃烧释放物的污染，其成本会逐渐增加。相比来说核电是一种运行起来非常经济的能源。

3.5.3 核燃料

核燃料，是指可在核反应堆中通过核裂变或核聚变产生实用核能的材料。核燃料既能指燃料本身，也能代指由燃料材料、结构材料和中子减速剂及中子反射材料等组成的燃料棒。图3-24为核燃料棒实物图。

图3-24 核燃料棒实物图

与核武器中不可控的核反应不同，核反应堆能控制核反应的反应速率。对于裂变核燃料，当今一些国家已经形成了相当成熟的核燃料循环技术，包含对核矿石的开采、提炼、浓缩、利用和最终处置。大多数裂变核燃料包含重裂变元素，最常见的是铀235和钚239。这些元素能发生核裂变从而释放能量。例如，铀235能够通过吸收一个慢中子（亦称热中子）分裂成较小的核，同时释放出数量大于一个的快中子和大量能量。当反应堆中的中子减速剂令快中子转变为慢中子，慢中子再轰击反应堆中其他铀235时，类似的核反应将能持续发生，即自持核裂变链式反应。目前商业核反应堆的运行都需要依靠这种持续的链式反应来维持，但不仅限于铀这种元素。

并不是所有的核燃料都是通过核裂变产生能量的。钚238和一些其他的元素也能在放射性同位素热电机及其他类型的核电池中以放射性衰变的形式用于少量地发电。此外，诸如氚（^{3}H）等轻核素可以用作聚变核燃料。

目前在各种燃料中，核燃料是具有最高能量密度的燃料。裂变核燃料有多种形式，其中金属核燃料、陶瓷核燃料和弥散型核燃料属于固体燃料，而熔盐核燃料则属于液体燃料，他们分别有着各自的特性，适用于不同类型的反应堆。

重核的裂变和轻核的聚变是获得实用铀棒核能的两种主要方式。铀 235、铀 233 和钚 239 是能发生核裂变的核燃料，又称裂变核燃料。其中铀 235 存在于自然界，而铀 233、钚 239 则是钍 232 和铀 238 吸收中子后分别形成的人工核素。从广义上说，钍 232 和铀 238 也是核燃料。氘和氚是能发生核聚变的核燃料，又称聚变核燃料。氘存在于自然界，氚是锂 6 吸收中子后形成的人工核素。已经大量建造的核反应堆使用的是裂变核燃料铀 235 和钚 239，很少使用铀 233。由于核反应堆运行特性和安全上的要求，核燃料在核反应堆中“燃烧”不允许像化石燃料一样一次烧尽。为了回收和重新利用就必须进行后处理。核燃料后处理是一个复杂的化学分离纯化过程，包括各种水法过程和干法过程。目前各国普遍使用的是以磷酸三丁酯为萃取剂的萃取法过程，即所谓的普雷克斯流程。

核燃料后处理过程与一般的水法冶金过程的最大差别是它具有很强的放射性且存在发生核临界的危险。因此，必须将设备置于有厚的重混凝土防护墙的设备室中，进行远距离操作，并且需要采取防止核临界的措施。所产生的各种放射性废物要严加管理和妥善处置以确保环境安全。实行核燃料后处理，可更充分、合理地使用已有的铀资源。

3.5.4 海洋的核资源

铀是高能量的核燃料，然而陆地上铀的储藏量并不丰富且分布极不均匀，只有少数国家拥有有限的铀矿。全世界较适于开采的只有 100 万吨，加上低品位铀矿及其副产铀化物总量也不超过 500 万吨，按目前的消耗量只够开采几十年。而在巨大的海水水体中却含有丰富的铀矿资源。据估计，海水中溶解的铀的数量可达 45 亿吨，相当于陆地总储量的几千倍。如果能将海水中的铀全部提取出来，所含的裂变能可保证人类几万年的能源需要。不过海水中含铀的浓度很低，1000t 海水只含有 3g 铀。要从海水中提取铀在技术上是十分困难的事情，需要处理大量海水，技术工艺十分复杂。但是人们已经试验了很多种海水提铀的办法，如吸附法、共沉法、气泡分离法以及藻类生物浓缩法等。

20 世纪 60 年代起，日本、英国、德国等先后着手研究从海水中提取铀并且逐渐建立了从海水中提取铀的多种方法。其中以水合氧化钛吸附剂为基础的无机吸附方法的研究进展最快。目前评估海水提铀可行性的依据之一是一种采用高分子黏合剂和水合氧化钴制成的复合型钛吸附剂，现在海水提铀已从基础研究转向开发应用研究的阶段。

每升海水中含有 0.03g 氘，这 0.03g 氘聚变时释放出的能量相当于 300L 汽油燃烧的能量。海水的总体积为 13.7 亿立方千米，共含有几亿千克的氘，这些氘的聚变所释放出的能量足以保证人类上百亿年的能源消耗。而且氘的提取方法简便，成本较低。核聚变堆的运行也是十分安全的。因此以海水中的氘、氚为原料的核聚变对解决人类未来的能源需要，将展示出较好的前景。

1991 年 11 月 9 日，由 14 个欧洲国家合资在欧洲联合环型核裂变装置上成功地进行了首次氘-氚受控核聚变试验，发出了 1.8MW 电力的聚变能量，持续时间为 2s，温度高达3亿摄氏度，比太阳内部的温度还高20倍。核聚变比核裂变产生的能量效应要高600倍，比煤高1000万倍。因此科学家们认为氘-氚受控核聚变试验的成功是人类开发新能源的一个里程碑。核聚变技术和海洋氘、氚提取技术的发展和不断成熟将对人类社会的进步产生重大的影响。

另外，金属锂是用于制造氢弹的重要原料。海洋中每升海水含锂15～20mg，海水中锂总储量约为2.5×10^{11}t。随着受控核聚变技术的发展，同位素锂6聚变释放的巨大能量最终将和平服务于人类。锂还是理想的电池原料，含锂的铝镍合金在航天工业中占有重要位置。此外，锂在化工、玻璃、电子、陶瓷等领域的应用也有较大发展，目前主要采用蒸发结晶法、沉淀法、溶剂萃取法及离子交换法从卤水中提取锂。

重水也是原子能反应堆的减速剂和传热介质，还是制造氢弹的原料。海水中含有2×10^{14}t重水，如果人类一直致力研究的受控热核聚变得以解决，从海水中大规模提取重水一旦实现，海洋就能为人类提供取之不尽、用之不竭的能源。

3.6 地热能

地热能已成为继煤炭、石油之后重要的替代型能源之一，是一种无污染或极少污染的清洁绿色能源。地热资源集热、矿、水为一体，除可以用于地热发电以外，还可以直接用于供暖、洗浴、医疗保健、休闲疗养、养殖、农业种植、纺织印染、食品加工等方面。此外，地热资源的开发利用可带动地热资源勘查、地热井施工、地面开发利用、工程设计施工、地热装备生产、水处理、餐饮、旅游度假等产业的发展，是一个新兴的产业，可大量增加社会就业，促进经济发展，提高人民生活质量。因此，世界上有地热资源的国家均将其作为优先开发的可再生能源，培植各具特色的地热产业，在缓解常规能源供应紧张和改善生态环境等方面发挥了明显作用。我国地热资源丰富，开发地热这种新的清洁能源刻不容缓。

人类很早就开始利用地热能，但真正认识地热资源并进行较大规模地开发利用却始于20世纪中叶。许多国家为提高地热利用率而采用梯级开发和综合利用的办法，如热电联产、热电冷三联供系统、先供暖后养殖等。目前地热能主要是利用地热水和地热蒸汽。一般来说，不同温度的地热流体有不同的利用领域，可大致分为：200～400℃，发电及综合利用；100～200℃，供暖、工业热加工、干燥、制冷、发电；50～100℃，温室、供暖和供热水、医疗；20～50℃，温室、浴室、供暖、水产养殖、农业、医疗。

3.6.1 地热资源及其特点

地热资源是指在当前技术经济和地质环境条件下，能够从地壳内科学、合理地开发出来的岩石中的热能量、地热流体中的热能量及其伴生的有用组分。地热资源评价方法主要有热储法、自然放热量推算法、水热均衡法、类比法、水文地质学计算法、模型分析法等。

我国是一个地热资源较丰富的国家，特别是中低温地热资源（热储温度25～150℃）几乎遍及全国。全球地热能“资源基数”为140×10^{6}EJ/a（$1\text{EJ}=10^{18}$ J），我国为11×

10^6 EJ/a；占全球 7.9%。据调查，我国地热资源呈现如下特点。

① 以低温地热资源为主。全国近 3000 处温泉和几千眼地热井出口温度绝大部分低于 90℃，平均温度约 54.8℃。

② 集中分布在东部和西南部地区。受环太平洋地热带和地中海-阿尔卑斯-喜马拉雅地热带的影响，我国东部地区和西南部地区形成了两个地热资源富集区。其中东部地区以中低温地热资源为主，主要分布于东北平原、华北平原、江汉平原、山东半岛和东南沿海地区。高温地热资源（热储温度不低于 150℃）主要分布在西南部地区藏南、滇西、川西和台湾地区。

③ 地热资源分布与经济区和城市规划区相匹配。以环渤海经济区为例，该区的北京、天津、河北和山东等省市地热储层多、储量大、分布广，是我国最大的地热资源开发区。

④ 综合利用价值高。我国地热资源以水热型为主，可直接进行开发利用，适于发电、供热、供热水、洗浴、医疗、温室、干燥、养殖等。

中低温地热的直接利用在我国非常广泛，已利用的地热点有 1300 多处，地热采暖面积达 800 多万平方米，地热温室、地热养殖和温泉浴疗也有很大的发展。地热供暖主要集中在我国的北方城市，其基本形式有两种，直接供暖和间接供暖。直接供暖就是以地热水为工质供热，而间接供暖是利用地热水加热供热介质再循环供热。地热水供暖方式的选择，主要取决于地热水所含元素成分和温度。间接供暖的初期投资较大（需要中间换热器），并由于中间热交换增加了热损失，这对中低温地热来说会大大降低供暖的经济性，所以一般间接供暖用在地热水质差而水温高的情况。

地热水从地热井中抽出直接供热，系统设备简单，基建、运行费少，但地热水不断被废弃。当大量开采时会使水位由于补给不足而逐年下降，局部形成水漏斗。深井越打越深，还会造成地面沉降的严重后果，所以直接使用地热水有诸多弊端。研究表明，地热水直接利用系统的水量利用率只有 34%而热量利用率只有 18%，排入水体的地热水会造成热污染和其他污染。

3.6.2 地热发电

地热发电分为两大类，即地热蒸汽发电和地热水发电。其中，地热蒸汽发电主要采用干蒸汽发电，地热水发电则采用闪蒸发电或双循环发电，见图 3-25。

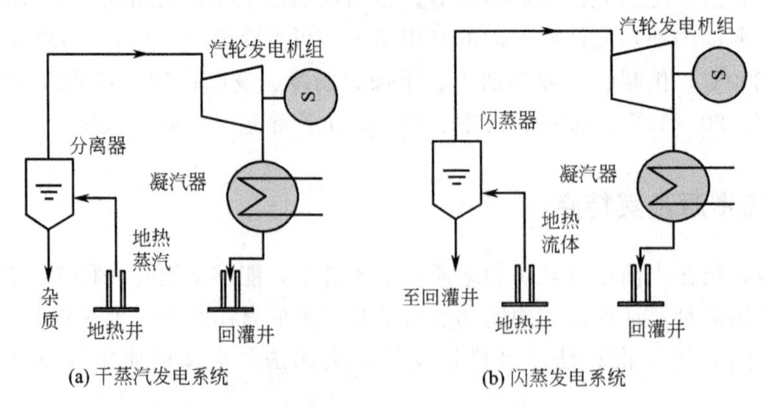

图 3-25　地热蒸汽发电的主要类型

地热蒸汽发电有一次蒸汽法和二次蒸汽法两种。一次蒸汽法直接利用地下的干饱和蒸汽，即干蒸汽发电的方法。二次蒸汽法是不直接利用比较脏的天然蒸汽（一次蒸汽），而是让它通过换热器将水汽化成洁净蒸汽（二次蒸汽）发电，这样可以避免天然蒸汽造成的汽轮机腐蚀和结垢，以及地热流体对环境的污染。

利用地热水发电不像利用地热蒸汽那么方便，因为用蒸汽发电时，蒸汽本身既是载热体，又是工作流体，而地热水却不能直接送入汽轮机去做功。此时，可采用闪蒸发电技术。闪蒸法也叫“减压扩容法”，就是把低温地热水引入密封容器中，通过抽气降低容器内的气压，使地热水在较低的温度下沸腾产生蒸汽，蒸汽做功推动汽轮机转动，进而产生电能。

世界上最早利用地热发电的国家是意大利。1812 年意大利就开始利用地热温泉提取硼砂并于 1904 年建成了世界上第一座 80kW 小型地热试验电站。到 2019 年，世界上约有 32 个国家先后建立了地热发电站，总容量已超过 13.931GW，其中美国有 2.555GW；印度尼西亚有 2.131GW；菲律宾有 1.928GW；土耳其有 1.515GW；新西兰有 0.965GW；中国有 0.045GW。

随着全世界对洁净能源需求的增长，将会更多地使用地热资源，特别是在许多发展中国家，地热资源尤为丰富。据预测，今后世界上地热发电将有相当规模的发展，全世界发展中国家理论上从火山系统就可取得 80GW 的地热发电量，具有相当的发展潜力。

我国进行地热发电研究工作起步较晚，始于 20 世纪 60 年代末期，1970 年 5 月首次在广东丰顺建成第一座设计容量为 86kW 的扩容法地热发电试验装置，地热水温度 91℃，用电率为 56%。随后又相继建成江西温汤、山东招远、辽宁营口、北京怀柔等地热试验电站共 11 座，容量大多为几十至一两百千瓦。采用的热力系统有扩容法和中间介质法两种（均属于中低温地热田）。

3.6.3 地源热泵

近年来地源热泵技术在我国的研究和应用受到重视，有着广阔的市场前景。合理利用地源热泵技术，可实现不同温度水平的地热资源的高效综合利用，提高空调供热的经济性。

地源热泵是一种利用地下浅层地热资源把热从低温端提到高温端的设备，是一种既可供热又可制冷的高效节能空调系统。地源热泵通过输入最少的高品位能源（如电能），实现低温位热能向高温位转移。地能分别在冬季作为热泵供暖的热源和夏季空调的冷源，通常，地源热泵消耗 1kW 的能量可为用户带来 4kW 以上的热量或冷量。

地源热泵具有以下优点：

① 节能效率高。地能或地表浅层地热资源的温度一年四季相对稳定，冬季比环境空气温度高，夏季比环境空气温度低，是很好的热泵热源和空调冷源。这种温度特性使得地源热泵比传统空调系统运行效率高出 40%，因此达到了节能和节省运行费用的目的。

② 可再生循环。地源热泵是利用地球表面浅层地热资源（通常深度小于 400m）作为冷热源而进行能量转换的供暖空调系统。地表浅层地热资源可以称为地能，是指地表土壤、地下水或河流湖泊中吸收太阳能、地热能而蕴藏的低温位热能。它不受地域、资源等限制，量大面广，无处不在。这种储存于地表浅层近乎无限的可再生性，使得地热能也

成为一种清洁的可再生能源。

③ 应用范围广泛。地源热泵系统可用于采暖、空调；还可供生活热水，一机多用，三套系统可以替换原来的锅炉加空调的两套装置或系统。该系统可应用于宾馆、商场、办公楼、学校等建筑，更适合于别墅住宅的采暖、空调。

3.7 ▸ 海洋能

海洋能系指海水本身含有的动能、势能和热能。海洋能包括海洋潮汐能、海洋波浪能、海洋温差能、海流能、海水盐度差能和海洋生物能等可再生的自然能源。根据联合国教科文组织的估计数据，全世界理论上可再生的海洋能总量为 766GW，技术允许利用功率为 64GW。其中潮汐能为 10GW、海洋波浪能为 10GW、海流能（潮流）为 3GW、海洋热能为 20GW、海洋盐度差能为 30GW。

潮汐能是指海水潮涨和潮落形成的水的势能，其利用原理和水力发电相似。但潮汐能的能量密度很低，相当于微水头发电的水平。世界上潮差的较大值为 13～15m，我国的最大值（杭州湾澉浦）为 8.9m。一般来说平均潮差在 3m 以上就有实际应用价值。我国的潮汐能理论估算值为 10^8 kW 量级，只有潮汐能量大且适合于潮汐电站建造的地方，潮汐能才具有开发价值，因此其实际可利用数远小于此数。中国沿海可开发的潮电站坝址为 424 个，总装机容量约为 2.2×10^7 kW，浙江、福建和广东沿海为潮汐能较丰富地区。

波浪能是指海洋表面波浪所具有的动能和势能，是海洋能源中能量最不稳定的一种能源。波浪能最丰富的地区，其功率密度达 100kW/m 以上。中国海岸大部分的年平均波浪功率密度为 2～7kW/m。中国沿海理论波浪年平均功率约为 1.3×10^7kW，但由于不少海洋台站的观测地点处于内湾或风浪较小位置，故实际的沿海波浪功率要大于此值。其中浙江、福建、广东和台湾沿海为波浪能丰富的地区。图 3-26 为波浪能发电示意。

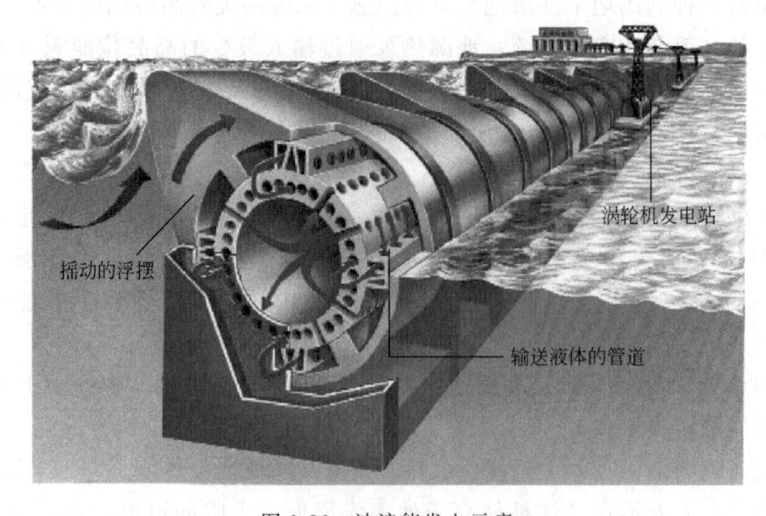

图 3-26　波浪能发电示意

潮流能指海水流动的动能，主要是指海底水道和海峡中较为稳定的流动。一般来说，最大流速在 2m/s 以上的水道其潮流能均有实际开发的价值。中国沿海潮流能的年平均功率理论值约为 1.4×10^7kW，其中辽宁、山东、浙江、福建和台湾沿海的潮流能较为丰富，不少水道的能量密度较大，具有良好的开发价值。值得指出的是，中国属于世界上潮流能功率密度最大的地区之一，特别是浙江的舟山群岛的金塘、龟山和西侯门水道，开发环境和条件都很好。

3.8 ▸ 水能

3.8.1 简况

我国幅员辽阔江河众多，径流丰沛蕴藏着丰富的水能资源。我国水系庞大而复杂，全国分布着 7 大水系，河流总长度约为 42 万千米，主要大河大都是自西向东流入太平洋。其中包括长江、黄河、澜沧江、怒江、雅鲁藏布江等。我国汇入海洋的水系占全国面积的 63.8%，径流总量占全国的 95.5%。据统计，全国流域面积为 100m^2 以上的河流有 5 万多条，河川多年平均年径流总量达 $2.71\times10^{12}m^3$，其中河长在 1000km 以上的也有 20 余条，流域面积在 1000m^2 以上者有 1600 多条，水能资源蕴藏量在 10GW 以上者有 3000 多条。我国山地面积广，大多数河流落差大，其中长江、黄河发源于青藏高原，落差分别为 5400m 和 4830m；雅鲁藏布江、澜沧江、怒江的落差均在 4000m 以上；其余的如大渡河、雅砻江、岷江、珠江等许多河流落差也多在 2000m 以上。河川丰沛的径流量和巨大的落差，构成了我国十分丰富的水能资源。

根据 2019 年水力资源普查结果表明，全国水能资源技术可开发装机容量约 687GW，位居世界第一。中国水电开发超过了 100 年历程，截至 2020 年年底，中国水电总装机容量达到 370.16GW，占全国发电总装机容量的 16.82%；全年水电发电量 1.214×10^6 GW·h，占全国发电量的 16.4%。水电装机和发电量均稳居世界第一。

中国水能资源无论是理论蕴藏量还是可开发利用量，均居世界第一位。但水能资源人均占有量偏低，只达世界平均水平的 2/3 左右。我国可开发的水能资源约占世界总量的 16.7%。

水能资源分布不均衡与经济发展的现状极不匹配。从河流看，我国水电资源主要集中在长江、黄河的中上游，雅鲁藏布江的中下游，珠江、澜沧江、怒江和黑龙江上游，这 7 条江河可开发的大中型水电资源都在 10GW 以上，总量约占全国大、中型水电资源量的 90%。

中国是世界上季风最显著的国家之一，大部分地区受季风影响，降水量的季节和年际变化都很大。冬季多由北部西伯利亚和蒙古高原的干冷气流控制，干旱少雨，夏季则受东南太平洋和印度洋的暖湿气流控制，高温多雨。通常降水时间和降水量在年内高度集中，一般雨季 2～4 个月的降水量能达到全年的 60%～80%，南方大部分地区连续四个月最大径流量占全年径流量的 60%左右，华北平原和辽河沿海可达 80%以上。降水量年际间的变化也很大，长江、珠江、松花江最大年径流量与最小年径流量之比可达 2～3 倍。淮河、海河等相差更甚，高达 15～20 倍。这些不利因素要求我们在水电规划和水电建设中必须考虑年内和年际的水量调节，以提高水电的供电质量，保证系统的整体效益。

3.8.2 水力发电技术

（1）水力发电原理

水力发电是利用河川湖泊等位于高处具有位能的水流至低处，利用流水落差 A 与 B 间的高度差 H（图 3-27）来转动水涡轮将其中所含的位能和动能转换成水轮机的机械能。再由水轮机为原动机，带动发电机和机械能转换为电能的发电方式。

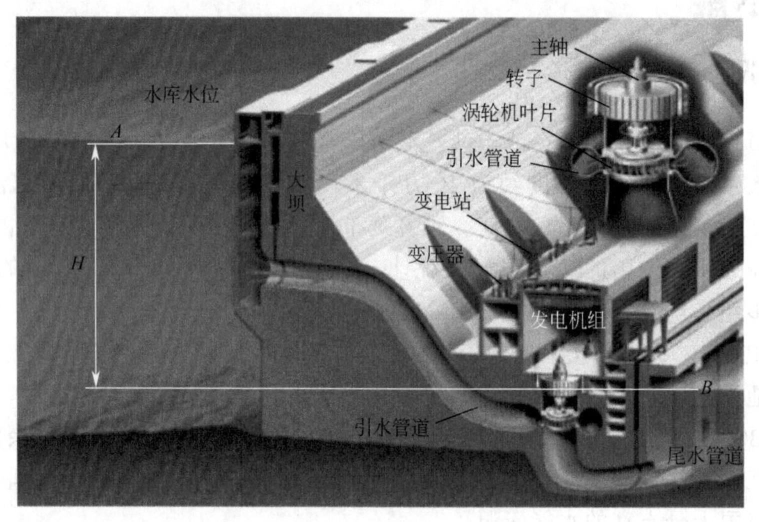

图 3-27 水力发电的转换原理

水力发电站是把水能转化为电能的工厂。为把水能转化为电能，需修建一系列水工建筑物，一般包括由挡水、泄水建筑物形成的水库和水电站引水系统、发电厂房等，在厂房内安装水轮机、发电机和附属机电设备，水轮发电机组发出电能后再经升压变压器、开关站和输电线路输入电网。水工建筑物和机电设备的总和，称为水力发电系统，简称水电站。

水电是清洁能源，在地球传统能源日益紧张的情况下，世界各国普遍优先开发水电、大力利用水能资源。在常规能源中，水力是理想的能源，有以下优点：水电发电成本低，积累多，投资回收快；水电没有污染，是一种干净的能源；水电站一般都有防洪、航运、养殖、美化环境、旅游等综合经济效益；所需操作、管理人员较少。

（2）水电站基本类型

不同水能开发方式修建起来的水电站，其建筑物的组成和布局也不相同，故水电站也分为堤坝式、引水式、混合式和梯级水电站等基本类型，如表 3-1 所列。水电站除按开发方式分类外，还可以按其是否有调节天然径流的能力而分为无调节水电站和有调节水电站两种类型。

在河道上修建拦河坝（或闸），抬高水位，形成落差，用输水管或隧洞把水库里的水引至厂房，通过水轮发电机组发电。这种水电站称为堤坝式水电站。适用于坡降较缓，流量较大，并有筑坝建库条件的河道，其主要组成部分是堤坝、溢洪道和厂房。根据水电站厂房的位置、地质条件的差别，主要分为河床式与坝后式两种基本形式。

表 3-1 水电站的分类

<table>
<tr><th>分类方式</th><th colspan="2">类　型</th></tr>
<tr><td rowspan="6">按开发方式分</td><td rowspan="2">堤坝式</td><td>河床式</td></tr>
<tr><td>坝后式</td></tr>
<tr><td rowspan="2">引水式</td><td>有压引水式</td></tr>
<tr><td>无压引水式</td></tr>
<tr><td colspan="2">混合式</td></tr>
<tr><td colspan="2">梯级水电站</td></tr>
</table>

堤坝式开发水电的优点是水库能调节径流，发电水量利用率稳定，并能结合防洪、供水、航运，其综合开发利用程度高。但工程建设工期长、造价高，水库的淹没损失和对生态环境的影响大，故应综合规划，科学决策。

河床式水电站一般修建在平原地区低水头或河流中、下游河道纵向坡度平缓的河段上，在有落差的引水渠道或灌溉渠道上，也常采用这种形式。我国总装机容量最大的河床式水电站是湖北省葛洲坝水电站（图 3-28），其总装机容量为 2.7GW。

图 3-28 葛洲坝水电站

坝后式水电站的厂房布置位于挡水坝段后面，即挡水坝的下游侧，水头由坝造成，厂房建筑与坝分开，不承受水压力，水流经过一短的压力管道引到厂房发电，称为坝后式水电站。我国最高的大坝是四川省二滩水电站大坝，混凝土双曲拱坝的坝高 240m。举世瞩目的三峡水电站是世界上总装机容量最大的水电站，也是总装机容量最大的坝后式水电站，其装机容量为 18.2GW（图 3-29）。

在河流的某些河段上，由于地形、地质条件的限制，不宜采用堤坝式开发时，可以修建人工引水建筑物（如明渠、隧洞等）来集中河段的自然落差。由于引水式开发不存在淹没和筑坝技术上的限制，水头可极高，但引用流量因受引水截面尺寸和径流条件限制，一般较小。引水式水电站按引水道及其水流状态不同可分为无压引水式水电站和有压引水式

图 3-29　三峡水电站

水电站两种类型。

无压引水式水电站其引水建筑物是无压的，如明渠、水槽、无压隧洞等，其主要建筑物有坝、进水口、沉沙池、引水渠（洞）、日调节池、压力前池、压力水管、厂房、尾水渠。这种水电站用引水渠道从上游水库长距离引水，与自然河床产生落差。渠首与水库水面为无压进水，渠末接倾斜下降的压力管道进入位于下游河床段的水电站厂房，水流经水轮机以后，再经尾水渠排入原河道。无压引水式水电站只能形成100m左右的水位差，如果使用水头过高，则在机组紧急停机时，渠末水位起伏较大，水流有可能溢出渠道，不利于安全。由于是用渠道引水，工作水头又不高，因此这种水电站总装机容量不会很大，属于小型水电站。

引水式水电站其引水建筑物是压力隧道或压力水管时，称为有压引水式水电站。其建筑物的组成一般有深式进水口、压力隧道、调压井、压力管道、厂房和尾水渠等，隧道首在水库水面以下有压进水，隧道末接倾斜下降的压力管道，进入位于下游河床的厂房。这种水电站适合于坡降较大、流量小、河道有弯曲的地形。

同时用拦河筑坝和修建引水建筑物两种方式来集中河段落差，水头一部分由堤坝造成，另一部分由引水建筑物造成的水电站，称为混合式水电站。多数混合式水电站都与防洪、灌溉相结合，筑坝形成的水库可用来调节水量，引水建筑物则可在不增加坝高的条件下增加水头，所以它具有上述两种开发方式的优点。这种开发方式，一般适用于坝址上游地势平坦，人口、耕地较少，宜于筑坝形成水库，而下游坡度又较陡或有较大河湾的地区，可在这些地区河道坡降平缓的狭窄河段建坝。这样，既可用水库调节径流，获得稳定的发电水量，又能利用引水获得较高的发电水头。在蓄水坝的一端沿河岸开挖坡降较平的引水渠，将水引到一定地点，再用压力水管把水输向低端建站处。我国鲁布革水电站（装机600MW，最大水头372.5m）就是国内最大的混合式水电站（图3-30）。

由于一条长数百千米甚至数千千米的河流，其落差通常达数百米甚至数千米，不可能将所有的落差都集中在一个水电站上，因此，必须根据河流的地形、地貌和地质等条件，

图 3-30 鲁布革水电站

合理地将全河流分成若干个河段来开发利用。对于小型水电站，划分河段通常约在 10km 以内，如此自上而下开发。水电站一个接一个，犹如一级一级的阶梯，这种开发方式的水电站称为梯级式水电站。

白鹤滩水电站为金沙江下游四个水电梯级——乌东德、白鹤滩、溪洛渡、向家坝中的第二个梯级。2010 年 10 月 27 日，白鹤滩水电站正式启动前期筹建工作。截至 2021 年 7 月 17 日，白鹤滩水电站 15 号 1000MW 级机组正式移交电厂投入商业运行。白鹤滩水电站是世界在建规模最大、单机容量最大的水电站。

参考文献

[1] 王革华，田雅林，袁婧婷．能源与可持续发展［M］．北京：化学工业出版社，2014.

[2] 李方正．新能源（科学探索丛书）［M］．北京：化学工业出版社，2008.

[3] 左然．可再生能源概论［M］．2 版．北京：机械工业出版社，2015.

[4] 苏亚欣，毛玉如，赵敬德．新能源与可再生能源概论［M］．北京：化学工业出版社，2006.

[5] YIN Z Q. Development of solar thermal systems in China [J]. Solar Energy Materials & Solar Cells，2005，86 (3)：427-442.

[6] 赵玉文．21 世纪我国太阳能利用发展趋势［J］．中国电力，2000，33（9）：73-77.

[7] 邓长生．如何促进我国太阳电池技术的发展［J］．中国科技成果，2005（13）：14-17.

[8] 章克昌，吴佩琮．酒精工业手册［M］．北京：中国轻工业出版社，2001.

[9] 孙健．纤维素原料生产燃料酒精的技术现状［J］，可再生能源，2003（6）：112.

[10] 吴创之，马隆龙．生物质能现代化利用技术［M］．北京：化学工业出版社，2003.

[11] 刘荣厚，牛卫生，张大雷．生物质热化学转换技术［M］．北京：化学工业出版社，2005.

[12] 原鲲，王希麟．风能概论［M］．北京：化学工业出版社，2010.

[13] 毛宗强．氢能——21 世纪的绿色能源［M］．北京：化学工业出版社，2005.

[14] ［日］电气学会·燃料电池发电，21 世纪系统技术调查专门委员会．燃料电池技术［M］．谢晓峰，范星河，译．北京：化学工业出版社，2004.

[15] 陈长聘，王新华，陈立新．燃料电池车车载储氢系统的技术发展与应用现状［J］．太阳能学报，2005（3）：141-148.

[16] 李文兵，齐智平．甲烷制氢技术研究进展［J］．天然气工业，2005，25（2）：165-168.

[17] 阎桂焕，孙立，许敏，等．几种生物质制氢方式的探讨［J］．能源工程，2004（5）：38-41.

[18] 周其凤，范星河，谢晓峰．耐高温聚合物及其复合材料合成、应用与进展 [M]．北京：化学工业出版社，2004.
[19] 徐军祥．我国地热资源与可持续开发利用 [J]．中国人口·资源与环境，2005，15 (2)：139-141.
[20] 陈建国. 海洋潮汐电站发电机组设计原则 [J]．上海大中型电机，2005 (3)：15-18.
[21] 廖泽前. 世界潮汐发电水平动向 [J]．广西电力建设科技信息，2003，2：17-21.
[22] 高祥帆，游亚戈．海洋能源利用进展 [J]．辽宁科技参考，2004，2：25-28.
[23] 王传崑．潮流发电 [J]．华东水电技术，1998，2：59-60.
[24] 关锌. 我国地热资源开发利用现状及对策与建议 [J]．中国矿业，2010，5：7-11.
[25] 艾德生，高喆．新能源材料-基础与应用 [M]．北京：化学工业出版社，2010.
[26] 杨天华．新能源概论 [M]．北京：化学工业出版社，2013.
[27] 吴佳梁．风光互补与储能系统 [M]．北京：化学工业出版社，2012.
[28] 左然，施明恒，王希麟．可再生能源概论 [M]．北京：机械工业出版社，2007.

第 4 章 储能材料与储能技术

4.1 ▸ 引言

储能技术是第三次工业革命的关键技术之一，紧紧牵动着新能源的发展。储能具有清除昼夜峰谷差，实现平滑输出，调峰调频和备用容量的作用，满足了新能源发电平稳、安全接入电网的要求，可有效减少弃风、弃光现象。

储能科学与技术是一门具有悠久历史的交叉学科，近十几年迅猛发展。储能技术发展的主要驱动力可以归结为全球致力于解决能源领域的清洁供应、能源安全和能源的经济性问题。解决这几个问题主要有四种途径，即先进能源网络技术、需求方响应技术、灵活产能技术和储能技术，其中储能是四种方案中最为重要的一种。

储能系统由一系列设备、器件和控制系统等组成，可实现电能或热能的存储和释放。在新能源科学与技术应用中，储能系统具有动态吸收能量并适时释放的特点，能有效弥补太阳能、风能的间歇性和波动性的缺点，改善太阳能电站和风电场输出功率的可控性，提升输出电能的稳定水平，从而提高发电质量。储能技术对于全球节能减排与优化能源结构有着积极的推动作用，是智能电网、新能源接入、分布式发电、微网系统及电动汽车发展必不可少的支撑技术之一。

根据能量来源的不同，可以将能量产生分为太阳能、风能、生物质能、核能、热能、机械能、化学能和电磁能 8 大类。根据能量储存形式的不同，将储能技术分为机械储能、电化学储能、热质储能、电磁储能、储氢、气体水合物储能和微网技术与储能等。表 4-1 列出了几种典型储能技术的比较。

表 4-1 各种储能技术比较

技术指标	机械储能			电磁储能		热质储能	电化学储能
	抽水储能	压缩空气	飞轮储能	电容器	超导储能	相变储热、热化学储热	铅酸蓄电池、锂离子电池、钠离子电池、液流电池
额定功率/MW	100～2000	10～300	0～5	0～1	0～1	50～250	0～100
持续时间/h	1～24	1～24	0～0.01	0～0.25	0～0.25	0～24	0～10

续表

技术指标	机械储能			电磁储能		热质储能	电化学储能
	抽水储能	压缩空气	飞轮储能	电容器	超导储能	相变储热、热化学储热	铅酸蓄电池、锂离子电池、钠离子电池、液流电池
能量效率/%	65～75	41～75	80～90	70～95	80～99	30～60	70～90
寿命/循环/次	>15000	>10000	>10000	>50000	>10000	>1000	500～10000
优点	可靠、经济、寿命周期长、容量大、技术最成熟、运行灵活和反应快捷			寿命长、响应速度快、效率高		储存的热量可以很大	技术成熟、寿命长
缺点	选址受限			能量密度低、成本高、自放电损耗		应用场合受限	成本高、部分存在发热问题
应用	调峰、填谷、调频、事故备用等，广泛应用于电力系统			电场中应用很少，尚处试验性阶段		在可再生能源发电利用上有一定作用	应用非常广泛

4.2 ▸ 机械储能

4.2.1 抽水储能

抽水储能即抽水蓄能，是目前电力系统中应用最为广泛、寿命周期最长、循环次数最多、容量最大的一种成熟的储能方式，在全球已并网的储能装置中占比超过 90%，主要用于系统备用和调峰调频。在负荷低谷时段抽水蓄能设备工作在电动机状态，将水抽到上游水库，将电能转化成重力势能储存起来，而在负荷高峰时设备工作在发电机状态，利用储存在水库中的水发电。一些高坝水电站具有储水容量，可以将其用作抽水蓄能电站进行电力调度。

抽水蓄能电站是一种特殊式的水电站，它由上水库、下水库、下水道系统、电站厂房及开关站等部分组成。抽水蓄能电站能量转换过程如图 4-1 所示。抽水蓄能电站的全寿命周期可达 40 年以上，其综合效率一般在 75%左右。第一座抽水蓄能电站于 1882 年在瑞士的苏黎世建成。从 20 世纪 50 年代开始，抽水蓄能电站的发展进入起步阶段。抽水蓄能电站既可以使用淡水，也可以使用海水作为存储介质。抽蓄电站具备容量大、经济性好、运行灵活等显著优势，储能周期范围较大，使用寿命长，效率稳定在高位。但由于抽水蓄能电站的建设受地形制约选址要求高、建设周期长、机组响应速度相对较慢等因素的影响，抽水蓄能的大规模推广应用受到一定程度约束与限制，当电站距离用电区域较远时输

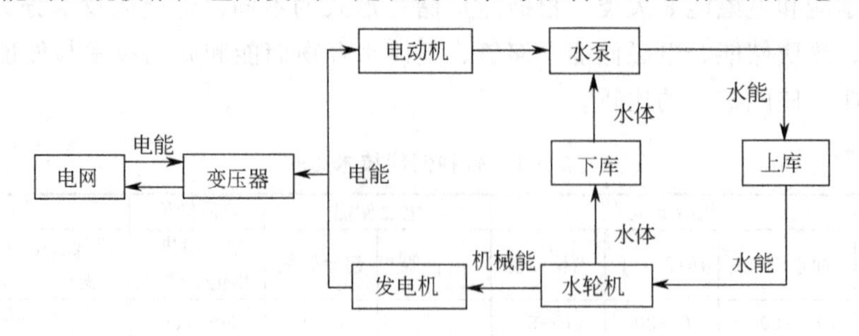

图 4-1 抽水蓄能电站能量转换过程

电损耗较大。

我国抽水蓄能电站建设虽然起步比较晚，但由于后发效应，起点却较高，已经建设的几座大型抽水蓄能电站技术已处于世界先进水平。例如：丰宁一、二期抽水蓄能电站总装机容量3600MW，为世界上最大的抽水蓄能电站；天荒坪与广州抽水蓄能电站机组单机容量300MW，额定转速500r/min，额定水头分别为526m和500m，已达到单级可逆式水泵水轮机世界先进水平；西龙池抽水蓄能电站单级可逆式水泵水轮机组最大扬程为704m，仅次于日本葛野川和神流川抽水蓄能电站机组。十三陵抽水蓄能电站上水库成功采用了全库钢筋混凝土防渗衬砌，渗漏量很小，也处于世界领先水平。

为推进抽水蓄能快速发展，适应新型电力系统建设和大规模高比例新能源发展需要，助力实现碳达峰、碳中和目标，2021年9月，国家能源局发布《抽水蓄能中长期发展规划（2021～2035年）》（简称《规划》）。《规划》指出，当前我国正处于能源绿色低碳转型发展的关键时期，风电、光伏发电等新能源大规模高比例发展，新型电力系统对调节电源的需求更加迫切，构建以新能源为主体的新型电力系统对抽水蓄能发展提出更高要求。《规划》提出了坚持生态优先、和谐共存，区域协调、合理布局，成熟先行、超前储备，因地制宜、创新发展的基本原则。在全国范围内普查筛选抽水蓄能资源站点基础上，建立了抽水蓄能中长期发展项目库。对满足规划阶段深度要求、条件成熟、不涉及生态保护红线等环境制约因素的项目，按照应纳尽纳的原则，作为重点实施项目，纳入重点实施项目库，此类项目总装机规模4.21亿千瓦；对满足规划阶段深度要求，但可能涉及生态保护红线等环境制约因素的项目，作为储备项目，纳入储备项目库，这些项目待落实相关条件、做好与生态保护红线等环境制约因素避让和衔接后，可滚动调整进入重点实施项目库，此类项目总装机规模3.05亿千瓦。《规划》要求加快抽水蓄能电站核准建设，各省（区、市）能源主管部门根据中长期规划，结合本地区实际情况，统筹电力系统需求、新能源发展等，按照能核尽核、能开尽开的原则，在规划重点实施项目库内核准建设抽水蓄能电站。到2025年，抽水蓄能投产总规模较“十三五”翻一番，达到6200万千瓦以上；到2030年，抽水蓄能投产总规模较“十四五”再翻一番，达到1.2亿千瓦左右；到2035年，形成满足新能源高比例大规模发展需求的，技术先进、管理优质、国际竞争力强的抽水蓄能现代化产业，培育形成一批抽水蓄能大型骨干企业。

4.2.2 压缩空气储能

压缩空气储能是基于燃气轮机技术的储能系统，在电力负荷低谷期将电能用于压缩空气，将空气高压密封在报废矿井、沉降的海底储气罐、山洞、过期油气井或新建储气井中，在电力负荷高峰期释放压缩空气推动燃气轮机发电的储能方式。

压缩空气储能系统具有储能容量较大、储能周期长、效率高和投资相对较小等优点。但传统压缩空气储能系统必须同燃气轮机电站配套使用，需要特殊的地理条件建造大型储气室，如岩石洞穴、盐洞、废弃矿井等。

世界上第一座投入商业运行的压缩空气储能电站是德国Huntorf电站，其机组的压缩机功率为60MW，释能输出功率为290MW，该电站运行至今，主要用于热备用和平滑负荷。另外，美国在1991年投运了Alabama州的McIntosh压缩空气储能电站，日本于2001年投运了砂川町压缩空气储能示范项目，瑞士正在开发联合循环压缩空气储能发电系统。此外，俄罗斯、法国、意大利、卢森堡、南非、以色列和韩国等也在积极开发压缩空气储能电站。

我国对压缩空气储能系统的研发起步较晚，但该研究领域正逐渐受到相关科研院所、电力企业和政府部门的重视。目前，国内的压缩空气储能发展整体上处于示范验证与商业推广过渡的阶段。以中国科学院工程热物理研究所为代表的科研单位已形成1.5MW级先进压缩空气储能系统的商业应用，正在示范和推广10MW级先进压缩空气储能系统，同时也在开展100MW级先进压缩空气储能系统的研发与示范。

4.2.3 飞轮储能

飞轮储能是将能量以动能形式储存在高速旋转的飞轮中。飞轮储能系统主要由高速飞轮、轴承支撑系统、电动机/发电机、功率变换器、电子控制系统和真空泵、紧急备用轴承等附加设备组成。谷值负荷时，飞轮储能系统由工频电网提供电能，带动飞轮高速旋转，以动能的形式储存能量，完成电能到机械能的转换过程；出现峰值负荷时，高速旋转的飞轮作为原动机拖动电机发电，经功率变换器输出电流和电压，完成机械能到电能的转换过程。飞轮储能功率密度大于5kW/kg，能量密度超过20W·h/kg，效率在90%以上，循环使用寿命长达20年，工作温区为-40～50℃，无污染，维护简单，可连续工作，积木式组合后可以构成兆瓦级系统，主要用于不间断电源（UPS）/应急电源（EPS）、电网调峰和频率控制。

飞轮储能是一种功率型储能技术，其优点有储能密度高、充放电速度快、效率高、寿命长、无污染、应用范围广、适应性强等，比较适合电能质量、过渡电源、电网调频、车辆能量再生、电网大功率支撑以及风电功率平滑等领域。磁力或摩擦力导致的空载损耗一定程度上制约着飞轮技术的发展。但新的轻质材料、磁轴承和电力电子的研究，使得飞轮的效率更高、更耐用。随着超导磁悬浮技术和单体并联技术的日渐成熟，飞轮储能将逐渐克服现有的能量密度低、自放电率高等缺点，其应用领域将逐步扩展到大型新能源电力系统的储能领域。

4.3 ▸ 电化学储能

电化学储能是一种通过氧化还原反应实现电能与化学能相互转化的过程。目前，以锂离子电池、钠硫电池、液流电池为主导的电化学储能技术在安全性、能量转换效率和经济性等方面均取得了重大突破，极具产业化应用前景。电化学储能可以同时向系统提供有功和无功支撑，因此对于复杂电力系统的控制具有非常重要的作用。

4.3.1 铅酸蓄电池

Plante于1859年发明铅酸蓄电池，已经历了160多年的发展历程，技术十分成熟，是目前全球使用最广泛的化学电源。铅酸蓄电池具有大电流放电性能强、电压特性平稳、温度适用范围广、单体电池容量大、安全性高和原材料丰富且可再生利用、价格低廉等特性。根据英国著名电池机构 BEST（Batteries and Energy Storage Technology）和亚洲电池协会发表的研究报告，在 2005 年铅酸蓄电池的全球产量达到 346GW·h，在 2018 年已突破 500GW·h。

铅酸蓄电池的电极主要由铅及其氧化物制成，电解液是硫酸溶液。铅酸蓄电池通过充电将电能转换为化学能储存起来，使用时再将化学能转换为电能释放出来。

铅酸蓄电池的化学表达式为

$$(-)Pb|H_2SO_4|PbO_2(+) \tag{4-1}$$

铅酸蓄电池是典型的二次电池，能满足二次电池的要求：a. 电极反应可逆，是一个可逆的电池体系；b. 只采用一种电解质溶液，避免因采用不同的电解质而造成电解质之间的不可逆扩散；c. 放电产生难溶于电解液的固体产物，可避免充电时过早生成枝晶和两极产物的转移。

负极反应化学式为

$$Pb+HSO_4^- -2e^- \underset{充电}{\overset{放电}{\rightleftharpoons}} PbSO_4+H^+ \tag{4-2}$$

正极反应化学式为

$$PbO_2+3H^+ +HSO_4^- +2e^- \underset{充电}{\overset{放电}{\rightleftharpoons}} PbSO_4+2H_2O \tag{4-3}$$

电池反应化学式为

$$Pb+PbO_2+2H^+ +2HSO_4^- \underset{充电}{\overset{放电}{\rightleftharpoons}} 2PbSO_4+2H_2O \tag{4-4}$$

铅酸蓄电池放电原理和成流过程如图 4-2 和图 4-3 所示。

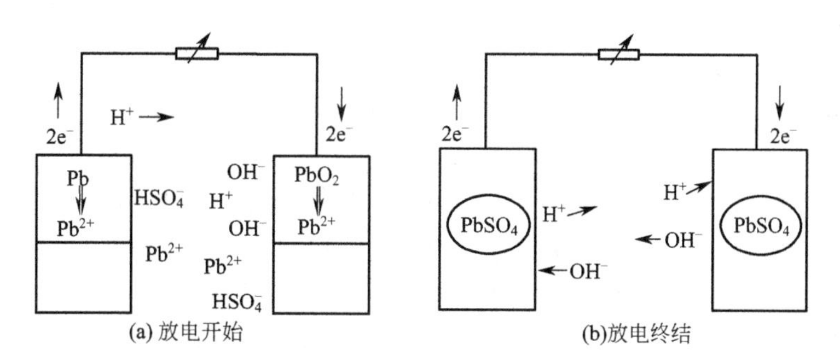

图 4-2　铅酸蓄电池放电过程两极反应原理

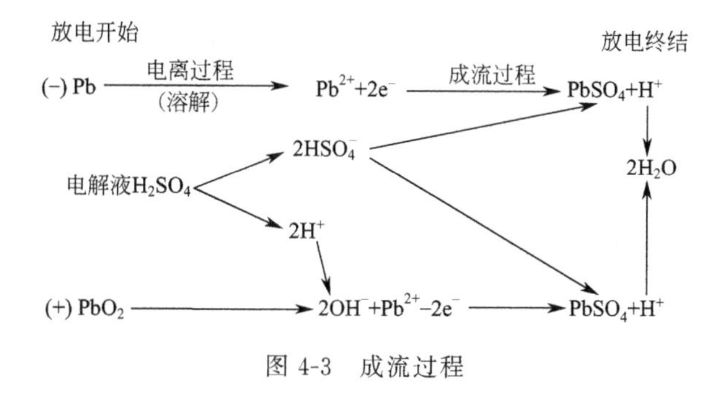

图 4-3　成流过程

近几十年，尽管有更多品种的二次电池出现，但铅酸蓄电池所具备的一系列优点是其他电池无法综合替代的。铅酸蓄电池因其原料丰富、制造工艺成熟、成品价格低廉、性能安全可靠等显著优势在通信、交通、电力等各个领域内都得到广泛应用。目前，在汽车起动、电动助力车、通信基站、工业叉车等诸多领域，铅酸蓄电池仍然占据行业主导地位。

新能源的发展将带动铅酸蓄电池储能技术的发展。向传统铅酸蓄电池的负极材料中添加高比表面积活性炭材料制备的铅炭电池能有效克服铅酸蓄电池的负极硫酸盐化失效模式，在部分荷电态循环模式下，铅炭电池的60%DOD循环寿命已经达到5000次左右，铅炭电池单体电池容量可以达到几千安时，电池的管理相对更为容易。未来铅炭电池的循环寿命可期达到12000次，其服务寿命年限和发电元件的寿命年限相当，达到20～25年。寿命期限内，储存电量是其自身容量的6000倍以上，储能成本降低至0.2元/(kW·h)。

4.3.2 锂离子电池

科学技术日新月异的发展带动了二次电池的蓬勃发展。移动通信、笔记本电脑及便携式电子设备的迅猛发展，推动二次电池向小型化、轻型化和长寿命方向发展。为了满足新形势下能源结构和产业发展的需求，大量新型化学电源迅速诞生并发展起来，锂离子电池应运而生，是一种理想的高能量密度二次电池。在所有金属中，锂具有原子量最小（6.94）、密度最小（0.534g/cm，20℃）、电极电位最低（−3.045V）、质量比容量较高（3680mA·h/g）等特点，是高能量密度电池的首选电极材料。由于锂离子电池具有高电压、高容量的重要优点，且循环寿命长、安全性能好，使其在便携式电子设备、电动汽车、空间技术、国防工业等多方面具有广阔的应用前景。

1972年，法国科学家Armand首次提出摇椅式锂电池的概念。采用可存储锂离子的层状化合物作为正负极材料，充放电过程中锂离子在正负极间来回穿梭，形成摇椅式锂二次电池。根据Whittingham和Armand的理论，锂离子电池的工作原理是：充电时，锂离子从正极中脱出进入电解液中，正极材料被氧化，这部分脱出的锂离子与溶解于电解液的导电锂盐中的锂离子同时在电解液中扩散并穿过隔膜，嵌入负极材料中，负极材料被还原；放电时，负极材料被氧化，锂离子在负极中脱出进入电解液，再穿过隔膜嵌入到正极材料，正极材料被还原。在脱嵌锂过程中，物质的化学键没有断裂，电极材料的结构没有破坏。以$LiCoO_2$/石墨锂离子电池为例，具体的工作原理如图4-4所示。以石墨材料为负极，$LiCoO_2$为正极的锂离子电池，化学表达式为

$$(-)C/LiPF_6+PC-EC/LiCoO_2(+) \tag{4-5}$$

正极反应为

$$LiCoO_2 \underset{放电}{\overset{充电}{\rightleftharpoons}} Li_{1-x}CoO_2+xe^-+xLi^+ \tag{4-6}$$

负极反应为

$$6C+xLi^++xe^- \underset{放电}{\overset{充电}{\rightleftharpoons}} Li_xC_6 \tag{4-7}$$

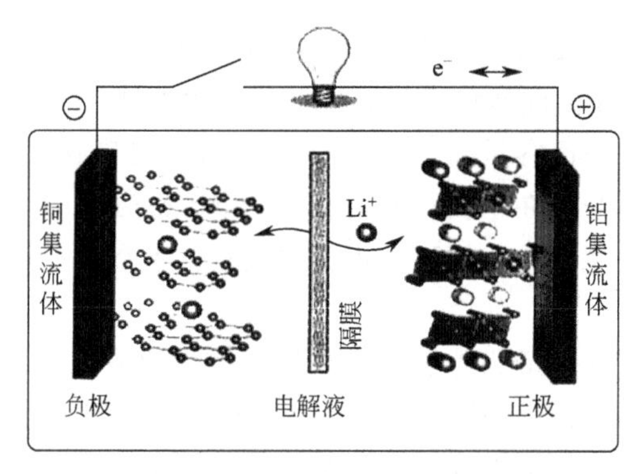

图 4-4　锂离子电池的工作原理示意

电池反应为

$$LiCoO_2 + 6C \underset{放电}{\overset{充电}{\rightleftharpoons}} Li_xC_6 + Li_{1-x}CoO_2 \tag{4-8}$$

锂离子电池包括电极、电解质、隔膜和外壳四个基本组成部分。电极是锂离子电池的核心部件，由活性物质、导电剂、黏结剂和集流体组成。活性物质（或称电极材料）是锂离子电池在充放电时能通过电化学反应释放出电能的电极材料，它决定了锂离子电池的电化学性能和基本特性。活性材料包括正极材料和负极材料，正极材料主要有电势比较高（相对于金属锂电极）的、粉末状的复合金属氧化物，如 $LiCoO_2$、$LiMn_2O_4$、$LiNi_{1-x-y}Mn_xCo_yO_2$、$LiCo_xNi_{1-x}O_2$、$LiFePO_4$ 等，负极材料包括碳材料、合金材料和金属氧化物材料。目前广泛应用于便携式设备的锂离子电池的主要正负极材料分别为 $LiCoO_2$ 和石墨。另外，在电极制作过程中通常需要加入导电剂（如乙炔黑等）提高正负极材料的低电导率，以更好满足锂离子电池的实际应用需要。为了能够使颗粒状的正负极材料和导电剂能牢固地附着在电流集流体上，通常需要加入黏结剂，常用的黏结剂分为水系黏结剂和油系黏结剂，油系黏结剂主要有聚偏氟乙烯（PVDF）和聚四氟乙烯（PTFE）等，水系黏结剂主要有甲基纤维素钠/丁苯橡胶（CMC-Na/SBR）等。集流体的主要作用是将活性物质中的电子传导出来，并使电流分布均匀，同时还起到支撑活性物质的作用，通常要求集流体具有较高的机械强度、良好的化学稳定性和高电导率，正极的集流体是铝箔，负极的集流体是铜箔。

电解质的作用是传导正负极间的锂离子，电解质的选择在很大程度上取决于电池的工作原理，影响着锂离子电池的比能量、安全性能、循环性能、倍率性能、低温性能和储存性能。目前商业化的锂离子电池主要采用的是非水溶液电解质体系，非水溶液电解质包括有机溶剂和导电锂盐。有机溶剂是电解质的主体部分，与电解质的性能密切相关，通常采用碳酸乙烯酯、碳酸丙烯酯、二甲基碳酸酯和碳酸甲乙酯等的混合有机溶剂。导电锂盐提供正负极间传输的锂离子，由无机阴离子或有机阴离子与锂离子组成，目前商业化的导电锂盐主要是 $LiPF_6$。

隔膜置于锂离子电池正负极之间，目的是防止锂离子电池正极和负极直接接触而导致短路，同时其微孔结构可以让锂离子顺利通过。隔膜直接影响电池的容量、循环以及安全性能，性能优异的隔膜对提高电池的电化学性能具有重要的作用。

锂离子电池的发展历程是能量密度不断提升的过程，大致可分为 3 个阶段。第 1 代锂离子电池的能量密度不超过 100W・h/kg。第 2 代能量密度的提升（超过 100W・h/kg）主要体现在负极材料由 MCMB（Mesocarbon Microbeads，中间相炭微球）向石墨材料的转变，同时尖晶石钛酸锂和硬碳也在这个阶段出现。目前，第3代锂离子电池的能量密度已经能够达到265W·h/kg。硅基负极材料的使用是第3代锂离子电池的能量密度得以提升的一个重要因素。硅的理论容量高达4200mA·h/g，是碳材料理论极限值的10倍，可有效促进电池能量密度提升。在正极材料方面，以NCM811、622和高镍NCA为主的三元材料引发人们的极大关注，一些新型正极材料技术的发展也受到多数锂离子电池企业和正极材料企业的密切关注。

锂离子电池是目前世界上最为理想，也是技术最高的可充电化学电池。其单体电池标准循环寿命已经超过1000次，仅从电池单体的角度来看，锂离子电池的比能量和循环寿命已基本满足储能应用需求，但在锂离子电池组应用时，循环寿命只有400～600次，甚至更低，严重制约了锂离子电池储能应用。锂离子电池的技术发展趋势由液态锂离子电池（聚合物凝胶电解液）向固态锂离子电池发展。

4.3.3 镍基碱性二次电池

镍基碱性二次电池主要有镍镉电池、镍氢电池、镍铁电池、镍锌电池等。它们一般以氧化镍作为正极，以强碱溶液作为电解液。这类碱性电池大都具有轻便、寿命长、易保养等优点。本节主要阐述具有广泛应用和优异电池性能的镍镉电池和镍氢电池。

镍镉电池是1899年由瑞典尤格尔（W. Jungner）发明的，至今已经历三个发展阶段：在20世纪50年代以前，镍镉电池的电极结构是极板盒式（或袋式），主要用作起动、照明、牵引及信号灯的电源；50年代至60年代初期，主要发展了大电流放电的烧结式电池，用于飞机、坦克、火车等各种引擎的起动；60年代以后，着重发展了密封式电池，烧结式密封镍镉电池舱大电流放电，可以满足负载大功率的需要，可用作卫星、火箭、导弹、携带式激光器、背负式报话机、电子计算机、助听器和小功率电子仪器的电源。镉镍电池作为一种高效的长寿命舱电化学储能装置在航天事业的发展中起了重大的作用。

我国自20世纪50年代后期开始研制镍镉电池，60年代初开始工业化生产。镍镉电池的优点是循环寿命长（可达2000～4000次），电池结构紧凑、牢固、耐冲击、耐振动、自放电较小、性能稳定可靠、可大电流放电、使用温度范围宽（－40～40℃）；缺点是电流效率、能量效率、活性物质利用率较低，价格较贵。

镍镉电池的结构由负极金属镉（Cd）、正极羟基氧化镍（NiOOH）和电解液氢氧化钠（NaOH）或氢氧化钾（KOH）组成。其电化学式为

$$(-)\mathrm{Cd}\,|\,\mathrm{NaOH}(\text{或 KOH})\,|\,\mathrm{NiOOH}(+) \tag{4-9}$$

负极反应为

$$\mathrm{Cd}+2\mathrm{OH}^- \underset{\text{充电}}{\overset{\text{放电}}{\rightleftharpoons}} \mathrm{Cd(OH)_2}+2\mathrm{e}^- \tag{4-10}$$

正极反应为

$$2\mathrm{NiOOH}+2\mathrm{H_2O}+2\mathrm{e}^- \underset{\text{充电}}{\overset{\text{放电}}{\rightleftharpoons}} 2\mathrm{Ni(OH)_2}+2\mathrm{OH}^- \tag{4-11}$$

总反应为

$$\mathrm{Cd}+2\mathrm{NiOOH}+2\mathrm{H_2O} \underset{\text{充电}}{\overset{\text{放电}}{\rightleftharpoons}} 2\mathrm{Ni(OH)_2}+\mathrm{Cd(OH)_2} \tag{4-12}$$

镍氢电池，又称金属氢化物镍蓄电池，是一种性能良好的动力电池，在各种动力电池

中，它以比功率高、大电流充放电性能好、安全性高和无污染等优良特点备受青睐，在混合动力汽车上的应用比较多。

镍氢电池是一种绿色环保电池，由于储氢合金材料的技术进步，大大地推动了镍氢电池的发展。镍氢电池的技术发展大致经历了三个阶段：第一阶段即20世纪60年代末至70年代末，为可行性研究阶段。第二阶段即20世纪70年代末至80年代末，为实用性研究阶段。1984年开始，荷兰、日本、美国都致力于研究开发储氢合金电极；1988年美国Ovonic公司，以及1989年日本松下、东芝、三洋等电池公司先后成功开发镍氢电池。第三阶段即20世纪90年代初至今，为产业化阶段。我国于20世纪80年代末研制成功电池储氢合金，1990年研制成功AA型镍氢电池，目前镍氢电池逐步向高能量型和高功率型双向发展。

镍氢电池以储氢合金作为负极，氢氧化镍作为正极，氢氧化钾碱性水溶液作为电解液。在电化学反应过程中，镍和氢在发生反应时，氢的电势比镍的电势低，从而形成电势差，在充电的时候，正极 $Ni(OH)_2$ 被氧化成 NiOOH，负极上的 H_2O 得到电子变成 OH^- 及氢原子嵌入到储氢合金；而放电的时候是相反的过程，从而形成一个可逆的化学反应。

充电时，正极反应为

$$Ni(OH)_2+OH^- \xrightarrow{充电} NiOOH+H_2O+e^- \tag{4-13}$$

负极反应为

$$M+H_2O+e^- \xrightarrow{充电} MH+OH^- \tag{4-14}$$

总反应为

$$M+Ni(OH)_2 \xrightarrow{充电} MH+NiOOH \tag{4-15}$$

放电时，正极反应为

$$NiOOH+H_2O+e^- \xrightarrow{放电} Ni(OH)_2+OH^- \tag{4-16}$$

负极反应为

$$MH+OH^- \xrightarrow{放电} M+H_2O+e^- \tag{4-17}$$

总反应为

$$MH+NiOOH \xrightarrow{放电} M+Ni(OH)_2 \tag{4-18}$$

式中，M为储氢合金；MH为吸附了氢原子的储氢合金，最常用的储氢合金为 $LaNi_5$。

从上述的电池原理上来看，镍氢电池是可以承受一段时间的过充电过放电的，但是电池的过放电和过充电会产生气体，使得电池内部压力增高，虽然产生的气体很快会重新转化为溶液，但经常性的过充电过放电所造成的气体累积还是会对电池有所损坏的。

4.3.4 燃料电池

燃料电池是一种直接将储存在燃料和氧化剂中的化学能高效地转化为电能的发电装置。这种装置的最大特点是由于反应过程不涉及燃烧，因此其能量转化效率不受“卡诺循环”的限制，能量转换效率高达60%～80%，实际使用效率是普通内燃机的2～3倍。它从外表上看有正负极和电解质等，像一个蓄电池，但实质上它不能“储电”而是一个“发电厂”。由于在能量转换过程中，几乎不产生污染环境的含氮和硫氧化物，燃料电池还被认为是一种环境友好的能量转换装置。由于具有这些优异性，燃料电池技术被认为是21世纪新型环保高效的发电技术之一。随着研究不断地突破，燃料电池已经在发电站、微型电源等方面开始应用。

燃料电池的基本工作原理如图4-5所示，氢气由燃料电池的阳极进入，氧气（或空气）则连续吹入燃料电池的阴极。为了加速电极上的电化反应，燃料电池的电极上都包含了一定的催化剂（触媒）。催化剂一般做成多孔材料，以增大燃料、电解质和电极之间的接触面。氢分子在阳极分解成两个氢质子与两个电子，其中质子被吸引到薄膜的另一边，电子则经由外电路形成电流后，到达阴极。在阴极催化剂的作用下，氢质子、氧及电子发生反应形成水分子，因此水可以说是燃料电池唯一的排放物。燃料电池与一般传统电池一样，是将活性物质的化学能转化为电能的装置，因此都属于电化学动力源，但燃料电池的电极本身不具有活性物质，只是个催化转换组件。

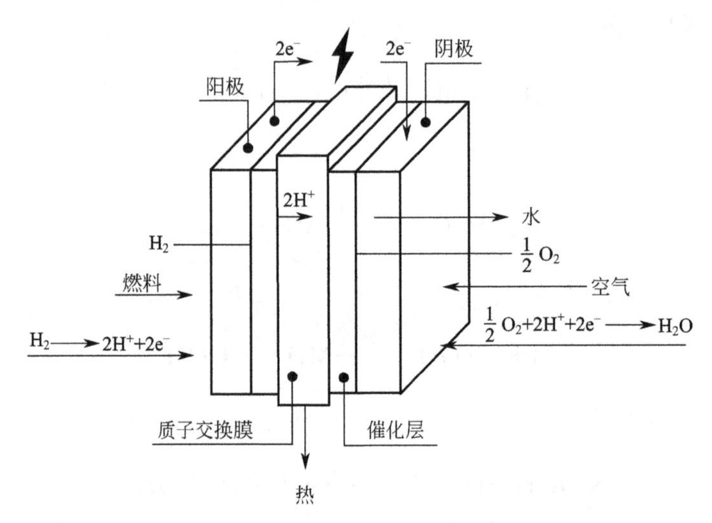

图4-5　燃料电池基本工作原理

燃料电池按照其电解质不同，可分为碱性燃料电池、磷酸盐型燃料电池、固体氧化物燃料电池、熔融碳酸盐燃料电池和质子交换膜燃料电池。

碱性燃料电池的电解质为液体氢氧化钾或者液体氢氧化钠，通常工作温度为50℃。它是最早获得应用的燃料电池。碱性燃料电池用35%～45%KOH为电解液，渗透于多孔而惰性的基质隔膜材料中，工作温度小于100℃。该种电池的优点是氧在碱液中的电化学反应速度比在酸性溶液中大，因此有较大的电流密度和输出功率，但氧化剂应为纯氧，电池中贵金属催化剂用量较大，而利用率不高。目前，此类燃料电池技术的发展已非常成熟，并已经在航天飞行及潜艇中成功应用。

磷酸盐型燃料电池是一种以浓磷酸为电解质的燃料电池，采用重整气（H_2+CO）作燃料，空气作氧化剂，浸有浓磷酸的SiC微孔膜作为电解质，产生的直流电经过直交变换后以交流电的形式供给用户，是单机发电量最大的一种燃料电池。其突出优点是贵金属催化剂用量比碱性氢氧化物燃料电池大大减少，还原剂的纯度要求有较大降低，一氧化碳含量可达5%。在100～200℃范围内性能稳定，导电性强。磷酸电池较其他燃料电池制作成本低，已接近可供民用的程度。目前，国际上功率较大的实用燃料电池电力站均用这种燃料电池。

固体氧化物燃料电池以重整气为燃料，空气为氧化剂，使用的电解质为固态非多孔金属氧化物，通常为YSZ（三氧化二钇稳定的氧化锆，Y_2O_3-stabilized-ZrO_2），在650～1000℃的工作温度下，不需要使用贵金属为催化剂，氧离子在电解质内具有很高的离子传导度。一般而言，阳极使用的材料为钴-氧化锆或镍-氧化锆（Co-ZrO_2或Ni-ZrO_2）陶瓷，阴极则为掺入锶（Sr）的锰酸镧（$LaMnO_3$）。

质子交换膜燃料电池中燃料（含氢、富氢）气体和氧气通过双极板上的导气通道分别到达电池的阳极和阴极，反应气体通过电极上的扩散层到达质子交换膜（图4-6）。在膜的阳极一侧，氢气在阳极催化剂的作用下解离为氢离子（质子）和带负电的电子，氢离子以水合质子$(H_2O)_nH^+$的形式，在质子交换膜中从一个磺酸基（$—SO_3H$）转移到另一个磺酸基，最后到达阴极，实现质子导电。质子的这种转移导致阳极出现带负电的电子积累，从而变成一个带负电的端子（负极）。与此同时，阴极的氧分子与催化剂激发产生的电子发生反应，变成氧离子，使阴极变成带正电的端子（正极），其结果是在阳极带负电终端和阴极带正电终端之间产生了一个电压。如果此时通过外部电路将两极相连，电子就会通过回路从阳极流向阴极，从而产生电能。同时，氢离子与氧离子发生反应生成水。

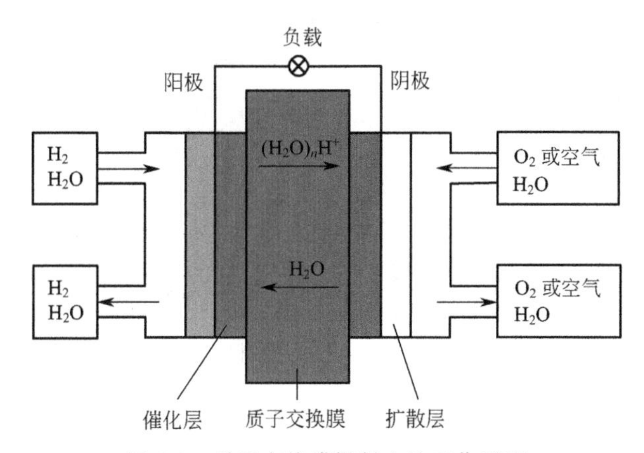

图4-6 质子交换膜燃料电池工作原理

质子交换膜燃料电池的工作温度较低（约80℃），使得质子交换膜燃料电池具有激活时间短的特性，可以在几分钟内达到满载。此外，质子交换膜燃料电池的电流密度和比功率都较高，发电效率在45%～50%。与液体电解质燃料电池相比，质子交换膜燃料电池具有寿命长、运行可靠的特点，在车辆动力、移动电源、分布式电源及家用电源方面有一定的市场，但不适用于大容量电厂。

燃料电池在分布式电站、应急电源、交通运输，军事和海洋等领域具有广阔的应用前景。

微型燃料电池定义为功率为几瓦到十几瓦的燃料电池，用于日常微电器。它可以是直接甲醇燃料电池，也可以是改型的质子交换膜燃料电池。微型燃料电池可作为移动电话、照相机、摄像机、计算机、无线电台、信号灯和其他小型便携电器的电源，无论是民用还是军事用途，都具有广泛的应用前景。图4-7为微型直接甲醇燃料电池结构。

燃料电池作为动力系统在摩托车、小轿车、大客车、机车、船舶及飞机上被广泛地研究和运用。2008年4月，波音公司在西班牙奥卡尼亚镇成功试飞全球首架以氢燃料电池为动力源的小型飞机，如图4-8所示。

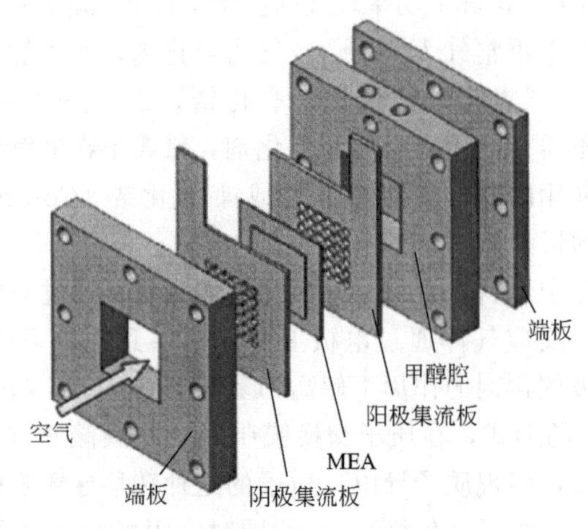

图 4-7　微型直接甲醇燃料电池结构

图 4-8　世界首架氢燃料飞机

氢燃料电池汽车（图 4-9）利用燃料电池发出的电力驱动电动机带动汽车行驶，是一种电动汽车。一次加氢后，燃料电池车能跑的里程取决于车上所携带的氢气的数量，而燃料电池车的动力特性，如能跑多快、能爬多陡的坡，则主要取决于燃料电池动力系统的功率及匹配，燃料电池车的动力系统可分为以下三种情况：全燃料电池，即汽车的动力全部来自燃料电池；燃料电池和电池（或超级电容器，或飞轮等储能设备）的混合系统；燃料电池和内燃机组成的混合系统。

4.3.5　其他种类电池

钠不仅在地壳中的储量远高于锂，且其制备提取相对容易，作为原材料的钠的化合物的成本远低于锂的化合物。钠离子电池可以认为是在锂离子电池的基础上发展起来的一种摇椅式的二次电池，充放电过程中钠离子在正负极插入化合物的晶格中往返插入和脱出。图 4-10 是以碳类材料为负极，钠的过渡金属化合物为正极活性物质的钠离子电池的工作原理。钠离子电池优点：a. 原料资源丰富，成本低廉，分布广泛；b. 钠离子电池的半电池电势较锂离子电势高 0.3～0.4V，即能利用分解电势更低的电解质溶剂及电解质盐，电解质的选择范围更宽；c. 钠离子电池有相对稳定的电化学性能，使用更加安全。钠离子

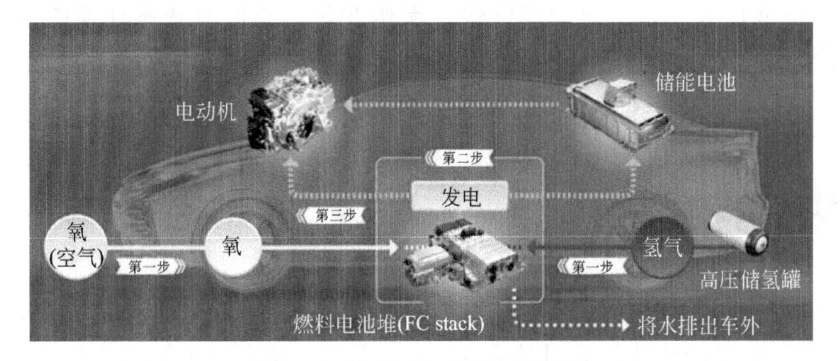

图 4-9　氢燃料电池汽车原理图

电池的能量密度可以通过以下途径提高：a. 使用高比容量的电极材料；b. 提高正极物质的电位；c. 降低负极物质的电位。到目前为止，钠离子电池的发展尚处于材料探索的阶段，针对钠离子电池的电极材料已经开展了大量的研究工作。

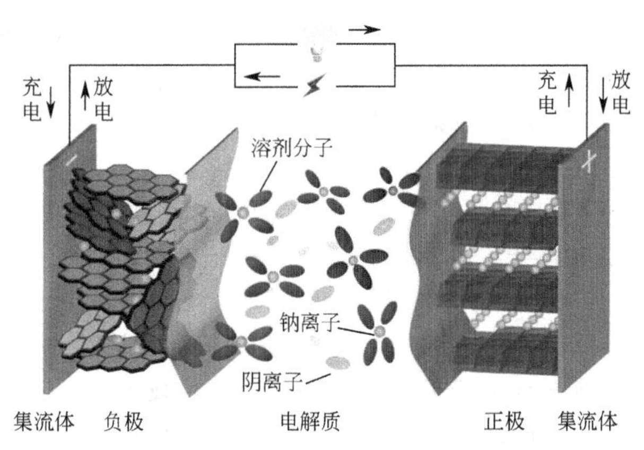

图 4-10　钠离子电池的工作原理

Thaller 在 1974 年提出了双液流电池概念。与一般固态电池不同的是，传统的双液流电池（如铁铬液流电池、全钒液流电池、多硫化钠/溴液流电池等）的正极和负极电解质溶液储存于电池外部的储罐中，通过电解质溶液循环泵和管路输送到电池内部进行反应，因此电池功率与容量独立设计。从理论上讲，有离子价态变化的离子对可以组成多种液流电池。在早期的液流电池技术探索中，世界各国对铁/铬（Fe/Cr）液流电池的研发最为广泛。自 1974 年，美国 NASA 及日本的研究机构和企业均开展了千瓦级铁/铬液流电池研发，并成功开发出数十千瓦级的电池系统。然而，由于 Cr 半电池的反应可逆性差，Fe 和 Cr 离子透过隔膜交叉污染及电极析氢等问题，致使铁/铬液流电池系统的能量效率较低。因此，目前世界范围内对铁/铬液流电池的研究开发基本处于停滞状态。

液流电池的种类很多，具有很好市场前景的主要是无机体系的全钒液流电池、锌基液流电池。有机体系的液流电池近年已成为国际上基础研究的热点。

全钒液流电池是以不同价态的钒离子作为活性物质，通过钒离子价态变化实现化学能和电能相互转变的过程。正极为 VO^{2+}/VO_2^+，负极为 V^{2+}/V^{3+}，电池的开路电压为 1.25V。全钒液流电池技术相对于其他储能技术具有以下优点：a. 运行安全可靠，材料资源丰富、全生命周期内环境负荷小、环境友好；b. 输出功率和储能容量相互独立，设计和安置灵活；c. 能量效率高，启动速度快，无相变化，充放电状态切换响应迅速；d. 采用模块化设计，易于系统集成和规模放大；e. 具有强的过载能力和深放电能力。

4.4 热质储能

储热（冷）技术具有成本低、容量大、寿命长的特征，是一种可以大规模使用的储能技术，到2018年年底储热装机容量达到1400万千瓦，是世界上第二大储能技术，装机量仅次于抽水蓄能。根据储热（冷）的原理来说，可以将热质储能技术分为显热储热技术、相变储热技术和化学储热技术三类。

4.4.1 显热储热技术

显热储热（冷）技术包括固体和液体显热储热（冷）技术。固体显热储热（冷）材料物质包括岩石、砂石、金属、混凝土和耐火砖等，液体显热储热材料包括水、导热油和熔融盐等。水、土壤、砂石及岩石是最常见低温（＜100℃）显热储热（冷）介质，目前已在太阳能低温热利用、跨季节储能、压缩空气储热储冷、低谷电供暖供热、热电厂储热等领域得到广泛应用。导热油、熔融盐、混凝土、蜂窝陶瓷、耐火砖是常用的中高温（120～800℃）显热储热材料。混凝土、蜂窝陶瓷、耐火砖是价格较低的中高温显热储热材料，目前已在建筑领域得到广泛应用。熔融盐有很宽的液体温度范围、储热温差大、储热密度大、传热性能好、压力低、储放热工况稳定且可实现精准控制，是一种大容量（单机可实现1000MW・h以上的储热容量）、低成本的中高温储热技术。目前广泛采用的太阳盐和Hitec盐配方存在熔点高、分解温度低的缺陷。因此研发低熔点、高分解温度的宽液体温度范围熔盐是国际研究的热点。在混合熔盐中添加二氧化硅、碳等纳米粒子来提高混合熔盐的比热容和储热密度也是国际的前沿研究领域。为了满足超临界二氧化碳太阳能热发电的需求，研发600～800℃高温混合熔盐配方成为近几年国际研究的前沿领域。

4.4.2 相变储热技术

相变储热具有在相变温度区间内相变热焓大、储热密度高和系统体积小等优点，得到了国内外研究者的普遍重视。相变储热技术目前已经是储热技术的研究热点之一，在分布式能源系统、风能发电、工业余热回收利用、太阳能等领域具有广泛的应用前景。相变储热进行储热和放热主要是依靠相变材料在相变过程中吸收和释放能量，这在一定程度上将显热储热工艺成熟简单和热化学储热储热密度高的优点结合起来，发展潜力大。另外，相变储热可以减少储热和放热过程中能量的损失是因为相变储热放热过程基本保持恒温。相变储热材料提高能源利用率，具有可调控温度、更有效利用环境能源、应用领域广泛的优点。由于相变储热材料发展较晚，虽然已经取得了一些成就，但仍有许多问题急需研究解决。固-固相变储热材料和固-液相变储热材料是目前应用十分广泛的相变储热材料，但容易泄漏，过冷易发生相分离，腐蚀性强等许多因素限制着相变储热材料的发展应用。随着材料科学技术的进步，相变储热材料的缺陷可以用过复合技术来改善，使其使用时更加稳定，更易降低存储成本。同时，提升相变储热材料的工艺技术，尤其是发展复合相变储热材料的制备策略与相关理论，为后续相变储热材料的发展提供基础。

4.4.3 相变储热材料

作为相变储热材料，不仅需具有合适的相变温度和较大的相变潜热，还必须综合考虑材料的物理特性和化学稳定性、熔融材料凝固时的过冷度以及对容器的腐蚀性、安全性及价格水平等。实际应用中要求：a. 合适的相变温度；b. 较大的相变潜热；c. 合适的导热性能；d. 在相变过程中不应发生熔析现象；e. 必须在恒定的温度下熔化及固化，即必须是可逆相变，性能稳定；f. 无毒性；g. 与容器材料相容；h. 不易燃；i. 较快的结晶速度和晶体生长速度；j. 低蒸气压；k. 体积膨胀率较小；l. 密度较大；m. 原材料易购、价格便宜。其中 a～c 是热性能要求，d～i 是化学性能要求，j～l 是物理性能要求，m 是经济性能要求。基于上述选择储能材料的原则，可结合具体储能过程和方式选择合适的材料，也可自行配制适合的储能材料。

按照储热的温度范围不同，相变储热材料可以分为高温、中温和低温三类（图 4-11），一般将熔点低于 120℃的称为低温相变储热材料，常用的低温相变储热材料主要包括结晶水合盐、石蜡类和脂肪酸类三类。高温相变储热材料主要用于小功率电站、太阳能发电和低温热机等方面，常用的高温相变储热材料可分为单纯盐、混合盐、金属（合金）、碱等。

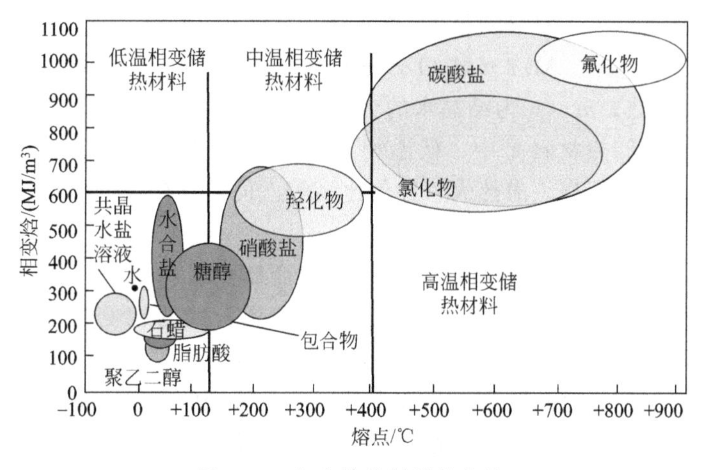

图 4-11 相变储热材料的分类

按照相态变化对相变储热材料进行分类，可分为固-气相变储热材料、液-气相变储热材料、固-液相变储热材料和固-固相变储热材料。由于液-气和固-气两种相变过程中，气体体积变化过大，限制了二者的应用。

固-液相变储热原理是当温度高于相变储热材料相变温度时，物质相态由固相变成液相，吸收热量；当温度低于相变温度时，物态由液相变成固相，放出热量。该过程是可逆的，故相变储热材料可以重复利用。目前固-液相变储热材料分为有机类、无机盐类和金属/合金类三种。有机类相变储热材料主要包括各类脂肪酸、脂肪醇、石蜡、脂类物质以及各类高分子相变材料（PCM）等，其多数熔点较低，高温下易挥发、易缓慢氧化老化、易燃，不适合在高温场合中应用，主要应用于低温储热场景。无机盐类相变储热材料主要包括各类硝酸盐、氟盐、盐酸盐、碳酸盐及其混合物，工业中经常使用其混合物来作为储热材料，通过不同比例的混合盐来调整熔点，以此来适应不同场景下的工作温区，常用无机盐混合物的熔点一般在150～900℃，主要应用于高温储热场景。单一金属或由不同种金属组成的二元、三元等多元合金是目前应用较为广泛的金属/合金类相变储热材料，目前所使用的大部分金属/合金类相变储热材料的相变温度一般在300℃以上，主要应用于高温储热场景。

复合相变储热材料主要为性质相似的二元或多元化合物的混合体系或低共熔体系。复合相变储热材料一般具有两种形式，一种是由多种相变材料制备的混合材料，另一种是具有封装结构的定型相变储热材料。混合相变储热材料制备过程简单，其配比不同可以改变其相变温度，但是易泄漏、使用不安全。定型相变材料相比混合而成的复合相变储热材料，因其被包容在胶囊，多孔材料等的微小空间中，不易泄漏，使用时更加安全，同时增加了材料与流体间的热传导。因此，研制复合相变储热材料已成为储热材料领域的热点研究课题。复合相变储热材料的制备方法（图4-12）主要有：相变微胶囊技术；利用毛细管作用将相变材料吸附到多孔基质中；与高分子材料的复合制备PCM；无机/有机纳米复合PCM的湿化学法。

结晶水合盐就是具备一定比例的结晶水和热效应的相变储热材料。结晶水合盐通过融化与凝固过程放出和吸收结晶水，进而进行储热和放热。结晶水合盐的通式可以表示为$AB \cdot mH_2O$。

相变换热机理为

$$AB \cdot mH_2O \longrightarrow AB + mH_2O - Q_{潜} \tag{4-19}$$

$$AB \cdot mH_2O \longrightarrow AB \cdot pH_2O + (m-p)H_2O - Q_{潜} \tag{4-20}$$

式中，$Q_{潜}$为潜热；m、p为结晶水的个数。

结晶水合盐相变储热材料是中、低温相变储热材料中重要的一类，其特点有热导率大、熔解热高、储热密度高、潜热大、性价比高等。但是其存在过冷结晶和无机水合盐析出等问题。

石蜡储热材料是目前应用最为广泛的有机相变储热材料之一，相变焓一般在160～270kJ/kg之间。石蜡拥有比较宽泛的温度区间，商用石蜡的相变温度通常在55℃附近，热导率约为0.2W/(m·K)。碳链长度越长，石蜡的相变温度和潜热越高；此外，具有偶数碳原子烷烃的石蜡相变潜热略高于具有奇数碳原子烷烃的石蜡，但随碳链长度增加，二者相变潜热趋于相等。纯度较高的石蜡价格昂贵，实验室研究或工业生产中通常选用工业纯度级别的石蜡。P-116是较受关注的商用石蜡材料之一，其相变温度为47℃，相变焓约为210kJ/kg。

石蜡中含有油质，会降低其熔点及其使用性能。石蜡呈中性，通常情况下不与酸性（硝酸除外）和碱性溶液发生作用，化学性能稳定。不同碳原子个数的石蜡类物质，其相变温度不同。石蜡相变潜热较高，几乎没有过冷现象，自成核，没有相分离，性价比高，无腐蚀性。但是石蜡的热导率和密度较小，为了提升石蜡的导热性能，可在石蜡中添加金属粉末、金属网、石墨等。

脂肪酸类相变储热材料是一种常见的低温相变储热材料，其分子通式为$C_nH_{2n+1}COOH$，其相变温度通常与碳原子数有关，多数脂肪酸类相变储热材料的相变温度区间在15～75℃，相变潜热值的区间在120～210kJ/kg。目前研究较为全面的脂肪酸类相变储热材料主要包括月桂酸、癸酸、棕榈酸、硬脂酸、肉豆蔻酸和十八酸等。

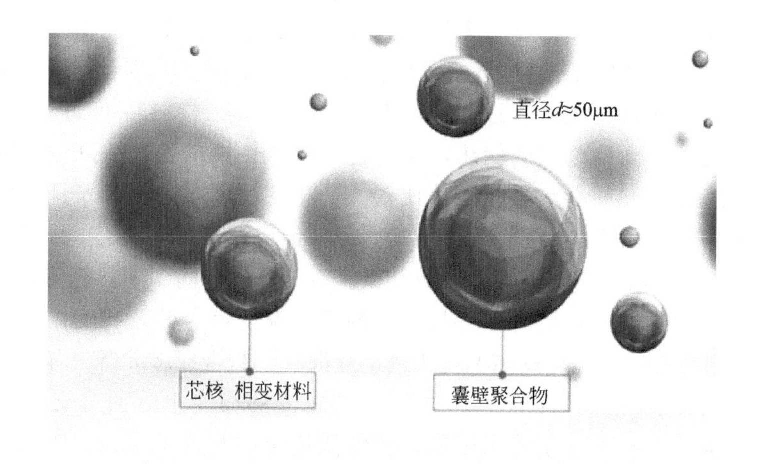

相变微胶囊技术

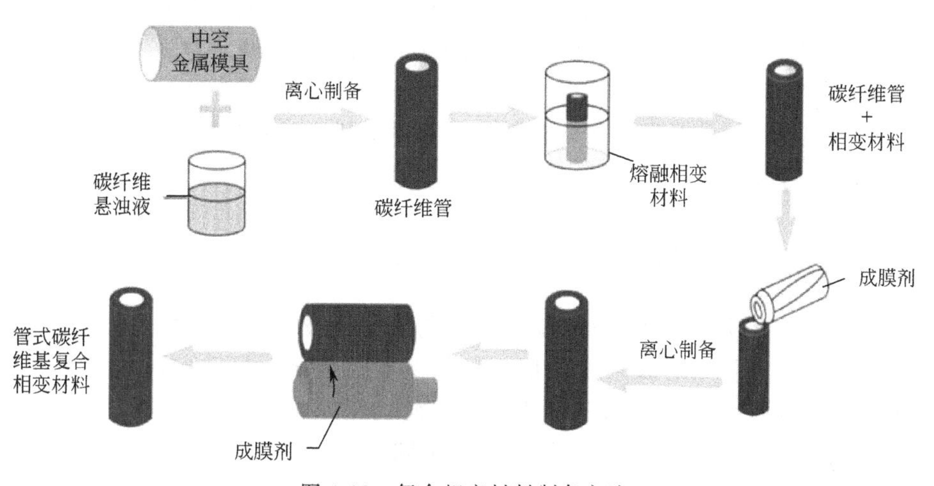

图 4-12 复合相变材料制备方法

金属和合金相变储热材料最大的优点是储热密度大、热导率高、体积变化小，但是由于其比热容较小，在热过载的情况下温度波动过大，影响容器的寿命。选择金属和合金相变储热材料必须考虑毒性低、价格便宜的材料，铝及其合金因其熔化热大、导热性好、蒸气压低，是一种较好的相变储热材料。常见金属和合金相变储热材料的热物性见表 4-2。

表 4-2 常见金属和合金相变储热材料的热物性

金属和合金相变储热材料	熔点/℃	熔解热/(kJ/kg)	金属和合金相变储热材料	熔点/℃	熔解热/(kJ/kg)
Li	181	435	Al-Si-Zn	560.0～608.6	349.4
Al	660	398	Al-Mg	591.2～630.0	223.0
Cu	1083	205	Al-Cu-Zn	522.1～647.8	229.4
Al-Si	572.6～590.1	448.6			

固-固相变储热材料利用晶体或半晶体与另一非晶、半晶或晶相之间的可逆的相变来进行热量转换。由于其是固相到固相的转变，与固-液相变储热材料相比，具有体积变化

小、无相分离现象、无泄漏、无毒、无腐蚀、无污染、过冷度小、使用寿命长等优点。目前具有发展潜力的固-固相变储热材料主要包括无机盐类、多元醇类和高分子类三大类。

无机盐类相变储热材料主要通过固体状态下不同晶体结构的转变而进行吸热和放热。相变温度较高，适用于高温范围的储热，主要包括层状钙钛矿、Li_2SO_4、KHF_2 等物质。

多元醇固-固相变储热材料具有相变焓比较大，相变温度适中且易于调节等优点，是一种很有潜力的固-固相变储热材料，但也存在不足：价格偏高；热稳定性不好，容易升华；部分多元醇过冷度大；由于氢键的存在一般都极易溶于水，在高温下热稳定性不好；热导率低等。每种多元醇发生固-固相变时都有其固定的相变温度，为扩宽相变温度范围，满足实际应用，可以采用将两种多元醇按照不同比例进行混合、组合成多元醇二元体系的方法。

高分子类相变储热材料的实质是一般为固-液相变的相变组分通过交联共聚、嵌段共聚等，在结构上被并入到大分子骨架中，形成性能稳定的高分子材料。当相变组分相变熔化后，大分子骨架限制其流动使得整个分子仍保持固态。这类材料的相变焓、相变温度等性质可通过调整软硬段的比例或者硬段的性质来调节，其相变焓较大，性能稳定，过冷较小，使用寿命长，是真正意义上的固-固相变材料。高分子类相变储热材料可分为聚乙二醇类、脂肪酸类以及其他类。近年来因其性能较好，易加工成型，为此开展了多种新型高分子相变储热材料的研究工作。

固-固相变储热材料的开发时间相对较短，大量的研究工作还没深入开展，因此其应用范围没有固-液相变储热材料广阔。

4.4.4 相变储热工程应用

相变材料在工业及一些可再生能源技术中得到了积极的应用，如：在工业加热过程的余热利用；在特种仪器、仪表中的应用，如航空、卫星、航海等特殊设备；作为家庭公共场所等取暖和建筑材料用，如利用太阳能让相变材料吸收屋顶太阳热，收集器所得的能量使得相变材料液化，并通过盘管送到地板上储存起来，供无太阳时释放，达到取暖目的。

对于储热材料来说，相变储能材料有着更多的优势。在很多发达国家的建筑中都或多或少地使用了各种相变储能材料来节约能源，而我国在这方面与他们相比还有着一定的差距，所以研发优秀的相变储能材料，特别是建筑用相变储能材料，为我国能源问题的缓解以及社会的可持续发展，都将提供良好的支持。储热技术的基础理论和应用技术研究在很多国家迅速崛起并得到不断发展。目前，相变储热技术的研发已逐步进入实用阶段，中、低温储热主要用于建筑节能等领域。

4.4.5 化学储热技术

化学储热技术是利用可逆化学反应，将热能以化学能的形式储存在化学物质中的储热方式。如化学反应的正反应吸热，热能便被储存起来；逆反应放热，则热能被释放出去。目前主要的化学储热反应体系包括金属氧化物、金属氢氧化物、甲烷重整、碳酸盐以及合成氨等。然而，要实现化学储能的过程，必须遵循以下几个原则：a. 化学反应迅速且完全可逆，不发生不可逆的副反应；b. 化学反应的反应焓足够大，且反应物的摩尔体积足够小；c. 反应物成本低廉，稳定且易于存储，环境友好。

热化学储热包括热化学反应储热和热化学吸附储热。热化学反应储热基于化学可逆反应原理，通过化学反应过程中的热量变化实现储热，如碳酸钙的分解反应等。化学吸附储热是指通过吸附材料对吸附质在解吸和吸附过程中的热效应进行储热或放热，如金属氢化物-H_2、氯盐-NH_3 和无机盐-H_2O 等。热化学反应储热技术因化学反应过程的安全性、转化效率和经济性等问题现阶段难以工业化。热化学吸附储热技术具有储热密度高、储热体积小和热损失小等特点，且易实现长周期热能存储，目前在太阳能跨季节储热供暖中已经有了部分应用。在众多热化学吸附材料中，无机盐-水吸附对（通常称为水合盐）热化学吸附材料因低成本和环保等特点引起了人们的广泛关注。

三种不同的储热技术在价格、密度和存储期限上各有不同，表 4-3 对这三种技术的主要特征进行了比较分析。对比其他 2 种储热方式，化学储热具有储热密度大、储存时间长、可运输距离远、热损失小及可在常温下储存等优点。就目前的应用情况来看，显热储热因其价格较低且装置结构简单，所以应用范围较广，特别是在太阳能热发电中采用了大容量的熔盐蓄热，但固体显热储热存在温度波动大的缺陷。而相变储热技术可以较好地克服固体显热储热温度波动大的缺点，目前也有一些示范应用项目，但大容量储热还存在一些技术瓶颈。化学储热技术是目前储热技术研发工作的热点，但是还存在稳定性差、规模化难度高等问题，距离工业化推广应用尚远，还有大量的研究工作要做。

表 4-3　三种储热技术的特征比较

储热技术	显热储热	潜热储热	化学储热
储能价格/[元/(kW·h)]	1～600	4～600	80～1000
单机储热容量/MW·h	0.0001～4000	0.001～10	0.001～4
储能密度/(kJ/kg)	数十到近千	数百，甚至近千	上千
储能周期	十分钟至数月	十分钟至数周	几天至数年
技术优点	储热系统集成相对简单；储能成本低，储能介质通常对环境友好	在近似等温的状态下放热，有利于热控	储能密度最大，非常适用于紧凑装置；储热期间的散热损失可以忽略不计
技术缺点	系统复杂；蓄放热都需要很大的温差	储热介质与容器的相容性通常很差；热稳定性需强化；相变材料热导率低；相变材料较贵	储/释热过程复杂，不确定性大，控制难；循环中的传热传质特性通常较差
技术成熟度	成熟度高；工业、建筑、太阳能热发电领域已有大规模的商业运营系统	成熟度中；处于从实验室示范到商业示范的过渡期	成熟度低；处于储热介质基础测试、实验原理及验证阶段
未来研究重点	高性能低成本储热材料的开发，储热系统运行参数的优化策略创新；储/释热过程中不同热损的有效控制等	新型相变材料或复合相变蓄热材料的开发；已有相变材料的相容性改进；储/释热过程的优化控制等	新型储热介质的筛选、验证；储/释循环的强化与控制；技术经济性的验证，以及适用范围的拓展

4.5 ▸ 电磁储能

电磁储能主要分为超导储能和超级电容器储能。超导储能系统是利用超导线圈将电磁能直接储存起来，需要时再将电磁能返回电网或其他负载的一种电力设施，它是一种新型高效的蓄能技术。超导储能系统主要由大电感超导储能线圈（图 4-13）、氦制冷器（使线圈保持在临界温度以下）和交-直流变流装置构成。当储存电能时，将发电机组（如风力发电机）的交流电经过整流装置变为直流电，激励超导线圈；发电时，直流电经逆变装置变为交流电输出，供应电力负荷或直接接入电力系统。

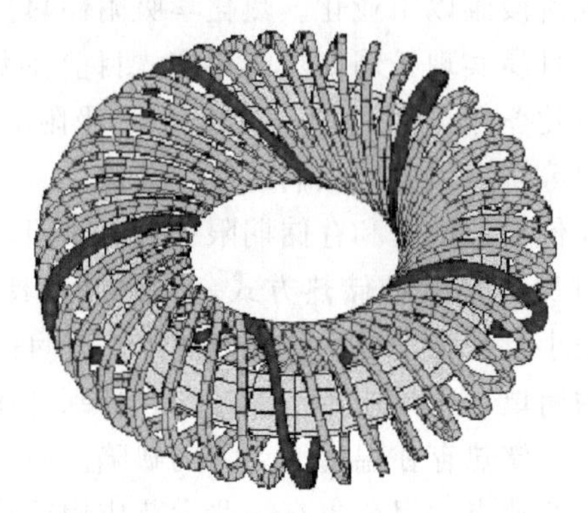

图 4-13　大电感超导储能线圈

超级电容器是近几年才批量生产的一种新型电力储能器件，又称超大容量电容器、黄金电容、储能电容、法拉电容、电化学电容器或双电层电容器。不同于传统电源，超级电容器是利用极化电解质实现电能存储，电能存储过程中不发生化学反应，可以反复充放电数十万次。超级电容器是一种具有传统电容器和蓄电池双重功能的特殊电源，既具有静电电容器的高放电功率优势，又像电池一样具有较大电荷储存能力，其容量可达到法拉级甚至数千法拉级，同时具有功率密度大、循环稳定性好、工作温度范围广和环境友好等优点。自 1957 年美国人 Becker 发表第一个关于超级电容器的专利以来，超级电容器已广泛应用于电子通信系统、交通工具、航空航天以及国防军事科技等领域。

4.5.1　超导储能技术

超导储能系统（Superconducting Magnetic Energy Storage，SMES）是利用超导线圈将电磁能直接储存起来，需要时再将电磁能回馈至电网或其他负载，并对电网的电压凹陷、谐波等进行灵活治理，或提供瞬态大功率有功支撑的一种电力设施。超导电磁储能运行时无直流电能焦耳热损耗，超导线圈可产生很强的磁场，能达到很高的储能密度（约 108J/m^3）且能长时间无损耗地储能，电池储能重复次数一般在千次以下，比常规导线线圈高出 2 个数量级。其工作原理是：正常运行时，电网通过整流器向超导电感充电，然后保持恒流运行（由于采用超导线圈储能，所储存的能量几乎可以无损耗地永久储存下去，直到需要释放时为止）。当电网发生瞬态电压跌落或骤升、瞬态有功功率不平衡时，可从超导电感提取能量，经逆变器转换为交流电，并向电网输出可灵活调节的有功功率或无功功率，从而保障电网的瞬态电压稳定和有功功率平衡。

超导储能系统一般由超导线圈、低温系统、失超保护与系统保护、变流器和控制系统等部分组成。与其他储能技术相比，具有如下优越性：

① 超导储能系统可长期无损耗地储存能量，其转换效率超过 90%。

② 超导储能系统可通过采用电力电子器件的变流技术实现与电网的连接，响应速度

快（毫秒级）。

③ 由于其储能量与功率调制系统的容量可独立地在大范围内选取，因此可将超导储能系统建成所需的大功率和大能量系统。

④ 超导储能系统除了真空和制冷系统外没有转动部分，使用寿命长。

⑤ 超导储能系统在建造时不受地点限制，维护简单、污染小。

虽然超导储能系统在提高电力系统稳定性和改善供电质量方面具有明显优势，但因其造价高昂，超导储能系统迄今尚未大规模进入市场，技术的可行性和经济价值将是超导储能系统未来发展面临的重大挑战。今后对超导储能系统的研究将主要集中在如何降低成本、优化高温超导线材的工艺和性能、开拓新的变流器技术和控制策略、降低超导储能线圈交流存耗和提高储能线圈稳定性、加强失超保护等方面。

4.5.2 超级电容器储能

电化学电容器也称为超级电容器，是一种介于蓄电池和传统电容器之间的新型储能器件。超级电容器根据存储电能的机理不同，可分为双电层电容器和赝电容器两种。超级电容器具有容量大、功率密度高、循环寿命长、充放电效率高等特点，引起了广泛关注。

双电层电容器理论最早由 Helmholtz 于 1887 年提出。双电层电容器是通过电极与电解质之间形成的界面双电层来存储能量的器件。图 4-14 是利用双电层原理存储电能的工作原理。与普通电容器一样，当在超级电容器的两个极板上施加外电压时，正极板存储正电荷，负极板存储负电荷，在两极板上电荷产生的电场作用下，电解液与电极间的界面处形成极性相反的电荷以平衡电解液的内电场，这样的正电荷与负电荷在固相和液相的接触面上，以正负电荷之间极短间隙排列在相反的位置上，这个电荷分布层叫作双电层。当两极板间电势低于电解液的氧化还原电极电位时，电解液界面上电荷不会脱离电解液，超级电容器为正常工作状态；如电容器两端电压超过电解液的氧化还原电极电位时，电解液将分解，为非正常状态。在超级电容器放电过程中，正、负极板上的电荷被外电路释放，电解液的界面上的电荷相应减少。因此超级电容器的充放电过程始终是物理过程，没有涉及化学反应。

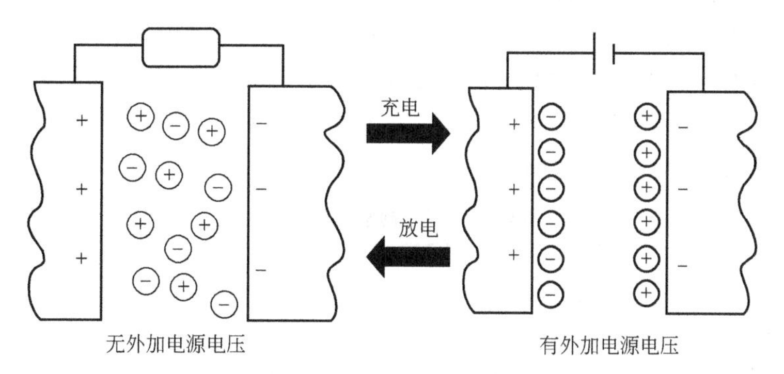

图 4-14 双电层电容原理

赝电容器是在电极材料表面或体相的二维或准二维空间上，电活性物质进行欠电位沉积，发生高度可逆的化学吸附/脱附或氧化还原反应，产生与电极充电电位有关的电容。该类电容的产生机制与双电层电容不同，伴随电荷传递过程的发生，储能过程在电极材料和表面同时发生，通常具有更大的比电容。

超级电容器发展的关键技术问题是开发新型储能材料，大幅提升超级电容器能量密度。碳材料由于具有成本低、比表面积大、孔隙结构可调以及内阻较小等特点，已广泛应用于双电层电容器，包括石墨烯、活性炭、碳纳米管、碳气凝胶等超级电容器的电极材料，在这些电极材料表面主要发生的是离子的吸附/脱附。赝电容器的电极材料主要包括金属氧化物和导电聚合物等，主要利用氧化还原反应产生的赝电容。

超级电容器具有电容量大、功率密度高、充放电效率高、循环寿命长、使用温度范围宽等优势，在交通、电力、通信、消费电子、可再生能源发电系统、航空航天以及国防军事等领域有巨大的市场潜力。超级电容器研究的重点是通过新材料的研究开发，寻找更为理想的电极体系和电极材料，提高超级电容器的能量密度、循环寿命以及功率密度等性能。

4.6 ▶ 储氢

氢是地球上最丰富的元素，它与碳、氧一起构建了稳定的基本化学反应，以提供能量。由于自然能源几近枯竭，或是难以开采，氢被认为是替代碳、烃的未来车辆能源。这是因为氢燃烧的产物只有水，有助于防止二氧化碳排放等引起的温室效应。为了实现碳达峰和碳中和目标，我国的能源结构将发生重大变化，在能源产业布局大规模调整的历史背景下，氢能作为高效的清洁能源将占据更重要的地位。因此，氢被普遍认为将在未来几个世纪内成为能源领域的重要角色——替代化石能源。为了使氢能够成为一种可行的替代资源，必须解决各种技术问题，如制氢、储存、运输和燃烧。氢气的储运作为连接生产和应用的中间环节，是制约氢的大规模利用的最重要因素。

4.6.1 储氢概述

表 4-4 比较了氢和传统燃料的能量性能。氢的明显优势在于氧化过程（燃烧）产生的能量是碳氧化过程的 4 倍，而且与化石燃料不同，燃烧过程不产生二氧化碳。考虑应用形式也很重要，例如氢的燃烧产物——水，以蒸汽还是液态形式出现。下面的数据是在最有利的条件下（液态水）取得的，不过，与传统燃料相比，表中给出的数据并没有显示出其体积能量密度特别低的主要缺陷。常态下，1kg 氢气占据的空间超过 $11m^3$。其结果是在储氢过程中，氢的压缩成为重要的环节。

表 4-4 氢和传统燃料的能量性能

燃料类型	质量能量密度/(MJ/kg)	体积能量密度/(MJ/L)
氢	142	8(70MPa)
天然气	54	10(20MPa)
石油	42	28

图 4-15 给出了三种主要压缩储氢形式的体积和质量：物理和分子态（即高压气态氢或低温液态氢），以金属氢化物形式储存的固态或“原子态”（化学态），或者吸附于其他材料（分子态）。

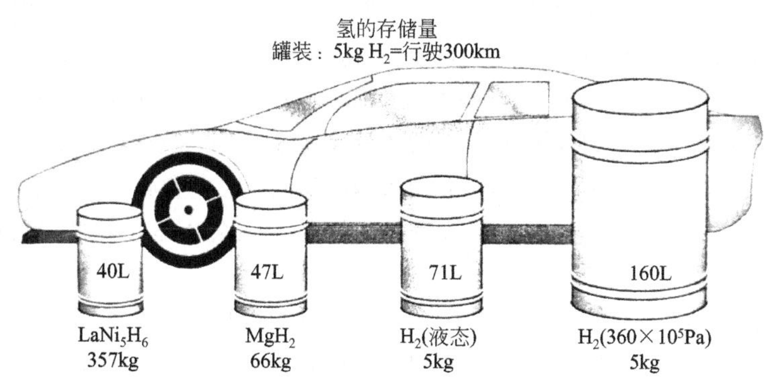

图 4-15 氢的存储密度

常见氢的储存方式有三种，分别为压力储氢、低温储氢和固态储氢。压缩氢（CGH_2）和液化氢（LH_2）是最广为人知的储存方法，但它们面临着设备成本高、安全问题和蒸发问题（针对 LH_2）等。此外，使用金属氢化物进行固态物理储氢具有致命的缺点，包括由于材料分解和反应动力学缓慢而导致的可逆性有限。三种氢的储存方式各有其优缺点，在综合考虑安全性、适用性和经济性成本后，压力储氢是目前为止仍在使用的最广泛的氢气储运方式。

4.6.2 压力储氢

压力储氢即为高压气态储氢，是一项已被工业界验证过了多年的技术，是目前最直接、最常用并且成熟的储氢方法。高压储氢技术通常采用 200bar（$1bar=10^5Pa=1dN/mm^2$）压力下的钢管来配送氢气，储氢压力可达 150bar。由于氢气密度较低，储气的罐体本身较重，所存储的氢的质量仅占储气质量总和的 3%，所以以传统的钢管，采用地面运输方式，配送巨量氢气不是一种经济的方式。提高经济性的主要方法是提高储氢密度，可以通过降低储氢罐本身的质量并提高储氢压力来完成。因此，许多国家的研究机构和世界领先的气体生产和配送公司已经开始着手开发用于交通应用的特殊容器，分 350bar 和 700bar 两种工况。

这些储氢容器的外壳采用高质量碳纤维强化合成制成，对腐蚀环境（如酸）具有高机械抗力，同时又很轻；内壳，或称“内胆”，由聚合物或者轻金属（如铝）制成；就水密性或气密性而言，这是最好的材料。为了制定规范，对材料性能，尤其是力学性能和爆破性能，已经进行过多次抗力和安全测试。

采用压力储氢有很好的经济性，因为将氢气分别压缩到 350bar 和 700bar，理论上仅消耗储存能量的 9%和 13%。不过，给容器加压意味着气体在快速压缩过程中内部温度的升高，这点必须要考虑到。因此，在设计容器时，必须考虑到 200℃以上的温度时所用材料的力学性能。在快速储氢过程中增加液氮冷却气态氢气环节，不失为解决温升的一种方案。

4.6.3 低温储氢

低温储氢也叫液化储氢，是指通过在－253℃温度下液化氢气来制备液态氢（LH_2）。低温储氢的优点是储氢密度高、休眠期长、储氢成本低，缺点是结构复杂，加氢方式复杂。相比于高压气态储氢，低温储氢在氢从生产到配送的过程中具有一定的优势，例如可以采用罐车运输。即使气化氢压缩至 700bar，其密度也不如液化氢大。但效率却是液化储氢最不利的制约因素，因为氢在液化时需要消耗能量，根据液化技术的不同，这部分能量差不多占可用储存能量的 30%～40%。而且，储存过程中氢的蒸发损失也要考虑进来，预计每天可能会损失 0.1%～4%，这取决于储氢容器的大小和具体应用形式。就安全性而言，储存容器的性能（特种钢在低温或者发生渗氢时不会变脆）和低温流体的操作会存在一定影响。

用于交通运输的液氢容器，建议采用金属容器或者双壁结构的低温箱，为了使得热损失实现最小化，必须减少热传递、热对流和热辐射损失的热量，因此在内部容器中采用由热导率最小的珍珠岩或铝膜组成的多层隔热材料，并且每层之间都有隔层的绝缘材料以避免热短路。绝缘的内部容器通过特殊设计的内部固定装置安装到外部容器中，然后将两个容器之间的最终容积排空，以避免因热对流而引起的热泄漏，从而对容器进行有效的隔热，否则会造成很大的蒸发损失。

4.6.4 固态储氢

4.6.4.1 物理储氢

多孔材料（如活性炭）因其巨大的表面积，可以依据范德瓦耳斯力原理吸附分子态或原子态的气体。物理吸附储氢的主要工作原理即利用范德瓦耳斯力在比表面积较大的多孔材料上进行氢气的吸附。物理吸附储氢常用的多孔材料主要包括：碳基储氢材料、无机多孔材料、金属有机骨架（MOF）材料、共价有机化合物（COF）材料。下面首先介绍碳基材料，然后再介绍其他类型的适宜此类应用的多孔材料。

碳基储氢材料中除了活性炭之外，还有很多其他的多孔炭和纳米结构炭被研究，且被认为是很有潜力的高性能储氢材料，有的性能甚至特别的高［如富勒烯、纳米管-单壁纳米管（SWNT）或多壁纳米管（MWNT）“鱼骨结构碳”、锥形体等］。通过控制碳纳米管的生长方式能够在一定程度上提高它的储氢性能，因此区分分子间的范德瓦耳斯力和化学键是很必要的，化学键通常是含金属的材料发生残余应力聚集的驱动力，以催生碳纳米结构生长。

目前可以确定，优化后的单壁碳纳米管类型的碳纳米结构在常温常压下的性能最优，其储氢密度为 1%～2%。但是，提纯碳纳米结构的超高成本仍然是这种储氢技术实用化的主要障碍。

对于大规模应用来说，碳纳米结构低温储氢的效率低于液化容器储氢，但是比液氢储存的损耗低。而且安全性也是一个关键因素，液化容器壳体承受压力和低温，建造难度大，需要协调多种参数的设计以满足要求。当然，活性炭的工业化应用成本也需要考虑，目前约为 70 欧元/kg。

无机多孔材料主要是具有微孔或介孔孔道结构的多孔材料，包括有序多孔材料（沸石分子筛或介孔分子筛）或具有无序多孔结构的天然矿石。与前面的材料相比，硼氮化合物纳米管和其他纳米结构在储氢的性能上并不突出，但经济性要更好一些。凝胶因其价格低廉而受到青睐。不过，有限的比表面积（$1000m^2/g$）制约了其性能的提高，相关的研究仍在进行之中。还有沸石类材料，价格低、热鲁棒性好，也受到关注，不过其性能中等，储氢密度至多能达到 2%～2.5%。玻璃态微米球是第三类具有先天价格优势的材料，微米球在高压氢气下达到饱和吸附状态，然后在环境温度下释放，氢气热致还原。

金属-有机骨架配合物（MOF），又叫多孔配位聚合物，是过渡金属离子或金属簇与含氧氮等多齿有机配体自组装形成的周期性网络结构的晶体材料，具有较高的比表面积、丰富的晶体结构、均一的孔结构和孔容积，是物理吸附领域崛起的一种新型的极具发展潜力的储氢材料。

4.6.4.2 化学储氢

相比于物理吸附储氢，化学储氢更加高效安全。化学储氢是指氢气分子通过解离形成氢原子，与现有分子结构中的特定元素（大多指金属原子）形成金属键或离子共价键，进而生成化合物或金属氢化物。复合氢化物包括铝氢化物（由碱离子和铝产生）、基于过渡金属和碱土金属的多元素系统，以及名为酰亚胺的新材料或氨化物——氮和氢键合物。常用的化学储氢方式主要有金属合金氢化物储氢、配位氢化物储氢、有机液体氢化物储氢等。

对于金属材料，其吸氢和释氢过程本质上是一步化学反应，金属晶格一般不发生变化；而对于复合材料来说，氢原子的插入和移出分几步进行，每步化学反应都有自己的能级。所有不同类型的氢化物都有一个共同点，即多数情况下称为“催化剂”的额外粒子的扩散过程，其实质为发生反应而必须要获得适宜的动力。因此，可以使用诸如球磨等工艺将晶格化材料磨成粉末，以增加材料的比表面积。与传统的物理储氢方式相比，金属合金材料储氢的主要特点是储氢量较大，氢以原子状态储存于合金中，重新释放出来时经历扩散、相变、化合等过程。这些过程受热效应和速度的制约，因此输运更加安全，但同时由于这类材料的氢化物过于稳定，热交换比较困难，加/脱氢只能在较高温度下进行。

4.7 气体水合物储能技术

水合物在19世纪就已被发现，距今已有百余年历史。气体水合现象是1810年由Humphry Davy在实验室首先发现的，但是直到1973年才由Dacidson首先提出“气体水合物”（Gas Hydrate）这一概念，对气体水合物的结构、热力学性质、分子作用原理及动力学性质等早期研究成果和各种应用方式进行了较为全面的描述。气体水合物指低温高压条件下，水分子氢键结成的笼形晶体网将小分子气体包围在中间形成的外形像冰雪状的笼形化合物。气体水合物有较大储气能力及相变潜热，该特点可被应用于诸多领域，如水合物法油气固态储运、碳捕集、蓄能制冷等，但因生成条件较苛刻限制了它的发展。因此为解决该问题，不同类型添加剂及物理法被提出及研究。物理法主要通过扰动方式增强气液接触面积、传热传质速率等。加入添加剂主要是通过改变液体表面张力、降低水合物形成条件等来促进水合物生成的。

4.7.1 天然气水合物储气

天然气的主要成分为甲烷，在常压下其沸点为－162℃，不易液化。目前实际应用的天然气储运方式有：利用低温技术制成液化天然气（LNG），以液体的形式进行储存、运输；通过管道采用高压方法运输天然气；利用多孔介质的吸附作用储存天然气等。天然气水合物储运技术就是通过利用天然气水合物的储气能力，将天然气和水在高温条件下生成晶体化合物。研究表明，$1m^3$ 的甲烷水合物可以储存 $150\sim180m^3$ 的甲烷气体，约等于液化天然气能量密度的1/4。天然气水合物具有自保护效应，在低温低压下分解速率极低，在低于－20℃下可以稳定保存3个月。因水合物的储存能力强、储存条件不高，所以在天然气储运技术中受到重视程度不断增加。水合物法储气技术的制备过程比较简单，存储方式安全，对环境安全，这为天然气水合物的开发、存储和运输的发展提供了基础。但是，天然气水合物储气技术仍存在着一些问题：a. 水合物生成需要较高的压力和较低的温度；b. 水合物生成较慢；c. 在非高压非低温条件下，水合物不稳定。天然气水合物在热力学条件上只有达到相应的温压条件下才能开始生成水合物。在工程应用上若要改善水合物生成的相平衡条件可以使用促进剂，使水合物可以在较低的压力和较高的温度下生成，这样可以降低水合物生成过程中的能量需求。

目前，绝大部分天然气（约占天然气总量的75%）采用管道输送，但其初投资大，且越洋运输不易实现。而液化天然气（LNG）由于要采用低温液化，运营费用高。利用气体水合物高储量的特点储存天然气，可降低运营费（表4-5）；同时天然气水合物（NGH）的储存较压缩天然气、液化天然气压力低，增加了系统的安全性和可靠性，在经济性上具有一定的优势。

表4-5 LNG和NGH技术总的投资对比

项目	LNG		NGH		费用差	
	百万美元	%	百万美元	%	百万美元	%
生产	1489	56	955	48	534	36
造船和船运	750	28	560	28	190	25
再气化	438	16	478	24	－40	－9
总额	2677	100	1993	100	684	52

注：设定天然气产率为每年 $40\times10^8m^3$，运输距离5500km。

天然气水合物储气技术的关键问题是制备，近十年来，国内多所高校及科研院所对水合物形成和分解动力学、水合物的储气性能及水合物的开采技术进行了一些研究，取得了初步成果。

4.7.2 气体水合物蓄冷

气体水合物属新一代蓄冷介质，又称“暖冰”。1982年由美国人Tomlinson提出用制冷剂气体水合物作为蓄冷的高温相变材料，其克服了冰、水、共晶盐等蓄冷介质的弱点。其相变温度在5～12℃之间，适合常规空调冷水机组。其蓄冷密度与冰相当，熔解热约为302.4～464kJ/kg，储-释冷过程的热传递效率高，而且可采用直接接触式储-释冷系统，进一步提高传热效率。其低压蓄冷系统的造价相对较低，被认为是一种比较理想的蓄冷方式。

传统的蓄冷工质主要以水为基础，利用4～7℃水的显热来进行蓄冷，主要原因是水的比热容较大、来源丰富、成本低。水蓄冷可以在传统的制冷机组上使用，并能够实现蓄冷、蓄热两方面的作用。然而由于水蓄冷是利用其显热蓄冷，蓄冷密度较低。冰蓄冷或冰浆蓄冷是利用冰或冰与水的组合来制冷，充分利用了潜热蓄冷，因其潜热大、价格低廉、性能稳定、蓄冷体积比水蓄冷更小等优点在国内的中央空调中应用较为广泛。但是冰蓄冷的相变温度极低；且在制冰过程中需要0℃以下的蒸发温度（相较常规制冷系统要低8～10℃）以及极大的过冷度使得制冷机组的效率降低（约30%～40%）、COP（制热性能系数）较低、能耗较大；在两种工况下（普通空调工况和蓄冷工况）需配备双工况制冷主机，使系统变得复杂。而利用相变材料来进行蓄冷的空调往往能够避免水蓄冷和冰蓄冷的缺点。一方面，相变材料蓄冷密度大，与同体积显热蓄冷介质相比，可达到其蓄冷密度的5～14倍；另一方面，许多相变材料可直接采用现有的传统制冷机组来进行蓄冷，相变温度也可以根据需要采用不同组分相变介质的混合来调节。因此，相变材料在近年来越来越成为蓄冷空调领域的研究热点，以寻找更为合适的蓄冷和冷量输送材料。

良好的相变蓄冷介质应该满足以下方面的要求。

① 热物性方面。要有较高的相变潜热以减少对材料的需求，降低成本；要有适当的相变温度（5～12℃）。

② 化学性质方面。要求化学性能稳定、无毒、不爆炸、无腐蚀性；长期使用不老化，ODP（消耗臭氧潜能值）为零且GWP（全球增温潜能值）尽量小。

③ 生成及流动性方面。有较高的固化结晶速率，生成条件容易满足；黏度小，流动性能好。

④ 经济性方面。取材简便，材料价格低廉。

水合物作为新型的蓄冷介质，具有蓄冷密度大、化学稳定性好等优点备受关注。常见的水合物有制冷剂水合物、四丁基溴化铵（TBAB）水合物、四氢呋喃（THF）水合物、CO_2水合物等，表4-6所列为几种不同蓄冷工质的性质。制冷剂水合物是以前研究较多的水合物，客体工质多为氯氟烃（CFCs）和氢氯氟烃（$HCFC_S$），对臭氧层有破坏性，并伴随有温室效应，因此有必要寻找新型、环境友好型制冷剂，制冷剂水合物有被其他工质取代的趋势。TBAB半笼型水合物由于其比CFCs类制冷剂对环境破坏小、相变温度与空调工况更接近、可以在常压和近室温条件下（0～12℃）生成以及形成的水合物浆体具有较好的流动性等特点被视为空调蓄冷系统中良好的载冷剂，但其生成需要机械设备，相变潜热小，仅为192.2kJ/kg。THF可以与水以任意比互溶，在一定的温度和压力条件下生成Ⅱ型水合物，其相变潜热与冰接近（约为270kJ/kg），但相变温度低，约为4.4℃。而CO_2水合物因其相变潜热500kJ/kg（约为冰的1.5倍）、相变温度5～12℃适用于常规空调、材料环保无污染且来源广泛等优点具有很大的发展潜力。在添加剂的存在下，形成CO_2水合物浆有较高的固体分数（20%～30%），可提供充足的冷源和稳定的温度。

表4-6　几种蓄冷工质性质对比

蓄冷工质	相变温度/℃	相变潜热/(kJ/kg)
水	0	—
冰浆	0	333
HFC-134a水合物	10	382
TBAB水合物	12	192.2
THF水合物	4.4	270
CO_2水合物	5～12	500

水合物浆蓄冷技术具有广阔的应用前景，然而从上述单一水合物浆的特点和以往的实

验研究可以发现，纯工质形成的简单水合物用于蓄冷时，往往生成条件要求较高，或相变条件、相变热等并不能完全满足蓄冷系统应用的要求。因此，寻求一种在生成、流动以及传热等各方面都适用蓄冷系统的工质是一项亟待解决的问题。

4.8 ▸ 微网技术与储能

微网是相对传统大电网的一个概念，指多个分布式电源及其相关负载按照一定的拓扑结构组成的网络，并通过静态开关关联至常规电网。微网一般是由分布式电源、储能装置、能量转换装置、相关负荷和监控、保护装置汇集而成的小型发配电系统，是一个能够实现自我控制、保护和管理的自治系统，既可以与外部电网并网运行，也可以孤立运行。图 4-16 展示的是上海理工大学微网系统实物图。基于微网结构的电网调整能够方便大规模的分布式能源互联并接入中低压配电系统，提供一种充分利用分布式电源发电单元的机制。相对于以前，分别处理不同技术的个别发电单元，微网设计方法提供了一种大规模部署、自治控制的系统方法。

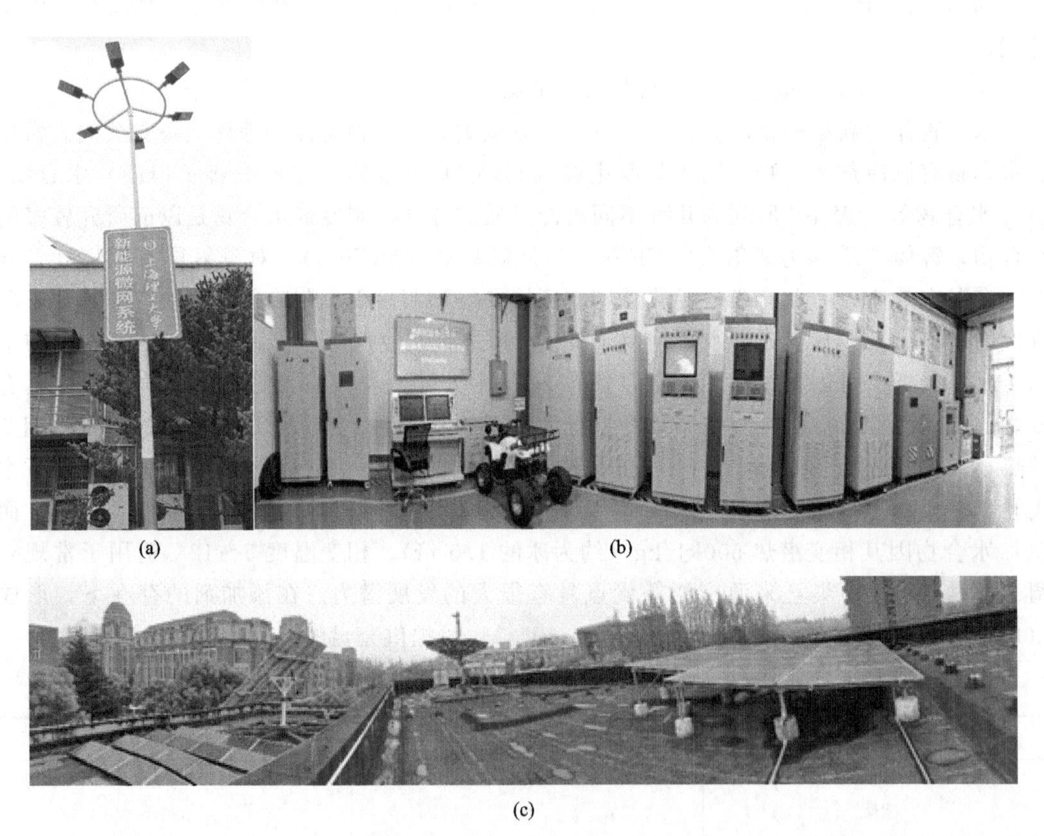

图 4-16 上海理工大学微网系统

微网方法促进了以下三个方面的发展：基于分布式电源和负荷的高效率能源供应系统；基于用户技术选择和电能质量需求的可服务分化的安全可靠的供电结构；停电和能源危机期间，有足够的发电和负荷平衡能力的电源，脱离主网，独立自治运行的能源传输结构。

微网供电具有非集中化和本地化特点，能提高系统的稳定性，减少停电次数，达到更佳的供求关系，同时能减少对输电系统及大型发电厂的影响，降低发电储运消耗。通过电力电子技术可实现更佳的谐波和无功功率控制。

① 市场方面，广泛采用微网可降低电价，优化分布式发电可把经济实惠最大限度地带给用户。例如峰电价格高，谷电价格低。峰电期，微网可输送电能，以缓解电力紧张；在电网电力过剩时可直接从电网低价采购电能。

② 环境方面，与传统的大型集中发电厂相比，微网发电对环境的影响小。由于技术创新及可再生能源的利用，大量低电压分布式发电的连接，能减少温室气体排放缓解气候变化。在局部电网和微网层级，众多电源与储能装置协同工作，实现高效运营。

③ 运行方面，微网的并网标准只针对微网和大电网的公共耦合点，而不针对具体的微电源，解决了配电网中分布式电源的大规模接入问题。微网可以灵活地处理分布式电源的连接和断开，体现了“即插即用”的特征，为充分发挥分布式电源的优势，提供了一个有效的途径；微网具有双重角色，对于电力企业，微网可视为电力系统可控的“细胞”，例如微网可以被控制为一个简单的可调度负荷，可以在数秒内作出响应，以满足传输系统的需要。对于用户，微网可以作为一个可定制的电源，以满足用户多样化的需求，例如增加局部供电可靠性，降低馈线损耗，通过微型电网储能元件对当地电压和频率提供支撑，或作为不可中断电源，提高电压下陷的校正。

④ 投资方面，通过缩短发电厂与负载间的距离，提高系统的无功供应能力，从而改善电压分布特征，消除配电和输电瓶颈，降低在上层高压网络中的损耗，减少或至少延迟对新的输电项目和大规模电厂系统的投资。

参考文献

[1] 陈海生，吴玉庭．储能技术发展及路线图［M］．北京：化学工业出版社，2020.

[2] 黄志高．储能原理与技术［M］．北京：中国水利水电出版社，2019.

[3] 丁玉龙，来小康，陈海生．储能技术及应用［M］．北京：化学工业出版社，2019.

[4] 樊栓狮，梁德青，杨向阳，等．储能材料与技术［M］．北京：化学工业出版社，2004.

[5] 布鲁内特．储能技术及应用［M］．北京：机械工业出版社，2018.

[6] 王如竹，李勇．新能源系统［M］．北京：机械工业出版社，2021.

[7] 崔海亭，杨锋．蓄热技术及其应用［M］．北京：化学工业出版社，2004.

[8] 郭茶秀，魏新利．热能存储技术与应用［M］．北京：化学工业出版社，2005.

[9] 刘畅，卓建坤，赵东明，等．利用储能系统实现可再生能源微电网灵活安全运行的研究综述［J］．中国电机工程学报，2020，40（1）：1-18.

[10] 周原冰．全球能源互联网及关键技术［J］．科学通报，2019，64（19）：1985-1994.

[11] 李建林，孟高军，葛乐，等．全球能源互联网中的储能技术及应用［J］．电器与能效管理技术，2020（1）：1-8.

[12] 陈海生，凌浩恕，徐玉杰．能源革命中的物理储能技术［J］．中国科学院院刊，2019，34（4）：450-458.

[13] 李先锋，张洪章，郑琼，等．能源革命中的电化学储能技术［J］．中国科学院院刊，2019，34（4）：443-449.

[14] 李建林，袁晓冬，郁正纲，等．利用储能系统提升电网电能质量研究综述［J］．电力系统自动化，2019，43（8）：15-25.

[15] 陈海生，刘金超，郭欢，等．压缩空气储能技术原理［J］．储能科学与技术，2013，2（2）：146-151.

[16] 谭心，赵琛，虞启辉，等．小型风力压缩空气储能系统研究概述［J］．液压与气动，2019（1）：47-58.

[17] 李国庆，何青，杜冬梅，等，新型变压比压缩空气储能系统及其运行方式 [J]．电力系统自动化，2019，43 (8)：62-71.
[18] SHARMA A，TYAGI V，CHEN C，et al. Review on thermal energy storage with phase chase materials and applications LJJ [J]．Renewable and Sustainable Energy Reviews，2009，13 (2)：318-345.
[19] PATEL P，KUMAR R. Comparative performance evaluation of modified passive solar still using sensible heat storage material and increased frontal height [J]．Procedia Technology，2016，23：431-438.
[20] 张贺磊，方贤德，赵颖杰．相变储热材料及技术的研究进展 [J]．材料导报，2014，28 (7)：26-32.
[21] 李永亮，金翼，黄云，等．储热技术基础（Ⅰ）——储热的基本原理及研究新动向 [J]．储能科学与技术，2013，2 (1)：69-72.
[22] 汪翔，陈海生，徐玉杰，等．储热技术研究进展与趋势 [J]．科学通报，2017，62 (15)：1602-1610.
[23] 王洪，林雄武，袁永明，等．对未来铅酸蓄电池的需求分析及预期 [J]．电源技术，2016，40 (4)：935-937.
[24] PALOMARES V，SERRAS P，VILLALUENGA I，et al. Na-ion batteries，recent advances and present challenges to become low cost energy storage systems [J]．Energy & Environmental Science，2012，5 (3)：5884-5901.
[25] LUO W，SHEN F，BOMMIER C，et al. Na-ion battery anodes：Materials and electrochemistry [J]．Accounts of Chemical Research，2016，49 (2)：231-240.
[26] 张灿灿，吴玉庭，鹿院卫．低熔点混合硝酸熔盐的制备及性能分析 [J]．储能科学与技术，2020，9 (2)：435-439.
[27] 陈虎，吴玉庭，鹿院卫，等．熔盐纳米流体的研究进展 [J]．储能科学与技术，2018，7 (1)：48-55.
[28] 武延泽，王敏，李锦丽，等．纳米材料改善硝酸熔盐传蓄热性能的研究进展 [J]．材料工程，2020，48 (1)：10-18.

第5章

电能的生产及其装备

电能是目前最便于传输、变换、控制与使用的能量形式，它的大规模生产和广泛应用是人类工程技术史上伟大的成就之一。1949年中华人民共和国成立以来，作为国民经济发展的重要组成部分和基础支撑，我国能源与电力工业取得了前所未有的技术进步。从现代工业发展看，电力装备的研制能力是衡量一个国家或地区机械工业技术水平的重要标志。我国发电设备制造业经历了从无到有、从小到大、从弱到强再到国际先进水平的不平凡发展历程，表明中国建设和发展的巨大潜力。截至2020年，我国在发电装备研制能力、装机容量、发电量和运行技术等诸多领域均居世界前列。国家“十三五”期间，以超超临界发电技术为代表的发电装备制造与煤炭清洁燃烧技术等多方面取得了国际领先或国际一流的科技成就，新一代核电装备等方面实现了自主创新和技术突破，成为国家装备工业的典型代表。部分标志性成果解决了在关键技术环节存在的“卡脖子”问题，实现了关键技术自主可控。“能源互联网”等概念的提出，不仅成为社会各界高度关注的热点，也是我国在世界范围内实现技术创新的重要发力点。

本章简要回顾我国现代电力工业的发展历程，重点介绍火力发电厂（包括燃煤和燃气）和核电厂的生产过程，动力设备的原理、作用及运行，概括介绍高效清洁发电技术发展动态和趋势，最后介绍智慧能源与新型电力系统。

5.1 ▸ 我国电力发展简况

1911年10月，我国第一家民族资本建造的电厂——闸北电厂在恒丰路建成。同期，始建于1908年的杨树浦电厂不断增容，于1923年成为远东地区第一大电厂（图5-1）。1930年，闸北电厂从苏州河畔的恒丰路搬迁至黄浦江畔的现址军工路，截至1949年是当时民族电力企业装机容量最大，崛起最快的发电厂。

中国电力工业的开局始于第一个五年计划，从一定意义上看当时国家整体规划的重点建设项目奠定了我国现代工业基础。以电力工业发电装备为例，可见我国工业发展的缩

图 5-1 杨树浦电厂（1923 年）

影，其发展历程可分为三个阶段。

(1) 第一阶段：从 1949 年到 1978 年，初步建立电力装备工业体系

中华人民共和国成立之初，百废待兴，国民经济落后，工业基础薄弱，当时全国发电装机和发电量只有 1850MW 和 4300GW·h，分别居世界第 21 位和第 25 位；电力线路只有 6474km，最高电压等级仅 220kV；全社会用电量仅 3460GW·h，人均年用电量只有 7.94kW·h。

发电装备主设备包括锅炉、汽轮机和发电机三大核心设备，及相关辅机设备等的设计制造是当时机械行业的关键领域，在国民经济建设中具有重要地位。1949 年以前，我国电厂的主要发电设备基本上依靠国外进口，国内仅能零星生产小容量机组的个别零部件。1949 年后，在通过总体规划，按工业化目标全面参照建设，一步一个脚印逐步形成了发电装备制造工业体系。

例如 1951 年 6 月，哈尔滨电机厂诞生（作为苏联援建的 156 个重点项目中的 6 项的哈尔滨基地建设的首个项目），被赋予了庄严的历史使命。1952 年，国家正式在哈尔滨、上海分别新建两个发电设备主机生产基地。为了满足我国经济发展对发电设备的需求，20 世纪 50 年代在中南地区兴建的另一个大型电站锅炉生产基地——武汉锅炉厂，和 60 年代初建立的北京重型电机厂一起成为北京（武汉）大型火力发电设备制造基地。

我国发电设备制造业创建时期，上海基地引进了捷克斯洛伐克中压 6～12MW 火电机组制造技术，哈尔滨基地从苏联引进了中压 25～50MW 火电机组制造技术，由此开辟了我国发电设备制造业的发展路径。1960 年已形成 25～50MW 机组批量生产能力，并开发制造出我国第一台 100MW 火电机组。

60 年代中期到 1978 年，是我国自主将发电设备向大容量、高参数机组发展的阶段。这期间还为 300MW 及以下机组的研制和 600MW 机组的预研做了大量工作。例如，1969 年，上海基地制成了 125MW 中间再热超高压机组，哈尔滨基地制成 200MW 超高压机组。上海基地于 1971 年制成国内第一套亚临界压力 300MW 机组。上海和哈尔滨基地还各自研究开发亚临界 600MW 汽轮发电机组和 2050t/h（600MW）锅炉，初步完成产品设计，为进一步研制 600MW 机组奠定了基础。另外，东方基地也于 1975 年制成第一套超高压 200MW 火电机组，同年又进一步向开发双缸双排汽 300MW 机组攀登。不懈努力研究适合我国国情的新产品是能源电力工作者的责任，这一时期我国火电设备三大电厂主机企业进行了必要的试验工作，有成功经验，更有失败教训，逐步摆脱了苏联和捷克斯洛伐克的技术。

到1978年年底，国内发电装机容量达到57.12GW，年发电量2.566×10^{5}GW·h，比1949年增长了29.9倍和58.7倍，分别居世界第八位和第七位。发电设备制造业形成相当规模，基本具备了向我国电力工业提供重大装备的能力，同时还能为军工、船舶、石化、环保等领域提供重大装备，初步实现较完整的供应链体系。

(2) 第二阶段：从1978年到2012年，以开放合作推动自主创新，驶入快速发展轨道

1978年，我国的电源规模和装备研制能力远低于世界先进水平，电力严重短缺成为国民经济发展的瓶颈。

20世纪80年代初期，我国装备制造企业全套引进西方公司300MW、600MW主机设计制造技术。上海、哈尔滨、东方基地及有关辅机厂和相关研究所派出大量技术人员赴国外学习、深造。在消化吸收引进技术的基础上，采取联合设计、合作生产等方式，发展大容量、高参数发电机组。经过努力，上海和哈尔滨先后研制成功亚临界300MW和600MW成套火电机组。通过全面引进、消化吸收，国产大容量火电机组的技术经济指标和成套能力基本与国际水平接轨。东方电气集团公司于90年代初通过与国外公司合作设计、合作生产全面掌握了600MW等级锅炉、汽轮机发电机组设计和制造技术。随后上海汽轮机厂、上海电机厂于1995年与国外企业全面合资合作，制造大容量汽轮发电机组。

随着国民经济的快速增长，煤炭等化石燃料的消耗急剧增加，进一步提高燃煤发电的技术经济性是电厂面临的重大课题。提高机组的蒸汽参数，发展超临界、超超临界参数机组成为最有效的方式。

超超临界发电技术的发展至今已有半个多世纪的历史。从20世纪50年代起，英国、德国和日本就开始了对超超临界发电技术的开发和研究。超超临界与超临界的划分界限尚无国际统一的标准（有定义将蒸汽温度不低于593℃或蒸汽压力不低于31MPa称为超超临界）。超临界、超超临界火电机组具有显著的节能和改善环境的效果，超超临界机组与超临界机组相比，热效率要提高1.2%～4%，与常规燃煤发电机组相比优势十分明显。

21世纪初，我国在超临界、超超临界成套技术方面取得了重大突破，现代火电主设备进入世界先进水平。

我国第一台引进型超临界机组于1992年6月投产于上海石洞口二厂（2×600MW，24.2MPa，566℃/566℃）。国产超临界发电技术从21世纪元年起步，到投入商业化运行，只用了3年时间。而国产百万千瓦超超临界技术从项目研发到2006年玉环电厂首台机组投运，只用了4年时间。玉环电厂1号机组为我国首台投运的超超临界机组，是火电机组国产化的典范，该机组汽轮机入口参数为26.25MPa/600℃/600℃。相关的技术研发和应用推动我国发电业及电站装备制造业的整体水平跃上了一个新台阶。

在国家“六五”期间，为了进一步加强电站设备成套供应和服务能力，发挥整体优势，以上海、哈尔滨、东方三大基地的主机厂为基础，先后组建了上海电气联合公司（现上海电气集团股份有限公司，后简称“上海电气”）、哈尔滨电站设备成套公司（现哈尔滨电气集团有限公司，后简称“哈电电气”）和东方电站成套设备公司（现中国东方电气集团有限公司，后简称“东方电气”）。至此，我国发电装备制造已拥有三个大型电气集团和北京（武汉）制造基地，还有一批中小型水、火电设备制造企业和电站辅机专业制造厂以及比较完善的科研和测试基地，形成了较为完整的发电设备制造工业体系。

在改革开放大潮中，中国水电建设打开了对外合作的大门。引进外资，引进先进技

术，引进管理经验，加快国家基础设施建设，成为水电建设对外合作的重要内容。

从 1980 年开始，三峡工程的重大装备科研攻关项目被列入从“六五”到“十五”连续 5 个国家五年计划。党中央、国务院明确三峡左岸电站机组实行国际采购，走技贸结合、技术转让、联合设计、合作生产之路，明确提出依托三峡工程，自主创新与技术引进相结合，逐步实现三峡工程装备国产化。

以哈尔滨电机厂、东方电机厂为代表的国内水电装备制造企业在结合国内前期科研成果、消化引进国外水轮机研制技术，以及深度参与左岸电站建设的基础上，加大了核心技术的自主研发力度。2005 年 9 月，由中国企业自主制造的三峡左岸电站最后一台机组顺利并网发电，标志着我国具备了 700MW 水电机组自主设计、制造和安装能力。2009 年，三峡工程通过“引进、消化、吸收、再创新”，成功实施了世界最大水电机组的国产化战略。完成了从分包商到主承包商的地位转换，在一些原先落后的关键技术领域迅速赶上了世界先进水平，走出了一条“以市场换技术”并“以技术占领市场”的成功之路。

通过长江上游千万千瓦级梯级电站建设，中国水电装备在新技术、新材料、新工艺、新装备等方面升级换代，实现了三峡工程 700MW 机组技术追赶、向家坝 800MW 机组整体超越、白鹤滩 1000MW 机组全面引领的三大跨越。这一“技术转让-消化吸收-自主创新”的“三峡模式”为推动我国重大技术装备自主创新起到了很好的示范作用。

在电力工业迅猛发展的过程中，国产发电设备起到了关键作用。2011 年年底，我国总发电量和净发电量均超越美国，首次跃居世界首位。

(3) 第三阶段：2012 年至今，由高速增长转向高质量发展，构建清洁低碳、安全高效的现代能源体系

2012 年是我国社会主义现代化建设的重要节点。我国电力工业进入了全球能源转型背景下新的发展阶段，由高速增长向高质量发展转型。

为减少能源消耗、打响蓝天保卫战，我国积极发展自主可控的清洁高效火电技术和装备。以上海电气电站集团为例，通过自主设计、制造的世界首台百万千瓦超超临界二次再热发电机组，已于 2015 年应用于国电泰州电厂二期工程项目。该机组被列为国家二次再热燃煤发电示范项目，攻克了多项汽轮机技术难题，实现了多项技术创新，发电效率高于 47.9%。

二次再热技术代表当前世界领先发电技术，是目前提高火电机组热效率的有效途径。一般常规机组均采用蒸汽一次中间再热，将汽轮机高压缸排汽送入锅炉再热器中再次加热，然后送回汽轮机中压缸和低压缸继续做功。再热技术通过提高蒸汽膨胀过程干度、焓值提高蒸汽的做功能力。采用二次再热的系统，蒸汽在超高压缸、高压缸做功后分别返回锅炉的一次再热器、二次再热器中再次加热。相比一次再热系统，二次再热系统锅炉因多了一级再热，增加了能量分配和调温的技术难度，汽轮机也增加一个超高压缸，多了一套主汽与调节汽门的协调控制。在两种技术流派中，目前全世界的火电机组仍以一次再热为主流，以往二次再热因造价与收益问题，经济性不高，未能广泛应用，随着二次再热机组技术不断成熟和造价下降，以及它的节能优势，其越来越受到发电企业的关注。二次再热超超临界 1000MW 等级汽轮机产品在热经济性、安全可靠性、运行维护的便捷性等多方面均具有明显优势。截至 2020 年，我国已是世界上 1000MW 超超临界机组发展最快、数量最多、容量最大和运行性能最先进的国家。

我国电力行业保持着持续、快速、健康发展态势，保证了全国电力的供需平衡。同

时，能源电力工业驶入科学发展轨道，结构调整取得阶段性成果，节能减排成效明显。随着《国务院关于加快振兴装备制造业的若干意见》的进一步贯彻落实，作为技术密集型行业，能源与电力工业也积极围绕环保、节能、装备技术升级等取得了科技创新的代表性成果。

在全球气候变暖及化石能源日益枯竭的大背景下，能源与电力行业正经历一场全新的技术变革。2021 年 3 月，中央财经委员会第九次会议部署未来能源领域重点工作：要构建清洁低碳安全高效的能源体系，控制化石能源总量，着力提高利用效能，实施可再生能源替代行动，深化电力体制改革，构建以新能源为主体的新型电力系统。火电机组由传统提供电力、电能的主体性电源，逐步向提供可靠电力、调峰调频能力的基础性电源转变。

5.2 ▸ 燃煤发电设备

利用煤、石油、天然气和其他有机可燃质作为锅炉燃料的发电厂统称为火力发电厂。其任务是将燃料中蕴藏的化学能转换为电能，服务于人类。按燃料可分为：燃煤发电厂、燃油燃气发电厂、生物质发电厂、垃圾发电厂等。我国火电以燃煤发电和燃气发电为主，为了实现垃圾减量化、无害化和资源化利用，很多地区建设了垃圾焚烧发电项目。

5.2.1 概述

锅炉、汽轮机和发电机为燃煤发电厂的三大核心设备。典型的火力发电厂如图 5-2 所示，其生产过程概括地说是将燃料（煤）中含有的化学能转变为电能的过程。

图 5-2 火力发电厂外景

火力发电厂的能量转换主要有三步：即燃料中的化学能转换为热能（在锅炉中实现）、热能转换为机械能（在汽轮机中实现）和机械能转换为电能（在发电机中实现）。

燃料在炉膛中燃烧，将其化学能转换成热能，将锅炉内的水加热。锅炉内的水吸热而蒸发，变成具有较高压力和温度的蒸汽，在汽轮机内膨胀做功，将蒸汽中的热能转换成汽轮机转子的机械能；高速旋转的转子通过联轴器带动发电机，使静子上的线圈不断切割磁力线而产生电流，实现机械能转换为电能。

燃烧的化学能转换为热能的过程中，燃料在炉内释放的热量以辐射、对流和传导三种方式传递给锅炉内的水和蒸汽。现代电站锅炉的热量转换效率，即锅炉效率可达 93% 以上。

汽轮机中的能量转换经历了两个阶段：首先是蒸汽的热能转换为动能；然后高速蒸汽的动能再转换为机械能。现代大型汽轮机的能量转换效率，即汽轮机效率可达 87%～90%。

机械能转换成电能的效率，即发电机效率是较高的，大型发电机的效率均在 98% 以上。

火力发电厂中生产系统繁多，但主要是燃烧系统、汽水系统、电气系统和控制系统这四大系统，其他系统都可归纳为这四大系统的子系统。

火力发电厂的设备组成主要包括煤场（输煤系统）、烟囱、锅炉、汽轮发电机、冷却塔、除尘器、脱硫塔等，通过这些设备构成四大系统及子系统的良好组合，实现发电效率最大化，如图 5-3 所示。

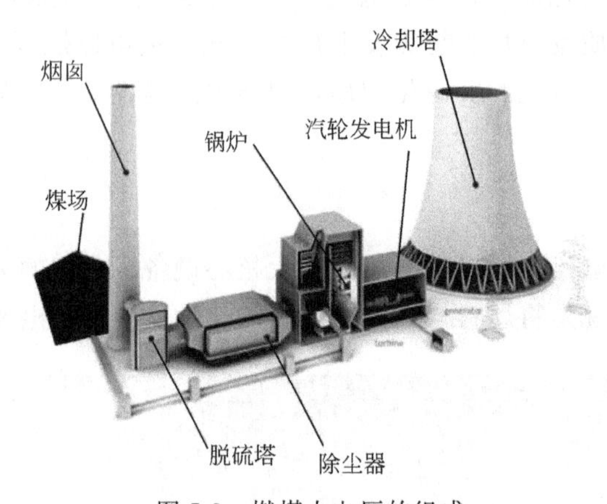

图 5-3 燃煤火电厂的组成

5.2.1.1 燃烧系统

燃烧系统的任务是将燃料的化学能通过燃烧释放出来，转换成可被汽水吸收的热能。主要由燃料供应系统、锅炉燃烧系统、除尘除灰系统及通风系统组成，如图 5-4 所示。

5.2.1.2 汽水系统

汽水系统的任务是将燃烧所产生的热能传递给水和蒸汽，然后再将蒸汽的热能转为机械能。包括由锅炉、汽轮机、凝汽器、除氧器及辅助系统组成的汽水循环回路，补给水系统和冷却水系统等，如图 5-5 所示。

汽水系统中，给水在锅炉中受热蒸发成饱和蒸汽，再流经过热器成为高温高压的过热蒸汽，然后在汽轮机中膨胀做功。做功后的汽轮机排汽在凝汽器中冷凝成水，再经过凝结水泵、低压加热器、除氧器、给水泵、高压加热器，使给水升温、升压和除氧后再进入锅炉，组成汽水的闭合循环。在闭合循环中不可避免地会有汽水损失，因而需由补给水系统补充。汽轮机排汽在凝汽器中冷凝成水时放出的热量由冷却水系统带走。

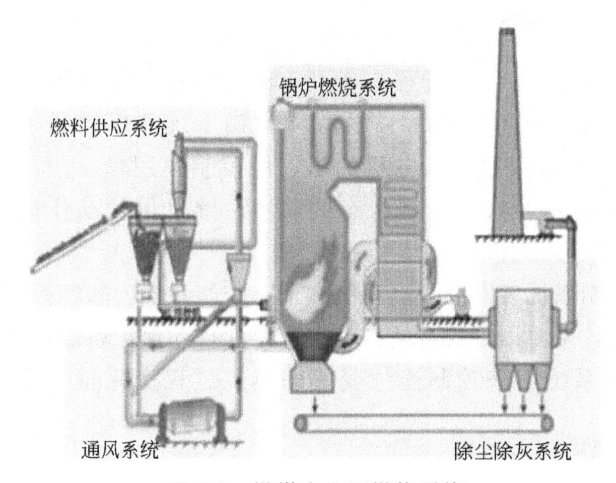

图 5-4　燃煤火电厂燃烧系统

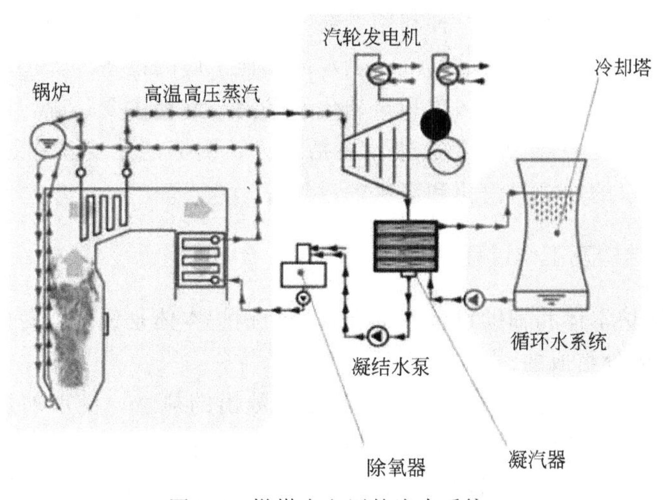

图 5-5　燃煤火电厂的汽水系统

汽水系统是火力发电厂的关键环节，提高汽水系统的循环效率、减少系统中的汽水损失，与提高火力发电的效率有很大关系。提高蒸汽参数，实行蒸汽再热，利用汽轮机多级抽汽回热凝结水，均可提高系统的循环效率。

5.2.1.3　电气系统

电气系统的任务是汽轮机带动发电机发电，并将所产生的电能经升压后送至电网。包括电厂向外供电系统和厂用电系统。

发电机输出的电流电压常为 6.3kV、10.5kV、13.8kV、15.55kV 和 18.0kV，为了远距离送电，一般由主变压器将电压升高到 110kV、220kV、330kV、400kV、500kV 和 750kV 等，中国特高压输电技术可达 1000kV，国际领先。经过高压配电装置和输电线路向外供电，电厂自用部分（厂用电）则由常用变压器降低电压后，经配电装置提供厂内使用。

5.2.1.4 控制系统

控制系统的任务是实现生产过程自动化和机-炉-电集中控制，最终实现计算机控制。包括数据采集系统、闭环控制系统、程序控制系统和保护联锁系统。现代电站采用 DCS 控制系统。其主要作用是发电机的启、停控制及逻辑；厂用电系统各开关的控制及逻辑；电气系统的各参数与设备状态的监视；继电保护动作情况、故障报警及时间顺序记录。

热工过程自动控制系统有断续控制系统和连续控制系统。断续控制系统又有逻辑控制系统和顺序控制系统，主要用于机组的自动启、停和自动保护系统，以及用于周期性工作的设备中。连续控制系统用来控制连续变化的热工过程变化量，常用反馈控制方式来实现。

5.2.2 锅炉

锅炉，也称蒸汽发生器，是一种利用燃料燃烧释放的热能或其他热能，加热给水或其他工质，以获得规定参数和品质的蒸汽、热水或其他工质的设备。大型火力发电厂的锅炉容量大、参数高、技术复杂、机械化和自动化水平高，燃料主要是煤，在燃烧之前先制成煤粉，然后送入锅炉在炉膛中燃烧放热。概括地说，锅炉的主要工作过程包括燃料的燃烧、热量的传递、水的加热与汽化和蒸汽的过热等。

5.2.2.1 锅炉的结构及工作过程

整个锅炉由锅炉本体和辅助设备两部分组成。锅炉本体是锅炉设备的主要部分，是由“锅”和“炉”两部分组成的。

“锅”是汽水系统，它的主要任务是吸收燃料放出的热量，使水加热、蒸发并最后变成具有一定参数的过热蒸汽。锅炉有自然循环锅炉、强制循环锅炉、直流锅炉和复合循环锅炉等不同型式。以自然循环锅炉为例，“锅”由省煤器、汽包、下降管、水冷壁、联箱、过热器和再热器等设备及其连接管道和阀门组成。

① 省煤器：位于锅炉尾部垂直烟道，利用烟气余热加热锅炉给水，降低排烟温度，提高锅炉效率，节约燃料。

② 汽包：位于锅炉顶部，是一个圆筒形的承压容器，其下是水，上部是汽，它接受省煤器的来水，同时又与下降管、联箱、水冷壁共同组成水循环回路。水在水冷壁中吸热而生成的汽水混合物汇集于汽包，经汽水分离后向过热器输送饱和蒸汽。

③ 下降管：是水冷壁的供水管道，其作用是把汽包中的水引入下联箱再分配到各个水冷壁管中。分小直径分散下降管和大直径集中下降管两种。

④ 水冷壁：位于炉膛四周，其主要任务是吸收炉内的辐射热，使水蒸发，它是现代锅炉的主要受热面，同时还可以保护炉墙。

⑤ 联箱：主要作用是将工质汇集起来，或将工质通过联箱重新分配到其他管道中。

⑥ 过热器：其作用是将汽包来的饱和蒸汽加热成具有一定温度的过热蒸汽。

⑦ 再热器：其作用是将汽轮机中做过部分功的蒸汽再次进行加热升温，然后再送到汽轮机中继续做功。

“炉”是燃烧系统，它的任务是使燃料在炉内良好地燃烧，放出热量。它由炉膛、燃烧器、空气预热器、烟风道及炉墙、构架等组成。

① 炉膛：是由炉墙和水冷壁转成的供燃料燃烧的空间，燃料在该空间内呈悬浮状燃烧，释放出大量的热量。

② 燃烧器：位于炉膛四角或墙壁上，其作用是把燃料和空气以一定速度喷入炉内，使其在炉内能进行良好的混合以保证燃料及时着火和迅速完全地燃烧。

③ 空气预热器：位于锅炉尾部烟道，其作用是利用烟气余热加热燃料燃烧所需要的空气，不仅可以进一步降低排烟温度，而且对于强化炉内燃烧、提高燃烧的经济性、干燥和输送煤粉都是有利的。可提高 2%左右的锅炉效率。分管式和回转式两种。

④ 烟风道：是由炉墙、部分受热面管道及包墙管等组成的管道，用以引导烟气的流动，并经各个受热面进行热量交换，分为水平烟道和尾部烟道。

辅助设备包括通风设备（送、引风机）、燃料运输设备、制粉系统、除灰渣及除尘设备、脱硫设备等。

5.2.2.2 1000MW 超超临界电站锅炉实例

上海外高桥第三发电厂，采用上海锅炉厂有限公司生产的 2×1000MW 超超临界参数变压运行螺旋管圈水冷壁直流锅炉，单炉膛、一次中间再热、采用四角切圆燃烧方式、平衡通风、固态排渣、全钢悬吊结构塔式、露天布置，炉顶标高 128m，如图 5-6 所示。2005 年正式开工，两台机组分别于 2008 年 3 月和 6 月先后建成投产。

(a) 外景图

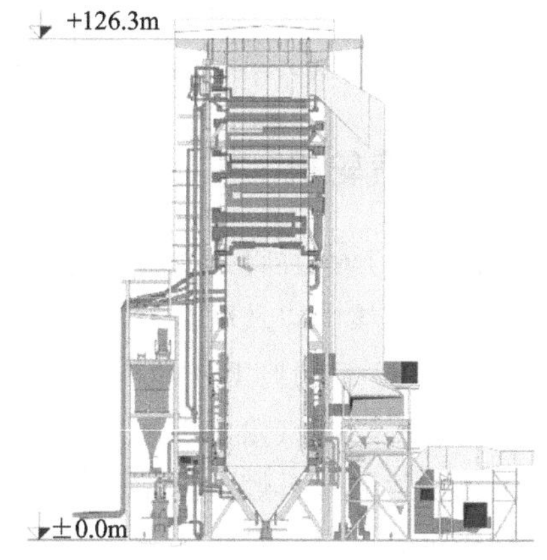

(b) 设计图

图 5-6 1000MW 超超临界电站锅炉

48 只直流式燃烧器分 12 层布置在炉膛下部四角（每个煤粉喷嘴为一层），四角切圆方式燃烧。锅炉燃烧器采用高能电弧点火装置，二级点火系统，由高能电火花点燃轻柴油，然后点燃煤粉。过热器汽温通过煤水比调节和两级喷水控制。再热器汽温采用燃烧器摆动调节，一级再热器进口连接管道上设置事故喷水，一级再热器出口连接管道设有微量喷水。

尾部烟道下方设置两台转子直径 16400mm 三分仓受热面旋转容克式空气预热器。炉底排渣系统采用机械出渣方式。锅炉主要技术数据见表 5-1。

表 5-1 锅炉主要技术数据表

编号	项目	单位	设计煤种	校核煤种
1	过热蒸汽流量	t/h	2955	2955
2	过热蒸汽压力	MPa(g)	27.9	27.9
3	过热蒸汽温度	℃	605	605
4	再热蒸汽流量	t/h	2443	2443
5	再热器进口压力	MPa(g)	6.2	6.2
6	再热器出口压力	MPa(g)	6.03	6.03
7	再热器进口温度	℃	367	367
8	再热器出口温度	℃	603	603
9	省煤器入口温度	℃	297	297
10	预热器进口一次/二次风温度	℃	23/27	23/27
11	预热器出口一次/二次风温度	℃	357/338	358/340
12	锅炉排烟温度(未修正)	℃	127	132
13	锅炉排烟温度(修正后)	℃	123	126
14	锅炉保障效率(LHV)BRL工况	%	93.6	—
15	锅炉不投油最低稳定负荷(BMCR)	%	25	25
16	空气预热器漏风率(一年内)	%	6	6
17	空气预热器漏风率(一年后)	%	8	8
18	NO_x 排放浓度(标况下)	mg/m^3	250	250

注：MPa（g）表示表压，即相对压力。BMCR 指锅炉最大连续蒸发量。

5.2.3 汽轮机

汽轮机是一种将工质（水蒸气）的热能转换为机械能的旋转式动力机械。在现代化石燃料电站、核电以及联合循环电站中，都采用以汽轮机为原动机的汽轮发电机组。

自 1883 年瑞典工程师拉瓦尔和 1884 年英国工程师帕森斯分别研制了第一台单级冲动式和多级反动式汽轮机以来，汽轮机的发展已有一百多年的历史。截至 2019 年年底，世界上已投运的化石燃料电站汽轮机，最大单机功率有 1300MW 的双轴机组和 1200MW 的单轴机组。核电汽轮机的最大单机功率已达 1550MW。面对各种新能源和新动力装置的挑战，传统的蒸汽轮机组技术也正在不断向前发展。新一代发电设备应具备可靠、大型、高效、清洁、投资低和自动化水平高等性能。

5.2.3.1 汽轮机的结构及工作过程

汽轮机整体结构如图 5-7 所示，高压蒸汽依次通过高压缸、中压缸和低压缸推动叶片转动，低压水汽再进入凝汽器中。汽轮机主体由转动部分和静止部分组成，转动部件的组合体称为转子，包括主轴、叶轮（或转鼓）、动叶栅、联轴器及装在轴上的其他零件。蒸汽作用在动叶栅上的力矩，通过叶轮、主轴和联轴器传递给发电机或其他设备，并使它们旋转而做功。汽轮机的静止部分包括基础、台板（机座）、汽缸、喷嘴、隔板、汽封、轴承等部件，但主要是汽缸和隔板。

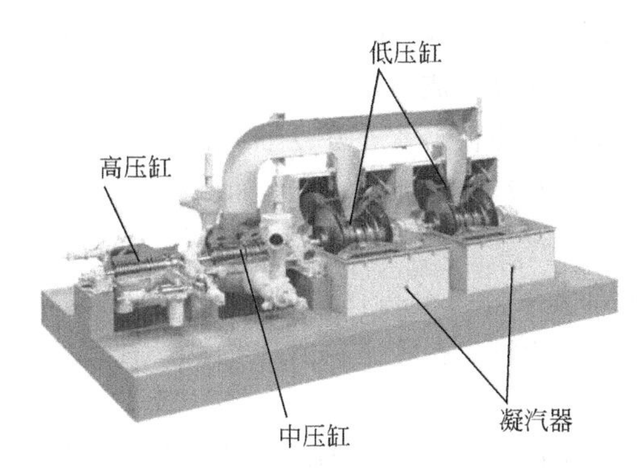

图 5-7 汽轮机结构示意

① 转子：汽轮机转子在高温蒸汽中高速旋转，不仅要承受汽流的作用力和由叶片、叶轮本身离心力所引起的应力，还承受着温度差引起的热应力。此外，当转子不平衡质量过大时，将引起汽轮机的振动。转子的工作状况对汽轮机的安全、经济运行至关重要。

② 叶轮：叶轮是一种圆盘形的零件，一般由轮缘、轮体（轮面）和轮壳三部分组成。轮缘用来固定叶片，其结构与叶片的受力情况及叶根形状有关，大多数轮缘具有比轮体更大的截面。轮壳是叶轮套于主轴上的配合部分，故只有套装转子才有，其结构取决于叶轮在主轴上的套装方式，为保证轮壳有足够的强度，轮壳部分一般都要加厚。轮体是叶轮的中间部分，它起着连接轮缘与轮壳的作用。

③ 动叶片：动叶片是汽轮机中数量最大和种类最多的零件，它的结构、材料和装配质量对汽轮机的安全和经济运行有极大的影响。在汽轮机的事故中，叶片事故约占60％～70％。叶片应具有良好的流动特性、足够的强度、满意的转动特性、合理的结构和良好的工艺性能。图 5-8 为叶片和叶轮装配效果图。

图 5-8 叶片与叶轮装配实例

④ 汽缸：汽缸从高压向低压方向看，大致上呈圆筒形或圆锥形。为便于加工、安装及检修，汽缸一般做成水平对分式，即分为上、下汽缸，水平结合面一般用法兰螺栓连接，另外，为了合理利用材料和便于加工、运输，汽缸也常按缸内压力高低沿轴向分为几段，垂直结合面也采用法兰螺栓连接，由于垂直结合面一般不需拆卸，为保证其严密性，有些汽缸还在结合面的内圆加以密封焊。

⑤ 隔板：隔板用于固定喷嘴叶片，并将整个汽缸内部空间分隔成若干个汽室。由隔板体、喷嘴叶栅和隔板外缘等部分组成。隔板通过外缘直接安装在汽缸或隔板套内专门的凹槽中。为了安装和拆卸方便，隔板沿水平中分面对分为上、下两半块，称上、下隔板。为了使上下隔板对准，并防止漏汽，在水平中分面加装密封件和定位销。在隔板体的内孔壁有安装汽封环的槽道。

⑥ 汽封：汽轮机通流部分的动、静机件之间，为了避免碰磨，必须留有一定的间隙，而间隙的存在又会导致漏汽，使汽轮机效率降低。为此，在汽轮机动、静机件的有关部位设有密封装置，通常称为汽封。

汽轮机的工作过程为：具有一定压力、温度的蒸汽，进入汽轮机，在喷嘴内膨胀获得很高的速度，然后流经汽轮机转子上的动叶片做功，当动叶片为反动式时，蒸汽在动叶中发生膨胀产生的反动力亦使动叶片做功，动叶带动汽轮机转子，按一定的速度均匀转动。从能量转换的角度讲，蒸汽的热能在喷嘴内转换为汽流动能，动叶片又将动能转换为机械能。汽轮机的转子与发电机转子用联轴器相连，转子以一定速度转动时，发电机转子跟着转动，由于电磁感应的作用，发电机静子线圈中产生电流，通过变电配电设备向用户供电。

5.2.3.2 1000MW超超临界汽轮机实例

上海外高桥第三发电厂2×1000MW超超临界汽轮机机组，采用由上海汽轮机厂有限公司生产的超超临界、一次中间再热、凝汽式、单轴、四缸四排汽汽轮机。

高压缸采用单流圆筒型汽缸积木块（H30），没有水平中分面的圆筒型高压外缸，加上小直径转子可大幅降低汽缸的应力，提高了汽缸的承压能力，其设计进汽压力为27MPa，进气温度为600℃。共14级，采用了小直径多级数、全三维变反动度叶片级、全周进汽的滑压运行模式，带抽汽口。为了提高额定负荷及部分工况下的经济性，采用了补汽技术，在额定工况整个高压缸已基本处在阀门全开状况。中压缸积木块（M30）也是典型的反动式结构。低压缸采用双流积木块（N30），汽缸为多层结构，由内外缸、持环和静叶组成，以减少缸的温度梯度和热变形。低压轴承、内缸通过轴承座直接支撑在基础上，如图5-9所示。

图5-9 1000MW超超临界汽轮发电机组

汽轮机主要技术数据见表5-2。

表5-2 1000MW超超临界汽轮发电机组主要数据

序号	项目	单位	参数
1	型式	—	超超临界、一次中间再热、凝汽式、单轴、四缸四排汽
2	型号	—	N1000-27/600/600(TC4F)
3	TRL工况功率	MW	1007.878
4	TRL工况主蒸汽压力	MPa(a)	27
5	TRL工况主蒸汽温度	℃	600
6	TRL工况高温再热蒸汽压力	MPa(a)	5.556
7	TRL工况高温再热蒸汽温度	℃	600
8	排汽背压	kPa(a)	4.19/5.26
9	保证热耗率(THA工况)	kJ/(kW·h)	7320
10	转速	r/min	3000
11	转向(从汽轮机向发电机看)	—	顺时针
12	抽汽级数	级	8
13	外形尺寸(长×宽×高)	m	29×10.5×7.75(汽轮机中心线以上)

注：MPa (a) 代表绝对压力。

5.2.4 辅机设备

一个完整的火力发电厂，除了主机外，还要有一套完整的电站辅助设备给以配套，否则就无法进行电能生产。为了完成一系列的能量形式的转换，电厂就需要很多辅机设备，电厂的电能生产是由主机和辅机等成套装置来实现的。

电站辅机设备伴随着主机的发展不断进步。通过引进消化国外先进技术，国产辅机逐步达到先进水平。进入21世纪，火电建设逐步发展到以600MW、1000MW等级机组为主力机型，辅机企业通过自主研发、合资等方式，向市场提供产品。

电站辅机主要有：锅炉除渣设备、锅炉除灰设备、水处理设备、烟风道系列设备、电动阀门装置；也有包括送风机、引风机、一次风机（排粉风机）的三大风机，及包括给水泵、凝结泵、循环水泵的三大泵。狭义的电站辅机是指磨煤机、送风机、引风机、锅炉给水泵、高压加热器，业内人士称为五大辅机。五大辅机设备制造难度大，厂用电消耗大，可靠性要求高，直接关系到机组的效率。广义的电站辅机，除三大主机以外的电站配套设备均是辅机，涉及的门类很多。

针对能源动力类专业特点，本节对除氧器、给水加热器（高压加热器、低压加热器）和凝汽器进行介绍，图5-10表示了这几种辅机设备在火电厂热力循环中的位置。

5.2.4.1 除氧器

除氧器的用途是利用汽轮机抽汽将锅炉给水加热到对应于除氧器运行压力下的饱和温度，除去溶解于给水中的氧气及其他不凝结气体，提高锅炉给水的品质，以防止或减轻锅炉、汽轮机及其附属设备、管道等的氧腐蚀。

除氧器是火力发电厂系统中心的重要辅机之一，它对发电用给水品质的好坏起着非常

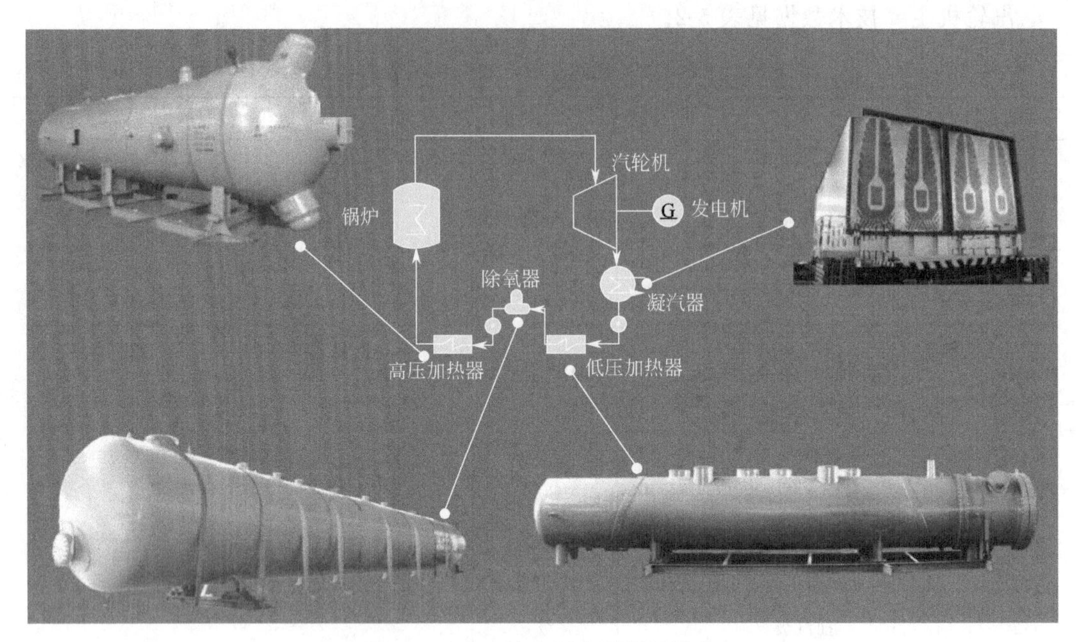

图 5-10　火力发电厂主要辅机设备

重要的作用，提高除氧器效率是火力发电厂热力设备防腐工作的一项重要任务。目前，电厂中广泛采用的给水除氧方法是物理除氧方法。与化学除氧方法相比，该方法价格低廉，既能除氧又能除去其他气体，且没有任何残留物，故几乎为现代所有电厂所采用。在亚临界和超临界电厂中，它也是主要除氧手段，有时则辅以化学除氧来达到彻底除氧的目的。

发电厂的除氧器运行方式有两种：一种是在任何工况下除氧器的工作压力都维持在某一恒定压力，称为“定压运行除氧器”；另一种是除氧器的运行压力随机组负荷（工况）变动而变化，称为“滑压运行除氧器”。滑压运行可避免供除氧器加热用抽汽的节流损失，系统简单，改善回热系统的热经济性。高参数大容量单元机组（尤其是其中的滑压运行机组）大多采用除氧器滑压运行作为提高大机组热经济性的一项措施。

图 5-11 为原上海电站辅机厂临港重装车间首台产品，福清 1000MW 核电除氧器，是当

图 5-11　1000MW 核电除氧器

时质量最大的核电除氧器。2014 年 12 月投入运行。采用整体供货方式，避免了除氧器和水箱工地对接的工作，便于工地安装；低排汽损失，蒸汽消耗量低，提高了机组的热效率。

5.2.4.2 给水加热器

给水加热器是利用汽轮机抽汽加热锅炉给水的重要装置，它可以提高锅炉给水温度，降低机组能耗，从而提高机组热效率，保证机组安全、高效运行。其种类按使用压力分为高压加热器和低压加热器，高压加热器的给水压力一般大于 $90kg/cm^2$，给水是送入锅炉。低压加热器给水一般给水压力低于 $40kg/cm^2$，大型火电机组都配备有高、低压加热器。

图 5-12 为哈尔滨锅炉厂有限责任公司研制的 1000MW 单列式高压给水加热器。为世界首例国内首批产品，该项目的成功研制，标志着我国的电力装备高压加热器设计、制造达到了世界一流水平。回热系统高压加热器采用单列式布置，可有效降低电厂的土建、管路、仪表、阀门等建设成本，同时降低设备运行难度，提高设备安全稳定运行时间。

图 5-12　1000MW 等级超超临界单列式高压加热器

该高压加热器正常投运，预计净热耗减少 257kJ/(kW·h)，煤耗减少约 8.7g/(kW·h)，如果机组一年按 300 天投运，将节省标准煤约 6.2 万吨。同时采用外置蒸汽冷却器可进一步提高锅炉给水温度，蒸汽冷却器正常投运，将使净热耗减少 5.65kJ/(kW·h)，有效降低煤耗 0.2g/(kW·h)，节省标煤约 0.144 万吨。

5.2.4.3 凝汽器

凝汽器是凝汽式汽轮机的重要组成部分，是主要的电站辅机之一。其作用是在汽轮机的排汽部分建立较低背压环境，使蒸汽能够最大限度地做功，以提高汽轮机的效率。凝汽器作为电厂蒸汽循环系统中主要的冷端设备，其性能的优劣直接影响整个机组的发电效率。

凝汽器的主要用途有两个：一是在汽轮机排汽口处建立并保持规定的真空度，使进入汽轮机的蒸汽膨胀到尽可能低的压力从而增加汽轮机中蒸汽的理想焓降，以提高汽轮机装置的循环热效率；二是将汽轮机排汽凝结成水，作为洁净的凝结水送回锅炉中重复使用。

5.3 ▸ 燃气发电设备

天然气是世界各国或地区广泛使用的主要能源之一。燃气发电是使用天然气或者其他可燃气体来发电的过程，燃气电厂是一种利用燃气轮机及发电机与余热锅炉、蒸汽轮机等设备共同组成的循环系统，它将燃气轮机排出的高温气体通过余热锅炉利用，再将蒸汽注入蒸汽轮机进行发电。以燃气轮机为核心设备的联合循环电厂不仅可以承担基本负荷，而且可以参与调峰，在满足电力需求方面具有很大优势。随着国家能源结构的调整和对环保要求的提高，对燃气轮机的需求将进一步提高。

5.3.1 用于发电的燃气轮机简况

燃气轮机是集成众多高端设计、材料、制造等技术的大型发电动力装备，反映一个国家在能源动力、机械制造、材料冶金、自动控制等多学科和多工程领域的综合科技发展水平。是否掌握制造燃气轮机关键技术直接关系到各国的国际地位。不论是在装备制造业还是能源动力领域，燃气轮机都是最高端的技术产品。发达国家把燃气轮机作为国家重要产业长期支持。

1939 年瑞士 BBC 公司生产了世界第一台用于发电的燃气轮机，功率为 4MW。随着 20 世纪 50 年代世界进入石油天然气时代，燃气轮机在石油、天然气发电产业的带动下加速发展。参数提高、功率增大、效率提升既是市场需求也带动了相关产业的技术进步。从国际发展看，西方国家从 70 年代开始，将燃气轮机作为大容量电站的重要组成部分是一种趋势；80 年代，随着高压比大流量轴流压气机、透平叶片定向结晶高温合金和热障涂层、高效空气冷却等关键技术取得突破，E 级、F 级重型燃气轮机产品相继问世，燃气-蒸汽轮机联合循环发电技术也不断提高，逐步成为传统蒸汽发电装置之后的重要发电系统；90 年代以后，F 重型级燃气轮机技术水平不断提升且更加成熟，功率等级达 250～300MW，透平前温超过 1300℃，效率接近 60%，应用低污染燃烧室使 NO_x 排放（标况下）低于 51.25mg/m^3。F 级重型燃气轮机是当今大规模商用重型燃气轮机的主要机型，也是研发 G/H 级重型燃气轮机的基础。目前，已在运行 H 级重型燃气轮机联合循环效率超过了 61%。

20 世纪 50 年代，我国从瑞士引进了单循环燃气轮机发电机组，以大庆原油作为燃料。我国重型燃气轮机的发展历经 50 多年，呈现“马鞍形”：60～70 年代，上海、哈尔滨、南京等地的企业分别研制出多种型号的小型燃气轮机组，虽然各项指标与国际先进水平有一定差距，但基本功能均能实现；1980～2000 年，燃气轮机产业发展较慢，国内仅以南京汽轮机厂作为制造技术引进单位与美国通用电气公司（GE）开展 6B 系列燃气轮机技术合作；2000 年以后，通过“打捆招标”引进技术，哈电电气、东方电气和上海电气三大动力制造企业分别与美国通用电气公司、日本三菱公司、德国西门子公司等国际主流企业开展 F 级重型燃气轮机合作并实现了冷端部件国产化制造、整机总装和试车。目前，我国企业也在和意大利安萨尔多公司开展 H 级重型燃气轮机技术合作。

结合“打捆招标”，国家部署了重型燃气轮机的消化吸收和国产化制造项目，形成了以三大动力制造企业为核心、多家企业配套的重型燃气轮机制造产业，能够按照国际技术标准批量生产 F 级重型燃气轮机。为了保障重型燃气轮机发电机组投入运行，我国相关企业开展了燃气轮机电站设计、设备成套、机组运行、检修维护、技术改进等工作，形成了重型燃气轮机的产业基本格局。

尽管我国在重型燃气轮机的产业和科研方面已具备了一定的基础，但距国际水平尚有较大差距。例如高性能的压气机、低排放燃烧室、高温叶片设计和制造等关键技术等。目前，通过产学研用相结合，集中优势力量，以典型产品和关键技术为导向，实现系统化研究是一条可行的发展之路。

5.3.2 燃气轮机

燃气发电厂相对燃煤电厂而言更为简单，其工作原理主要是天然气进入燃气轮机的燃烧室，与压气机压入的高压空气混合燃烧，产生高温高压的气流推动叶轮转动，然后再带动发电机转动的过程。如图 5-13 所示。

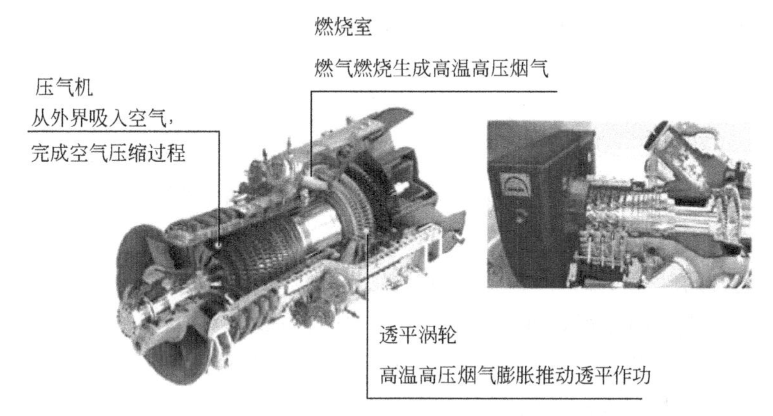

图 5-13 燃气轮机发电示意

燃气轮机是一种以连续流动的气体作为工质、把热能转换为机械能的旋转式动力机械。其基本特征与蒸汽轮机相似，不同之处在于工质不是蒸汽而是燃料燃烧后的燃气。

燃气轮机的工作过程为：

① 压气机（即压缩机）连续地从大气中吸入空气并将其压缩。

② 压缩后的空气进入燃烧室，与喷入的燃料混合后燃烧，成为高温燃气，随即流入燃气透平中膨胀做功，推动透平叶轮带着压气机叶轮一起旋转。

③ 加热后的高温燃气的做功能力显著提高，因而燃气透平在带动压气机的同时，尚有余功作为燃气轮机的输出机械功。

④ 燃气轮机由静止起动时，需启动设备，待加速到能独立运行后，启动装置才脱开。

燃气初温和压气机的压缩比，是影响燃气轮机效率的两个主要因素。提高燃气初温，并相应提高压缩比，可使燃气轮机效率显著提升。

燃气轮机构造有三大部分，分别为空气压缩机、燃烧室和透平系统。

5.3.2.1 空气压缩机

空气压缩机，简称压气机，负责从周围大气中吸入空气，增压后供给燃烧室。为了生成高压空气，压气机装有多级叶轮，若干叶轮固定在压气机的转轴上构成压气机转子，转子上的叶片称为动叶。在每两级动叶之间有一组静止的叶片（简称静叶），一组动叶与后面相邻的静叶，称为压气机的一个级。主要的燃气轮机的压气机有十几级，高速旋转的动叶把空气从进气口吸入压气机，经过一级又一级的压缩，变成高压空气。由于压气机内气体流动方向与旋转轴平行，因此被称为轴流式压气机。燃气轮机启动时，先把发电机当作电动机带动压气机旋转，把空气压入燃烧区。燃气轮机点火后，则逐渐转变至由透平带动压气机旋转压气。

压气机有轴流式和离心式两种，轴流式压气机效率较高，适用于大流量的场合。在小流量时，轴流式压气机因后面几级叶片很短，影响效率。

5.3.2.2 燃烧室

燃气轮机一般有多个燃烧室，安装在燃气轮机外围。燃烧室由外壳与火焰筒组成，在外壳端部有天然气入口，在火焰筒尾部连接过渡段，在燃烧室内装有燃料喷嘴。

天然气通过燃烧室端部燃气入口进入燃烧室，喷入的天然气与压气机压入的空气在燃烧室火焰筒里混合燃烧。燃烧使气体体积剧烈膨胀，生成高温高压燃气从燃烧室过渡段喷出，进入透平做功。

5.3.2.3 透平系统

燃气透平也称为燃气涡轮，从燃烧室喷出的高压燃气推动透平叶轮旋转，把燃气的内能转化为透平的机械能。

燃气推动旋转的叶轮上的叶片称为动叶，在每级动叶的前方还安装一组静止的叶片(静叶)，静叶起着喷嘴的作用，使气流以最佳方向喷向动叶。一排静叶加一排动叶为透平的一级。为了充分利用燃气的热能，透平一般为三级或四级。

透平叶轮安装在透平转轴上构成透平转子。压气机转子与透平转子是安装在同一根转轴上，称为燃气轮机转子，透平旋转时也就带动压气机旋转工作。透平转子带动发电机发电，额定转速一般每分钟 3000 转。

燃烧室和透平不仅工作温度高，而且还承受燃气轮机在起动和停机时，因温度剧烈变化引起的热冲击，工作条件恶劣，故它们是决定燃气轮机寿命的关键部件。

为确保有足够的寿命，这两大部件中工作条件最差的零件如火焰筒和叶片等，须用镍基和钴基合金等高温材料制造，同时还须用空气等冷却介质来降低工作温度。

一台燃气轮机除了主要部件外还必须有完善的调节保安系统，以及配备良好的附属系统和设备，包括：启动装置、燃料系统、润滑系统、空气滤清器、进气和排气消声器等。

5.3.3 余热锅炉

靠燃气轮机排出气体的余热来产生蒸汽的锅炉称为燃气轮机余热锅炉。

余热锅炉主要由进口烟道、炉体、汽包、烟囱组成。在炉体内有密集的受热面管子，给水泵将要加热的水压进这些管道，燃气轮机排出的高温气体将管道内的水加热成蒸汽。大型余热锅炉有低压、中压、高压三部分，可同时产生低压过热蒸汽、中压过热蒸汽、高压过热蒸汽，分别驱动低压汽轮机、中压汽轮机、高压汽轮机一起带动发电机发电，可大大增加燃气轮机发电厂的发电量。

余热锅炉本体采用模块化结构，以方便运输、安装。模块由管簇组成，是几十根管子组成的组件，模块两端有上联箱与下联箱，是锅炉的受热部件，水在模块内被外部的高温气体加热。

从燃气轮机排出的气体温度可达 600℃，仍然具备很高的能量，把这些高温气体送到锅炉，把水加热成蒸汽去推动蒸汽轮机，带动发电机发电，可使发电容量与联合循环机组的热效率相对增高 50%左右。图 5-14 为简单燃气循环和燃气-蒸汽联合循环对比。

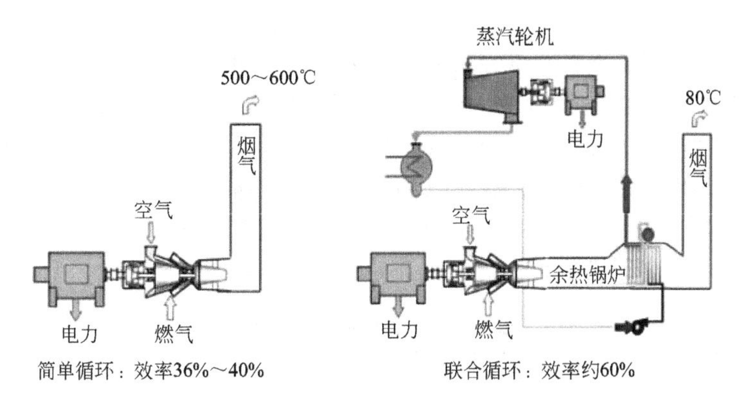

图 5-14　简单燃气循环与燃气-蒸汽联合循环对比

燃气轮机、蒸汽轮机、发电机、余热锅炉四种主要设备组成了燃气-蒸汽联合循环发电系统，实际上这四种设备的组合布置有多种方式，但主要的分类方式按轴系布置来分，一种是多轴布置方案，一种是单轴布置方案。

所谓多轴即燃气轮机带动一台发电机，蒸汽轮机带动一台发电机，各自一个轴系。在电厂建设时，只要燃气轮机机组安装完毕即可发电（不必等到锅炉与蒸汽轮机安装完毕）；蒸汽轮机检修时燃气轮机仍可发电。系统启动快，燃气轮机可先启动发电（不必等到锅炉里的水加热成蒸汽）。我国 200MW 以下的燃气-蒸汽联合循环发电机组多数采用多轴布置。

单轴布置系统为燃气轮机、蒸汽轮机、发电机串联在一根轴上，共用一台发电机发电。由于一套单轴系统只有一台发电机与相关电气设备，可节省设备费用，减少厂房面积，系统调控相对简单。目前 300MW 以上的燃气-蒸汽联合循环发电机组多数采用单轴布置。

5.3.4　示范工程

2019 年 12 月 28 日，闵行电厂燃气-蒸汽联合循环发电机组示范工程（下称闵行燃机示范工程）现场顺利浇筑主厂房第一罐混凝土，标志着全球首台套 GT36-S5 型 H 级燃机电站进入全面施工阶段。

工程建设 1 套 468MW（F 级）和 1 套 745MW（H 级）燃气-蒸汽联合循环发电机组，总装机容量约 1200MW。计划 2022 年 2 月底投产 H 级燃机，采用当前最先进的燃气轮机技术，整套机组采用一拖一分轴布置，机组效率逾 62%，各项指标位居世界前列。H 级燃气轮机是目前世界上燃烧温度最高、单体功率最大以及效率最高的燃气轮机，是在

GT36-S6 60Hz 机型基础上联合开发的首套 50Hz H 级联合循环机组，燃气轮机、蒸汽轮机、发电机和余热锅炉等设备，都属首次开发和匹配，机组各项技术具有先进性和创新性。

项目燃料采用天然气，气源为西气东输、东海天然气及进口 LNG 等混合气。天然气通过厂外专用输气管线送至厂内调压站。天然气作为燃料较燃煤更为清洁，燃烧过程产生较少 NO_x、微量 SO_2 和烟尘，NO_x 浓度（标况下）能控制在 $47.2mg/m^3$ 以下。电厂循环采用二次循环冷却系统，循环冷却补给水和工业用水均从位于厂区南侧的黄浦江取水。

该工程的工艺流程如下：空气经过滤器进入压气机升压，送入燃烧室与天然气混合，点火后产生高温燃气，高温燃气进入燃气透平膨胀做功，燃气轮机带动发电机而发出额定功率的电力。燃气轮机的排气排至余热锅炉回收蒸汽发生器（简称余热锅炉），给水受热后产生水蒸气，并将水蒸气引入汽轮机（抽凝式）中做功。冷却塔排水经处理后一部分作为锅炉补给水，一部分回用，工业废水经处理后全部回用，不外排。

工程主要技术经济指标和基本构成分别见表 5-3 和表 5-4。

表 5-3　主要技术经济指标

序号	名称	单位	纯凝工况
1	单位千瓦静态投资	MW	2962
2	全年供电量	10^8kW	29.23
3	发电厂用电率	%	2.5
4	发电汽耗(标况下)	$m^3/(kW \cdot h)$	0.179

表 5-4　主要设备及环保设施概况表

项目			单位	备注
9F	1 套燃气轮机	出力	—	额定工况发电功率:303MW
		型式	—	单轴、"F"级燃气-蒸汽循环机组
	1 台余热锅炉	种类	—	三压、再热、高压直流、中低压自然循环、卧式、室外布置、无补燃
		蒸发量	t/h	289(高压蒸汽)/328(再热)/53(低压)
	1 台蒸汽轮机	种类	—	纯凝式供热机组
		发电出力	MW	额定工况 151
	1 台发电机	种类	—	50Hz 水-氢-氢
		容量	MW	燃气轮机发电机额定功率:460
9H	1 套燃气轮机	出力	MW	额定工况出力:488.5
		型式	—	双轴、"H"级燃气-蒸汽循环机组
	1 台余热锅炉	种类	—	三压、再热、无补燃，高压直流、中低压自然循环、卧式
		蒸发量	t/h	449(高压蒸汽)/502(再热)/54(低压)
	1 台蒸汽轮机	种类	—	三压、再热、三缸、凝汽式、下排汽
		发电出力	MW	额定工况出力:256.5
	2 台发电机	种类	—	50Hz 水-氢-氢(燃气轮机发电机)/全氢(蒸汽轮机发电机)冷却
		容量	MW	500(燃气轮机发电机)/250(蒸汽轮机发电机)

续表

项目		单位	备注
烟囱	型式	—	每台余热锅炉自带烟囱
	高度	m	80
	出口内径	m	7
NO_x 控制措施	方式	—	低氮燃烧器，预留脱硝位置
	效果	mg/m^3	排放浓度<47.2
冷却水方式	二次循环	—	$6\times4750m^3/h+8\times5100m^3/h$ 逆流式通风冷却塔
废水处理方式	种类	—	非经常性工业废水采用外委方式，在厂混凝沉淀、曝气氧化、脱色、吸附处理后回用至冷却塔系统
			厂内设置一套废水零排放系统，冷却循环排水经澄清软化预处理＋膜浓缩系统＋MVR（蒸汽机械再压缩）强制循环结晶＋结晶干燥包装后，废水全部回用，结晶盐外运

5.4 ▸ 清洁高效发电技术

由于煤炭资源在我国已探明化石能源资源中占比高，且我国在燃煤发电经济性、可靠性、技术成熟度上具有较强的比较优势，所以长期以来我国以燃煤发电为主。但燃煤发电带来的环境问题日益严峻，因此清洁高效发电技术得到了高度重视与快速发展。

本节简要介绍燃煤发电技术、电力环保技术和新型动力循环发电等高效清洁发电技术的现状以及发展前景。

5.4.1 燃煤发电技术

随着我国能源生产与消费革命的推进，我国电力工业结构正在向清洁低碳、安全高效的方向加速转型升级，电力结构持续调整。表 5-5 为 2020 年中国装机容量和发电量对比。燃煤发电机组装机容量历史性降至 50%以下。但燃煤机组的发电效率、使用率更高，发电量占比仍处于较高水平。

表 5-5 2020 年中国装机容量与发电量对比

发电类型		装机容量/GW（占比）	发电量/GW·h（占比）
火力发电	总量	1245.17（56.58%）	5.2799×10^6（71.2%）
	煤电	1079.92（49.07%）	—
	气电	98.02（4.45%）	—
水力发电		370.16（16.82%）	1.214×10^6（16.4%）
核能发电		49.89（2.27%）	3.663×10^5（4.9%）
风能发电		281.53（12.79%）	4.146×10^5（5.6%）
太阳能发电		253.43（11.52%）	1.421×10^5（1.9%）
规模以上发电量		2200.58（100%）	7.417×10^6（100%）

从长远来看，可再生能源替代传统能源，非化石能源替代化石能源是中国乃至世界能源变革的趋势，但是考虑到我国资源禀赋特征和社会经济活动用能比较优势，未来一段时期火电仍将是我国电力安全可靠供应的基本保障。与此同时，火电装备的研制正以科技创新和技术进步为核心，在高效、灵活、智能、低碳（耦合）等方面进一步提升。

5.4.1.1 高效超超临界燃煤发电

“十三五”以来，为进一步提高发电效率，降低污染物排放，我国发电装备制造厂、发电企业、科研院所、材料研发企业、设计院等，在长期技术积累和创新研发的基础上，发展并实施了多项超超临界燃煤机组新技术应用，包括630℃高效超超临界二次再热燃煤发电技术、超超临界循环流化床发电技术、直接空冷汽轮机高位布置技术等，代表着我国电力工业发展已经迈上新的台阶。

① 630℃高效超超临界二次再热燃煤发电技术。国家能源局于2017年9月批复同意将大唐山东郓城630℃二次再热项目列为国家电力示范项目。该示范项目装机容量为1000MW，锅炉采用超超临界参数、变压运行、单炉膛、前后墙对冲燃烧、二次中间再热、平衡通风、半露天、固态排渣、全悬吊结构，Π型锅炉。锅炉出口蒸汽参数（BMCR工况，即锅炉最大连续出力下的工况）为36.75MPa（a）/620℃/633℃/633℃，锅炉保证效率为95%；汽轮机采用超超临界、二次中间再热、单轴、五缸四排汽、12级回热、双背压凝汽式汽轮机，汽轮机额定功率（TMCR工况，即最大连续功率下的工况）为1000MW，经过设计单位进一步优化，汽轮机入口额定参数为35.5MPa（a）/616℃/631℃/631℃，设计发电标准煤耗为244.3g/(kW·h)，设计发电效率为50.36%。该项目结合总体热力系统创新，利用更高效率的主、辅助设备和烟气余热深度利用等技术，首次实现机组发电效率高于50%，对我国火电技术的自主创新、煤炭的高效清洁利用具有重要的引领示范作用。

② 超超临界循环流化床发电技术。中国在大容量高参数循环流化床（CFB）锅炉洁净煤燃烧技术方面走在了世界前列，世界首台最大容量600MW超临界CFP锅炉已成功应用于四川白马电厂。2019年，陕西彬长660MW超超临界CFB项目、贵州威赫660MW超超临界CFB列为国家电力示范项目，旨在分别解决我国低热值煤和高硫无烟煤的清洁高效利用问题，代表了超超临界CFB锅炉发电技术的主要应用方向。这两个项目在煤种选择方面主要适用于煤矸石、洗中煤、煤泥等低热值燃料，以及西南地区的高硫无烟煤。在环保经济等方面，主要采用炉内脱硫＋尾部湿法/半干法脱硫方案，使污染物排放的SO_2低于35mg/m^3，通过炉内超低排放和SNCR（选择性非催化还原），使NO_x的含量低于50mg/m^3，适应宽负荷灵活运行。

③ 直接空冷汽轮机高位布置技术。随着火电机组参数的提高，对高温高压管道材料的要求越来越高。相应地，高温高压蒸汽管道系统的造价也越来越高，其投资占比随之上升，因此设法减少高温高压管道的用量，成为高参数核电机组的一个重要研究方向。

大容量直接空冷汽轮机组全高位布置是世界首创，是一种革命性的新设计，颠覆了火力发电传统布置设计的格局。该方案不仅可以显著减少高温管道长度，降低高温管道系统的造价，还可以减少排气管道的长度，从而减少排气管道的阻力，降低技术的背压，实现机组煤耗的降低。另外，该方案还能够节省汽机房的用地面积，这项技术已应用于国华锦界电厂三期工程（2×660MW机组）。

④ 650℃/700℃机组。目前我国正在进行650℃/700℃更高参数的燃煤发电技术的研发工作，开展了多项650℃/700℃超超临界发电技术基础性研究，成立了700℃发电产业联盟，整合国内科研和生产力量，针对700℃超超临界发电相关材料、设计、工艺制造等关键技术，开展了总体方案设计、关键材料、锅炉关键技术、关键部件验证试验平台与电站建设的工程可行性的研究。

目前我国超超临界机组在容量、蒸汽参数、性能、热效率、排放等方面与发达国家技术水平相近，发展速度、装机容量和机组数量均已跃居世界首位，600～620℃大容量超超临界发电机组已成为我国火电主力机组，对优化火电行业结构、全面提高燃煤发电效率、减少污染物排放做出突出贡献。截至2018年年底，已经投入运行的百万千瓦级超超临界燃煤发电机组达到113台，成为世界上百万千瓦级超超临界机组运行最多的国家，600MW及以上火电机组容量占比达到44.7%，同比提高1.3个百分点，这些超临界和超超临界机组的设计、制造、运行和技改实绩，为中国的清洁高效煤电机组进步奠定了坚实的基础。超超临界机组在我国新建煤电项目中已经成为主力机型。

5.4.1.2 火电机组灵活性改造

提升火电机组的灵活性是平抑风、光等可再生能源电力间歇性和随机波动性，解决规模化可再生能源电力消纳问题的根本途径，也是目前相对经济的调峰方式。我国大型在役机组在设计阶段尚未完全考虑深度调峰工况，应该通过技术改造提高灵活性。

提升火电机组灵活性的改造，预期将使热电机组最小技术出力达到40%～50%额定容量，纯凝机组增加15%～20%额定容量的调峰能力，最小技术出力达到30%～35%额定容量；机组不投油稳燃时纯凝工况最小技术出力达到20%～25%额定容量。但也必须注意到，煤电深度调峰对运行效率、污染控制甚至设备安全会产生不利影响。

国内有关火电机组灵活性的研究如下：

① 锅炉系统灵活性技术。提升火电灵活性，需要增加机组的负荷爬升率，快速启停能力，提高技术低负荷长期稳定和安全运行能力，对火电机组锅炉系统设计、建设、运行和控制有了更高的要求。针对锅炉系统灵活性改造技术主要包括锅炉主要设备的低负荷稳燃、水动力特性优化和改造、锅炉尾部环保设备低负荷下环保特性优化和改造、制粉系统和负荷响应特性改造、锅炉相应控制系统的优化改造、锅炉承压部件寿命监测、锅炉辅助设备的灵活性特性改造以及母管制锅炉的使用等。

② 汽轮机系统灵活性技术。依靠现有的机炉协调控制系统很难进一步提升负荷的调节速率，为此许多专家学者将研究重点转移至火电机组各个蓄能利用环节中，通过短时间的激发机组中的蓄能来达到瞬时提升机组负荷的目的。而汽轮机系统灵活性技术主要包括低压缸切缸热电解耦技术、凝结水流调节、抽汽调节、高中低压缸旁路技术、旁路供热改造技术等。

③ 整体系统灵活性技术。主要包括增加蓄能系统、火电机组控制灵活性技术、电转气技术、多能互补技术等。

2016年，国家能源局正式启动了提升火电机组灵活性改造示范试点工作，截至2019年年底，累计推动完成煤电灵活性改造约57.75GW，仅为电力“十三五”规划中220GW改造目标的25%左右，我国火电机组灵活性改造还有较大提升空间。

5.4.1.3 智能发电

随着数字化、信息化、网络化技术的不断发展，火电机组运行将更加智能、灵活。智能发电范畴较宽，它以数字化信息以及先进通信为支撑平台，目标是实现电能产供销各环节智能、远程化，代表了能源未来发展方向。

近年来，部分专业人士在智能电厂体系架构、规范和标准等方面进行了研究，在行业内形成一定共识。国内各发电集团积极布局智慧电厂，开展示范应用，为智能发电建设、运营指引方向。

在电厂智能化技术的系统性研究和应用方面，国内外都还处于起步阶段，国外研究重点更倾向于可再生能源发电，如旨在有效运用分布式发电资源的VPP（虚拟电厂）技术，可提高分布式发电的可控性。而对于常规火电厂，则将关注重点集中在区域数据共享和可视化辅助运维技术的应用方面。

国内相关研究如下：

① 智能发电技术体系架构。近年来国内在技术体系方面的研究进展较快，业内许多专家学者从不同的角度对智能发电体系架构进行了构建，相关单位也相继发布了相关的智能发电建设架构和功能层级。

② 智能发电标准和规范。自智能发电建设开展以来，国家权威机构尚未制定统一的规范和标准，学术界至今也还没有形成一个广为大家所接受的“智能”定义，目前行业内缺少企业层级的更为细致、可操作性更强的技术规范。

③ 智能发电技术研究。随着智能发电系统概念的提出，发电厂智能化建设正走向发展的快车道，也汇聚了众多专家学者投身于此，从多角度、多维度和不同需求对智能发电技术开展研究，创造了大量科学技术成果。总体来说，对智能发电技术的研究包括智能设备、智能控制、智能生产监控和智能管理四个方面。

5.4.1.4 煤与可再生能源耦合发电

（1）燃煤耦合生物质发电技术

我国生物质能源储量丰富，但目前生物质能利用率很低，可作为能源利用的农作物秸秆及农产品加工剩余物、林业剩余物和能源作物等生物质资源总量每年有4.6亿吨标准煤。目前，中国生物质能利用率约3500万吨标准煤/年，利用率仅为7.6%。

生物质发电是目前生物质能应用最普遍、最有效的方法之一。截至2019年年底，我国生物质发电装机容量达到22.54GW，正逐步成为我国可再生能源利用中的新生力量。

燃煤耦合生物质发电技术可利用燃煤电站现有的锅炉、汽轮机及辅助系统，而仅需新增生物质燃料处理系统，并对锅炉燃烧器进行部分改造，因此初投资更低。同时，大型燃煤发电机组的燃料效率较大型秸秆电厂高出10个百分点以上，同样的燃料数量可增加发电量20%以上。

燃煤耦合生物质发电技术包括直接混燃、分烧耦合发电及生物质气化与煤混燃三种方式。“十三五”期间，国家力推煤与生物质耦合发电，并积极开展试验示范，华电襄阳燃煤耦合生物质发电是全国首个通过评估检查的燃煤耦合生物质发电技改试点项目，大唐长山燃煤耦合20MW生物质发电是全国最大生物质气化发电示范项目。目前燃煤生物质耦合发电上下游的收购存储、运输、发电以及废料处理环节并未成熟，存在产业链衔接不畅、初投资高、融资困难、缺乏电价政策等短板，大力发展我国的生物质发电迫在眉睫。

(2) 煤与太阳能耦合技术

煤与太阳能耦合技术（又称光煤互补发电）通过利用太阳能热替代燃煤电站部分热源，降低煤耗或增大发电量，太阳能热共享燃煤电站发电子单元，降低投资成本，同时借助燃煤电站大容量、高参数和高稳定性等特点平抑外部不稳定太阳辐射资源对太阳能热发电过程的扰动，达到电能稳定输出的目的。

目前全球太阳能与燃煤机组互补发电的电站还比较少，规模也不大，有一部分尚在建设中，且大多集中于国外。国内大唐天威 10MW 光煤互补项目一期 1.5MW 项目于 2013 年 9 月中旬完成集热场建设并进行调试运行，2014 年 11 月成功完成了与大唐 803 电厂热力系统连接工程建设。山西国金电厂 1MW 光煤互补项目于 2015 年 9 月投运，该项目采用东方锅炉研发设计的 1MWth 塔式太阳能光热与 350MW 超临界循环流化床联合循环技术，是国内首个将塔式太阳能光热发电技术与燃煤发电进行联合循环发电的项目。同时，近几年“煤与太阳能耦合技术”在理论研究方面取得了一些进展，主要集中在互补系统集成优化、动态特性、全工况优化以及性能评价等方面。

5.4.2 电力环保技术

火力发电将煤、气等化石燃料的化学能转化为电能的生产过程中，会产生烟气（含颗粒物、气态污染物、重金属和二氧化碳等）、废水（液）、固体废弃物等；电力环保技术的主要任务是有效降低电力生产过程中的“三废”和二氧化碳的排放量。

5.4.2.1 烟气污染治理技术

2019 年我国生产原煤 39.7 亿吨，燃煤发电厂发电机供热消耗原煤占比超过 50%。我国环境保护形式十分严峻，大量煤炭燃烧产生的二氧化碳、二氧化硫和烟尘排放加重了大气环境污染，扩大酸雨面积，造成一系列生态保护问题。

煤炭燃烧排烟中含有硫氧化物 SO_x（主要包括 SO_2、SO_3）和氮氧化物 NO_x（主要包括 NO、NO_2、N_2O、N_2O_5），其中 SO_2、NO、NO_2 是大气污染的主要成分，也是形成酸雨的主要物质。因此，大力发展燃煤火电厂的烟气脱硫脱硝技术，推广烟气脱硫脱硝装置对于控制 SO_2、NO_x 排放，保护环境，走科学和可持续发展的道路具有重要意义。

图 5-15 为燃煤火电厂的烟气净化系统，包含除尘装置、脱硫装置和脱硝装置。

(1) 脱硝技术

目前成熟的燃煤电厂烟气脱硝技术主要包括 SNCR、SCR（选择性催化还原）和 SNCR/SCR 联用技术。

SNCR 技术是指在锅炉炉膛出口 900～1100℃的温度范围内喷入还原剂（如氨气）将其中的 NO_x 选择性还原成 N_2 和 H_2O。SNCR 工艺对温度要求十分严格，对机组负荷变化适应性差，对煤质多变、机组负荷变动频繁的电厂，其应用受到限制。大型机组脱硝技术一般只适用于老机组改造且对 NO_x 排放要求不高的区域。

SCR 技术是指在 300～420℃的烟气温度范围内喷入氨气作为还原剂，在催化剂的作

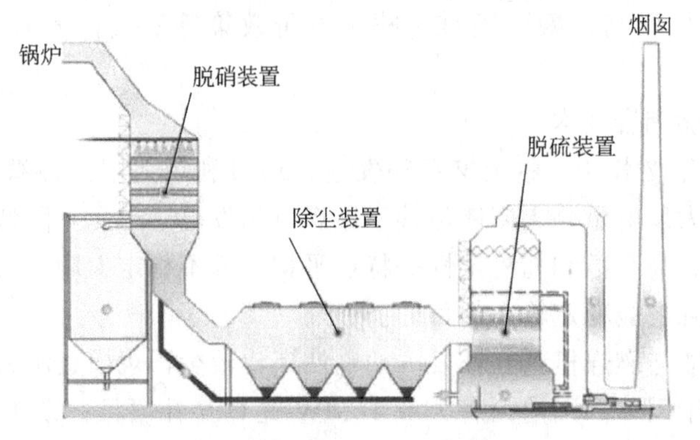

图 5-15 燃煤火电厂的烟气净化系统

用下与烟气中的 NO_x 发生选择性催化反应生成 N_2 和 H_2O。SCR 烟气脱硝技术脱硝效率高，成熟可靠，应用广泛，经济合理，适应性强，特别适合于煤质多变、机组负荷变动频繁以及对空气质量要求较敏感的区域的燃煤机组使用。SCR 脱硝效率一般可达 80%～90%，可将 NO_x 排放浓度（标态，干基，6% O_2）降至 $100mg/m^3$ 以下。

SNCR/SCR 联用技术是指在烟气流程中分别安装 SNCR 和 SCR 装置。在 SNCR 区段喷入液氨等作为还原剂，在 SNCR 装置中将 NO_x 部分脱除；在 SCR 区段利用 SNCR 工艺逃逸的氨气在 SCR 催化剂的作用下将烟气中的 NO_x 还原成 N_2 和 H_2O。SNCR/SCR 联用工艺系统复杂，而且脱硝效率一般只有 50%～70%。三种烟气脱硝技术的综合比较见表 5-6。

表 5-6 烟气脱硝技术比较

序号	项目	技术方案		
		SCR	SNCR/SCR 联用	SNCR
1	还原剂	NH_3 或尿素	尿素或 NH_3	尿素或 NH_3
2	反应温度	300～420℃	前段:900～1100℃ 后段:300～420℃	900～1100℃
3	催化剂	V_2O_5-WO_3(MoO_3)/TiO_2 基催化剂	后段加装少量 SCR 催化剂	不使用催化剂
4	脱硝效率	80%～90%	50%～70%	大型机组 25%～45%
5	SO_2/SO_3 氧化	会导致 SO_2/SO_3 氧化	SO_2/SO_3 氧化较 SCR 低	不导致 SO_2/SO_3 氧化
6	NH_3 逃逸	小于 $2.28mg/m^3$	小于 $2.28mg/m^3$	小于 $7.6mg/m^3$
7	对空气预热器影响	催化剂中的 V 等多种金属会对 SO_2 的氧化起催化作用，SO_2/SO_3 氧化率较高，而 NH_3 与 SO_3 易形成 NH_4HSO_4 造成堵塞或腐蚀	SO_2/SO_3 氧化率较 SCR 低，造成堵塞或腐蚀的机会较 SCR 低	不会因催化剂导致 SO_2/SO_3 的氧化，造成堵塞或腐蚀的机会为三者最低
8	燃料的影响	高灰分会磨耗催化剂，碱金属氧化物会使催化剂钝化	影响与 SCR 相同	无影响
9	锅炉的影响	受省煤器出口烟气温度影响	受炉膛内烟气流速、温度分布及 NO_x 分布的影响	与 SNCR/SCR 混合系统影响相同
10	占地空间	大(需增加大型催化剂反应器和供氨或尿素系统)	较小(需增加小型催化剂反应器,无需增设供氨或尿素系统)	小(锅炉无需增加催化剂反应器)

(2) 除尘技术

大气污染物总量中约有10%~15%是以粉尘的形式存在的。从比例来看，3%来自机动车辆、13%来自燃煤电厂、20%来自工业锅炉、9%来自垃圾处理、其他工业生产占35%左右。据统计，燃煤电厂每年向大气中排放的粉尘超过300万吨。电站粉尘处理意义重大。

电厂烟气除尘系统包括灰尘的捕集、存储和排除系统。烟气中的灰尘一般通过各种除尘器被捕集，落入灰斗，然后由除灰系统连续或间断地排除。

20世纪60~70年代，水膜除尘器替代干式旋风除尘器，以水膜方式捕集飞灰为特点，发展有多种除尘脱硫结构，如文丘里管水膜式、斜棒栅式和泡沫式等。但是，水膜除尘器存在耗水大、空气泄漏严重，烟气带水及烟气压降大等缺点。

同一时期，电除尘技术得到迅速发展和推广，其除尘效率可达99%左右。到目前为止，电力行业采用静电除尘器的锅炉容量已经占95%以上，个别项目已采用高效袋式除尘。

1) 电除尘器　又称静电除尘器。目前，电除尘器已经成为高效除尘的主要设备之一。电除尘器的种类和结构样式很多，但都基于相同的工作原理。含尘气体从除尘器下部进入，向上通过一个足以使气体电离的静电场产生大量的正负离子和电子并使粉尘荷电，荷电粉尘在电场力作用下向集尘极运动并在收尘极上沉积，从而达到粉尘和气体分离的目的。当收尘极上的粉尘达到一定厚度时，通过清灰机构使灰尘落入灰斗中排出。静电除尘的工作原理包括电晕放电、气体电离、粒子荷电、粒子的沉积和清灰等过程。

2) 袋式除尘器　袋式除尘是一种利用过滤技术进行除尘的方法。袋式除尘器主要采用滤袋对含尘气体进行过滤，使粉尘阻留在袋上，以达到除尘目的。其机理是用附着在滤袋上的一次尘过滤二次尘，也就是用烟尘来过滤烟尘，适合于捕集非黏结、非纤维的细微粉尘。滤袋表层的灰可通过不同的清灰方式进行清除，从而达到重复高效利用的目的。

袋式除尘器的主要优点是：

① 除尘效率高。袋式除尘效率达到99.99%以上。

② 使用范围广。能适应以化石燃料气体燃烧产生的烟气处理，能收集到0.1μm以上的粉尘颗粒，收集粉尘浓度从每立方米几毫克到几百克。

③ 不受煤粉和粉尘成分影响，对粉尘比电阻不敏感。

④ 处理烟气量大，结构简单，能满足不同工业部门使用要求。

主要缺点是：

① 烟气阻力大，一般为800~1500Pa，能耗较高。

② 滤袋使用寿命短，一般为3年，维护费用高。

③ 滤袋适用烟气温度范围较小，酸露点以上到150℃以下，特殊滤袋使用温度可达180℃，但造价昂贵。

④ 滤袋抗氧化能力差，需严格控制烟气含氧量。

(3) 脱硫技术

本节主要介绍三种电站主流脱硫技术：石灰石-石膏湿法烟气脱硫、循环流化床烟气脱硫、海水脱硫。这几种技术包括了脱硫剂为溶解性和微溶解性的脱硫技术，也包括了湿法、干法/半干法脱硫技术。

1）石灰石-石膏湿法烟气脱硫　采用石灰石浆液作为反应剂，与烟气中的 SO_2 发生反应生成亚硫酸钙（$CaSO_3$），$CaSO_3$ 与 O_2 进一步反应生成硫酸钙（$CaSO_4$）。其脱硫效率和运行可靠性高，是应用最广的脱硫技术。

石灰石-石膏湿法脱硫系统主要由烟气系统、SO_2 吸收系统、石灰石浆液制备系统、石膏脱水系统、公用系统等组成。其优点是适用煤种含硫量范围广、脱硫效率高（大于95%）、吸收剂利用率高（大于90%）、设备运转率高、技术成熟。吸收剂来源丰富且廉价、无加工污染、脱硫产物石膏可以经处理后综合利用。但实践中也存在着一些问题：

① 生成的脱硫渣是二水石膏，如果不能综合利用，需要堆在灰场。

② 产生大量废水需要再处理。

③ 存在积垢、堵塞、腐蚀、磨损等问题。

④ 工艺复杂，工程投资大，运行费用高。

日本、德国、美国的火力发电厂采用的烟气脱硫装置约90%采用此工艺。

2）循环流化床烟气脱硫　是把循环流化床技术引入烟气脱硫领域后，开发的新干法/半干法脱硫工艺。由烟气系统、吸收剂消化系统、吸收系统和灰循环系统等部分组成。

该工艺具有投资相对较低，脱硫率高，运行可靠，操作维护方便的优点；还能够脱除 SO_3、HCl、HF 等，如增加活性炭粉，还可以脱除二噁英。但该技术易结垢，负荷适应性差，易塌床。

3）海水脱硫　由于天然海水中含有大量可溶性盐，且海水通常呈碱性，这使得海水具有天然的吸收 SO_2 的能力。海水脱硫系统的烟气系统、SO_2 吸收系统的吸收塔的形式等与石灰石-石膏湿法脱硫一致；曝气系统和石灰石-石膏湿法的 SO_2 吸收系统中氧化系统脱硫原理相同，无制浆等原料系统和脱水等终产物处理系统。其技术特点为：

① 技术成熟、工艺简单、运行维护方便、备品备件量少。海水供排的管线防腐要求高，投资较高。

② 适于低硫煤锅炉的烟气脱硫。

③ 只需要海水，不需添加剂。

④ 不存在固体副产品及废水排放。

⑤ 运行维护费用低，工作量少。建设周期短。

⑥ 脱硫效率可达到95%以上。

随着 Hg 和 $PM_{2.5}$ 被列为污染排放控制对象，火电行业的减排成本和压力将提到空前的高度。多污染物一体化控制技术，是针对燃煤电厂燃烧后产生的粉尘（含 $PM_{2.5}$）、SO_x、NO_x、Hg 和 CO_2 等污染物中的两种或以上进行一体化脱除的技术，是在同一个烟温区间、同一套工艺装置中脱除两种或以上污染物，同时避免不同污染物之间的捕捉抑制和相互影响，从经济上应比单污染物独立分别脱除工艺的叠加投资更少、产出更高、综合经济效益更好。为削减成本，提高经济效益，多污染物的一体化脱除技术的研究和试验正得到世界各国的重视，开发和示范燃煤机组烟气多污染物（SO_x、NO_x、Hg 等）一体化脱除技术将会是我国燃煤电厂污染物控制技术的发展趋势。

国内高等院校、科研院所、电力集团、环保企业等相继从全过程控制角度对颗粒物、SO_2、NO_x 等烟气污染物的高效治理开展了进一步的系统研究，并通过对不同环保技术的优化基础研究，使烟气污染治理技术取得了长足进步。主要研究聚焦在低氮燃烧与烟气脱硝技术、烟气除尘技术、烟气脱硫技术和非常规污染物治理技术等方面。

截至 2019 年，全国累计完成超低排放改造煤电机组 7 亿千瓦，共有 8.9 亿千瓦煤电机组实现了超低排放，约占全部煤电机组的 85%，逐步建成了全球清洁煤电供应体系。2015 年至 2019 年，全国煤电装机由 9.00 亿千瓦增长至 10.45 亿千瓦，煤电烟尘、SO_2、NO_x 排放量降幅分别达 72%、83%、83%，处于世界先进水平。我国已建成全球最大的清洁煤电供应体系，燃煤电厂超低排放达到国际领先水平；随着燃煤电厂超低排放技术和装备的发展应用，大幅消减了电力行业的污染物排放，电力行业由大气污染控制的重点行业转变为大气污染防治的典型行业。

5.4.2.2 二氧化碳的捕集、利用与封存技术（CCUS）

应对气候变化问题是我国发展的严峻挑战，我国的独特国情、以煤为主的能源结构和已经开展的 CCUS 示范项目所取得的经验表明，发展 CCUS 技术具有关乎国家减排责任、煤炭可持续利用、中国能源企业国际竞争力等方面的多重意义。

在捕集技术领域，百万吨级成套捕集技术已成为目前工业应用的主流，因此适合于大规模捕集工程且具备节能降耗特点的技术开发将是捕集技术发展的趋势。在燃烧后捕集技术方面，降低吸收剂能耗以及降解损耗是技术革新的重点，同时需要结合工艺设备改进以及系统集成设计的优化，通过综合手段降低捕集系统的能耗和成本。在燃烧前捕集技术方面，需提高系统各流程间集成耦合程度，优化 CO_2 捕集材料和工艺的选择。在富氧燃烧技术方面，应重点进行 35MWth 的富氧燃烧机组的长时间运行性能考核，总结系统运行与维护经验，开发与之匹配的低能耗空分系统、空分-锅炉-压缩纯化系统热耦合优化技术、高效率 CO_2 压缩机等专用配套设备；建设百万吨级富氧燃烧碳捕集示范项目，进行富氧燃烧锅炉、低能耗空分、烟气冷凝、CO_2 压缩纯化及一体化脱硫脱硝等关键技术验证和系统运行优化研究；加强新一代富氧燃烧技术（增压富氧燃烧技术与化学链燃烧技术）的基础与放大研究。

CO_2 运输方面，国外已经成熟，国内还没有管网。开展区域性 CO_2 源与利用及封存汇的普查，初步形成示范区域的管网规划和优化设计，形成管材及设备选用导则，完善 CO_2 管输工艺，形成支撑 CCUS 全流程示范工程的百万吨级输送成套技术。

各种 CO_2 利用技术发展水平相差较大，其中强化采油技术在国际上已达到商业应用水平，其潜在的利用规模和预期市场产值最大，选择汇源匹配条件和地质蕴藏条件最好的油田进行技术示范将成为大规模 CO_2 利用的主要发展方向，驱替煤层气和强化采油是潜在的大规模 CO_2 利用技术研究方向，对于地质条件的依赖性较强，需结合重点区域开展前驱替技术验证。CO_2 化工利用技术相对成熟，而提高工艺路线的能量综合利用效率是技术发展的核心。CO_2 生物利用最具可持续发展价值，提高 CO_2 生物转化效率和速率是提升减排容量的关键。后期研究将以高光效、低成本、废水资源化利用为技术研发核心，以微藻代谢机理为基础，在藻种技术、养殖技术、采收技术的低成本、产业化放大等方面寻求突破。

长期安全性是 CO_2 地质封存的核心问题，鉴于地质条件的多样性，需要进行多个具有代表性的大规模地质封存示范。保障安全性的评价、检测、调控、补救技术与监管体系将是技术示范的重点。在技术路线上，可将地质封存与利用结合起来，提高封存安全性和经济性，例如将封存与采水结合，可以更好地控制地层压力，减少当地水资源压力，分离水溶性矿物质。

5.4.2.3 固废处理处置技术

当前世界各国火电厂的粉煤灰排放量呈逐年增加的趋势，但是粉煤灰的利用率仍处于较低的水平。火力发电厂固体废物主要包括粉煤灰、脱硫石膏、炉渣、废旧布袋和烟气脱硝催化剂等。根据我国《火电厂污染防治技术政策》，火电厂固体废物应遵循优先综合利用的原则。粉煤灰综合利用应优先生产普通硅酸盐水泥、粉煤灰水泥及混凝土等，脱硫石膏宜优先用于石膏建材产品或水泥调凝剂的生产，废旧布袋应进行无害化处理。

固体废物的处理处置方法见表5-7。需要特别指出的是，废烟气脱硝催化剂已被明确列入《国家危险废物名录（2021年版）》的“HW50废催化剂”，不可再生且无法利用的废烟气脱硝催化剂在贮存、转移及处置等过程中应按危险废物进行管理。废烟气脱硝催化剂的再生回收对节约资源具有重要意义，我国自主开发的废烟气脱硝催化剂再生改性技术，可实现在活性恢复的同时具有协同催化氧化汞的功能；针对不可再生的废烟气脱硝催化剂，自主开发了一整套催化剂无害化处理工艺及设备，可削减由废烟气脱硝催化剂带来的二次污染。

表5-7 当前火电厂固体废物处置主要方法对比

固废名称	来源	处理处置方法	重金属迁移风险	技术成熟度	存在问题	应用领域	技术发展方向
粉煤灰	煤燃烧	a. 筑路、回填、制砖； b. 土壤改性； c. 填埋	较小	成熟	产量大、区域利用不平衡、行业相关性强	建筑、冶金、农业、化工等领域	新材料、环保、农林等
废烟气脱硝催化剂	SCR烟气脱硝	a. 再生回用； b. 作原材料二次回用； c. 填埋	较大	较成熟	总量大、产地分散、回用成本高、占地面积大	电力、冶金、化工等领域	再生回用、有价金属综合提炼、化工原材料等
废旧滤袋	袋式除尘器	a. 焚烧； b. 填埋； c. 堆弃	较大	成熟	量小而分散、二次污染风险大、回收成本高、滤料回收技术有待发展	电力、纺织领域	滤料回收和回炉重融拉丝等
脱硫石膏	石灰石-石膏湿法脱硫	a. 水泥缓凝剂； b. 石膏板材； c. 填埋	较小	成熟	产量大、品质不稳定、区域利用不平衡、资源竞争力差	水泥、建筑、医疗、化工等领域	精细化工石膏产品开发技术，如粉刷石膏、医用石膏等；综合利用

5.4.2.4 废水处理技术

火电厂废水种类多，水质水量波动大，生活污水、含煤废水、含油废水及含氨废水等处理工艺较为成熟，以循环水排污水、反渗透浓水、酸碱再生废水以及脱硫废水为代表的含盐废水的处理是全厂废水“零排放”处理的重点和难点。

火电厂废水“零排放”处理技术的研究与应用起源于美国、欧洲等发达国家和地区，主要是脱硫废水的“零排放”处理。随着国家环保政策的日益严格，国外的相关技术被引进应用，并结合国内电厂的实际情况进行了改进和优化。国家《水污染防治行动计划》的发布，推进了火电厂废水“零排放”处理技术的发展。工艺技术不断升级优化，为废水“零排放”处理改造工程的实施提供了技术基础。在进行废水“零排放”处理前一般需进行用水优化改造，经全厂深度节水、用水优化后，含盐废水的处理通常分为预处理、浓缩减量处理以及蒸发干燥处理三个部分；每个处理环节均出现了多种处理技术，相应组合成不同的工艺技术路线。

5.4.3 新型动力循环发电

“十三五”以来，传统火力发电技术积极融合创新的前瞻性技术，从整体煤气化燃料电池发电到超临界 CO_2 发电技术，均取得了积极进展。

5.4.3.1 煤气化燃料电池联合循环发电

整体煤气化联合循环发电（IGCC）是将煤气化技术和高效的联合循环相结合的先进动力系统。IGCC 既有高发电效率，又有良好的环保性能，是一种较好的洁净煤发电技术。IGCC 发电气化技术一般基于现代大型气流床气化技术。在大型煤制清洁能源项目的驱动下，大型气流床气化技术取得了显著的发展，我国气流床气化总体上达到了国际先进水平。

依托华能天津 IGCC 示范机组，我国积极探索 IGCC 多联产的相关研究。建成基于 IGCC 的 10 万吨/年 CO_2 捕集系统，在连续 72h 的满负荷运行测试状态下，系统完成碳捕集和碳封存的生产技术指标。

煤气化燃料电池联合循环（IGFC）发电是将煤气化时所含的氢用作燃料电池的燃料，将燃料电池、燃气轮机和蒸汽轮机结合在一起的发电系统。与 IGCC 相比，可以实现更高效的发电，并且可以减少二氧化碳的排放。

我国 IGFC 技术取得了一定的进展，在燃料电池领域实现了关键材料、部件性能及装配技术的显著进步，实现了多套千瓦级分布式发电系统示范，2019 年建成了首套 10kW 级整体煤气化燃料电池验证系统，起到了示范作用。但我国 IGFC 仍处于基础研究和关键技术研发阶段，整体技术与国外差距较大。

5.4.3.2 超临界二氧化碳循环发电

超临界态 CO_2 是指温度和压力均高于临界点参数（临界温度 304.13K，临界压力 7.38MPa）时 CO_2 的一种工质状态。超临界 CO_2 布雷顿循环（简称超临界 CO_2 循环）采用 CO_2 作为工质、在封闭的布雷顿热力循环中做功，热电转换效率高于以蒸汽作为工质的传统蒸汽轮机和以燃气为工质的燃气轮机，具有循环效率高和系统结构简单紧凑的优点，近几年在核能、太阳能、地热、余热回收以及交通动力等诸多领域被认为具有较大的应用潜力。

在超临界 CO_2 发电前瞻技术方面，国内相关单位开展了大量的传热流动机理研究工作，并取得了一定进展；国内首台超临界 CO_2 燃煤发电试验系统正在筹划建设；MW 级超临界 CO_2 循环试验系统已建设完成；国内研制了 MW 级超临界 CO_2 透平，建成了 MW 级超临界压缩机实验平台等。

5.5 ▸ 核能发电

核能作为我国现代能源体系的重要组成部分，在助力生态文明建设、推动可持续发展、确保国家能源安全、实现我国能源转型、提升经济发展质量效益、增强在全球能源治理中的话语权、落实“一带一路”倡议、拓展国际产能合作、兑现大国承诺等方面具有重要的地位与作用。我国核电坚持重点发展大型先进压水堆、高温气冷堆、快堆及后处理技术装备，提升关键部件配套能力的政策，实施热中子反应堆—快中子反应堆—受控核聚变“三步走”的核电技术发展与战略。经过近 40 年的发展，我国核电自主创新能力显著提升，研发水平再上新台阶，核燃料循环能力进一步加强，核电装备制造能力持续提升，关键设备自主化不断取得突破。我国已成为拥有自主知识产权三代核电技术并形成全产业链比较优势的国家。

在核电技术研发及应用方面，AP1000 级 EPR 全球首堆于 2018 年在我国建成投运；满足第三代核电安全性能要求、拥有完全自主知识产权的“华龙一号”首堆福清 5 号机组（图 5-16）于 2020 年 9 月 10 日完成装料，2021 年 1 月 29 日完成 168h 满功率连续运行考核，具备商业运行条件；国家重大科技专项“国和一号”示范工程正按照国家部署开展相关工作，“国和一号”是我国拥有自主知识产权、功率更大、安全性更高的非能动三代核电先进压水堆。我国还积极推动快堆、高温气冷堆、浮动堆、熔盐堆、热核聚变装置等研发，我国实验快堆已于 2011 年并网发电，霞浦示范快堆 2017 年 12 月 29 日土建开工；高温气冷堆示范工程预计于 2021 年并网发电；陆上小堆及海洋核动力平台的研发均取得积极进展。

图 5-16 “华龙一号”全球首堆福清核电 5 号机组外景

核燃料供应方面，我国核燃料产能已跻身世界第一阵营，可满足国内核电和核电“走出去”对各种型号燃料的需求。在核电装备制造方面，形成了每年可开工建设 8～10 台核电机组的主设备制造能力，百万千瓦级三代核电机组关键设备和材料的国产化率已达 85%以上。在核电工程建设方面，全面掌握了压水堆的核电建造技术。

截至 2020 年 6 月，我国大陆在运核电机组 47 台，装机容量 4875 万千瓦，在建机组

13 台，装机容量 1387.1 万千瓦。预计到 2035 年在运和在建核电机组容量将达到 2 亿千瓦；“十四五”及中长期，核能在我国清洁能源低碳系统中的定位更加明确，作用将更加凸显。

5.5.1 基本原理

核能也称原子能，是核结构发生变化时放出的能量，在使用上指重核裂变或轻核裂变时所放出的巨大能量。核裂变是指可裂变的重原子核吸收中子后，分裂为两个或两个以上的碎片，形成新的、较轻的原子核，并释放能量。

迄今为止，核电厂的反应堆都是运用核裂变反应释放核能的。用于发电的反应堆有压水堆、重水堆、沸水堆、高温气冷堆、钠冷快堆等，当前世界上建得最多的是压水堆核电厂。核电厂利用核燃料裂变反应所释放的核能来发电，它和火力发电厂一样，都用蒸汽推动汽轮机旋转，带动发电机发电。主要区别为火力发电厂依靠常规化石燃料释放的化学能，而核电厂则依靠核裂变反应释放的核能来制造蒸汽。

5.5.2 主要设备

核电厂由核岛、常规岛、电厂配套设施组成。核岛的主要部分是核蒸汽供应系统，包括核反应堆本体和冷却剂循环系统。用铀制成的核燃料在“反应堆”设备内裂变产生大量热能，由反应堆冷却剂带走，并产生蒸汽，以驱动汽轮发电机组发电。

5.5.2.1 核蒸汽供应系统

核蒸汽供应系统是核电厂中利用核能产生蒸汽的系统。其作用相当于火电厂中的锅炉蒸汽系统，但它比锅炉蒸汽系统复杂得多。压水堆核蒸汽供应系统由核反应堆、蒸汽发生器、主循环泵、稳压器及相应的连接管道组成，如图 5-17 所示。

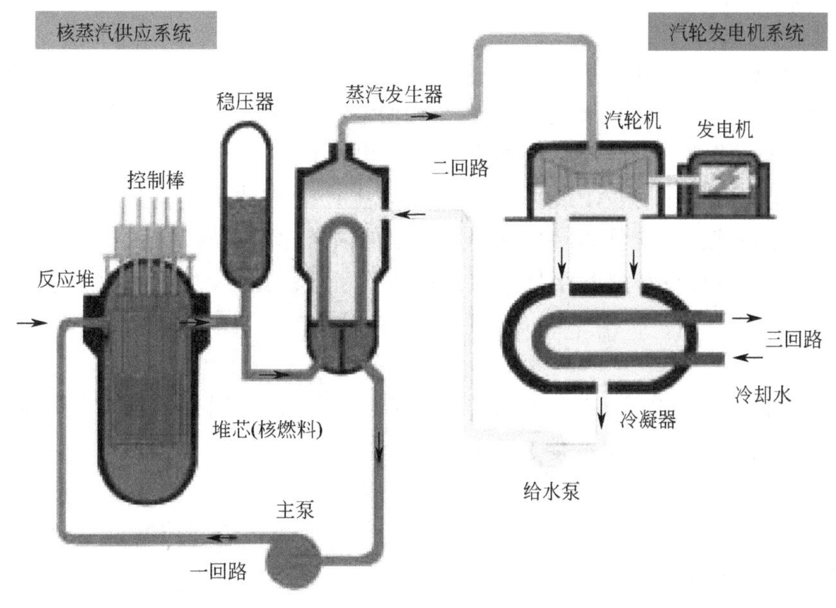

图 5-17　核蒸汽供应系统

管道中的冷却剂（一回路水）在主循环泵驱动下通过反应堆，吸收由链式裂变反应产生的热量，然后进入蒸汽发生器，把热量传给在管外流过的二回路水，使其变成蒸汽。

5.5.2.2 核反应堆

核反应堆是核电厂的核心设备。它的作用是维持和控制链式裂变反应，产生核能转换成可供使用的热能。

核反应堆的心脏是堆芯，由核燃料组件和控制棒组件组成。堆芯装载在一个密闭的大型钢制容器——压力容器中。通常压力容器高 10 多米，直径约 4m，壁厚 200mm 左右，重达 400～500t，能耐高温、高压和辐射，非常坚固。图 5-18 为首台国产化三代核电 AP1000 三门 2 号反应堆压力容器。

图 5-18 核反应堆压力容器

5.5.2.3 燃料组件

核电厂的燃料是铀，其有效成分是其中的铀 235，含量为 3%左右。核燃料被烧结成一个个圆柱状的二氧化铀陶瓷体芯，叠装在用合金做成的包壳管中，做成一根根长的燃料，再把这些燃料棒按一定的规则组装成一个个燃料组件。

2021 年 1 月，国内首条 AP1000 核燃料元件生产线成功生产首炉 64 套换料燃料件，如图 5-19，标志着我国完全实现 AP1000 燃料组件国产化的战略目标。核电厂的反应堆堆芯内装有 100 多套这样的核燃料组件，总质量达几十吨。

5.5.2.4 控制棒组件

核反应堆的开、停和核功率的调节都由控制棒控制。控制棒内的材料能强烈吸收中子，从而可以控制反应堆内链式裂变反应的进行。

控制棒也组装成组件的形式。反应堆不运行时，控制棒插在堆芯内。开堆时将控制棒提起，运行中根据需要调节控制棒的高度。一旦发生事故，全部控制棒会自动快速下落，使反应堆内的链式裂变反应停止。

图 5-19　国内 AP1000 首炉核燃料组件

5.5.2.5　蒸汽发生器

蒸汽发生器是核电站中仅次于压力容器的重型设备。其作用是把一回路水从核反应堆中带出的热量传递给二回路水，并使其变成蒸汽。蒸汽发生器内部有几千根薄壁传热管，呈倒U形布置。一回路水在传热管内流动，二回路水在管外流动。蒸汽在发生器上部形成。

图 5-20　“华龙一号”全球首堆首台核蒸汽发生器

2017 年 11 月 10 日，具有中国完全自主知识产权的“华龙一号”全球首堆福清核电 5 号机组首台蒸汽发生器顺利吊至 5 号机组反应堆厂房 16.5m 平台，如图 5-20 所示。该装置由我国自主设计、具有国际上第三代压水堆核电站同类型蒸汽发生器的技术水平。

5.5.2.6　主泵

主泵是一回路中高速转动的设备，通过推动冷却剂流动将反应堆热量送到蒸汽发生器，传递给二回路给水。采用直立式、单级混流式轴封泵。泵和电机分开，电动机在上部，电动机上设有飞轮，以增加泵的转动惯量。当主泵断电时，泵仍能继续转动几分钟。为防止带辐射性的冷却水泄漏，泵轴上设有三道密封，由两道流体静压和一道机械密封串联组成。

2015 年 12 月 30 日，三代核电自主化依托项目三门 1 号机组前两台反应堆冷却剂泵（主泵）到达三门核电现场，如图 5-21 所示。AP1000 首批两台主泵的成功到场与安装，为三门 1 号机组并网发电奠定坚实基础。

图 5-21　AP1000 主泵吊装现场

AP1000 主泵是由变频器驱动的立式、单级、离心式、高转动惯量屏蔽电机泵。它取消了常规 2 代加主泵的动态机械密封和相关的轴密封系统，整个转子组件、径向和推力轴承完全包络在由 C 型环静密封焊接联结的泵壳和电机壳组成的主冷却剂回路压力边界中，定子与转子电气部分通过屏蔽套实现与主冷却剂的隔离，消除了冷却剂泄漏隐患，大大提高了运行安全性。

5.5.2.7　安全壳（反应堆厂房）

安全壳是核电站的标志性建筑，核蒸汽供应系统的所有设备均装载其内。安全壳一般为带有半球形顶的圆柱体钢筋混凝土建筑物，内衬钢板以确保整体的密封性。安全壳能承受地震、飓风、飞机坠落等冲击，并确保核反应堆内的放射性物质不泄漏。

2019 年 9 月，福清核电 6 号机组反应堆穹顶吊装成功，如图 5-22 所示。反应堆安全壳穹顶约 342t，直径 46.8m，由 147 块约 6mm 厚的钢板焊接而成。反应堆安全岛钢铁厚铠甲能抗 9 级地震，采用抗大型商业飞机撞击壳的方式防护。

5.5.3　安全保障

我国核电厂建设虽然起步较晚，但是核安全保障体系的建立却起点高，并与国际接轨。

图 5-22 “华龙一号”全球首堆示范工程——福清核电六号机组安全壳穹顶吊装现场

5.5.3.1 核电厂址的选择

选择合适建造核电厂的地理位置，是核电工程的第一个环节，也是核电安全管理的起点。为防止放射性物质的意外泄漏，核电厂址对地质、地震、水文、气象等自然条件和工农业生产及居民生活等社会环境都有严格到近乎苛刻的要求。这些要求已经以法规的形式确定下来，只有满足要求的厂址才有可能得到国家核安全监管部门的批准。

如图 5-23 所示，在选址过程中要研究调查的是：人口密度与分布、土地及水资源利用、动植物生态状况、农林渔养殖业、工矿企业、电网连接、地震、地质、地形、海洋与陆地水文、气象等历史资料和实际情况。采用的手段包括卫星照相、航空测量、地面测量、地下勘探、大气扩散试验、水力模拟试验、理论模型计算等。

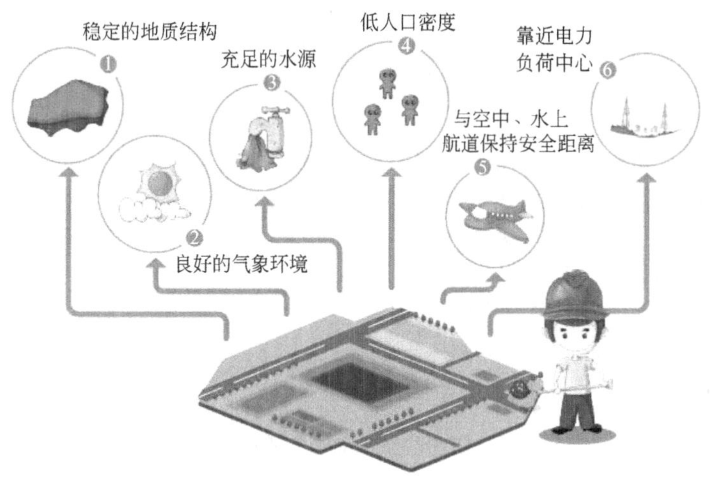

图 5-23 核电站选址必备条件

5.5.3.2 核电站的安全屏障

核电站安全的基本目标是：确保公众和厂区工作人员在所有运行工况下受到的辐射照射保持在适当的规定限值之内；在事故工况下受到的辐射保持在可接受的限值之内。为了实现这一基本目标，保证充分的安全性，核电站设计必须满足下列总的安全要求：提供手段以确保在所有运行工况下，在事故工况期间和之后能实现安全停堆并维持状态、从堆芯排除余热；提供手段以减少可能的放射性物质释放，确保在运行工况期间和之后的任何释放不超过规定的限值，同时，确保在事故工况期间和之后的任何释放不超过可接受的限值。为此，核电站设计中设置了四道反应堆安全屏障。

（1）第一道屏障——核燃料芯块

现代反应堆广泛采用耐高温、耐辐射和耐腐蚀的二氧化铀陶瓷核燃料。经过烧结、磨光的这些陶瓷型的核燃料芯块能保留住98%以上的放射性裂变物质不逸出，只有穿透能力较强的中子和γ射线才能辐射出来。这就大大减少了放射性物质的泄漏。

（2）第二道屏障——锆合金包壳管

二氧化铀陶瓷芯块被装入包壳管，叠成柱体，组成了燃料棒。核电厂的燃料芯块密封在锆合金做成的包壳中，锆合金包壳能防止放射性物质进入到一回路水中。由锆合金或不锈钢制成的包壳管必须绝对密封，在长期运行的条件下不使放射性裂变产物逸出，一旦有破损，要能及时发现，采取措施。

（3）第三道屏障——压力容器和一回路压力边界

这屏障足可挡住放射性物质外泄。即使堆芯中有1%的核燃料元件发生破坏，放射性物质也不会从它里面泄漏出来。由核燃料构成的堆芯封闭在壁厚约20cm的钢质压力容器内，压力容器和整个一回路都是耐高压的，放射性物质不会泄漏到反应堆厂房中。

图5-24为第一至第三道核电安全屏障示意。

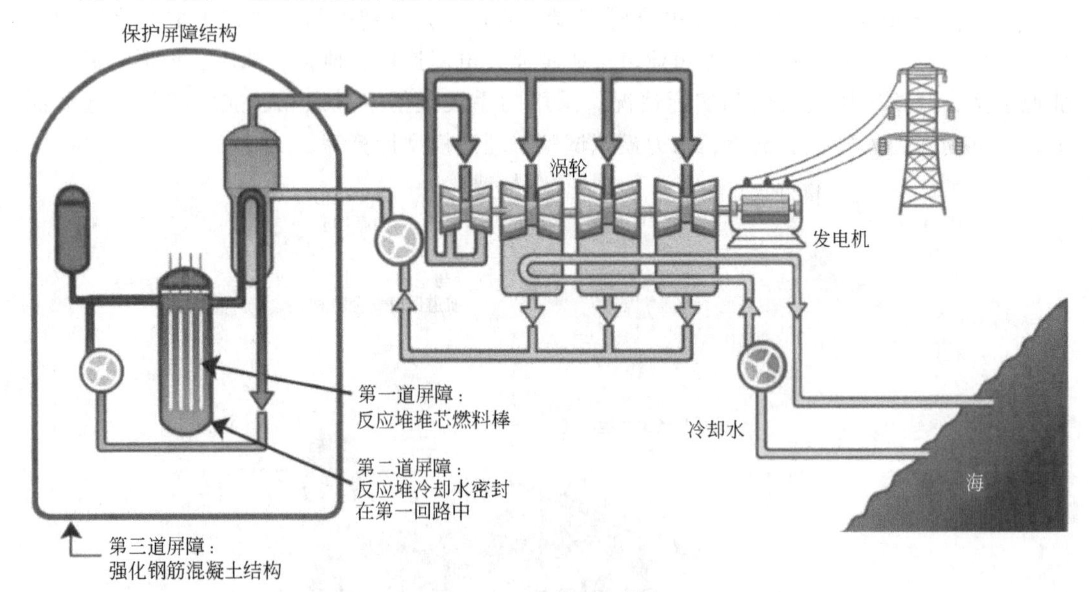

图5-24 核电安全屏障

（4）第四道屏障——安全壳厂房

它是阻止放射性物质向环境逸散的最后一道屏障，一般采用双层壳体结构，对放射性物质有很强的防护作用，万一反应堆发生严重事故，放射性物质从堆内漏出，由于有安全壳厂房的屏障，对厂房外的环境和人员的影响也微乎其微。一般是由 4～5cm 厚的钢板构成的钢制承压容器，每平方米承压能力超过 4t，能够在事故工况下防止放射性物质泄漏。钢制安全壳外还有一层 1m 多厚的钢板混凝土结构的屏蔽厂房，能够抵御大型客机的撞击。

5.6 ▸ 智慧能源与新型电力系统

5.6.1 能源互联网

能源互联网是推动中国能源变革的重要战略方向，对提升清洁能源比重、提升综合效率、促进传统化石能源清洁高效利用、推动能源市场开发和产业转型升级具有重要意义。

5.6.1.1 定义与内涵

能源互联网是以多种能源骨干网为主干和平台，利用可再生能源技术、智能电网及互联网技术，融合电力网、天然气网等多种能源网络及电气化交通网，形成多种能源高效利用和多元主体参与的能源互联共享网络，消纳高渗透率可再生清洁能源，并激活新的商业模式，如图 5-25 所示。

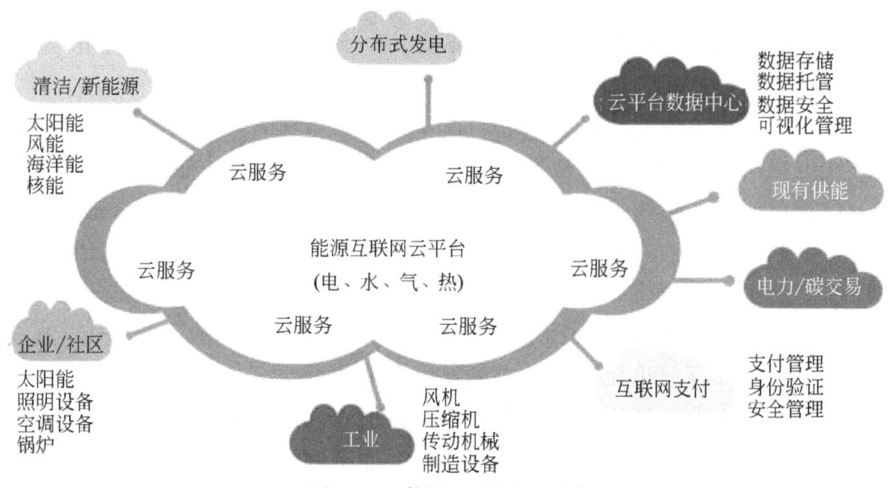

图 5-25 能源互联网云平台

能源互联网的定义可从多个视角给出。从能源网络的视角，其是将不同地区，不同类别的能源基础设施广泛连接，形成跨区的能源互联网络。从信息视角，其是将互联网思维和技术注入传统能源产业形成的能源产业新业态。从商业视角来看，其是在物理层面和信息层面联通的能源网络中实现新的能源体制机制和商业模式，如分布式交易、需求侧响应等。

能源互联网作为一个跨领域的前沿概念，尚未有统一的定义，其内涵在不断发展。为促进相关的学习和探索，有必要明确能源互联网的发展目标、理念特征和基本架构。

5.6.1.2 体系架构

能源互联网旨在构建以可再生能源优先，以电等二次能源为基础、其他一次能源为补充的集中式和分布式互相协同的多元能源结构，同时通过以互联网技术为管控运营平台，实现多种能源系统供需互动、有序配置，进而促进社会经济、低碳、智能、高效的平衡发展，形成新型生态化能源系统。从体系上，能源互联网涵盖：

① 物理基础网络层，实现多能融合能源网络。以电力网络为主体骨架，融合气、热等网络，覆盖包含能源生产、能源传输、能源消费、能源存储、能源转换的整个能源链。能源互联依赖于高度可靠安全的主体架构（电网、管网、路网）；具备柔性可扩展的能力；支持分布式能源（生产端、存储端、消费端）的即插即用。

② 信息数据平台，实现信息物理融合能源系统。多种能源系统的信息共享，信息流与能量流通过信息物理融合系统（CPS）紧密耦合，信息流将贯穿于能源互联网的全生命周期，包括其规划设计、建设、运营、使用、监控，维护资产管理和资产评估与交易。智能电网在信息物理系统融合方面做了很多基础性的工作，实现了主要网络的信息流和电力流的有效结合。

③ 价值实现平台，实现创新模式能源运营。创新模式能源运营要充分运用互联网思维，利用大数据、云计算、移动互联网等互联网技术，实现互联网＋能源生产者、能源消费者、能源运营者和能源监管者的有效最大化，是充分发挥“互联网＋对稳增长、促改革、调结构、惠民生、防风险的重要作用”的核心所在。

5.6.2 综合能源系统

综合能源系统是指通过协调与优化能源的生产、传输与分配（能源网络）、转换、存储、消费等环节，形成的能源产供销一体化系统。

综合能源系统主要由供能网络（供电、供气、供冷/供热等网络）、能源交换环节（三联供机组、发电机组、锅炉、电制氢等）、能源存储环节（储电、储气、储热/冷等）、终端综合能源供用单元和大量用户共同构成。利用多能互补可有效提升综合能源的利用效率与可再生能源的利用水平。当前综合能源系统技术主要分为三类：源侧综合能源系统，高渗透率 DERs 广泛接入综合能源系统源侧已成为主要趋势；网侧综合能源系统，进一步融合区域供电、供气和供热等构成能源网络（如“区域综合管理系统”）；用户侧综合能源系统，各类能源转换和存储单元共同构成终端综合能源系统，如微网。

在科技部、电力企业、科研机构及高校的支持下，国内先后建成一大批综合能源系统工程，如北京延庆多能互补智能微网、上海崇明智能电网综合示范工程、江苏丰海万吨非并网海水淡化微电网等一大批形态各异的微网工程，此外多所科研机构与高校相继建成以教学科研为目的微网实验室，这些成果从不同角度展现了我国在微网的设计运行管理、关键设备研发等方面的技术水平，为进一步研究提供了新的实验环境和检验平台。

5.6.3 虚拟电厂

虚拟电厂（VPP）通过分布式电力管理将配电网中大量的分布式电源、可控负载和储能装置聚合成一个虚拟的整体，从而参与电网的运行和调度，协调大电网与清洁分布式能源之间的矛盾，充分体现分布式电源为电网和用户所带来的价值和效益。特别是在提出全面建设能源互联网后虚拟电厂成为分布式能源实现广域合作的有效途径。

目前对于虚拟电厂并没有统一的定义。常见的几类定义如下：a. 虚拟电厂是一系列分布式能源的集合，以传统发电厂的角色参与电力系统的运行；b. 虚拟电厂是对电网中各种能源进行综合管理的软件系统；c. 虚拟电厂也包括能效电厂，通过减少终端用电设备和装置的用电需求的方式来生产“富余”的电能，即通过在用电需求方安装一些提高用电能效的设备，达到建设实际电厂的效果；d. 在能源互联网建设提出后，虚拟电厂可以看成广域、动态聚合多种能源的能源互联网。但其共同特点都是通过将大量的分布式能源聚合后接入电网。虚拟电厂一般都是由可控机组、不可控机组（分、光等分布式能源）、储能设备、可控负载、电动汽车、通信设备等聚合而成，并进一步考虑需求响应、不确定性等要素，与控制中心、云中心、电力交易中心等进行信息通信，并与大电网进行能量交互。总而言之，可以认为虚拟电厂是分布式能源的聚合并参与电网运行的一种形式。

虚拟电厂主要由发电系统、能量存储系统、通信系统三部分组成。

① 发电系统。主要包括家庭型分布式电源（DDG）和公用型分布式电源（PDG）。DDG 的主要功能是满足自身负荷。如果电能盈余，则将多余的电能输送给电网；如果电能不足，则由电网向用户提供电能。典型的 DDG 系统主要是小型的分布式电源，为个人住宅、商业或工业分部等提供服务。PDG 主要是将自身所生产的电能输送到电网，其运行目的就是出售所生产的电能。典型的 PDG 系统主要包括风能、光伏等容量较大的可再生能源发电装置。

② 能量存储系统。可以补偿分布式能源发电出力波动性和不可控性，适应电力需求的变化，改善分布式能源波动所导致的电网薄弱性，增强系统接纳分布式电源发电的能力、提高能源利用效率和提供辅助服务。

③ 通信系统。是虚拟电厂进行能量管理、数据采集与监控，以及电力系统调度中心通信的重要环节。通过与电网或者其他虚拟电厂进行信息交互，虚拟电厂的管理更加可视化，便于电网对虚拟电厂进行监控管理。

虚拟电厂已经开始在上海开展小规模试点，相信随着相关积极政策的制定、虚拟电厂大数据预测分析能力的提升以及电力交易市场模型的进一步完善，我国未来将持续推动已建、新建用户接入到虚拟电厂中，不断扩大可调节资源规模。

扩展阅读：上海商业建筑虚拟电厂

2021 年“五一”长假后第一个工作日，下午 2 点在闵行 AFC 大虹桥国际商务楼，几台空调主机和水泵临时关闭，部分电梯运力暂停，同时地下车库的照明也部分熄灭。这并非停电，而是上海首次“双碳”主题的虚拟电厂需求响应行动中的场景。

“商务楼里的空调、动力、照明设备和虚拟电厂系统相连接，在需要时通过控制设备功率和起停状态，来调节整栋楼的用电负荷”，如果一栋楼一次性降低负荷 500kW，可以视其为一台 500kW 发电能力的机组。

5 月 5 日凌晨 1 点，位于浦东成山路的公交充电站内 150 台智能充电桩同时开启充电模式，临港的多家大型制造业企业的生产线不约而同开足了运行马力，遍布全市的近万个 5G 通信基站内蓄电池机组启动储能。3 小时后，上海市电力需求响应中心的数据显示，整个电网的用电负荷上升了 412MW，约占夜间电网低谷负荷总量的 3.3%。电动车充电类负荷首次大规模参与需求响应，总量超过 50MW（图 5-26）。

现有的负控无线专网、光纤专网和移动互联网组成了网络层。需求响应平台、用电负荷管理系统以及未来的虚拟电厂平台组成了平台层。这些，共同支撑了此次全链互动、自动运转的全过程“源网荷”交互应用。

图 5-26　电动车充电类负荷参与需求响应

2021 年 5 月 5 日至 6 日，上海开展了国内首次基于虚拟电厂技术的电力需求响应行动，仅仅 1h 的测试，就能产生 150MW·h 的电量。在这次测试中，累计调节电网负荷 562MW，消纳清洁能源电量 1236MW·h，减少碳排放量约 336t。

同时，此次虚拟电厂需求响应还首次融入了“智慧减碳”的概念。应用 CPS 信息物理系统，通过实时监控、自动执行指令、自动优化升级策略，提升楼宇响应的“智慧”程度，不仅降低了用户的停电感知，还能实现用能的全局优化，减少能耗损失。近万个基站储能设施参与电网“削峰填谷”，需求响应实现了对铁塔 5G 基站储能的全覆盖，见图 5-27。

图 5-27　基站储能设施参与“削峰填谷”

上海的虚拟电厂建设目前走在全国前列，已初步形成了 100 万千瓦的发电能力。伴随着“智慧”和“减碳”理念的引入，虚拟电厂在规模化、双向调节负荷的能力更加凸显。

参考文献

[1] 严宏强，程钧培，都兴有，等．中国电气工程大典：第 4 卷 火力发电工程 [M]．北京：中国电力出版社，2009.
[2] 孙宏斌．能源互联网 [M]．北京：科学出版社，2019.
[3] 中国电机工程学会．动力与电气工程学科发展报告 2020 [M]．北京：中国电力出版社，2020.

第6章 航天航空与交通运输动力装备

6.1 ▸ 航天动力装置

航天，又称空间飞行、太空飞行、宇宙航行或航天飞行，是指探索、开发和利用太空以及地球外天体的各种活动。航天器的出现让人类的活动范围由地球大气层扩大到广阔的宇宙空间，使人类认识自然和改造自然的能力得到了质的飞跃，对社会经济、军事、科学技术的发展产生了重大影响。航天动力装置是保证航天器推进必不可少的系统和附件，火箭发动机是最主要的航天动力装置之一，包括固体、液体、电、核等火箭发动机类型。本节主要对航天器及火箭发动机发展史和四种火箭发动机的结构和工作原理进行介绍。

6.1.1 航天器及火箭发动机简况

6.1.1.1 航天器发展简介

航天器是航天工程系统的主要组成部分，是航天工程系统的核心。航天器可以分为无人航天器和载人航天器。无人航天器分为人造地球卫星、空间探测器和货运飞船。载人航天器分为载人飞船、空间站、航天飞机和空天飞机。航天器必须与运载火箭、航天测控通信网、航天器发射场与回收设施以及地面应用系统等相互配合、协调工作，共同组成航天工程系统，完成航天任务。

1957年10月4日，苏联把世界上第一颗人造地球卫星送入太空，卫星在天上正常工作了3个月。苏联的第一颗卫星是世界第一个人造天体，把人类几千年的梦想变成现实，为人类开创了航天新纪元。1961年4月12日，苏联发射了世界上第一艘载人飞船，加加林成为世界上进入太空飞行的第一人。1969年7月20日，美国载人飞船在月球表面着陆，阿姆斯特朗成为第一个登上月球并在月球上行走的人。

1970年4月24日，中国第一颗人造地球卫星“东方红一号”（图6-1）发射成功，揭开了中国航天活动的序幕，宣告了中国进入航天时代，加入了世界航天领域。“东方红一号”的成功发射，也使中国成为继苏联、美国、法国、日本后第五个能独立研制和发射人造地球卫星的国家。这是中国航天器工程技术发展的良好开端，是中国航天器工程发展的第一个重要里程碑。

图 6-1 “东方红一号”卫星

1992 年 9 月 21 日，党中央做出决策，实施载人航天工程。中国载人航天工程被定名为神舟号飞船载人航天工程，代号为“921”工程。1999 年 11 月 20 日，中国第一艘载人试验飞船神舟一号发射成功，于 21 日成功着陆。这次任务的完成标志着中国载人航天技术有了重大突破，这次试验拉开了中国载人航天的序幕。

2003 年 10 月 15 日，乘载着我国首位航天员杨利伟的载人飞船——神舟五号（图 6-2）发射升空，并于 16 日成功着陆。神舟五号载人飞船的成功发射实现了中华民族千年飞天梦，是中华民族智慧和精神的高度凝聚，是中国航天事业在 21 世纪一座新的里程碑。这次为期 21 小时的太空之旅，使中国成为继俄罗斯、美国之后，世界上第 3 个能独立自主进行载人航天飞行的国家。

图 6-2 神舟五号飞船

2020 年 7 月 31 日，北斗三号全球卫星导航系统建成暨开通仪式在人民大会堂隆重举行。中国向全世界郑重宣告：中国自主建设、独立运行的全球卫星导航系统已全面建成。北斗卫星导航系统是中国自行研制的全球卫星导航系统，是继美国全球定位系统、俄罗斯格洛纳斯卫星导航系统之后第三个成熟的卫星导航系统。

2021 年 5 月 15 日，天问一号探测器成功着陆火星乌托邦平原南部预选着陆区。2021 年 6 月 11 日，国家航天局举行天问一号探测器着陆火星首批科学影像图揭幕仪式，公布了由“祝融号”火星车（图 6-3）拍摄的着陆点全景、火星地形地貌、“中国印迹”和“着巡合影”等影像图，标志着中国首次火星探测任务取得圆满成功。

图 6-3 “祝融号”火星车

2021 年 6 月 17 日，神舟十二号载人飞船搭载长征二号 F 遥十二运载火箭在酒泉卫星发射中心发射。神舟十二号入轨后顺利完成入轨状态设置，采用自主快速交会对接模式成功对接于天和核心舱前向端口，与此前已对接的天舟二号货运飞船一起构成三舱（船）组合体，整个交会对接过程历时约 6.5 小时。航天员聂海胜、刘伯明、汤洪波先后进入天和核心舱，标志着中国人首次进入自己的空间站。

多年来，中国航天人以“两弹一星”精神创造了一个个奇迹，党和国家根据世界科技发展形势，着眼于我国科技事业、国防事业和现代化建设的发展大局，高度重视航天事业的发展。我国已拥有基本配套和独立自主的航天产业，中国航天取得了举世瞩目的成就。

6.1.1.2 火箭发动机发展简介

火箭发动机是卫星、宇宙飞船、航天飞机等航天器的动力装置。其中固体火箭发动机和液体火箭发动机是技术最成熟、运用最广泛的两种火箭发动机。电火箭发动机和核火箭发动机技术尚未成熟，实际运用较少，但其比冲（火箭发动机单位质量的推进剂产生的冲量）远高于前两种火箭发动机，具有非常广泛的应用前景。

20 世纪 60 年代，美国开始应用大型固体火箭发动机作为大型、重型运载火箭的助推器。并形成了“大力神”系列、“宇宙神”系列和“战神”系列，直径范围为 3.05～3.71m。20 世纪 70 年代开始，欧洲、日本也纷纷开展大型固体火箭发动机的研制，分别形成了“阿里安”系列和 H 系列火箭发动机，并成为大型固体火箭发动机应用较多的国家。此外，为进一步提高发动机性能、降低成本、适用于商业航天，欧洲自 20 世纪 90 年代以来，一直致力于大型整体式高性能固体火箭发动机的研发，P-80 大型固体火箭发动机已助力“织女星”运载火箭完成多次飞行任务，P-80 具有较高的推力和比冲，发动机高约 11.2m，直径 3m，装有 88t 固体推进剂，是欧洲新研制的整体式纤维缠绕壳体固体火箭发动机，是整体式大推力固体火箭发动机发展方向的代表。

在大推力液体火箭发动机方面，1957 年，苏联成功研制出推力 80t 级的 RD-107/108 液氧煤油发动机，成功发射了第一颗人造地球卫星。20 世纪 60 年代末，美国研制成功 690t 级的 F-1 液氧煤油发动机和百吨级的 J-2 液氧液氢发动机，用于土星 V 重型运载火箭，实现了载人登月的壮举。20 世纪 70 和 80 年代，苏联研制了 740t 级的 RD-170 液氧煤油发动机、150t 级的 RD-0120 液氧液氢发动机，用于能源号和天顶号运载火箭。20 世纪 90 年代以来，由于固体助推器成本较高，并造成环境污染，美国、欧洲和日本在液体火箭发动机市场上的竞争力落后于俄罗斯。为此，美国等国家开始积极引进俄罗斯液氧煤油发动机以替代固体助推器。

在电火箭发动机领域，1906 年，美国科学家 Goddard 提出了一种不依靠化学燃料燃烧的热动能，而是将电能转化为动能的火箭发动机设想。20 世纪 50 年代，世界各国开始大规模的理论和实验研究。1960 年 6 月，美国首次研制出电离式电火箭发动机。与此同时，苏联也研制出稳态等离子体电火箭发动机。之后，德国、法国、日本等国也相继研制出自己的电火箭发动机。

此外，1954 年，美国空军委托原子能委员会研究核火箭发动机，最初计划作为洲际导弹发动机，后来应用于运载火箭和深空探测器。1958 年，苏联也正式通过了研制核火箭发动机的决定并提出了发展方案。虽然美国核火箭发动机的研制更早、投入更大，取得了很多成果，但苏联进行了大量的技术创新，发动机设计得更为高效和安全。

经过几十年的探索，我国火箭发动机的研制也取得了很大的进展，形成了自己的设计及建造体系。

我国从“十一五”期间全面开展了分段式固体火箭发动机技术攻关，2010 年成功完成了国内首台直径 1m、分段式固体火箭发动机地面热试车，2016 年完成了首台直径 3m、2 段式钢壳体固体火箭发动机热试车。2020 年 12 月，完成了直径 3.2m、3 分段钢壳体固体火箭发动机（图 6-4）地面热试车，进一步验证了我国大型分段式固体火箭发动机关键技术水平。同时，我国近年来大型整体式固体火箭发动机也得到了迅速发展。2019 年，直径 2.6m、装药量 71t 的固体火箭发动机试车成功。同年，中国航天三江集团有限公司自主研发的推力 500t 级大型固体火箭发动机地面试车成功，这标志着我国大推力、高质量比整体式固体火箭发动机关键技术取得重要突破。总体上看，我国固体火箭发动机技术达到了较高的水平，在导弹、探空火箭、运载火箭和卫星上都得到了成功的应用，形成了 2m 及以下直径尺寸的覆盖。但在直径 2m 以上用于航天运载的大型固体火箭发动机领域，我国研制起步较晚，与国外有一定差距。

图 6-4　直径 3.2m、3 分段式固体火箭发动机

在液体火箭发动机领域，20 世纪 70 和 80 年代，我国长征系列运载火箭均以 75t 级常温四氧化二氮/偏二甲肼发动机为主动力，20 世纪 90 年代以来，我国开始研制 120t 级液氧煤油发动机和 50t 级液氧液氢发动机，目前，两种发动机基本完成研制，将用于新一代系列运载火箭。根据载人登月等重大航天活动和大规模进入空间的需求，近年来，我国开展了登月模式、重型运载火箭及其动力系统的论证与研究，确定了一级和助推级采用 500t 级液氧煤油发动机、二级采用 200t 级液氧液氢发动机的方案。

同时，我国在电火箭发动机研究上也紧跟国际步伐，并于 1982 年首次进行了脉冲等离子体电火箭发动机的飞行试验。经过几十年的理论实验研究，已研制出多种类型的电推进火箭发动机，并有大量的飞行试验和应用。

对于核火箭发动机，早在 1949 年钱学森就提出了发展设想。之后，国内研究者遵循钱学森的设想，在核火箭发动机方面做了一些初步的研究，并于1958年在原北京航空学院设立了核火箭发动机系，由于理论和技术条件的限制，1962年我国发展核火箭发动机的计划终止。随着空间探索的需要以及国际火箭发动机推进技术发展的趋势，我国重新对核火箭发动机做进一步的研究工作。2000年12月21日，由清华大学实施的国内第一座高温气冷堆建成，这表明我国已经掌握了高温气冷堆的设计、加工和建造的先进技术。这将为我国发展核火箭发动机提供有力支持。时至今日，相比国外的研究成果，我国的技术基础尚浅，还需要进行大量深入的研究工作，以突破关键技术。

6.1.2 固体火箭发动机

固体火箭发动机（图6-5）主要由点火装置、壳体、药柱和喷管等组成。

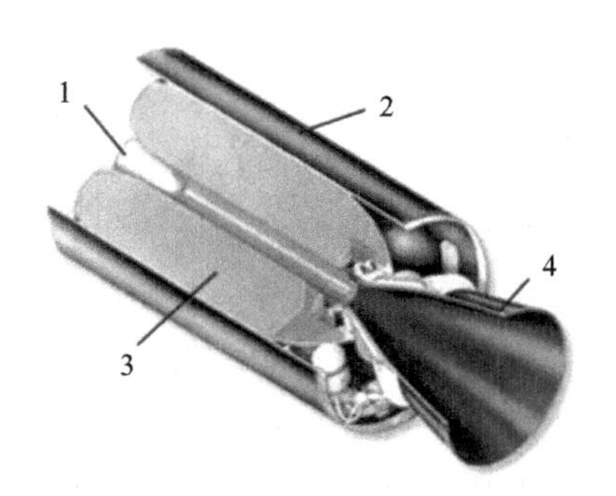

图6-5 固体火箭发动机结构简图

1—点火装置；2—壳体；3—药柱；4—喷管

固体推进剂是由氧化剂、燃料（可燃剂）和其他添加剂组成的固态混合物，按配方组分性质可分为单基推进剂、双基推进剂、复合推进剂、改性双基推进剂等。固体推进剂是发动机的能源。它在燃烧室中燃烧，将推进剂的化学能释放出来，转换为热能，以供进一步的能量转换。同时，燃烧生成的燃烧产物又是能量转换过程的工质。它作为能量载体，携带热能，在流经喷管的过程当中，膨胀加速，将热能转换为燃气流动的动能，使燃气以很高的速度喷出喷管，形成反作用推力。

点火装置是用来点燃固体火箭发动机燃烧室中固体推进剂药柱的装置，是固体火箭发动机的重要部件之一。固体推进剂的点火是由一系列复杂的剧变过程组成。影响点火过程的主要因素有点火所需的能量、点火气体的特性、药柱表面的可点燃性、点火器燃气和药柱表面间的传热性能、药柱火焰的扩展速率和高温燃气充填发动机自由容积的动态特性。

发动机壳体又称燃烧室壳体，它不仅是容纳推进剂药柱的容器，也是推进剂药柱的燃烧室，固体火箭发动机燃烧室壳体有整体钢结构和整体纤维缠绕结构两种。在发动机工作时，壳体需承受3500℃左右的温度和5～15MPa的压力。壳体除了和喷管、药柱等构成火箭发动机的结构体外，还常常作为导弹和运载火箭的基本结构，需要承受复杂的外力和环境条件引起的力学、热学和光学载荷。因此，燃烧室壳体除了要有较高的比强度、比刚度等物理性能外，还要有良好的工艺性。

药柱是由推进剂与少量添加剂制成的中空圆柱体，中空部分为燃烧面，其横截面形状有圆形、星形等。固体火箭发动机内弹道是指在燃烧室壳体内发生的各种现象及其压强、推力随时间的变化关系。药柱的几何形状和尺寸决定了发动机燃烧产物的生成率及其随时间的变化规律，从而决定了发动机的工作压强和推力随时间变化的规律，即决定了发动机的内弹道性能。固体推进剂药柱在燃烧室内的安装方式主要有两种：贴壁浇注和自由装填。前者是指将燃烧室壳体作为模具，推进剂直接浇注到壳体内，与壳体或壳体绝热层黏结；后者是指药柱的制造在壳体外进行，然后装入壳体中。

喷管是燃烧室高温高压燃气的热能和压力能转换为动能的场所。固体发动机的喷管为非冷却式结构，工作环境极其恶劣，内型面尤其是喉部受到燃气的急剧加热及冲刷。因此，对喷管材料的绝热性能、抗侵蚀性能、机械强度及热物理性能的要求很高。同时，由于固体火箭发动机的推力方向控制是依靠摆动喷管实现的，固体火箭发动机喷管结构比液体火箭发动机喷管结构要复杂得多。

6.1.3 液体火箭发动机

液体火箭发动机的应用范围广、种类多，因此，液体火箭发动机的结构也是多种多样的，但基本都由推进剂供应系统、推力室、阀门与调节器及发动机总装元件等组成。

液体火箭推进剂是一种液态物质或几种液态物质的组合。推进剂组元是指单独贮存并单独向发动机供给的液体火箭推进剂的组成部分。按照推进剂所包含的基本组元的数目，可分为单组元推进剂、双组元推进剂和三组元推进剂。大多数液体火箭发动机使用的是双组元推进剂，即氧化剂组元和燃烧剂组元，它们分别贮存在各自的贮箱中。

推进剂供应系统是在所要求的压力下，以规定的混合比和流量，将贮箱中的推进剂组元输送到推力室中的系统。推进剂供应系统也是不同液体火箭发动机之间区别最大的部分，主要有挤压式和泵压式两种。挤压式系统利用贮存在专门气瓶中的高压气体，将贮箱中的推进剂挤出，顺管道进入推力室。由于挤压压力较高，工作时间长，使得贮箱和气瓶的壁厚很厚、体积很大，导致整个发动机的结构质量增加。泵压式系统中推进剂组元在很低的压力下进入高速旋转的泵（燃料泵或氧化剂泵）增压。压力升高后，进入推力室。带动泵旋转的动力通常采用体积较小，但能产生大功率的冲击式燃气涡轮。在结构上常把涡轮和泵做成一个整体，称为“涡轮泵联动装置”。

推力室是将推进剂的化学能转变为机械能的装置。通常，把将化学能转变为热能的部分称为燃烧室；把将热能转变为动能的部分称为喷管。除了燃烧室和喷管之外，液体火箭发动机的推力室还有一个特有的部件，即喷注器，它位于燃烧室的头部。推进剂组元从燃烧室头部的喷注器喷入，在燃烧室内进行雾化、蒸发、混合、燃烧，将推进剂的化学能转化为热能，产生高温、高压的燃气，再经喷管加速膨胀后以高速喷出，从而产生推力。

图 6-6 给出了一种泵压式液体火箭发动机系统简图，这是一种燃气发生器循环的泵压式系统，它主要包括涡轮泵组件、燃气发生器、推力室。推进剂经过涡轮泵后，变成了高压液体推进剂。泵后面的一小部分氧化剂和燃料进入燃气发生器内，发生燃烧反应，其产生的燃气用于驱动涡轮，驱动完涡轮的燃气经涡轮排气管排出。泵后其余氧化剂和燃料进入推力室，在推力室内发生燃烧反应以及燃气的膨胀加速，最终产生推力。除燃气发生器循环外，液体火箭发动机常用的循环方式还有膨胀循环和分级燃烧循环。

阀门在液体火箭发动机上具有很广泛的应用，通过按预定程序开启或关闭安装在推进剂和气体输送管路上的各种阀门，可以实施对发动机的启动、主级和关机等工作过程的程序控制。

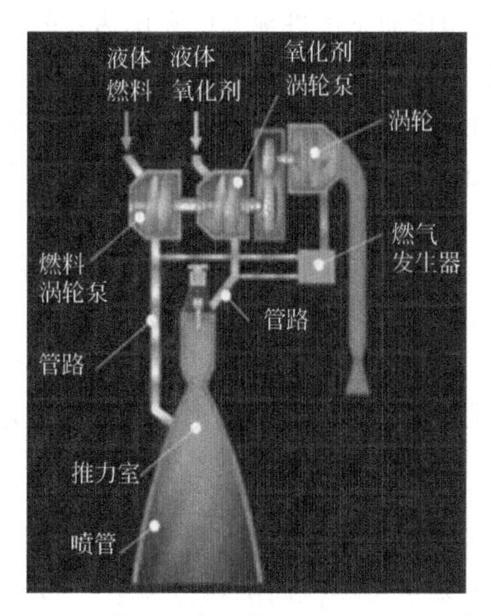

图 6-6　一种泵压式液体火箭发动机系统简图

调节器主要包括推力调节器、混合比调节器、节流圈和汽蚀管等，可以完成控制和调节发动机工作参数（如推力、流量和混合比等）的任务。

液体火箭发动机的总装元件是将各组件组装成整台发动机所需的各种部件的总称，包括导管、支架、常平座、摇摆软管、机架、换热器和蓄压器等。

6.1.4 电火箭发动机

电火箭发动机（图 6-7）与固体、液体火箭发动机不同，这种发动机的能源和工质是分开的。电能由航天器提供，一般由太阳能、核能、化学能经转换装置得到。工质有氢、氮、氩、汞、氨等气体。

图 6-7　电火箭发动机

电火箭发动机由电源、电源交换器、电源调节器、工质供应系统和电推力器组成。电源和电源交换器供给电能。电源调节器的功用是按预定程序起动发动机，并不断调整电推力器的各种参数，使发动机始终处于规定的工作状态。工质供应系统则是贮存工质和输送工质。电推力器的作用是将电能转换成工质的动能，使其产生高速喷气流而产生推力。根据能源转换的方式，电火箭发动机可基本分为三类，电热型、静电型和电磁型。

电热型电火箭发动机是以电能作为加热推进剂的能源，以增加推进剂的焓值，从而提高推进剂的排出速度。它的推力和比冲是推进剂温度和比热容的函数，推进剂温度受到推力室材料和推进剂化学性能的限制，所以这种类型发动机的比冲比其他类型的低，但推力高。

静电型电火箭发动机是用静电场力加速离子以达到高的排出速度。推进剂原子在放电室内受到高能电子的轰击而电离，形成等离子体。在静电场力的作用下，等离子体中的电子向阳极运动，离子向引出电极运动，并被引出。引出离子与来自中和器的电子相结合，形成中性束流，产生推力。这类发动机的推力密度小、比冲高。

像脉冲等离子体、磁等离子体和脉冲感应式等电磁型火箭发动机则是以洛伦兹力加速中性等离子体产生推力的装置。因为加速的是中性等离子体，所以不需要中和，也不存在空间电荷对推力密度的限制。一般来说，电磁式火箭发动机是高推力密度和中比冲的装置。

6.1.5 核火箭发动机

核火箭发动机由装在推力室承压壳体内的核反应堆、冷却喷管、工质输送系统和控制系统组成。核火箭发动机使用的工质都是低分子量物质，如液氢、液氦和液氨等。在核反应堆中，核能转变为热能，加热工质。冷却喷管是高温高压燃气的热能转换为动能的装置，同时具备自动冷却功能以延长发动机寿命。输送系统将工质先送入喷管冷却套冷却推力室，然后进入反应堆加热，最后通过喷管膨胀加速排出。控制系统调节工质的流量和控制反应堆的功率。

根据核能释放的方式不同，核火箭发动机通常可分为核裂变及核聚变两类。

核裂变火箭发动机由于采用了核裂变反应堆，并且采用分子量最低的氢作为工质，因此可得到极高的喷气速度，其比冲比固体、液体火箭发动机可高出数倍。而事实上，核火箭发动机依然存在着缺陷：其一，采用核反应堆一定程度会上增加整机质量；其二，反应堆会发出强烈的核辐射，使此类推进方式无法应用于运载火箭第一级动力装置。通常，理想化的核火箭发动机除了具备较高的比冲，还应配备有质量轻小的反应堆与相应的辐射屏蔽手段，以及可承受高温与热应力的反应堆结构材料。

对于核聚变火箭发动机，由于聚变核反应所产生的物质是中子、质子和氦等，因此无法在地球大气层内使用。但宇宙空间中本身就充满了各种辐射，因此在太空使用并无不妥。核聚变火箭发动机最需要解决的是点火和燃料室的耐高温材料（反应室温度高达几千万至上亿摄氏度）两个问题，相关研究尚在理论探索阶段。

6.2 ▸ 航空动力装置

航空是人类从古至今的梦想，是如今必不可少的出行方式，是当今世界强国的必争之地。航空动力装置主要包括飞机发动机及保证其正常工作所需要的系统和附件总称。航空动力装置由飞机发动机类型决定，主要分为活塞式发动机（气冷发动机和液冷发动机）和燃气涡轮发动机。本节主要从这两类发动机的发展史及其部件结构和工作原理进行介绍。

6.2.1 航空发动机发展简况

1903 年，莱特兄弟将一架水平直列式水冷发动机成功改装并装载到飞行者一号上进行了飞行试验。这台发动机功率仅有 8.95kW，质量高达 81kg，功重比 0.11kW/daN。首次飞行留空时间虽只有 12s，飞行距离为 36.6m，但它是人类历史上首个重于空气，具备动力、载人能力、稳定可操作的飞行器。

在两次世界大战的推动下，活塞式发动机不断改进和发展。从 20 世纪 20 年代中期开始，气冷发动机发展迅速。美国莱特公司和普拉特·惠特尼（普惠）公司在这一时期先后发展出单排的“旋风”“飓风”“黄蜂”“大黄蜂”发动机，最大功率超过 400kW。在第二次世界大战期间，气冷型发动机继续向大功率方向发展，其中比较著名的有普惠公司的双排“双黄蜂”（R-2800）和四排“巨黄蜂”（R-4360）。第二次世界大战结束后活塞式发动机达到技术顶峰，发动机功率从近 10kW 提高到 2500kW 左右，功重比从 0.11kW/daN 提高到 1.5kW/daN，翻修寿命从几十小时延长到 2000～3000h。英国的惠特尔和德国的奥海因分别在 1937 年 7 月和 9 月成功研制出离心式涡喷发动机 WU 和 HeS3B。1939 年 8 月德国亨克尔公司率先将 He-178 装配在飞机上试飞成功，这是世界上第一架试飞成功的喷气式飞机，开创了喷气推进新时代和航空事业的新纪元。

涡喷发动机的发明开启了喷气时代，活塞式发动机开始逐步退出主要航空领域，但功率小于 370kW 的水平对置活塞式发动机仍广泛应用在轻型低速飞机和直升机上。20 世纪 50 年代初，加力燃烧室的使用实现了短时间内推力的大幅度提高，为飞机突破声障提供足够的推力。20 世纪 50 年代末和 60 年代初，各国研制了适合 M2 型飞机的一系列涡喷发动机。在 20 世纪 60 年代中期各国还发展出适用于 M3 型飞机的 358 和 R-31 涡喷发动机。到 20 世纪 70 年代初，用于“协和”超声速客机的 593 涡喷发动机定型。

世界上第一台涡扇发动机是 1959 年定型的英国“康维”。1960 年，美国在 JT3C 涡喷发动机的基础上成功研制出 JT3D 涡扇发动机。之后，涡扇发动机向低涵道比军用推力发动机和高涵道比民用发动机两个方向发展。20 世纪 70 年代第一代推力在 20000daN 以上的高涵道比（4～6）涡扇发动机的投入使用，开创了大型宽体客机的新时代。后来，推力小于 20000daN 的不同推力级的高涵道比涡扇发动机被广泛应用于各种干线和支线客机。20 世纪 80 年代后期，掀起了一阵性能上介于涡桨发动机和涡扇发动机之间的桨扇发动机热，一些著名的发动机公司都在不同程度上进行了改进和试验。

涡轴发动机在 1950 年由法国研制出并装备在美国 S52-5 直升机上，首飞成功后涡轴发动机在直升机领域逐步取代活塞式发动机而成为最主要的动力形式。之后的半个多世纪，涡轴发动机成功发展出四代。第一代涡轴发动机于 20 世纪 50 年代研制，主要代表型号有“阿都斯特”“宁巴斯”等；第二代涡轴发动机于 20 世纪 60 年代研制，主要代表型号有 T63、T64、“诺姆”等；第三代涡轴发动机于 20 世纪 70 年代研制，主要代表型号有法国研制的 TM333、美国通用电气（GE）公司研制的 T700-GE-701 等，与前两代涡轴发动机相比，通过改进气动设计和材料，第三代涡轴发动机的转动部件循环数大大增加；第四代涡轴发动机于 20 世纪 80 年代末开始研制，代表型号有美国的 T800-LHT-800、俄罗斯的 TVD1500 等。涡轴发动机经过四代的发展，功重比从 2kW/daN 提高到 6.8～7.1kW/daN。

与国外航空业相比，中华人民共和国成立后的第一个涡喷发动机在沈阳东郊的一片荒野诞生，承担技术总负责的吴大观，是这支研发队伍中唯一见过涡喷发动机的人。在艰苦的环境下，1958 年中国第一台涡喷发动机——喷发-1A 试制成功，歼教 1 成功飞上了蓝天，飞到了北京（图 6-8）。虽然由于种种原因，这款发动机并未能实现批产，但这是我国向自主研制航空发动机迈出的重要一步。此后，红旗 2 号发动机等陆续试制成功。

图 6-8 歼教 1 飞机

20 世纪 50 年代末至 80 年代中期，我国主要通过引进国外发动机技术并结合自主研发制造航空发动机。涡喷-6（图 6-9）是在苏制 PⅡ-9B 发动机学习的基础上研制成功的第一个发动机系列型号，与涡喷-5 相比，涡喷-6 在性能上有了很大提高，由亚声速发展到超声速，压气机的结构也从离心式发展为轴流式。但这款发动机存在一些较为明显的缺点，最为突出的问题是维修间隔过短，只有 100h。在后期采取了 40 多项技术措施改进后，涡喷-6 维修间隔增加到了 200h，但发动机的涡轮盘、火焰筒等技术问题并没有得到彻底解决，在后期的使用过程中，涡喷-6 出现了重大质量问题，发生了多起重大事故。

图 6-9 涡喷-6 发动机

1970 年，沈阳航空发动机厂通过采用合气膜气焰筒、浮动式防热屏等 20 多项技术，基本解决了涡喷-6 在使用中出现的问题。之后，我国又开始了涡喷-7 和涡喷-8 的研制。其中涡喷-7 使我国航空发动机实现了从单转子向双转子的跨越，大大缩短了与世界先进水平的差距，为我国日后发动机的改进及自主研制新型航空发动机奠定了基础。涡喷-7 研制期间我国第一次经历了设计、试制、零部件加工以及整机地面调试、高空模拟实验到最后试飞、定型全过程。

引进国外发动机进行学习，有助于我国航空发动机产业发展初期人才队伍建设和经验积累，但对于一个大国来说，自主研发核心技术才是强国之路的关键。

20 世纪 80 年代中期至 90 年代末期，我国以自主研发为主，涡喷-14 和涡扇-10 为代表型号。涡喷-14 又称“昆仑”发动机（图 6-10），是我国自行研制的第一台具有全部知识产权的中等推力级加力涡喷发动机。由于要从苏联式标准向主流的欧美标准转型，“昆仑”发动机的研制长达 18 年之久。借助“昆仑”发动机这一研制项目，我国航空发动机产业实现了生产体系和行业标准的重大转变。不仅提高了研制能力和水平，还解决了我国航空发动机产业长期以来存在的可靠性低、可维护性差、使用寿命短等缺陷。“昆仑”发动机是双转子带加力式涡喷发动机，采用了带气动变化喷嘴的环形燃烧、复合气冷定向凝固无余量精铸涡轮叶片、数字控制系统防喘控制及气膜冷却等多种先进技术，其在技术性能上达到了当时世界先进水平。

图 6-10 “昆仑”发动机

在同期内，我国航空发动机产业也与西方国家企业有着良好合作，其中最具历史意义为涡扇-9，即被大家所熟知的“秦岭”发动机。1972 年，我国开始与英国罗尔斯·罗伊斯（罗罗）公司探讨引进“斯贝”MK511 型民用发动机，并希望引进后在其基础上发展自己的涡扇发动机。1975 年，中英双方签订了“斯贝”MK202 型发动机引进合同。其引进后由西安航空发动机集团负责试制生产，即涡扇-9。西安航空发动机集团从 1976 年开始涡扇-9 的全面研制工作，先后攻克了多项关键技术。其中，与航空工艺研究所合作研究的钛合金热成型技术比 MK202 的工艺技术更先进。1980 年，涡扇-9 在英国进行了长达 3 个月的高空模拟试车、零下 40℃启动试车及五大部件循环疲劳强度试验，全都符合技术要求。至此，涡扇-9 的研制圆满成功。1999 年下半年，“秦岭”发动机全面国产化启动，西安航空发动机集团先后攻克了一系列技术难关，为“秦岭”发动机全面国产化扫清了障碍。

我国航空发动机的涡扇-10 代号“太行”，是由中国航空研究院 606 研究所研制的国产第三代大型军用航空涡扇发动机，也是中国第一台大推力涡扇发动机。

从工业布局看，我国航空发动机产业主要集中在军用领域，同时由于我国商用发动机产业缺乏大型商用飞机项目支持，导致我国商用发动机产业与民用航空运输业比例严重失衡。进入 21 世纪后，随着大型客机项目的启动，行业内外对于加快商用飞机发动机研制的呼声日益高涨。2016 年 8 月，中国航空发动机集团在北京成立。此举从根本上改变了我国民用航空发动机的研制模式，我国民用航空发动机的发展摆脱了对飞机型号的依赖，发动机项目正式脱离飞机母体，开始寻求独立发展的道路。

中国航空发动机集团成立后不久，国家制造强国建设战略咨询委员会编制出台了《中国制造 2025》重点领域技术路线图，对国产航空发动机发展制定了详细时间规划。2000 年初至今，已经建立了相对完整的发动机研制生产体系，具备了涡喷、涡桨、涡轴、涡扇等各类发动机的系列研制生产能力，并向世界先进水平迈进。

“长江”系列发动机的研制是中国航发系列化发展的重点计划。该系列发动机主要有三个子型号，适用于 160 座窄体客机发动机的“长江 1000”（图 6-11），可装配 C919 大型客机；适用于 280 座宽体发动机的“长江 2000”，可装配 CR929 中俄远程宽体客机；适用于 110～130 座的新支线飞机发动机“长江 500”，可装配 ARJ21 新支线客机的改进型。三个型号在技术上一脉相承，都是以“长江 1000”发动机的核心机为基础，通过相似放大和局部优化发展而来。2018 年，首台“长江 1000”发动机在上海点火成功，实现了稳定运转。

图 6-11 “长江 1000”发动机

在商用航空发动机领域，全球市场经过近百年的发展，已呈现垄断格局，美国 GE、普惠、英国罗罗等公司占据着全球商用航空发动机约 97%的市场，控制着商用飞机发动机的核心技术。商用飞机长期处于波音、空客双寡头垄断之下，A320 和 B737 是我国 C919 大型客机的主要竞争对手，其配置的主流发动机产品是我国商用发动机“长江 1000”的主要竞品。根据预测，未来 20 年，中国商用航空发动机市场将以 6%的年均增长率领先于亚太地区的平均增长，成为全球最具活力的市场之一。

面对未来广阔的市场，虽然我国商用航空发动机产业才刚起步，但应有后来者居上的雄心。过去数十年的兴衰成败给我们的启示是先进技术是强国之道。航空发动机是国之重器，是装备制造业的尖端领域，对增强我国经济和国防实力、提升综合国力具有重大意义。

6.2.2 航空活塞式发动机

航空活塞式发动机是为航空器提供飞行动力的往复式内燃机，通过发动机带动螺旋桨等推进器旋转产生推进力。为了适应不同用途飞机的需要，航空活塞式发动机被分为各种不同的类型（可参考本书 6.3.3 部分）。

航空活塞式发动机的基本组件包括气缸、活塞、连杆、曲轴、气门机构和机匣等。发动机工作时，随着气缸内的活塞运动，气体在气缸中所占的体积不断变化。活塞式航空发动机大多是四冲程发动机，即每完成一个工作循环，活塞在气缸内要经过四个冲程（图 6-12），依次是进气冲程、压缩冲程、膨胀冲程和排气冲程。

第一冲程——进气冲程：新鲜气体充填气缸的过程。进气冲程的作用，是使发动机工作时得到所需的新鲜气体。在进气冲程中，进气门开，排气门关，曲轴带动活塞由上死点向下死点移动，气缸内容积逐渐扩大，压力逐渐降低，气缸内外形成了压力差。在压力差的作用下，混合气便进入气缸。当活塞运行到下死点时，进气门关闭，完成进气冲程。

第二冲程——压缩冲程：将进入气缸的混合气进行压缩，以提高其压力和温度，为混合气燃烧膨胀做功创造条件。在压缩冲程中，进气门和排气门均关闭。曲轴继续旋转，带动活塞由下死点向上死点移动，使气缸内容积不断缩小，混合气受到压缩，压力和温度都随着升高。

第三冲程——膨胀冲程：当压缩冲程即将结束时，电嘴产生电火花，将混合气点燃并

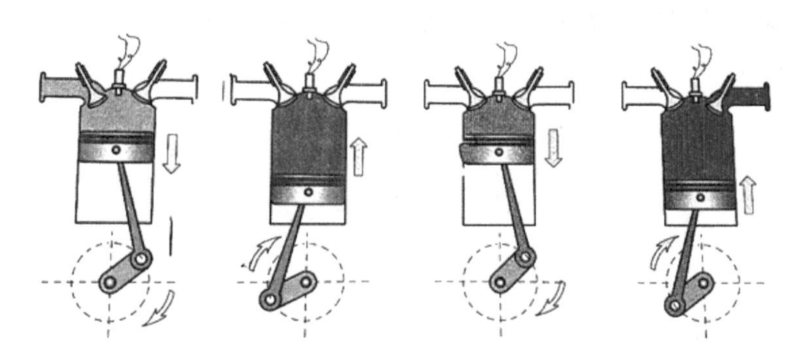

图 6-12　四冲程活塞式发动机工作过程

进行燃烧，气体的压力和温度迅速升高。膨胀冲程的作用是使燃烧后的高温、高压气体膨胀，推动活塞做功，将热能转化为机械能。在膨胀冲程中，进气门和排气门仍然关闭。高温、高压的燃气猛烈膨胀，推动活塞向下死点移动。燃气对活塞做了功，并通过连杆和曲轴带动螺旋桨旋转，将热能转化为机械能。燃气在膨胀做功时，气缸内容积不断扩大，压力和温度下降。

第四冲程——排气冲程：燃气膨胀做功后，就变成了废气。排气冲程的作用即排除废气，为再次进入新鲜混合气创造条件。在排气冲程中，排气门打开，进气门关闭，曲轴带动活塞由下死点向上死点移动，此时气缸内废气被排出。

6.2.3　航空燃气涡轮发动机

航空燃气涡轮发动机的功用是将燃料的化学能转化为热能，再将热能转化为机械能，使发动机产生推力，给飞机提供飞行所需动力。航空燃气涡轮发动机主要由进气道、压气机、涡轮、燃烧室以及排气装置组成。燃气涡轮发动机与活塞式发动机相比，两者的工作原理具有明显的差别。活塞式发动机工作时，空气是间断地进入气缸的，气体的压缩、燃烧和膨胀过程发生在同一气缸中；燃气涡轮发动机工作时，空气连续不断地被吸入，气体的压缩、燃烧和膨胀过程分别在压气机、燃烧室、涡轮或尾喷管等不同部件中进行。

各类燃气涡轮发动机都有一个共同的部分，即由压气机、燃烧室和涡轮构成的组合，称为燃气发生器。压气机是燃气涡轮发动机的核心部件，提高进入发动机内空气的压力，供给发动机工作时所需要的压缩空气，为燃气膨胀做功创造有利条件，使燃料燃烧后发出大量热能，能够更好地被利用，增大发动机推力。燃烧室是涡喷发动机的重要部件，其工作好坏直接影响发动机的工作性能。燃烧室将燃油中的化学能转变成热能，将压气机增压后的高压空气加热到涡轮前允许的温度，以便进入涡轮和排气装置内膨胀做功。涡轮使高温、高压燃气膨胀，将部分热能转变成涡轮的机械能，带动压气机和一些附件工作。燃气发生器的作用是为各类燃气轮机产生可转化为机械能的高温高压燃气。由于对高温高压燃气使用方法的不同，形成了不同类型的航空燃气轮机，目前主要的航空燃气涡轮发动机类型有涡喷发动机、涡桨发动机、涡轴发动机和涡扇发动机。

涡喷发动机（图 6-13）的基本工作原理是空气通过进气口进入发动机，经压气机增压后，在燃烧室内与燃油混合燃烧，燃烧产生的高温燃气先经过涡轮膨胀做功再从尾喷口高速喷出。在这个过程中，压气机压缩空气需要能量输入，这部分能量就来自由高温燃气推动旋转的涡轮。为了传输能量，压气机与涡轮之间由一根轴连接，因此，这两个部件的转速总是相同的。

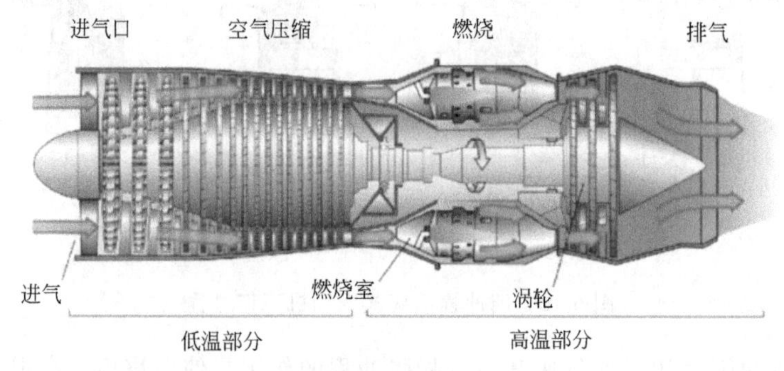

图 6-13　涡喷发动机

涡桨发动机（图 6-14）的本体构型与涡喷发动机类似，但在涡轮-压气机轴上，或一个动力涡轮的轴上连接着一个螺旋桨。通过螺旋桨的旋转，飞机获得向前的推力。此外，由于不像涡喷发动机那样主要靠喷气获得推力，尾喷口排出的气体的速度和温度可以很低，能节省不少能量。涡桨发动机的缺点在于螺旋桨过于巨大，高速飞行时会产生很大的阻力。但在通用航空和支线航空领域，对飞机飞行速度的要求相对低，涡桨发动机由于在这种飞行速度下耗油率较低，从而经济性较高，因此得以广泛应用。

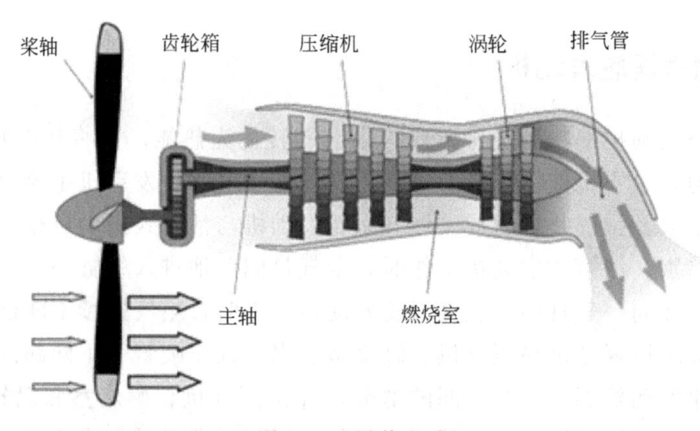

图 6-14　涡桨发动机

涡轴发动机（图 6-15）多装在直升机上。从基本原理来看，涡轴发动机和涡桨发动机类似。只不过直升机的旋翼安装在直升机的头顶上，它与涡轴发动机本体之间通过减速器相连。简单来说，涡桨发动机提供功率，带动螺旋桨产生向前的推力，而涡轴发动机则通过动力涡轮输出功率，带动旋翼产生升力及推力。

涡扇发动机（图 6-16）的工作原理是先在压气机前面加一个风扇，再在涡喷发动机的涡轮后加一个旋转的“低压涡轮”。风扇与低压涡轮也通过一根轴连接在一起。与涡喷发动机不同的是，进气道吸入的空气在风扇后一分为二，一部分绕过压气机、燃烧室和涡轮，仅在流经外涵道后从喷管喷出，这是大多数民用涡扇发动机采取的构型；或者直接进入加力燃烧室参与燃烧以增加额外的推力，这种技术主要运用于军机。另一部分空气经由压气机—燃烧室—涡轮，以涡喷发动机的工作模式产生功率和推力。在追求推力机动性的军用市场上，涡扇发动机普遍装备加力燃烧室。但“加力燃烧”因为耗油率太高只能在追求大推力的关键时刻短暂地用一下，不可常用。

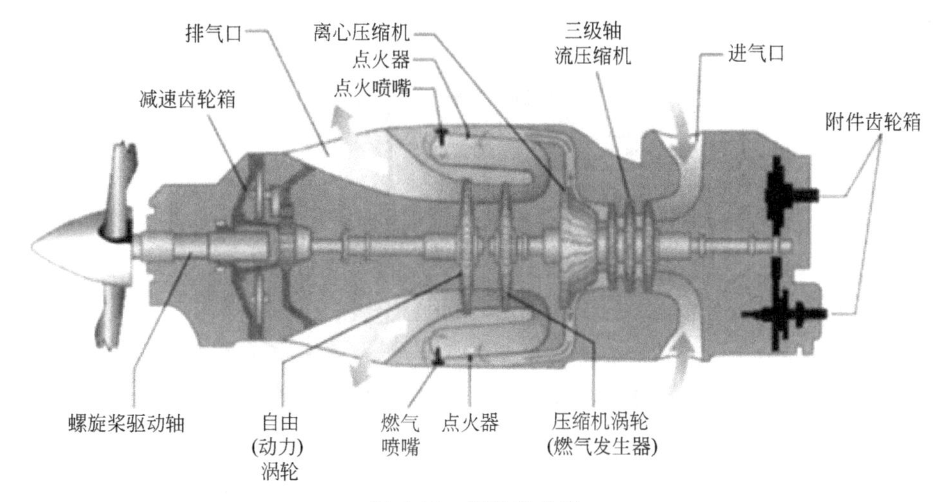

图 6-15　涡轴发动机

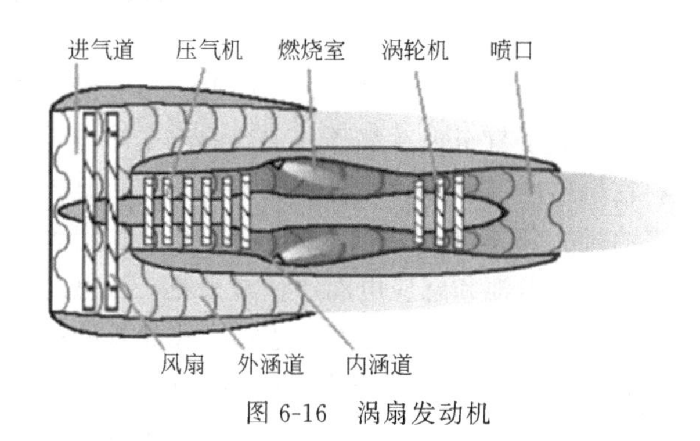

图 6-16　涡扇发动机

6.3 ▸ 陆地交通工具动力装备

第一次工业革命促使陆地交通驱动方式从人力、畜力发展成以煤炭为主的蒸汽动力。随着人类在燃料和动力方式上的探索，动力装备发展出了多种形式，包括以燃油为主的内燃机、以电力驱动的电动机等。如今，这些形式已在汽车和轨道交通车辆上得到广泛应用。本节将从汽车和轨道交通车辆的动力装备发展史、部件结构及其工作特点进行介绍。

6.3.1　汽车动力装备发展简况

1712 年，英国工程师 Newcomen 发明了世界上第一台大气式蒸汽机，推动人类进入蒸汽时代。1757 年，Watt 被英国格拉斯哥大学聘为实验室技师，有机会接触纽科门蒸汽机。1769 年，Watt 与 Boulton 合作，发明了分离式冷凝器，通过在气缸外设置绝热层，利用油润滑活塞、行星齿轮和离心式调速器等措施大大提升了蒸汽机效率。同年，法国陆军工程师 N. J. 将蒸汽机技术应用于车辆上，制造出世界上第一辆蒸汽驱动三轮汽车（图

6-17)。虽然这项发明未完全成功，但将交通工具驱动力从人、畜或风转向了机械，具有跨时代的意义。

图 6-17　世界上第一辆蒸汽驱动三轮汽车

在汽车动力装备发展史上，电力驱动装备使用历史也十分悠久。早在 1834 年，美国工程师 Davenport 便采用不可充电的简单玻璃封装干电池驱动直流电机作为动力装备应用于汽车上，实现小距离移动。1881 年，法国发明家 Trouve 将铅酸电池作为车辆的动力来源，引起了轰动。

在人们摸索电力动力装备的同时，内燃机也在发展着，不久便在续航和成本上优于电力动力装备，并且取代了它，成了直至现在都还是主流的汽车动力装备。内燃机是一种动力机械，它是通过使燃料在机器内部燃烧，并将其放出的热能直接转换为动力的热力发动机，常见的有柴油机和汽油机。1858 年，法国 Rino 发明了煤气发动机。该发动机以煤气与空气的混合气取代蒸汽，利用电池和感应电圈产生电火花，引燃混合气。煤气发动机是内燃机的初级产品，压缩比为零，有气缸、活塞、连杆、飞轮等结构。1867 年，德国 Otto 对煤气发动机进行大量研究，制作出一台卧式气压煤气发动机，经改进后于 1878 年在法国举办的国际展览会上展出，并引起了参观者们的兴趣。Otto 在研究的过程中提出了内燃机的四冲程理论，为内燃机的诞生奠定了坚实的基础。1881 年，Daimler 和 Maybach 合作，并于两年后发明了汽油内燃机。1885 年，Daimler 对马车进行改装，安装转向、传动装置和功率为 1.1kW 的内燃机，并装上了四个轮子。至此，第一辆四轮汽车诞生。1897 年，德国 Diesel 成功制造出第一台柴油机。虽然柴油机的诞生花费了 20 年时间，但它相比于汽油机更加省油、动力大，是动力工程方面的一项伟大发明。因此，人们为了纪念他，也将柴油机称为 Diesel 柴油机。随着内燃机的广泛应用，人们也开始着眼于对其进行性能优化。

在探索新燃料技术的同时，人们对新型发动机结构的研究也没有停止，1957 年，德国 Wankel 发明出转子发动机，这是汽油发动机的一个重要分支，其零件数较往复式发动机减少了 40%，具有质量轻、体积小、转速高、功率大的优点。转子发动机的特点是利用内转子圆外旋轮线和外转子圆内旋轮线相结合的机构，无曲轴连杆和配气机构，将三角活塞运动直接转换为旋转运动。

放眼国内，中国的发动机历史可以追溯到 20 世纪初。1908 年，广州均和安机器厂研制成功第一台煤气机，标志着我国有了自己生产的内燃机产品。在中华人民共和国成立前，虽然存在一些内燃机修配业，但并没有自己的内燃机制造业。

中华人民共和国成立初期，国家充分意识到工业建设的重要性，经过经济建设恢复的 3

年（1950～1952 年）和第一个五年计划的 5 年（1953～1957 年），恢复了许多内燃机工厂。1952 年，第一机械工业部成立，在部内设第四机器工业管理局（四局），负责管理全国动力机械（汽轮机、锅炉、内燃机等）。四局直属的内燃机厂有 10 家，这些产业的恢复也为第一汽车厂（一汽）建设打下了基础，之后一汽也成为中国第一个中型货车（图 6-18）用 CA10 型汽油机生产基地，结束了中国不能大量生产汽车内燃机的历史。1958 年，南京汽车制造厂、北京汽车制造厂、上海柴油机厂等单位开始研制、生产汽车和内燃机，经过多年发展，国内内燃机制造工业逐渐形成一定生产力。1971 年，中国第二个 10 万台规模的汽油机生产基地在第二汽车制造厂投产。由于运力紧张，部分地方企业开始研制柴油机。到 1978 年年底，内燃机产量基本满足装车需要，并且其生产技术水平有了一定提升。

图 6-18　CA10 中型货车

此后，国民经济迈入新阶段，中国汽车内燃机发展也迎来了新时期。中国汽车内燃机工业逐渐走向成熟，具备轻、重、中型汽/柴油机的生产制造能力，并通过技术引进和消化，推出了一批高质量、高水平的内燃机产品。该阶段主要对老产品迭代升级，达到更新换代，同步引进较先进机型。企业也积极开发新机型，推广无铅化、电喷等技术。

进入 21 世纪以来，由于环境恶化等问题引起社会各界广泛重视，排放法规愈加严格，迫使我国企业不断消化吸收更为先进的技术，提升自主研发实力以满足排放条件。一些企业在研发过程中，采用较为先进的缸内直喷、可变进气、电子节气门控制、稀薄燃烧以及增压与中冷技术，提升了中国内燃机的水平，逐渐与世界水平接轨。

6.3.2　轨道交通工具动力装备发展简况

“轨道交通”是指以轨道作为承载支撑和导向约束的一种交通运输方式，俗称“铁路”。自英国修建了世界上第一条铁路——斯托克顿至达林顿铁路，轨道交通的发展已历时近 200 年，铁路已然成了现代交通运输方式中的老成员。作为第一次工业革命的产物，铁路适应了大规模生产对物流的巨大需求，轨道交通也展现出了运力巨大、成本低廉的优势，因此得到了极为广泛而迅速的发展。

作为火车的动力系统，人们自然会想到“火车头”，在内燃机车、电力机车出现前，这个称呼形象而贴切。1803 年，英国 Trevithick 制造出第一台可在轨道上行驶的蒸汽机车。1814 年，英国 Stephenson 制造出一台 5t 重的“皮靴”号蒸汽机车，这通常被认为是世界上第一台成功的机车。其运用瓦特蒸汽机技术，将蒸汽的热能转化为机械能，通过连杆系统带动车轮旋转，从而达到行驶的目的。但真正在铁路上使用，并为现代蒸汽机车奠定基础的，是 Stephenson 父子设计制造的，并于 1829 年在比赛中获奖的“火箭”号蒸汽机车。蒸汽机车因具有结构简单、造价低廉、快速实用、安全可靠等优点，在英国、欧洲和北美得到迅速而广泛的传播，并在接下来 100 多年属于独霸铁路牵引力的存在。

20 世纪初，供电技术逐渐普及，采用外部供电的电力机车逐渐出现，它大大降低了机车的质量也提供了强大的动力。电力机车直接从电网获取能量，经车载变压和变流装置后驱动电动机，通过传动结构驱动动轮。1842 年，Davidson 制造了一台 40 组电池供电的标准轨距的电力机车。1879 年，德国西门子公司设计制造了一辆小型电力机车，电源由机车外部的 150V 直流发电机供给，并通过两轨道和其中间的第三轨道向机车输电，这被认为是世界上第一台成功运行的电力机车。1890 年，英国伦敦首次用电力机车在 5.6km 长的一段地下铁道上牵引车辆。到 20 世纪 20 年代末，几乎每个欧洲国家都已有电气化铁路。因三相交流供电系统和机车变流装置复杂，电力机车逐渐趋向采用工频单向交流电。

电力牵引发展的同时，由于内燃机在汽车上的成功运用，人们也着手探寻内燃机作为机车牵引装置的可能性。19 世纪末，采用柴油作为燃料的内燃机车逐渐出现，并逐步取代蒸汽机车，因此机车的功率和运行速度得到较大的提升。由于蒸汽机车可以直接带负载启动，它的动力来源于蒸汽压力，而柴油机必须在有一定起始转速的情况下建立工作循环，才能向外输出扭矩，因此不能用它直接驱动机车，必须在柴油机与机车动轴之间加装一套传动装置，以实现理想的牵引性能。

第二次世界大战以后，因柴油机的性能和制造技术迅速提高，内燃机车多数配装了废气涡轮增压系统，功率比战前提高约 50%。到了 20 世纪 50 年代，内燃机车数量急剧增长。20 世纪 60 年代期，大功率硅整流器研制成功，并应用于机车制造，出现了交-直流电力传动的 2940kW 内燃机车。随着电子技术的发展，德国在 1971 年试制出 1840kW 的交-直-交电力传动内燃机车，从而为内燃机车和电力机车的技术发展提供了新的途径。在这之后，内燃机车的发展，主要表现在提高机车的可靠性、耐久性和经济性，以及防止污染、降低噪声等方面。

我国从 1958 年开始制造内燃机车，先后有“东风”型等 3 种型号机车投入批量生产。1969 年后相继批量生产了“东风 4”等 15 种新机型，同第一代“东风”内燃机车相比，在功率、结构、热效率和传动装置效率上，都有显著提高。而且还分别增设了电阻制或液力制动和液力换向、机车各系统保护和故障诊断显示、微机控制功能。在机车可靠性和使用寿命方面也有很大提高。“东风 11”客运机车（图 6-19）的速度达到了 160km/h。

图 6-19　“东风 11”客运机车

1978年，邓小平同志访问日本，乘坐新干线铁路上的高速列车，高速铁路因此正式进入中国大众的视野。至此，中国也认识到高速铁路的重要性，针对高速铁路的牵引装备研发也提上日程。1990年至2003年间，铁路主管部门制定了一系列计划，并付诸实施，同时组织人员赴技术先进国家及地区考察或研修。中国铁道科学院与上百个单位联手攻关，完成了高速铁路科研项目353项。这些丰硕的研究成果为制定中国高速铁路设计、施工规范提供了理论依据，也为引进国外关键技术做了重要的前期积累工作。

2004年，在我国“全面引进技术，联合设计生产，打造中国品牌”原则下，中国南车股份有限公司和中国北车股份有限公司（现已合并为中国中车股份有限公司，后简称“中国中车”）在消化吸收引进动车组生产技术后，提升了自身动车生产技术水平，完成了300km/h级动车组实验运行。2010年，随着最高运营速度为380km/h的CRH380系列高速列车（图6-20）投入运营，标志着我国列车装备设计制造技术的成熟。2011年年底，株洲所永磁牵引系统在沈阳地铁2号线成功装车，实现了国内轨道交通领域的首次应用，结束了中国铁路没有永磁牵引系统的历史。2020年，我国首条全线采用永磁牵引系统的地铁线路——长沙市轨道交通5号线正式载客运营。2021年，由中国中车承担研制、具有完全自主知识产权的速度为600km/h高速磁浮交通系统在青岛成功下线，这是世界首套设计速度达600km/h的高速磁浮交通系统，标志着我国掌握了高速磁浮成套技术和工程化能力，是我国高速磁浮交通领域取得的创新突破。

图6-20　CRH380系列高速列车

6.3.3 汽车内燃机

按照不同的分类方法，汽车发动机主要分为以下几个类型：

① 按所用燃料不同，发动机可以分为汽油机和柴油机，分别以汽油和柴油作为燃料。汽油机有着转速高、质量小、噪声小、起动容易、制造成本低等优点；柴油机有着压缩比大、热效率高、经济性能和排放性能高等优点。

② 按发动机完成一个工作循环所需冲程数可分为二冲程和四冲程发动机。冲程是指发动机的活塞从一个极限位置到另一个极限位置的距离。二冲程是指曲轴转一圈即可完成一个工作循环（压缩—做功—排气）；四冲程是指曲轴转两圈才完成一个工作循环（吸气—压缩—做功—排气）。当前内燃机汽车广泛使用的是四冲程发动机。

③ 按冷却方式的不同，发动机可以分为水冷式发动机和风冷式发动机。水冷式发动机是利用在气缸体和气缸盖冷却水套中进行循环的冷却液作为冷却介质进行冷却；风冷式

发动机是利用流动于气缸体和气缸盖表面散热片之间的空气作为冷却介质进行冷却。

④ 按发动机气缸数目不同，发动机可以分为单缸发动机和多缸发动机。多缸发动机是指有两个或两个以上气缸的发动机。现代车用发动机多为四缸、六缸、八缸发动机。

⑤ 按气缸排列方式发动机可分为单列式和双列式。单列式发动机的气缸排成一列，一般为垂直布置式；双列式发动机把气缸排成两列，两列夹角小于180°称为V型发动机[图6-21（a）]，夹角等于180°的称为对置式发动机[图6-21（b）]。水平对置式发动机的活塞平均分布在曲轴两侧，在水平方向上左右运动，具有重心低、平稳性好、噪声小等优点。

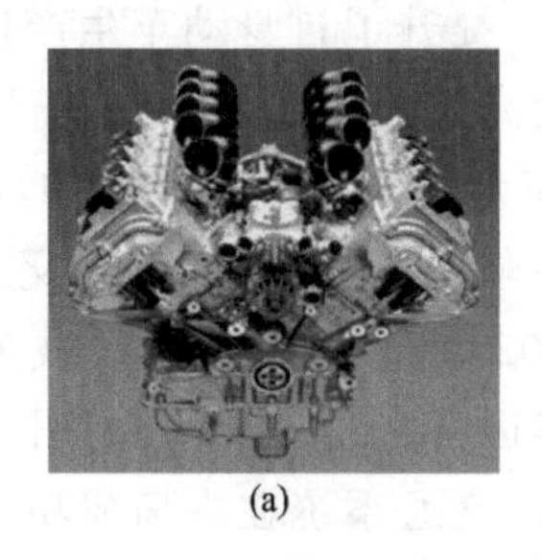

(a)

(b)

图6-21 V型发动机和水平对置发动机

⑥ 按进气系统是否采用增压方式可分为自然吸气式（非增压）和强制进气（增压式）发动机。汽油发动机常用自然吸气式发动机，柴油发动机上增压技术较为常见。

发动机主要由两大机构和五大系统组成，分别是机体组及曲柄连杆机构、配气机构和燃油供给系统、点火系统（汽油机）、冷却系统、润滑系统以及起动系统。

机体组及曲柄连杆机构包括活塞、连杆、带有飞轮的曲轴、气缸盖、气缸体和油底壳等。曲柄连杆机构的作用是将活塞的直线往复运动变为曲轴的旋转运动并输出动力。机体组包括气缸盖、气缸体及油底壳。机体组的作用是作为发动机各结构、各系统的装配基底。

配气机构包括进气门、排气门、摇臂、气门间隙调节器、凸轮轴以及凸轮定时带轮等。其作用是按照发动机每一缸内进行的工作循环和发火次序的要求，定时开启和关闭进、排气门，使新鲜充量的可燃混合气（汽油机）或空气（柴油机）及时吸入气缸，使废气排出气缸。

燃油供给系统分为汽油机燃油供给系统和柴油机燃油供给系统。汽油机的燃油供给系统包括汽油箱、汽油泵、汽油滤清器、喷油器、空气滤清器、进气管、排气管等。其作用是把汽油和空气混合成成分合适的可燃混合气送入气缸燃烧，并将燃烧生成的废气排出。柴油机燃油供给系主要由燃油供给装置、空气供给装置、混合气形成装置和废气排出装置四部分组成。其作用是不断为柴油机提供经过滤清的清洁燃料和空气，根据柴油机不同工况的要求，将一定量的柴油以一定压力和喷油质量定时喷入燃烧室，使其与空气迅速混合并燃烧，做功后将燃烧废气排出气缸。

点火系统通常由蓄电池、发电机、分电器、点火线圈和火花塞等组成。由于柴油机绝大多数采用压燃的方式，因此不需要点火系统。而汽油机在压缩接近上止点时，可燃混合气是由火花塞点燃的，为此，汽油机的燃烧室中都装有火花塞。点火系的作用就是按照气缸的工作顺序定时地在火花塞两电极间产生足够能量的电火花。

冷却系统分为风冷系统和水冷系统，由于水冷系统冷却均匀，效果好，发动机运转噪声小，目前汽车广泛使用的是水冷系统。冷却系统的作用是把受热机件的热量散到大气中去，以保证发动机正常工作。

润滑系统包括机油泵、机油滤清器、限压阀、润滑油道、机油集滤器等，其作用是在发动机工作时连续不断地把足够量的、温度适当的洁净机油输送到全部传动件的摩擦表面，并形成油膜，实现液体摩擦，从而减小摩擦阻力、降低功率消耗、减轻机件磨损，以增加发动机可靠性和耐久性。

起动系统包括起动机及其附属装置，其作用是在发动机各种工况和使用条件下，使发动机由静止转入工作状态。

6.3.4 电动汽车动力装备

相比传统的内燃机汽车，电动汽车以蓄电池、燃料电池、电容器或飞轮为能源，以电动机驱动。电动汽车可以分为纯电动汽车、混合动力电动汽车和燃料电池电动汽车。其结构包括电力驱动及控制系统、驱动力传动等机械系统和完成既定任务的工作装置等。电力驱动及控制系统由电动机、电动控制装置和电池组成，是电动汽车与内燃机汽车最大的区别。

电机驱动系统作为电动汽车能量储存系统与运动部件之间的桥梁，将能量储存系统输出的能量转化为机械能。相比于传动的内燃机汽车，其优势在于省去了复杂的机械齿轮变速机构，满足车辆行驶速度和负载变化大的转矩转速特性。同时电动汽车也具有车辆减速时动能转换回电能的特性，增加行驶的里程。电动汽车的动力驱动系统按电机电流类型可分为交流驱动系统和直流驱动系统。目前商用的驱动系统主要为直流电机驱动系统、感应电机交流驱动系统和永磁同步电机交流驱动系统。直流电机驱动系统中电机为有刷直流电机，一般使用斩波器控制；感应电机交流驱动系统一般采用转子为鼠笼结构的三相交流异步电机，电机控制器使用矢量控制的变频调速方式；永磁同步电机交流驱动系统，主要包括无刷直流电机和三相永磁同步电机。

电池是把某种反应释放的能量转变为电流的装置，动力电池（图 6-22）是电动汽车的动力源，是储存能量的装置，也是电动汽车实现飞速发展突破的重大难题。电动汽车的动力电池按反应方式可分为化学电池、物理电池和生物电池。化学电池按工作性质和储存方式可以分为一次电池、二次电池和燃料电池。

图 6-22　动力电池系统

电动机调速控制装置用于控制节能环保电动机的电压或电流，完成电动机的驱动转矩和旋转方向的控制。早期直流电动机的调速采用串接电阻或改变电动机磁场线圈的匝数来实现，因调速是有级的且会产生附加的能量消耗或会使电动机结构变复杂，现已很少使用。现在广泛使用的是晶闸管斩波调速，通过均匀地改变电动机端电压控制电动机的电流实现无级调速。随着技术的不断发展，其他晶体管斩波调速装置也逐渐出现，电动汽车的调速控制装置转变为直流逆变技术的应用也成为必然趋势。

6.3.5 轨道交通工具动力装备

轨道交通动力装置即轨道交通牵引系统，是指在钢轨上由电力推动的运输系统总成。按电能获得的方法不同，轨道交通牵引系统可以分为以下几类：

电力牵引系统是指通过电网受流器获得电能，也称外给式轨道牵引系统。采用这种系统的主要有电力机车、电动车组、城轨列车和工矿机车等。

内燃电力牵引系统由车载柴油发电机获得电能，也称自给式轨道牵引系统。主要有内燃机车和内燃动车组采用这种方式。

磁浮电力系统主要是磁浮列车由地面电站供给安放在轨道上的定子（或转子）绕组电源使车载转子（或定子）获得动能，即由直线电动机推进列车运行。

产生牵引力的主要装置是牵引电动机，其分为直流（脉流）、交流异步、交流同步旋转电动机以及直线的非旋转电动机。

① 直流（脉流）电动机由定子和转子两大部分组成。直流电机运行时静止不动的部分称为定子，定子的主要作用是产生磁场，由机座、主磁极、换向极、端盖、轴承和电刷装置等组成。运行时转动的部分称为转子，其主要作用是产生电磁转矩和感应电动势，是直流电机进行能量转换的枢纽，所以通常又称为电枢，由转轴、电枢铁心、电枢绕组、换向器等组成。直流电机里边固定有环状永磁体，电流通过转子上的线圈产生安培力，当转子上的线圈与磁场平行时，再继续转，受到的磁场方向将改变，因此此时转子末端的电刷跟转换片交替接触，从而线圈上的电流方向也改变，产生的洛伦兹力方向不变，所以电机能保持一个方向转动。

② 交流异步电动机又称感应电动机，是由气隙旋转磁场与转子绕组感应电流相互作用产生电磁转矩，从而实现机电能量转换为机械能量的一种交流电机。异步电机原理是定子绕组被施加对称电压后，产生一个旋转气隙磁场，转子绕组导体切割该磁场产生感应电势。由于转子绕组处于短路状态会产生一个转子电流。转子电流与气隙磁场相互作用就产生电磁转矩，从而驱动转子旋转，进而输出机械能。

③ 同步电动机属于交流电机，定子绕组与异步电动机相同。它的转子旋转速度与定子绕组所产生的旋转磁场的速度是一样的，所以称为同步电动机。永磁同步电机采用永磁体建立磁场，其转子上没有绕组，无需施加励磁电流。永磁同步电机具有体积小、质量小、运行效率高等特点，并且其起动转矩大、调速范围宽，比较适合用作轨道动车组的牵引电机。

④ 直线电动机是一种将电能直接转换成直线运动机械能，而不需要任何中间转换机构的传动装置。直线电机与旋转电机相比，主要有如下几个特点：一是结构简单，由于直线电机不需要把旋转运动变成直线运动的附加装置，因而使得系统本身的结构大为简化，

质量和体积大大下降。二是定位精度高，在需要直线运动的地方，直线电机可以实现直接传动，因而可以消除中间环节所带来的各种定位误差，故定位精度高。三是反应速度快、灵敏度高，随动性好。直线电机容易做到其动子用磁悬浮支撑，因而使得动子和定子之间始终保持一定的气隙而不接触，这就消除了定、动子间的接触摩擦阻力，因而大大地提高了系统的灵敏度、快速性和随动性。四是工作安全可靠、寿命长。直线电机可以实现无接触传递力，机械摩擦损耗几乎为零，所以故障少、免维修，因而工作安全可靠、寿命长。高速磁悬浮列车（图 6-23）是直线电机实际应用的最典型的例子。

图 6-23 高速磁悬浮列车

6.4 ▸ 水上交通动力装备

水上交通动力装备，也称船舶动力装置，即为船舶提供正常运行所需能量的动力设备。船舶动力装置主要分为蒸汽轮机、柴油机、燃气轮机三类。

对于船舶动力装置的研究，离不开动力装置在现代船舶行业的应用。现代船舶行业的体量巨大，各类商用和军用的船舶类别纷繁复杂。商用船舶更注重经济性，主要以柴油机为主，而燃气轮机因成本和维护门槛，现仅用于少部分商用船舶，蒸汽轮机则在液化天然气船中占主导地位。军用船舶在动力装置的选取上则更注重性能以及应用场景。船舶动力装置不同的特点和发展，造就了现今复杂的船舶动力装置应用体系。

因此，本节将从上述三类船舶动力装置的国内外发展史和原理特点出发，完整描述各类动力装置，帮助更好地了解各类船舶动力装置在具体领域的应用状况、发展阶段和结构特点。

6.4.1 水上交通工具动力装备发展简况

6.4.1.1 船用蒸汽轮机发展简介

船用蒸汽轮机的发明并不是一蹴而就的，在蒸汽轮机于 19 世纪被发明前，主要的船用蒸汽动力装置是往复式蒸汽机。

1807 年，美国工程师 Fulton 研制的“克莱蒙特”号汽船航行成功，这便是世界上第一艘蒸汽轮船。从此，帆船时代结束，而“克莱蒙特”号成为近代造船史上的里程碑，拉开了汽船时代的序幕。在近代工程技术的发展下，蒸汽机发展成为多级膨胀的立式装置，用以驱动螺旋桨，使蒸汽轮船具有比帆船更优秀的性能，成为当时最优秀的船舶动力装置。

1896 年，英国 Parsons 成功地将他发明的蒸汽轮机作为推进动力机应用于一艘快艇上。这艘蒸汽轮机船“透平尼亚”号在泰晤士河上航行，试航速度达每小时 34.5 海里（1 海里的距离为 1.852km），震惊了世界。此后，蒸汽轮机广泛应用于大功率船舶上，蒸汽机的发展达到巅峰。1906 年，英国的“无畏”号战列舰成了第一艘使用蒸汽轮机的大型战列舰。其安装了 4 台帕森斯式蒸汽轮机组，输出 24700 马力（1 马力＝735W），最高航速在海试时达到了 22.4 节（1 节的速度为 1 海里每小时），并且能长时间保持 20 节以上的航速。在 1916 年，得益于动力系统减速装置的发展，蒸汽轮机可以以更高的转速运行，而不用担心和螺旋桨的转速匹配问题。因此，更小尺寸、更小质量且效率更高的蒸汽轮机成为非常理想的大功率船用蒸汽动力装置。

众所周知的泰坦尼克号（图 6-24），其船用动力装置就采用了两台往复式四缸三胀倒缸蒸汽机以及一台拥有巨大涡轮转子（图 6-25）的帕森斯式的低压蒸汽轮机，驱动着三个螺旋桨，159 个煤炭熔炉为船上的锅炉提供动力，航速可达到惊人的 23～24 节。

图 6-24　泰坦尼克号

图 6-25　泰坦尼克号的蒸汽轮机涡轮转子

现在，蒸汽轮机的机组功率向上不断迈进和发展，目前最大的蒸汽轮机单机功率已达到 150MW。随着材料科学和冶金技术的不断进步，更高参数更大容量的蒸汽机组将会陆续推出。

中国近现代的发展错过了第一次工业革命的首班车，在蒸汽动力的发展中没有取得主导地位。但是中国人民经过艰苦卓绝的接续奋斗，吸收先进知识，依旧自主研制出了中国近代第一台蒸汽机。

第一次鸦片战争后，国内优秀的科学家和工程师徐寿、华蘅芳、徐建寅等人，立志实业报国，然而当时技术资料缺乏、设备简陋。即使在这种情况下，后经过一年的反复研制、不断改进，在安庆成功造出了中国第一台蒸汽机，创造了中国近代工业史的奇迹。

在中国特色社会主义进入新时代的今天，我国掌握的蒸汽轮机动力技术早已今非昔比。最能够代表我国船用蒸汽轮机应用实力的舰船，毫无疑问是中国海军第一艘航空母舰：辽宁号航空母舰（图 6-26）。

图 6-26 辽宁号航空母舰

我国海军拥有使用蒸汽轮机的丰富经验，海军在中华人民共和国成立初期，就从苏联引进了 4 艘 6607 型驱逐舰，采用的是 TB8 蒸汽轮机动力系统。辽宁号上的原动力系统无法正常运行，是我国的科技人员和工人将国产的 4 台 TB12 蒸汽轮机装到辽宁号上。4 台 TB12 蒸汽轮机全速运转时，输出动力可达 20 万马力。船用蒸汽轮机强大的输出功率，令满载排水量 6 万吨的辽宁号航母，能跑出 30 节甚至以上的航速。

改造提升工程结束以后，面目一新的辽宁号，于 2012 年 9 月 25 日成军，中国海军历史上第一次拥有了航空母舰。对于我国海上军事力量发展有着非常重大的意义。

6.4.1.2 船用燃气轮机发展简介

燃气轮机在发展初期，主要是应用于航空领域。而后，航空燃气轮机经过“船用化”改造，于 20 世纪 50 年代开始被逐渐应用于各类船舶中。在不断的应用中，船用燃气轮机的发展取得了长足的进步。在燃气轮机应用于船舶的短短 30 多年间，船用燃气轮机被广泛用于军用舰船和气垫船，并且成为当今世界各国海军主要采用的舰艇动力系统。在诸如水翼船、双体船等高性能民用船舶中也起到了重要作用。在现代豪华游轮中，燃气轮机也受到格外青睐。如超级豪华邮轮“命运女神”号、“处女星”号等都采用燃气轮机进行推动。

20 世纪 60 年代以来，美国 GE 公司以 TF39 涡扇发动机为蓝本，设计建造了 LM2500 系列船用燃气轮机。在正式投入以后，由于其优秀的性能，被广泛用于工业和军事船舶，占据了世界燃气轮机舰船的绝大部分份额。

中国的船用燃气轮机技术发展分为引进外国技术与自主研发两步走。我国发展燃气轮机技术的时间较早，1958 年，船用燃气轮机就被纳入发展规划，成立了南北两个设计所进行设计研究。1959 年，我国从苏联引进 M-1 型燃气轮机作为国产护卫艇的加速主机。以该型号为基础；1961 年，上海汽轮机厂完成了首部国产燃气轮机的试制，并随后装艇在东海舰队上海级护卫艇上展开了测试与试用，这是我国在水面舰艇上正式采用燃气轮机的第一次尝试。

1964年，我国研制了一款功率为6000马力的燃气轮机，这是我国自行设计、研制的首个舰船专用燃气轮机，但由于研制周期过长，加之原计划的装配对象037型猎潜艇的调整，未能装备部队。随后，为适应采用航空发动机改进的技术潮流，在国产涡喷-8的基础上开始了大功率燃气轮机的研制和试制。

20世纪70年代，我国从英国引进了第二代涡扇发动机斯贝MK202，国产化后型号为涡扇-9。20世纪80年代，我国开始在其基础上研制新一代航空改燃气轮机GD-1000。1993年，GD-1000样机通过了性能鉴定，功率为13000马力，也标志着我国已经掌握了新一代燃气轮机技术。但由于研制周期过长，GD-1000的性能指标已经落后于国际先进水平。

20世纪90年代末期，美国等西方国家实行武器禁运，我国已无法继续引进LM2500燃气轮机，052型驱逐舰的后续建造面临无合适的动力系统而停顿的局面。因此在1993年，我国与乌克兰签署了DA80（UGT25000）舰用燃气轮机的销售及生产许可合同。乌方在向我国出售燃气轮机的同时转让相关技术，由我国进行国产化。UGT25000的引入，为我国海军水面舰艇提供了急需的动力系统，助力海军远海作战能力的提升。

在UGT25000的国产化过程中，不仅是技术的引进，还有着消化吸收和改进提高。

通过中国船舶重工集团公司第七〇三研究所、西安航空发动机集团、哈尔滨汽轮机厂有限责任公司的共同努力，2004年，首台国产化UGT25000试制成功，性能与原型机组性能相当，国产化率达60%以上。第二阶段国产化工作，主要是将国产化率提高到95%以上，基本实现材料、工艺等国产化。

1995年，随着国产涡喷-14昆仑发动机的问世（详见6.2.1部分航空发动机发展简况），在其基础上派生燃气轮机QD128的工作也展开了。2000年完成了样机试制，2002年投入使用。QD128燃气轮机成了我国第一种具有完全自主知识产权的燃气轮机。但其16000马力左右的功率满足不了海军的需求，因此应用在了民用发电领域并实现了配套出口。

20世纪90年代，“太行”涡扇发动机的技术突破（详见6.2.1部分航空发动机发展简况），为我国燃气轮机的大发展带来了更大可能。第一型“太行”改型燃气轮机是QD70，船用型为QC70（图6-27），是中国第一型7000kW燃气轮机，1996年开始研制，2006年投入使用。针对大中型水面舰艇的需要，中国在“太行”涡扇发动机的基础上还推出了功率达25000马力的QC185燃气轮机。

图6-27 QC70船用型燃气轮机

QC185 燃气轮机的燃气发生器由“太行”核心机的风扇部件、低压涡轮、后机闸部件略微改装而成，研制于 1998 年启动，2004 年完成验证机测试工作，2008 年完成技术鉴定。2010 年投入使用。QC185 作为中档功率燃气轮机，可作为驱护舰的主动力，这也标志着我国在装备自主研制生产的舰用燃气轮机道路上又迈进了关键的一步。

6.4.1.3 船用柴油机发展简介

柴油机的发展已经在 6.3.1 部分汽车动力装备发展简况中详细阐述。而最早在船舶上使用柴油机的是 1903 年俄罗斯帝国的“万达尔”号油轮和法国的“佩蒂特·皮埃尔”号。“万达尔”号安装 3 台柴油机直接电力驱动 3 个螺旋桨，速度可达 8.3 海里/时。“佩蒂特·皮埃尔”号是一艘平底驳船，装载一台 25 马力柴油机。之后，英国也将柴油机应用在 D1 级潜艇上，并且将其作为常规潜艇的标准配置。

受限于当时的技术水平，上述船舶仅代表早期柴油机在船舶动力领域的应用，也就是内河工作的船舶和在近海活动的潜艇。随着柴油机技术的发展，大功率高可靠性的柴油机逐渐应用于大型船舶和远洋海运。1912 年，瑞士苏尔寿公司建造了当时世界上缸径尺寸最大的巨型单缸柴油机。伯梅斯特和韦恩船厂建造了第一艘柴油机驱动的大型远洋轮船“锡兰迪亚”号，这是世界上第一艘真正意义上的大型远洋轮船，标志着船用柴油机的日渐成熟。1914 年，德国的曼恩公司为德国 U 型潜艇研制了长续航、高可靠性的柴油机。在此之后，船用柴油机行业在大公司竞争以及航运产业繁荣的背景下迎来了蓬勃发展。第一次世界大战后，柴油机在船舶领域的装载量越来越多，并开始应用于客轮。直到第二次世界大战前，柴油机动力船舶占世界商船总量的 20%以上。

20 世纪中叶，船用柴油机的发展路线遵循着“更大缸径”和“更大功率”的方向。进气压力、缸内工作压力和排气量都相应增加。20 世纪下半叶，船用柴油机的单缸功率一度达到 4600 马力。在高经济性的加持下，船用柴油机从此蓬勃发展，在民用船舶上基本取代了蒸汽动力装置。

中国的船用柴油机起初主要依赖外国进口。20 世纪 50 年代前期遗留下来的各型中、小舰船柴油机备件消耗殆尽，舰船面临停航，而我国当时几乎没有船用柴油机研发生产能力，1951 年年底成立的海军配件试造委员会主要在上海组织了一些中、小型私营企业，采取承包加工形式，与各船厂协作完成了各中、小型舰用柴油机配件的供应任务，其生产能力仅限于研制 250kW 以下高、中速小型船用柴油机，因此从 20 世纪 50 年代后期到 70 年代后期，我国的船用柴油机行业主要依靠引进苏联舰用柴油机。

而今，通过不断的实践和努力，我国在引进、吸收、消化专利生产制造技术方面取得了长足的进步。与此同时，通过积极地采用国际标准和国外先进的标准，缩短了我国船用低速机标准化技术与国际先进标准化技术的差距。国外引进的各型大功率船用柴油机的标准是较完整的标准化体系，并且都是国际标准和各工业发达国家的标准及属于专利公司自己的技术标准。对国外大功率柴油机标准化的分析在于学习和掌握国外先进的标准化思想和理念，充分利用宝贵的国际资源，促进自身的技术进步，提高企业标准化水准，推动自主创新，提高产品质量，以取得更好的经济效益和社会效益。

未来，船用柴油机将会向低排放、低污染的方向发展。在科技时代的大背景之下，船用柴油机伴随着智能化的浪潮，将会实现更大的单缸功率和更高的热效率。我国也在努力推动船用柴油机创新技术发展，形成扎实的研发体系和创新能力。

6.4.2 船用蒸汽轮机

蒸汽轮机主要部件由转子、动叶栅、静叶栅和汽缸组成。蒸汽轮机结构如图 6-28 所示。

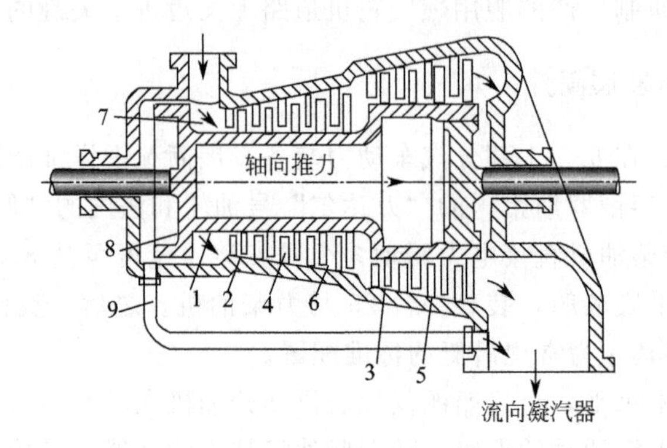

图 6-28 蒸汽轮机结构

1—轮鼓；2、3—动叶栅；4、5—静叶栅；6—汽缸；7—环形进汽室；8—平衡活塞；9—联络蒸汽管

船用蒸汽轮机动力装置以蒸汽轮机为主体，通过锅炉产生蒸汽为工质推动蒸汽轮机工作。高温高压蒸汽穿过固定喷嘴成为加速的气流后喷射到叶片上，使装有叶片排的转子旋转，同时对外做功，推动船舶前进，是一种没有往复式部件的高转速旋转发动机。高转速使其结构紧凑，运作平稳，可靠性高。蒸汽轮机和早期的往复式蒸汽机的主要区别在于蒸汽的流动状态。在蒸汽轮机中，蒸汽在蒸汽轮机内连续高速流动，单位面积流量大，因此可以产生较大功率。由于可以使用高压高温蒸汽，因此一般大功率蒸汽轮机热效率会较高❶。

船用蒸汽轮机除功率小于 8MW 的有时用单缸外，一般都是双缸或三缸分轴并联布置。

较典型的双缸船用蒸汽轮机组由高压缸、低压缸、凝汽器、齿轮减速器等主要部分组成（图 6-29）。分缸设计时可将高压轴和低压轴设计成不同的转速，尽量提高各级的轮周速度以增加级的焓降，减少级数。高压轴采用较高转速（5000～10000r/min），以缩小转子直径；增加前几级的叶片高度，以提高效率；低压轴采用较低转速（3000～5000r/min），以降低末几级叶片和轮盘的应力。采用分缸方式的好处是当蒸汽轮机发生局部损坏时可用单缸运行，提高了蒸汽轮机组的可靠性。

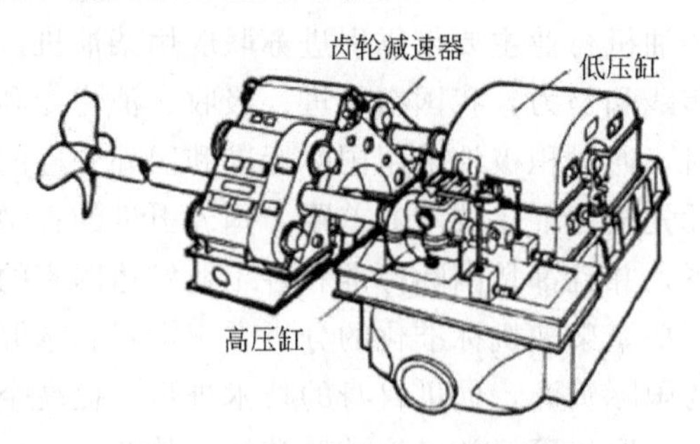

图 6-29 船用蒸汽轮机双缸结构

❶ 低速机、中速机、高速机分别指转速低于 300r/min、300～1000r/min、高于 1000r/min 的船用柴油机。低速机用于 90%以上远洋船舶。

蒸汽轮机的优点是机组振动小、噪声低、单机输出功率大、运行寿命长和可靠性高。其缺点主要是装置主体总质量大、燃料消耗率大、装置效率较差和机动性不足。

船用蒸汽轮机的工作环境和使用条件与电站蒸汽轮机不同，它安装在易变形的船体基座上，还经常受到船体摇摆、冲击的影响，它的正常运转直接关系到全船的安全，因而对可靠性要求更高，它的体积、质量也受到船体的严格限制，船舶在进出港口或执行任务时需要经常变速或倒航，因此对蒸汽轮机的机动性也有特殊的要求。

6.4.3 船用燃气轮机

船用燃气轮机主要由压气机、燃烧室和涡轮（又称“透平”）组成。燃气轮机结构如图 6-30 所示。

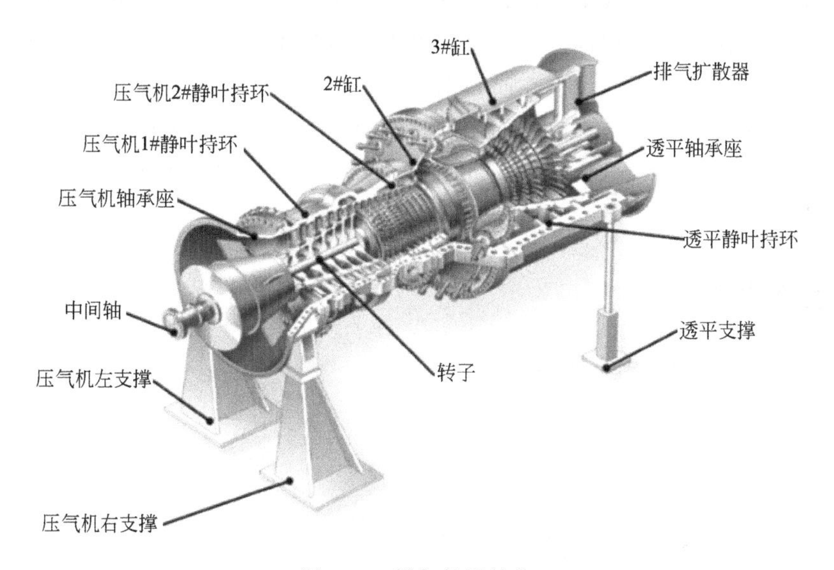

图 6-30　燃气轮机结构

燃气轮机的工作原理主要由三个过程组成。首先，压气机连续不断地从外界大气中吸入空气并增压，这个过程可以认为是压气机动能向空气热能和势能的转换，被压缩后的空气温度升高有利于与燃料进行更猛烈的化学反应（化学反应速度和程度与温度成正比），更大的膨胀比也有利于压缩空气燃烧后释放更大的能量。之后，压缩空气从压气机出来后即进入燃烧室，首先会在燃烧室进口被喷入燃料进行掺混，然后就会点火燃烧。这个过程可以认为是燃料化学能向空气热能和势能的转换，在短短几十厘米的距离内空气的温度上升数百甚至上千摄氏度，压力也会激增。最后，高温高压的燃气从燃烧室出口喷出，就开始膨胀，在膨胀的同时推动涡轮叶片做功。这个过程就是燃气热能和势能向动能的转化。涡轮将燃气的能量转化为动能后，一方面用于压气机压缩空气持续进行热力学循环；另一方面由主轴将转子的扭矩输出，经过减速器减速以后用于推动船体。整个热力学循环完成使得燃气轮机实现了燃料化学能向机械能转换的最终目的。

燃气轮机的工作原理和涡喷发动机类似，但燃气轮机依靠燃气带动涡轮做功，因此涡轮部分更长，而涡喷发动机依靠工质喷出的反推力前进。

相比于柴油机和蒸汽轮机，燃气轮机单机功率大、体积小、质量轻、加速性能好。可以随时启动并且快速达到最大功率。虽然船用燃气轮机的工作过程也是由吸气、压缩、燃烧、膨胀做功和排气环节组成的，但由于各个环节都对应各自的特定装置，并且运作状态连续不间断，因此不会由工作行程改变导致振动和转速不均匀，在高转速状态下依旧能保持运行的均匀和平稳。

燃气轮机的耗气量很大，可以达到同功率柴油机的 3～4 倍。在燃气轮机运行过程中，较高的过量空气系数不仅能够使得燃烧更加完全和彻底，也能对燃气轮机中的各个部件进行不间断的冷却，从而控制动力系统的工作温度。

与船用的柴油机或蒸汽轮机机组相比，燃气轮机具有可节省机舱面积、起动快的优点，从而可提高舰船机动性，维护简单，所需运行人员较少。船用燃气轮机基本上采用航空燃气轮机改型，其基本型式为双轴或三轴简单循环燃气轮机。船用燃气轮机参数如下：有效功率 3000～20000kW，油耗率 235～260g/（kW·h），较先进机组的大修间隔期一般可达 8000h 以上。现今，船用燃气轮机普遍采用“箱装体”结构，它是将船用燃气轮机的进气系统、辅助设备以及灭火设备连同其钢底座等都组装于一个箱体之中。在箱体上装有许多燃油、润滑油、水、空气、电气和控制系统的标准接头。采用箱装体的目的是为了隔声、隔热、便于单独通风、抗核污染、抗生物和化学污染，可降低机舱内的噪声和温度，并便于调换机组。

6.4.4 船用柴油机

船用柴油机外形如图 6-31 所示。

图 6-31　船用柴油机外形

船用柴油机的工作流程包括是由吸气、压缩、做功和排气四部分，活塞走完四个过程才能完成一个工作循环的柴油机称为四冲程柴油机。其基本原理与常见四冲程发动机类似，但与汽油发动机在点火方式上有所不同。

柴油机和汽油机虽然都是内燃机，但在燃料、点火方式、压缩比和热效率等方面都有差异。因为柴油压缩比高，所以点火方式为直接压燃。和汽油机相比，热效率十分高，可达到 50%。柴油的自燃温度约为 543～563K，而压缩终点的温度要比柴油自燃的温度高很多，足以保证喷入气缸的燃油自行发火燃烧。喷入气缸的柴油，并不是立即发火的，经过物理化学变化之后才发火，这段时间大约有 0.001～0.005s，称为发火延迟期。因此，要在曲柄转至上止点前 10°～35°曲柄转角时开始将雾化的燃料喷入气缸，并使曲柄在上止点后 5°～10°时，在燃烧室内达到最高燃烧压力，迫使活塞向下运动。

柴油机可以使用劣质油（重油）作为燃料，大功率中、低速船用柴油机广泛采用重油作为燃料，但高速船用柴油机仍多采用轻柴油。

传统的船用柴油机使用的是机械控制系统，其响应特性、控制精度等指标是根据额定工况优化的。而船舶行驶机动过程中，要求的柴油机运行区域很广，很多情况下偏离额定工况，此时柴油机的运行效率就会明显下降，而船用柴油机电控喷油系统拥有较高且稳定的燃油压力，燃油喷射时雾化程度更高，燃烧更完全，同时电磁阀可以在整个喷射过程中进行精确的喷射控制，从而能够在广泛的运行区域内实现对柴油机运行工况的最优化控制，使柴油机性能得到大幅度的提高，不仅可以保证低负荷工况时燃油的良好燃烧，还可以降低废气中污染物质的排放。

随着船用柴油机电控技术的进一步发展，未来具有更强控制能力和更好控制效果的“智能型”船用柴油机将会是发展的主要方向。

参考文献

[1] 王吉星．航空航天装备［M］．济南：山东科学技术出版社，2018.

[2] 孟光，郭立杰，程辉．航天智能制造技术与装备［M］．武汉：华中科技大学出版社，2020.

[3]《中国大百科全书》总编委会．中国大百科全书［M］．北京：中国大百科全书出版社，2009.

[4] 关英姿．火箭发动机教程［M］．哈尔滨：哈尔滨工业大学出版社，2006.

[5] 蔡国飙．液体火箭发动机设计［M］．北京：北京航空航天大学出版社，2011.

[6] 杨月诚．火箭发动机理论基础［M］．西安：西北工业大学出版社，2010.

[7] 刘家騑，李晓敏，郭桂萍，等．航天技术概论［M］．北京：北京航空航天大学出版社，2014：156-158.

[8] 武丹，陈文杰，司学龙，等．大型固体火箭发动机发展趋势及关键技术分析［J］．武汉大学学报（工学版），2021，54（02）：102-107.

[9] 谭永华．大推力液体火箭发动机研究［J］．宇航学报，2013，34（10）：1303-1308.

[10] 马占华，汪南豪．电火箭的研究现状与应用分析［J］．上海航天，2001（05）：47-51.

[11] 何伟锋，向红军，蔡国飙．核火箭原理、发展及应用［J］．火箭推进，2005（02）：37-43.

[12] 王宇泰，高普云，申志彬．固体火箭发动机结构健康监/检测技术研究进展［J］．武汉大学学报（工学版），2021（02）：95-101.

[13] 端木京顺．航空装备安全学［M］．北京：国防工业出版社，2016.

[14] 中国航发商发．航空发动机的故事［M］．北京：科学出版社，2020.

[15] 高玉龙．航空发动机发展简述及趋势探索［J］．现代制造技术与装备，2018（07）：222，224.

[16] 严鹏．中国航空发动机制造业的早期发展（1936—1949）［J］．贵州社会科学，2016（01）：54-59.

[17] 陈培儒．无动力，难远航——中国航空发动机产业发展回顾［J］．大飞机，2019（10）：32-36.

[18] 吕鸿雁，郝建平．航空动力装置［M］．北京：清华大学出版社，2017.

[19] 负强．节能与新能源汽车［M］．济南：山东科学技术出版社，2018：85-93.

[20] 刘从臻．汽车发动机原理［M］．北京：机械工业出版社，2019：2-10.

[21] 马符讯，刘彦．中国汽车工业 70 年的成就、经验与未来展望［J］．理论探索，2019（06）：108-113.

[22] 刘友梅．中国电气工程大典：第 13 卷［M］．交通电气工程．北京：中国电力出版社，2009：382-384.

[23] 董凡．基于永磁同步电机的高速列车牵引系统的仿真分析［D］．浙江：浙江大学，2016.

[24] 王忠诚，刘晓宇，马义平．船舶动力装置［M］．上海：上海交通大学出版社，2020.

[25] 张俊迈，周永泉．汽轮机舰船的发展与发展我国舰船汽轮机问题［J］．海军工程大学学报，1980（2）：3-14，91-92.

[26] 中国制造的第一台蒸汽机［DB/OL］．https：//www. sohu. com/a/330047426 _ 772692.

[27] 奔腾向海的心：回望我海军燃气轮机的发展历程［DB/OL］．https：//www. sohu. com/a/18631835 _ 189030.

[28] 许乐平，詹玉龙．船舶动力装置技术管理［M］．大连：大连海事大学出版社，2006.

第7章 制冷与低温工程

制冷与低温工程学科是围绕营造低于自然环境温度的微环境或物质状态所展开的科学研究、工程实施和相关设备装置制造。它是现代科学研究和现代工程技术赖以实现的重要平台，是现代食品工程、建筑环境、生物医疗三大民生服务体系的重要技术支撑。

7.1 制冷与低温技术发展简况

一般根据温度所在的区域把制冷技术分为普冷技术和深冷技术，习惯上把普冷技术称为制冷技术，把深冷技术称为低温技术。工程上一般把 120K 以下温度范围作为低温领域。

7.1.1 制冷技术发展简况

早期人类将冬季自然界的天然冰雪，保存到夏季使用。这在中国、埃及和希腊等文化发展较早的国家的历史上都有记载。如《诗经》中就有“二之日凿冰冲冲，三之日纳于凌阴”的诗句，反映了当时人们贮藏天然冰的情况。《周礼》中有“凌人掌冰正……夏颁冰，掌事”的记载。可见我国的采冰、贮冰技术早已采用。魏国曹植所写的《大暑赋》中亦有这样的诗句：“积素冰于幽馆，气飞结而为霜。”说明当时已懂得用冰作空调了。古埃及人将清水存于浅盘中，天冷通风时，由于蒸发吸热，使盘内剩余水结冰，这是较早的人工制冰。

以上列举的只是古人对天然冰的收藏、利用和简单的人工制冰，还谈不上制冷技术。机械制冷技术是随着工业革命而开始的。1755 年爱丁堡的化学教授 Cullen 利用乙醚蒸发使水结冰。他的学生 Black 从本质上解释了熔化和汽化现象，提出了潜热概念，标志着现代制冷技术的开始。1834 年在伦敦工作的美国发明家 Perkins 正式呈递了乙醚在封闭循环中膨胀制冷的英国专利申请，这是蒸气压缩式制冷机的雏形。

空气制冷机的发明比蒸气压缩式制冷机稍晚。1844 年美国人 Gorrie 介绍了他发明的空气制冷机，这是世界上第一台制冷和空调用空气制冷机。1859 年法国人 Carre 设计制造了第一台氨吸收式制冷机。在各种形式的制冷机中，压缩式制冷机发展较快。从 1872 年美国人 Boyle 发明了氨压缩机，1874 年德国人 Linde 建造第一台氨制冷机后，氨压缩式制冷机在工业上获得了普遍应用。随着制冷机形式的不断发展，制冷剂的种类也逐渐增多，从早期的空气、二氧化碳、乙醚到氯甲烷、二氧化硫、氨等。1929 年氟利昂制冷剂的出现促进了压缩式制冷机更快发展，并在应用方面超过了氨制冷机。随后，20 世纪 50 年代开始使用共沸混合制冷剂，20 世纪 60 年代又开始应用非共沸混合制冷剂。直至 20 世纪 80 年代关于淘汰消耗臭氧层物质 CFC（氯氟烃）问题正式被公认以前，以各种卤代烃为主的制冷剂已相当完善。

由于 CFC 破坏大气臭氧层问题和全球温室效应的出现，使制冷剂又进入了一个以 HFC（氢氟烃）为主体和向天然制冷剂发展的新阶段。这是由于 HFC 对温室效应仍有较大的影响，欧洲一些科学家首先提出用自然工质作为替代物，例如 NH_3、CO_2、烃类化合物（R290、R600a）等。这些物质既不破坏大气臭氧层，又具有很低的温室效应。同时，以热能作为动力、以水作为制冷剂的吸收式制冷机得到了极大发展，促进了余热和太阳能制冷技术的发展。20 世纪制冷技术的发展还在于制冷范围的扩大，机器的种类和形式的增多，从小的家用电冰箱、空调器到汽车空调、大型冷库及大型建筑物空调，制冷行业的产业规模不断扩大。

我国制冷制造业是 20 世纪 50 年代末期才发展起来的。从 20 世纪 50 年代的引进吸收到 60 年代自行设计制造，并制定了比较系统的制冷空调产品系列和标准，以后又开发了各种形式的制冷空调产品。我国制冷空调行业已具有品种比较齐全的大、中、小型制冷空调产品系列及相关技术标准，并已形成有一定基础的科研、教学、设计、生产制造和营销管理体系。目前，我国已发展成为制冷空调产品的生产大国，正在向制冷空调研究强国迈进。

7.1.2 低温技术发展简况

低温发展可以追溯到 19 世纪 50 年代，1852 年发现了 Joule-Thomson 节流效应，1869 年 Andrews 液化了二氧化碳并提出了临界温度概念，之后，低温技术有了最初的萌芽。低温界普遍认为，低温发展的起点为 1877 年法国工程师 Cailletet 和瑞士物理学家 Pictet 几乎同时成功液化被称为“永久性”气体的氧气。

表 7-1 列出了低温技术发展大事件，自 20 世纪 30 年代后低温技术的发展相继经历了以下几个时代。

20 世纪 30～50 年代的空分时代：从空气中制取氧，促进了钢铁工业的发展。

50～60 年代的液氢时代：快速兴起的航天技术需要低温燃料，使之从实验室阶段进入大规模工业使用阶段，主要用于宇宙开发和火箭发射的需要。

60～70 年代为液氦时代：主要用于空间技术、超导技术和基础理论研究需要。

70 年代以后为超导时代：强磁场，大电流超导材料和超导约瑟夫森效应的发现，使低温技术与超导结合，形成了无可替代的强磁场新技术与极高灵敏度的电磁新器件。

21 世纪初为低温技术的完善及应用推广时代：低温设备及系统的效率、可靠性、稳定性不断提高，低温技术在工业及大科学工程中的应用上逐渐拓展。

表 7-1 低温技术发展大事记

年份	重大事件
1877	Cailletet 和 Pictet 液化了氧气
1883	Wroblewski 和 Olszewski 在 Cracow 大学的实验室完全液化了氮气和氧气
1884	Wroblewski 获得了雾滴液氢
1892	Dewar 发明了低温液体贮存的真空绝热容器
1898	Dewar 在英国皇家学院成功地制得了液氢
1908	荷兰莱顿大学的 Onnes 液化了氦气
1910	Linde 发明了双精馏塔空气分离系统
1911	Onnes 发现了超导电性(1913 年诺贝尔奖)
1933	采用磁制冷获得低于 1K 的低温
1934	Kapitza 设计并制造了第一台用于氦液化的膨胀机
1949	第一台化学工业配套用的 300t/d 的低温空分制氧系统建成
1950	顺磁盐绝热去磁制冷获得 mK 级温度
1957	液氧推进的 Atlas 火箭点火升空;超导电性基础理论(BCS 理论)创建
1963	Linde 公司在美国加州建成 60t/d 的液氢装置;Gifford 提出脉冲管制冷
1964	两艘低温液化天然气贮运船开始服务
1966	^3He-^4He 稀释制冷机面世,^3He-^4He 稀释制冷获得 0.001K 低温
1969	2420kW 直流低温超导电机建成
1980	采用两级串联的核磁矩绝热去磁方法获得 5×10^{-8}K 的低温
1985	朱棣文等实现激光冷却原子,得到 24μK 钠原子气体 (1997 年诺贝尔奖)
1986	柏诺兹和缪勒发现了 35K 超导的镧钡铜氧体系(1987 年诺贝尔奖)
1987	中国科学院物理研究所赵忠贤及美国休斯敦大学的朱经武等发现 90K 钇钡铜氧超导体
2001	中原石油勘探局建造了国内首座生产性质的 LNG 工厂
2002	中国科学院研制的斯特林制冷机在神舟三号中成功应用
2005	中国承建的首条液化天然气(LNG)船顺利出坞
2017	10 万立方米等级空分装置及空气压缩机组实现国产化
2021	10mK 无液氦稀释制冷机国产化成功,可服务于超导量子计算机

7.2 制冷技术与环境问题

冰箱和空调是 20 世纪人类 46 项最伟大发明中的 2 项，从冰箱到空调，机械制冷对于储存和运输疫苗和药品、保持食物新鲜、提高人类生产力和舒适度以及许多工业过程都十分必要。气候变化的不断加剧和全球气温的不断上升，导致全球的制冷需求在不断扩大，更多制冷产品的应用可能会加剧环境问题。制冷产品不仅消耗大量电力，它们还依赖制冷剂，如氢氯氟烃（HCFC）和氢氟碳化物（HFC）。HFC 是高 GWP 值的温室气体，当它们从设备中泄漏或在设备被处理后释放到大气中时，会加剧大气变暖。

7.2.1 制冷剂对环境的影响

制冷剂是制冷空调系统的工作介质，在制冷空调产业中具有举足轻重的地位。由于制冷空调产业的庞大，每年要消耗百万吨级的各种制冷剂。随着制冷产业的发展，制冷剂也在不断地更新换代，不同制冷剂对环境影响不同，一些制冷剂会由于对环境的不良影响而被淘汰。1830 年以来，制冷剂的发展和替代经历了近五个阶段，每个阶段的制冷剂替代特征总结在表 7-2 中。我国正处于第三向第四转型阶段。

表 7-2 制冷剂发展的各个阶段

时间	选型要求	代表性制冷剂
第一阶段(1830～1930 年)	有用	醚类、CO_2、NH_3、SO_2、CFCs
第二阶段(1931～1987 年)	安全耐用	CFC、HCFC、NH_3、CO_2、H_2O
第三阶段(1987 年～21 世纪初)	保护臭氧层	碳氢化合物、HFC、NH_3、CO_2、H_2O
第四阶段(21 世纪初至今)	减缓全球变暖	碳氢化合物、HFO、CO_2、NH_3
第五阶段(未来)	高效低碳发展	低 GWP 新工质、天然工质

评价制冷剂对环境的影响主要包括 ODP、GWP、TEWI。ODP（Ozone Depleting Potential）是表示消耗臭氧潜能值，用于考察工质气体散逸到大气中对臭氧破坏的潜在影响程度。规定制冷剂 R11 的臭氧破坏影响作为基准，取 R11 的 ODP 值为 1，其他物质的 ODP 是相对于 R11 的比较值。GWP（Global Warming Potential）是全球增温潜能值，表示这些气体不同时间内在大气中保持综合影响及其吸收外逸热红外辐射的相对作用。TEWI（Total Equivalent Warming Impact）即总当量变暖影响，它由三部分组成：a. 制冷剂泄漏所致；b. 制冷剂回收不彻底所致；c. 制冷装置耗电所致（火力发电厂造成的 CO_2 排放）。

由于人工制冷需求迅速增加，迫切需要安全实用的制冷剂。自 1931 年美国杜邦公司将 R12 商业化，R12、R11、R22 等具有优异热性能的卤代烃（CFC 和 HCFC）开始主导制冷行业。1974 年，发现含氯卤代烃在紫外线作用下会释放出氯原子，而氯原子会消耗地球平流层中的臭氧，使过量的紫外线照射到地面，给地球上的动物和人类带来一系列的危害。1984 年，首次在南极上空发现了臭氧层空洞。为保护人类赖以生存的大气臭氧层，国际社会于 1985 年缔结了《保护臭氧层维也纳公约》，1987 年进一步签署了《关于消耗臭氧层物质的蒙特利尔议定书》（后简称《蒙特利尔议定书》）。2007 年 9 月召开的《蒙特利尔议定书》第十九次会议上，国际社会决定加快含氯卤代烃的淘汰工作。

中国高度重视应对全球气候变化，积极参与各区域气候治理，积极履行在制冷剂减排和替代方面的国际承诺。中国于 1991 年正式加入《蒙特利尔议定书》，1993 年发布《中国逐步淘汰消耗臭氧层物质国家方案》。在 2013 年完成了对氟氯烃生产和消费的冻结，并在 2015 年完成了基准水平降低 10%。根据北京修正案（1999 年），中国在 2016 年应将 HCFC 冻结在 2015 年水平，以后逐年递减，至 2040 年全部淘汰。

7.2.2 制冷空调设备和系统的节能问题

制冷行业是提供营造全温度范围的人工热环境的设备，而这些设备的运行主要依靠电力。在现代化建筑中，空调系统能耗主要分两类：一类是为了消除建筑内热、湿负荷而提供给空气处理设备的冷量和热量的冷热源能耗，约占空调能耗的 70%；另一类是流体输送设备运行时所消耗的电能，约占空调能耗的 30%。空调耗电占到建筑耗电总量的 20%～50%，电子、生物、车辆制造等许多现代化生产过程中，空调耗电高达生产耗电的 50%以上，而食品冷藏冷冻行业的耗电则主要用于制冷。根据初步统计，制冷相关设备的运行消耗电量已接近我国总发电量的 25%，超过我国能源总消耗量的 10%。

我国《房间空气调节器能效限定值及能效等级》（GB 21455—2019），已于 2020 年 7 月 1 日正式实施。根据该标准，空调的能效评价标准主要为制冷季节能源消耗效率（SE-

ER)、制热季节能源消耗效率（HSPF）和全年能源消耗效率（APF）。SEER指制冷季节期间，空调器进行制冷运行时从室内除去的热量总和与消耗电量的总和之比。APF指在制冷季节及制热季节期间，空调机进行制冷（热）运行时从室内除去的热量及向室内送入的热量总和与同一期间内消耗的电量总和之比。HSPF指制热季节期间，空调器进行热泵制热运行时，送入室内的热量总和与消耗电量的总和之比。

但是制冷或热泵设备在实际工作中不可能总是在最大负荷工况（100%负荷）下工作，在很多时候机组只在75%、50%等负荷下工作。而机组EER（制冷性能系数）、COP（制热性能系数）是在名义工况下定义的，不能全面反映机组运行效率，故美国制冷学会以及美国暖通空调工程师学会提出了综合部分负荷性能系数（IPLV）的概念，用来衡量制冷、热泵机组部分负荷工作情况下的运行效果。综合部分负荷性能系数（IPLV）是基于机组部分负荷时的性能系数值，按机组在各种负荷条件下的累积负荷比例进行加权计算获得的表示空气调节用冷水机组部分负荷效率的单一数值。因此，在制冷空调系统中采用变频控制技术对于节能具有重要意义。

7.3 ▸ 制冷技术与冷链

冷链是指为保持新鲜食品及冷冻食品等的品质，使其在从生产到消费的过程中，始终处于低温状态的配有专门设备的物流网络。在我国冷链泛指冷藏冷冻类产品在生产、储存、运输、销售到消费者前的各个环节中始终处于规定的低温环境下，以保证产品质量、减少产品损坏的一项系统工程。它是随着制冷技术的进步、物流的发展而兴起的，是以制冷技术为手段的低温物流过程。

冷链按温控产品的类别可分为食品冷链、医药冷链、化工冷链和电子产品冷链等。其中食品冷链为农副产品、冷冻包装食品、冰品及其他需要温控的食品如巧克力、红酒等。

7.3.1 食品储运中的冷链技术

食品冷链主要包括生产、加工、贮藏、运输、配送和销售等环节。

① 生产环节主要是指由温控食品生产企业生产产品。

② 加工环节包括肉类、鱼类的冷却与冻结；水产品和蛋类的冷却与冻结；果蔬的预冷与各种速冻食品的加工；各种速冻食品和奶制品的低温加工等。这个环节中主要涉及的冷链装备有冷却、冻结装置和速冻装置。

③ 贮藏环节包括食品的冷藏和冻藏，也包括果蔬的气调贮藏。此环节应保证食品在储存过程中处于低温保鲜环境。主要涉及各类冷藏库、冷藏柜、冻结柜及家用冰箱等。

④ 运输环节包括冷藏、冷冻食品的中、长途干线运输，区域、支线及城市配送等，主要涉及铁路冷藏车、冷藏汽车、冷藏船和冷藏集装箱等低温运输工具。

⑤ 配送环节中重要的是配送过程中的温度控制，这一环节会涉及如互联网温度监控系统、配送环节过程中的突发方案等方面。

⑥ 销售环节包括冷冻食品的批发及零售等，由生产厂家、批发商和零售商、量贩超市、便利店等渠道共同完成。

随着制冷技术和人们对食品安全要求的提高，冷链已经在发达国家得到了广泛应用。美国、日本等发达国家的冷链流通率可达到90%以上，发达国家如此庞大的消费量主要得益于其完善的冷链系统。近年来，中国食品冷链物流市场规模保持高增速增长，2019年我国食品冷链物流市场规模为6万亿元，较2018年增加了1.19万亿元，同比增长24.74%。食品冷链物流需求总量达2.35亿吨，由于冷链系统不完善造成每年约有1200万吨水果和1.3亿吨蔬菜的浪费。截至2020年，我国冷藏车保有量约22.6万台，较2019年增加4.3万台，同比增长约23.5%，但人均冷藏车不到日本的1/10。冷库方面，我国折合人均冷库体积不到0.1m^3，而日本为0.3m^3，美国为0.4m^3，分别是我国的3倍及4倍。由此可见，我国的冷链产业还处于快速发展期，具有很大的发展潜力。

7.3.2 食品生产过程中的制冷技术和设备

7.3.2.1 用于食品预冷的真空冷却

食品冷却又称为食品的预冷，是将食品的温度降到冷藏温度的过程，为整个冷链过程的起始环节。常用的食品冷却方法有冷风冷却、冷水冷却、碎冰冷却和真空冷却等。具体使用时，应根据食品种类及冷却要求的不同，选择适用的冷却方法。

真空冷却又称为减压冷却，是根据水分在不同压力下有不同沸点来冷却食品的。将压力降低至66.6Pa时，水在1℃即可沸腾。由于气态水分子比液态水分子具有更高的能量，因此水在汽化时必须吸收汽化潜热，而其汽化潜热又是随着沸点的下降而升高的。根据这一原理，可以将被冷却物放入能耐受一定负压的、用适当真空系统抽气的密闭真空箱内，随着真空箱内真空度不断提高，水的沸点不断降低，水就变得容易汽化，水汽化时只能从被冷却物体上吸收热量，被冷却物便可得到快速冷却。

真空冷却并非适合所有食品，它对表面积大（如叶菜类）的食品的冷却效果特别好，具有以下特点：a. 冷却速度快，冷却均匀；b. 干净卫生，真空冷却不需要外来传热介质参与，产品不易被污染；c. 可延长产品的货架期和贮藏期，真空冷却缩短了产品在高温下停留的时间，有利于产品保存，提高保鲜贮藏效果；d. 运行过程中能量消耗少，真空冷却不需要冷却介质，是自身冷却过程，没有系统与外界环境之间的热量传递；e. 操作方便；f. 冷却过程干耗小，若在食品上事先喷淋水，可进一步降低干耗。

7.3.2.2 用于冷冻食品生产的速冻机

速冻机是能够在短时间内冻结大量农产品及畜禽、水产等产品的高效率冻结设备。速冻机一般由围护体、冷风机、传动部件、电控系统等主要部件组成。主要有冻结时间短、效率高、冻结品质优、自动化程度高、卫生环境好等优势。按结构形式可以将速冻机主要分为隧道式、螺旋式、液化床式和平板式四大类；从冻结方式又可以分为空气循环式、接触式、喷淋式和浸渍式四种。在此以隧道式和螺旋式两种速冻机为例进行介绍。

（1）隧道式速冻机

隧道式速冻机的特点是：冷空气在隧道中循环，食品通过隧道时被冻结。根据食品通过隧道的方式，隧道式可分为传送带式（图7-1）和吊篮式等几种。传送带式隧道速冻机由蒸发器、风机、传送带及包围在它们外围的隔热壳体构成。冻结装置用隔热材料做成一条隔热隧道，隧道内装有缓慢移动的货物输送装置，隧道入口装有进料和提升装置，出口装有卸货装置和驱动，货物在传送带上缓慢移动时被冷风冷却而冻结。这种速冻装置在肉类加工厂和水产冷库中被广泛应用。传送带式隧道速冻机可用于冻结块状鱼（整鱼或鱼片）、剔骨肉、肉制品和果酱等，适合于包装产品，而且最好采用冻结盘操作，冻结盘内也可放散装食品。

图 7-1　传送带式隧道速冻机

（2）螺旋式速冻机

螺旋式速冻机克服了传送带式速冻机占地面积大的缺点，可将传送带做成多层，是广泛用于冻结各种调理食品（如肉饼、饺子和鱼丸等）、对虾和鱼片等的冻结装置。

图 7-2 所示的螺旋式速冻机由转筒、蒸发器、风机、传送带及一些附属设备等组成。其运行特点是通过主体部分的转筒带动由不锈钢扣环组成的传送带，传送带随着转筒的旋转做螺旋上升运动。由于转筒的直径较大，所以传送带近于水平，食品不会下滑。传送带缠绕的圈数由冻结时间和产量确定。

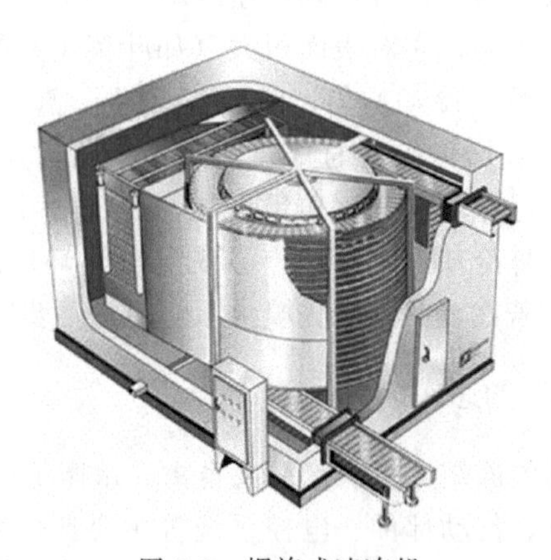

图 7-2　螺旋式速冻机

螺旋式速冻机有以下特点：a. 紧凑性好，由于采用螺旋式传送，整个冻结装置的占地面积较小，仅为一般水平输送带面积的 25%；b. 在整个冻结过程中，产品与传送带相对位置保持不变，冻结易碎食品所保持的完整程度较其他类型的冻结装置好，这一特点也允许同时冻结不能混合的产品；c. 可以通过调整传送带的速度来改变食品的冻结时间；d. 进料、冻结等在一条生产线上连续作业，自动化程度高；e. 冻结速度快，干耗小，冻结质量高；f. 在小批量、间歇式生产时耗电量大，成本较高。

7.3.3 冷库

冷库是制冷设备的一种，是用人工手段，创造与室外温度或湿度不同的环境，也是对食品、液体、化工、医药、疫苗、科学试验等物品的恒温恒湿贮藏设备。截至2020年，我国冷库保有量约5000亿吨，冷库分布在不同的行业，种类繁多。为更好地开发、利用和管理冷库，有必要对各种冷藏库进行分类。冷库分类的方法有很多，不同的分类方法可以从不同的角度反映出冷库的特性。

7.3.3.1 按规模大小分类

(1) 大型冷库

大型冷库的冷藏容量在10000t以上，生产性冷库的冻结能力每天在120～160t，分配性冷库的冻结能力每天在40～80t。

(2) 中型冷库

中型冷库的冷藏容量在1000～10000t，生产性冷库的冻结能力每天在40～120t，分配性冷库的冻结能力每天在20～60t。

(3) 小型冷库

小型冷库的冷藏容量在1000t以下，生产性冷库的冻结能力每天在20～40t，分配性冷库的冻结能力每天在20t以下。

7.3.3.2 按库温要求分类

(1) 冷却库

冷却库又称高温库或保鲜库，库温一般控制在不低于食品汁液的冻结温度。冷却库主要用来储藏果蔬、种子培育、乳制品、饮料、蛋类、茶叶、烟草加工、药材、医药化工储藏等。冷却库或冷却间的温度通常保持在0℃左右，并以冷风机进行吹风冷却。

(2) 冻结库

冻结库又称为低温冷库，一般库温在－20℃以下，通过冷风机或专用冻结装置来实现。

(3) 冷藏库

冷藏库即冷却或冻结后食品的储藏库。它把不同温度的冷却食品和冻结食品在不同温度的冷藏间和冻结间内作短期或长期储存。冷却食品的冷藏间保持库温2～4℃，用于储存果蔬和乳蛋等食品；冻结食品的冷藏间保持库温－25～－18℃，用于储存肉、鱼及家禽肉等。

除了以上两种分类方法，冷库的分类还有多种形式。按冷库使用性质可以分为生产性冷库、零售性冷库、中转性冷库、分配性冷库及综合性冷库。按冷库结构可以分为土建冷库、装配式冷库、覆土冷库及山洞冷库。按冷库的建筑层数可以分为单层冷库和多层冷库。按储藏的商品可以将冷库分为畜肉类冷库、蛋品冷库、水产冷库、果蔬冷库、冷饮品冷库、茶叶及花卉冷库等。按照冷库制冷设备选用工质分类，可以将冷库分为氨冷库和氟利昂冷库。除这些冷库外，还有很多特殊冷库，如医药储藏库、生物制品储藏库、化工原料库、实验室冷库、试剂储藏库、气调冷库等。

7.3.4 冷藏运输设备和装置

7.3.4.1 陆上运输设备

冷链食品的陆上运输主要有铁路冷藏运输和公路冷藏运输。铁路冷藏运输有运输量大、运输距离长、速度快和安全性高等优点，对于大运量、远距离的运输，其经济性较好。公路冷藏运输有机动灵活、方便快捷、周转环节少和密度大的特点，对于小运量、近距离的运输，其经济性较好，已成为冷链食品运输的重要组成部分。公路冷藏运输既可以单独进行冷链食品的短途运输，也可以配合铁路保温车和水路冷藏船进行短途转运。

铁路冷藏运输和公路冷藏运输互为补充，构成了冷链食品运输的有机网络。冷链食品的冷链运输及配送，包括冷链食品的短、中、长途运输及区城配送等，所用的陆上运输设备主要包括铁路保温车和冷藏汽车。

（1）铁路保温车

铁路保温车具有较大的运输能力，适于长距离的冷藏运物。铁路保温车具有良好的保温性能，传热系数小于 $0.25W/(m^2 \cdot K)$。铁路保温车按其冷却方式不同可分为机械保温车、加冰保温车、冷板保温车和液氮保温车等。

（2）冷藏汽车

冷藏汽车一般有机械冷藏汽车、保温冷藏汽车、干冰冷藏汽车、冷板冷藏汽车和液氮冷藏汽车等。机械冷藏汽车采用机械制冷设备给车厢提供冷源，而其他冷藏汽车（保温冷藏汽车除外）则不带制冷装置，仅靠蓄冷材（冷板冷藏汽车）、液氮或干冰提供冷源，保温冷藏汽车既无制冷装置，也无低温物质提供冷源。

机械冷藏汽车是冷藏汽车的主力车型。采用制冷机组给车厢提供冷源，适合于货物的长距离运输。通常使用 R134a 或者 R404A 制冷剂。制冷机可以维持－25～12℃的工作温度范围。机械冷藏汽车的压缩机和风冷式冷凝器常装在汽年驾驶室顶上，并可根据外界温度来调节冷凝器的空气量。当采用冷风机时，将冷风机布置在车厢前部上方。

7.3.4.2 水上运输设备

食品冷链中冷藏运输所用的水上运输设备主要为冷藏船。冷藏船的货舱可分成若干小舱，每个舱室都独立构成一个封闭的保温载货空间，以满足不同货物的温度要求。冷藏舱的温度一般为－25～15℃。

7.3.4.3 冷藏集装箱

冷藏集装箱是一种具有良好隔热和气密性能，并能维持一定低温，适用于易腐食品的运送、贮存的特殊集装箱。冷藏集装箱适用的货物类型有冷冻货物、新鲜水果和蔬菜等。冷藏集装箱一般采用镀锌钢结构，箱内壁、底板、顶板和门由金属复合板、铝板、不锈钢板或聚酯制造。国际上集装箱尺寸和性能都已标准化，温度范围一般为－30～20℃。

随着冷藏集装箱的普及与发展，水上运输的冷藏运输船大部分已被冷藏集装箱运输船代替。冷藏集装箱有装卸灵活、温度稳定、货物损失小、适用于多种运载工具、装卸速度快、运输时间短以及运输费用低等特点，与陆上、水上运输设备配合使用，已在食品冷链中表现出强大的竞争力。

7.3.4.4 航空运输设备

航空冷藏运输是使用飞机或其他的航空器进行冷链货品运输的一种形式，一般都使用冷藏集装箱，这样既可以减少起重装卸的困难，又可以提高机舱的利用率，而且也方便空运的前后衔接。限于飞机的实际情况，航空冷藏集装箱的冷却一般使用液氮或干冰。其特点是速度快，缺点是成本高、可靠性差。

7.3.5 轻型商用制冷技术与设备

轻型商用制冷设备是指冷链物流终端的小型制冷设备，广泛应用于超市、便利店、饭店等场所的快消品冷藏冷冻，包含制冷陈列柜、冷柜、厨房冰箱、饮料冷藏陈列柜、葡萄酒储藏柜、自动售卖机、冰激凌机及商用制冰机等小型制冷设备。

7.3.5.1 陈列柜

在销售环节的商店、超市和便利店，用来展示、销售食品的设备叫食品陈列柜，也称食品展示柜。用于冷藏冷冻食品的展示、销售的食品陈列柜称为食品冷冻冷藏陈列柜。由于冷冻冷藏食品的多样性，为了满足食品的冷藏需求，陈列柜有多种类型，可按柜内温度、外形结构、展示面是否有遮挡物和制冷机组的放置位置等分类。

① 按柜内温度：陈列柜可分为冷藏陈列柜（也称高温陈列柜）、冷冻陈列柜（也称低温陈列柜）和双温陈列柜。

② 按外形结构：陈列柜可分为卧式、立式和组合式等。

③ 按展示面是否有遮挡物：陈列柜可分为敞开式、封闭式。

④ 制冷机组放置位置：根据是否与陈列柜柜体集成为一体，可分为整体式和分体式。

2020年，全球冷藏陈列柜超过1800万台，冷冻陈列柜超过500万台。陈列柜是市场经济的产物，随着各大饮料、冰激淋、速冻食品厂商的发展壮大，陈列柜的市场规模正在不断扩大。在我国经济快速发展背景下，陈列柜的普及率将越来越高，其未来将向着更加智能、节能环保、多元化方向发展。

7.3.5.2 医用冷柜

医用冷柜是指在生物样本库、药品试剂安全、血液安全、疫苗安全四个应用场景下的冷柜设备，涵盖超低温保存箱、低温保存箱、冷藏冷冻箱、恒温冷藏箱等。2020年我国医用冷柜市场销量36万台，同比上年增长33.3%。

疫苗产品一般需要医用冷柜进行恒温存储，由于疫苗对冷链运输环节中温度控制具有严格要求，如我国研制的新冠灭活疫苗的保存温度为2～8℃，国际上一些基因疫苗的保存温度为－70℃，一旦发生断链，会导致疫苗失效。为保证疫苗冷链的完整性，会采用蓄冷技术、疫苗实时监控系统、指示标签等多项技术。

7.3.5.3 制冰机

制冰机是一种将水通过蒸发器冷却后生成冰的制冷机械设备。根据生成冰形不同，可以分为片冰机、板冰机、颗粒冰机、管冰机、壳冰机等。其制冷原理基本相同，许多制冰机也可根据需要设定制作不同形状的冰体。制冰机根据制冰周期内制冰总量可分为家用制冰机、商用制冰机和工业用制冰机。

近年来，出于保鲜、卫生、安全的需要，我国农产品、生鲜食品、海产品和商超零售等市场对冰的需求日益走高，带动了制冰机市场的发展，2019 年我国制冰机销量突破 30 万台。从产品类型来看，将近 80%的制冰机属于商用，其余市场份额为工业制冰机。

在生活中还存在着其他轻型商用制冷技术与设备，例如带制冷功能的自动售货机，为酒水类产品提供一个适合存储的酒柜，冰激凌机等其他轻型商用设备。

7.3.6 冰箱

消费环节是食品冷链的最后一环。消费者购买的冷冻冷藏食品，除即食外，应尽快放入冰箱中。冰箱是一种小型整体式冷藏冷冻装置，它在生活、生产和科研等方面均有广泛用途。2020 年，我国冰箱年产量达 9000 万台，是全球最大冰箱生产国和消费国。

冰箱用途广泛、品种繁多，通常按以下几个方面进行分类。

① 按制冷方式可分为蒸气压缩式、吸收式、半导体式等。其中以电驱动压缩机的蒸气压缩式应用最广泛。

② 按用途可分为家用冰箱、商用冰箱、厨房冰箱及低温冰箱等。

③ 按冷却方式分为：a. 直冷式冰箱（有霜冰箱），制冷剂在蒸发器内汽化吸热，借助空气自然对流实现降温；b. 风冷式冰箱（无霜冰箱），制冷剂在翅片管式蒸发器内汽化吸热，借助空气强迫对流实现降温；c. 直接冷却与吹风冷却兼备的冰箱。

④ 按冰箱的使用功能和制冷能力分为：a. 冷藏箱，温度范围为 0～10℃；b. 冷冻箱温度范围为−18℃以下；c. 冷藏冷冻箱温度范围为−18～−12℃。

⑤ 按箱门形式可分为单门、双门、对开门、三门或多门。

⑥ 按冰箱的容积可分为小型、中型和大型三种。有效容积小于 180L 的称为小型；180～300L 的称为中型；300L 以上为大型。

⑦ 按冰箱的使用气候类型分为：a. 亚温带型（SN 型）；b. 温带型（N 型）；c. 亚热带型（ST 型）；d. 热带型（T 型）。

冰箱以箱体为支架，固定安装各组成部分。全封闭式压缩机固定在最下层。箱体为双层结构，即外壳和内胆。外壳用优质薄钢板压制焊接而成，经喷砂或酸洗后喷涂磁漆或塑料。内胆用塑料真空成型。在外壳和内胆之间填以隔热材料。常用的隔热材料是现场发泡的聚氨酯泡沫塑料，厚约 30～40mm。这种泡沫塑料保温性能好，且有较高的硬度和黏结强度，对箱体可起到一定的增固作用。此外如真空绝热板（VIP 板）是近年出现的一种新型高效隔热材料，热导率在 0.005W/(m·K) 以下；它采用聚苯乙烯(PS)、聚氨酯泡沫、玻璃纤维等为芯材，内置气体吸附剂和干燥剂，在抽真空状态下双面用气体隔绝材料密封成板材；采用 VIP 板，可有效减小冰箱发泡层厚度，增大有效容积，降低能耗。

冰箱门外壳与箱体外壳采用同样的材料，门衬板为塑料真空成型。为增大冰箱有效容积，在门衬板上制有格架，可放置蛋类、各种瓶装液体及少量扁平包装的食物。门外壳与衬板之间填以泡沫塑料绝热层。箱门壁四周装有磁性橡胶封条可防止冷气外泄和潮气侵入。

冰箱所采用的主流制冷剂为R600a，与R134a相比，R600a温室效应低、系统充注量低、与各种压缩机润滑油兼容，同时具有单位质量制冷量大、系统效率高等优点。

7.4 ▸ 制冷技术与人工环境

人工环境是指用人工方法构成各种人们所希望达到的环境条件，既包括地面的各种气候变化，也包括高空宇宙和其他特殊要求。与人工环境有关的制冷技术应用包括空气调节、热泵供热和干燥、人工冰雪环境等。

制冷系统与制冷设备在空调领域中的应用比重非常大。制冷和空调是相互联系的两个领域，但它们分属两个不同的学科，也有各自的范围。这种相互联系又相互独立的关系可用图7-3表示。

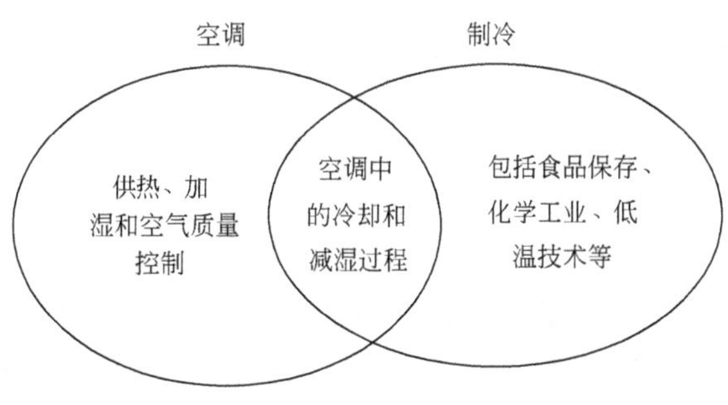

图7-3　制冷与空调的关系

制冷是一种降温冷却过程，其最大应用就是空调。制冷在空调中的作用包括三个方面：

(1) 干式冷却

当空气的含湿量满足要求，而需降低其温度时，可通过制冷系统降低表面式冷却器温度，但此温度必须高于湿空气的露点温度。当空气经过表面冷却器后，温度降低而含湿量不变，此处理过程称为干式冷却。空气经过干式冷却过程后，温度降低，焓值下降，但含湿量不变。

(2) 减湿冷却

如果制冷表面式冷却器的温度低于空气的露点温度，则既可降低空气的温度，又可降低空气的含湿量。这种处理空气的过程称为减湿冷却。空气经过减湿冷却过程后，温度、焓值和含湿量均下降。

(3) 减湿与干式冷却混合方式

减湿冷却过程需要将表面冷却器降低到空气露点温度以下，一般常使得空调器系统蒸发温度降低到5℃左右，而实际空调系统空气温度在25～28℃，传统空调器减湿冷却方式使得系统能耗增加。如果将减湿与冷却分离，则可构成减湿与干式冷却混合方式，采用除湿剂或转轮干燥可以有效处理空气减湿，之后再对空气进行干式冷却。可以使空调系统节能10%～30%，比较适合于风管送风型中央空调系统。

7.4.1 空调技术及设备

空气调节的主要任务，就是在所处自然环境下，使被调节空间的空气保持一定的温度、湿度、流动速度及洁净度、新鲜度。而与之对应的，则是要根据空气调节的对象不同，设计不同的空调设备方案。根据用途不同，可将空调设备分为舒适性空调设备、工艺性空调设备及交通运输中的空调设备。

7.4.1.1 舒适性空调技术及设备

舒适性空调以室内人员为服务对象，目的是创造一个舒适的工作或生活环境，以利于提高工作效率或维持良好的健康水平。如住宅、办公室、影剧院、百货大楼的空调。舒适性空调包括以下几个常见类别：

(1) 房间空调器

随着空调技术的发展以及人民生活水平的不断提高，人们对房间的舒适性要求越来越高，房间空调器也早已进入寻常百姓家。我国国家标准《房间空气调节器》（GB/T 7725—2004）中，将额定制冷量在14kW以下的家用和类似用途的空调器称为房间空调器。2019年我国房间空气调节器产量为21866万台，截至2019年，我国空调市场保有量为4.5亿台，其中城镇空调器拥有量为148台/百户、农村城镇空调器拥有量为71台/百户。

房间空调器按结构分为整体式和分体式两种型式。其中，整体式空调器的压缩机、冷凝蒸发器、毛细管和风机等全部设备放置在一个壳体内，整体式空调器常见的是窗式空调器。分体式空调器则分为室外机组和室内机组：压缩机、冷凝器、室外风机、节流装置等在一个壳体内，组成室外机组；而蒸发器、室内风机、电控元件等在一个壳体内，组成室内机组。室内机组和室外机组通过管道连接。分体式空调器常见的有分体壁挂式空调器和分体立柜式空调器等。房间空调器按功能又分为冷风型（或单冷型）和热泵型两种型式。其中，冷风型空调器只有制冷和除湿功能。热泵型空调器有制冷、除湿和制热功能，制热是通过制冷剂在制冷系统内的逆向循环运行实现的。

(2) 多联机小型中央空调

多联式空调（热泵）机组，又称变制冷剂流量直接蒸发式空调系统（简称多联机），其中主要包括以变频压缩机为标志的变容量系统和以数码涡旋压缩机为标志的变容量系统，具有系统简单、使用灵活、安装方便、运行节能、易于计费等特点，应用日益广泛。2019年我国多联机市场规模约为457亿元，占中央空调市场容量约为51.6%。

1987年变频多联机诞生，开始了多联机在空调业界的变频浪潮，多联机的温度控制精确性、节能性有了实质的飞跃。1989年涡旋式多联机问世，1990年主机功率15kW的涡旋式多联机问世，多联机的容量逐渐扩充，运转范围不断扩大，产品种类不断增加。多联机技术在中国起步较晚，2000年中国生产出第一台变频多联机，2003年中国第一台数码涡旋多联机诞生，2005年中国第一台低温热泵多联机诞生，2006年中国第一台热回收型多联机诞生。多联机领域新技术发展不断，如采用低阻力翅片和高效内螺纹铜管等高效换热技术提高低温环境下制热性能；通过风机风道优化和控制技术降低内外机噪声；网络集中控制系统、智能楼宇控制系统、远程监控系统等智能化技术，使空调运行管理更加简捷高效。

图 7-4 所示的多联机空调系统是用 1 台或多台风冷室外机连接数台不同或相同形式、容量的直接蒸发式室内机构成的单一热泵系统，可以同时向多个功能分区直接提供处理后的空气的空调系统。室内机和室外机之间由细小的冷媒铜管连接，每台室内机都有独立的遥控器进行完善的操作和控制，根据室内舒适性参数及室外环境参数，通过控制压缩机的转速来调整制冷剂的循环量和进入室内换热器的制冷剂流量，适时地满足室内冷热负荷要求，实现夏季制冷和冬季制热。相对于传统形式的中央空调系统，多联机系统设备少，布置灵活；室内机能够独立控制，使用灵活；外形美观，维护简单，在办公建筑、医院和高级住宅等建筑中广泛应用。多联机系统多采用涡旋式压缩机，相对于其他形式的压缩机，具有效率高、结构简单、噪声低的优点。作为一种制冷剂直接蒸发的空调系统，介质输送能耗和换热损失较小。且多联机可以根据建筑负荷变化调整压缩机的转速，实现连续运行，避免了启停损失。

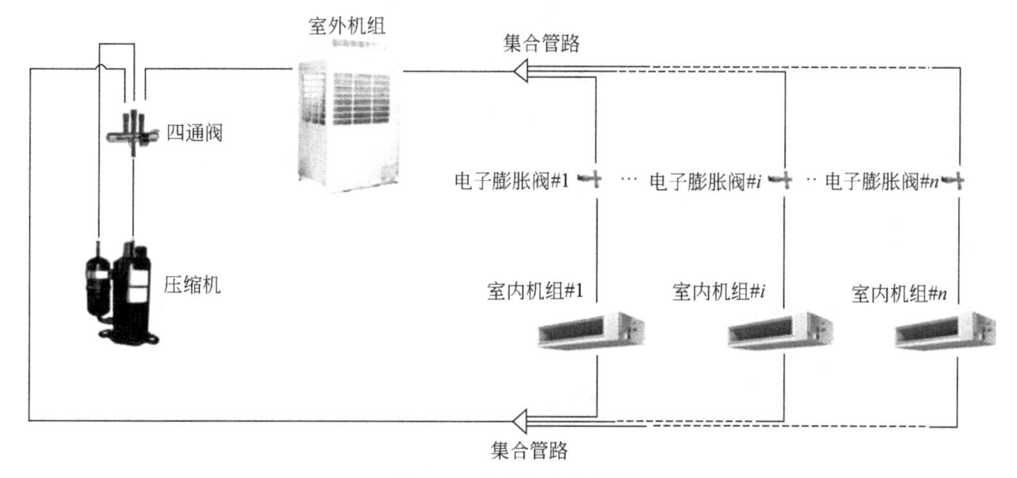

图 7-4　多联机空调系统

(3) 冷水机组及中央空调

在空调工程中常用冷水作为调节和处理空气设备的冷源，冷水机组是生产冷水的制冷装置，按其驱动动力的种类分为电力驱动的冷水机组和热力驱动的冷水机组。

电力驱动的冷水机组多是采用蒸气压缩式制冷原理制造的蒸气压缩式冷水机组，根据驱动压缩机类型又可以分为活塞式、螺杆式、离心式、涡旋式冷水机组，根据冷凝器的冷却方式又有风冷式、水冷式及蒸发冷却式三种，如图 7-5 所示的离心式水冷冷水机组就是采用水冷冷凝器和离心式压缩机的冷水机组。

图 7-5　离心式水冷冷水机组

热力驱动的冷水机组多是采用溴化锂吸收式制冷原理，因此也称为溴化锂吸收式冷水机组，按驱动热源可分为蒸气型、热水型及直燃型，按能量利用形式又分为单效型和双效型吸收式冷水机组。如图 7-6 为热水型溴化锂吸收式冷水机组。

图 7-6　热水型溴化锂吸收式冷水机组

采用冷水机组作为中央空调主机，配合冷水系统和空调末端机组就可以形成中央空调系统，如图 7-7 为采用离心式水冷冷水机组的中央空调系统，水冷冷凝器通过水泵和冷却塔把冷凝热排向室外的环境空气，冷水机组的蒸发器制取 7℃的冷冻水，通过水泵向室内风机盘管和空气处理机提供冷冻水，实现对室内环境的空气降温。此类型的中央空调机组可为机场、地铁站、体育场馆、医院以及商业建筑提供空调服务。

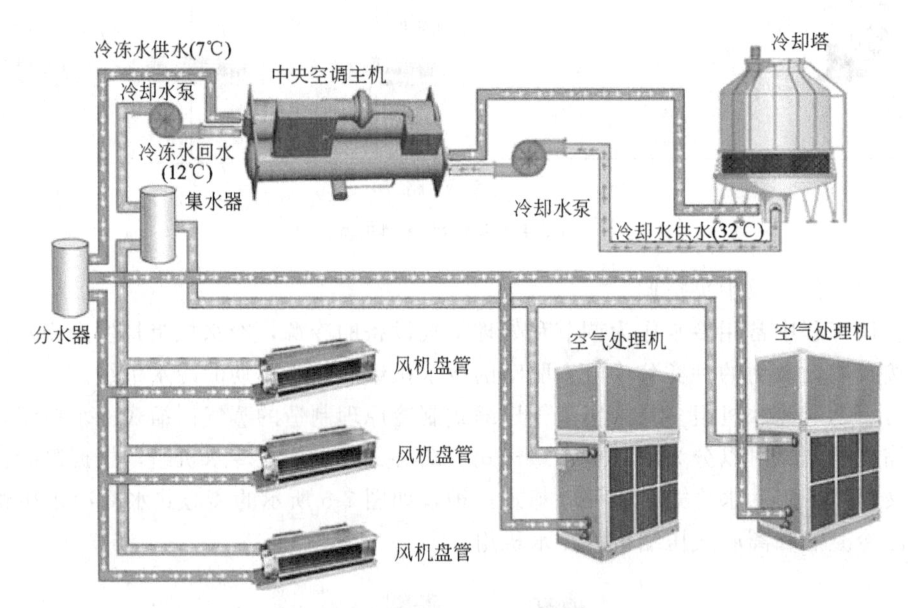

图 7-7　采用离心式水冷冷水机组的中央空调系统

7.4.1.2　工艺性空调技术及设备

工艺性空调设备，又称为生产工艺性空调，主要用以满足在多种工业、商业的工艺制造场合中，温度与湿度控制的制冷系统，主要用于数据中心、博物馆、电气电子设备、传统工业制造等精密空调和专用空调。

(1) 数据中心空调

数据中心空调又叫机房空调。数据中心是一类特殊建筑，主要用来集中放置和管理各类IT设备（如服务器、交换机、高性能计算机、工作站等）及配套设施（电源、照明、空调等），以实现对大量数据的存储、运算、通信、网络服务等功能，为不同需求的用户提供实时高效的信息处理服务。

数据中心机房是典型的高耗能场所，其全年不间断的运行模式使得其年运行时间为普通商业建筑的3倍，设备密集摆放使其用能量大而集中，单位面积能耗可达办公建筑的100倍。在各类机房IT设备中，通信类设备散热密度最高，其满负荷运行的峰值超过$8kW/m^2$。一般大型机房在正常运行时单位建筑面积发热量约500～2000W，即散热密度500～$2000W/m^2$，且是全年不间断散热。因此信息机房的散热密度和散热量都远高于有一定作息规律的普通办公建筑（约$100W/m^2$）和大型公共建筑（约$200W/m^2$）。

(2) 博物馆空调

博物馆内部功能的复杂多样使得室内环境要求多样且严格、苛刻；空间形式的复杂多样使得空调通风的气流组织要求各不相同。与商业公共建筑不同，博物馆类建筑的文化艺术空间室内设计和装修在很大程度上限制了空调系统的末端形式。风口不仅仅是空调系统的末端，而是室内装修设计的一部分。

文物保存需要恒温恒湿的环境，但是不同材质的文物需要不同的恒温恒湿环境。不同于精密仪器机房的恒温恒湿，很多文物对空气湿度变化率的要求远比对温湿度值本身更加严格，所以对文物库房的室内温湿度还提出了“日较差”的要求。日较差是指温度或湿度在全天24h内变化的振幅，是全天中温湿度最高值与最低值之差。例如虽然相对湿度要求是50%±5%，看似全天相对湿度最低45%、最高55%就可以满足要求，但是全天湿度变化却超过了5%日较差的要求。根据文物材质对环境温湿度要求，文物库房内温度要求全年都是20℃±1℃，但对环境相对湿度的要求却不同。同时文物库房还要满足环境相对湿度日波动值不大于5%，温度日较差不大于2℃的要求。

恒温恒湿房间多采用风冷恒温恒湿专用空调机组，而博物馆要求恒温恒湿的房间数量多、规模大，如果采用上述机组，则设备数量多、布置分散、投资大、能效比（COP）低、噪声大、效率低、运行费用高。建筑上也不允许如此多的室外风冷机组破坏建筑外观效果，设计上通常采用常规空调机组，通过高可靠集中冷热源和空调自控手段达到恒温恒湿的效果。

(3) 工业空调

工业建筑是指用于工业生产、加工、装配和维修的厂房，以及与之配套的仓库、构筑物、服务设施、各种工业设施和基础设施，还包括手工业生产所使用的建筑等。

大空间工业建筑是工业建筑的一种重要形式，比较常见的大空间工业建筑有印刷业轮转车间、纺织车间、炼钢车间、大型锅炉房等。通常大空间工业建筑是工业企业从事生产活动的主要场所，其使用率高，对空调系统有一定的要求，室内空气参数直接影响着产品的质量和工作人员的健康。随着时代的发展，越来越多的大空间工业建筑已经从过去只需要通风变为需要空气调节来满足使用要求。如图7-8所示为工业建筑空调系统。大空间工业建筑往往具有人员散热量、照明散热量和设备散热量大的特性同时大空间需要大风量才能使人员感受到舒适或者达到生产工艺的要求，这两方面都导致大空间工业建筑空调能耗比其他工业建筑厂房的空调能耗高得多，空调设备的初投资与运行费用也较高。

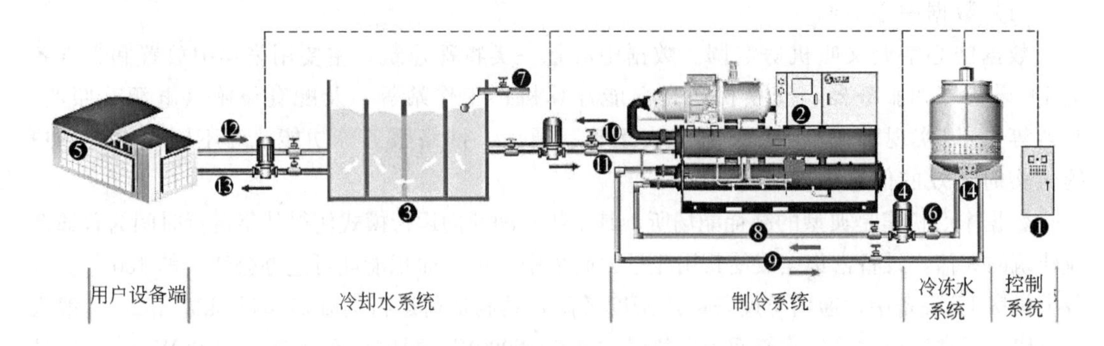

图 7-8　工业建筑用空调系统

1—冷水系统控制柜；2—制冷机组；3—混合水箱；4—水泵；

5—工业生产设备；6—阀门；7—补给水入口；8—冷却水出水；9—冷却水进水；

10—冷冻水出水；11—冷冻水进水；12—设备出水；13—设备进水；14—冷却塔

（4）种植养殖用空调

为了推动绿色农业的发展，需要利用现代化技术转变农业发展方式，以推动绿色农业发展。适用于农副业的“茶叶空调”“蔬菜空调”“西瓜空调”等开始在农村市场热销。茶农使用“茶叶空调”可以让夏、暑茶达到春、秋茶品质，让夏茶也能卖春茶价，这些可以让农民增收的农业特种空调越来越受到农民欢迎。通过运用农业特种空调可以对一系列农产品进行针对性的季节调整，能生产出适合市场需求的农产品，在一定程度上可以提高农产品的品质及市场竞争力。

随着农村经济结构的调整和国家政策的大力扶持，我国养殖业正快速向规模化、集约化饲养模式转变，规模化养殖比例不断扩大，我国生猪年出栏 500 头以上的规模养殖比例已占 44%。传统养猪业冬季大多利用煤炭或电力为猪舍供热，夏季利用水帘为猪舍降温，这将导致冬季能耗巨大，夏季室内湿度过高，以致小猪的成活率较低，猪群的抵抗力减弱，极易引发消化道、呼吸道等疾病，严重影响养猪生产的经济效益和社会效益。因此，采用专用空调设备来维持猪场室内稳定舒适的热湿环境就显得尤为重要。

7.4.1.3　交通运输中的空调设备

随着人们生活水平的提高，各种交通设备中开始安装空调装置，汽车上有汽车空调，火车上有列车空调，飞机上有飞机空调，连一些军用坦克和装甲车上也会安装空调系统。

（1）汽车空调

汽车空调为汽车提供制冷、取暖、除霜、除雾、空气过滤和湿度控制功能，已成为汽车市场竞争的主要手段之一。汽车空调制冷剂一般为 R134a，利用发动机或电机驱动压缩机旋转，从而驱动制冷系统，形成制冷循环产生制冷效应。其中，汽车空调的采暖系统可使乘员避免过量着装、为车窗提供除雾和除霜功能，提供舒适性和安全服务；汽车空调的冷气系统则通过制冷、除湿来提供舒适性，通过使司机保持警醒、允许关窗等措施提供安全服务；采暖和冷气系统还可提供除尘、除臭的功能。这些功能已成为车辆必不可少的要求。虽然轿车的燃油余热能够满足轿车内的采暖和除霜的需要，但近期研制的高效汽油、柴油发动机的余热会进一步减少，电动车和混合动力车则不得不牺牲驱动性能来采暖和制冷，因此必须通过提高汽车空调系统的效率来减轻汽车的动力负担。对于新一代的环保型汽车，如电动、混合动力、燃料电池和其他低排放车辆，由于本身动力远小于传统动力车辆，能够提供给空调系统的动力极为有限。图 7-9 为用于新能源汽车的空调系统。

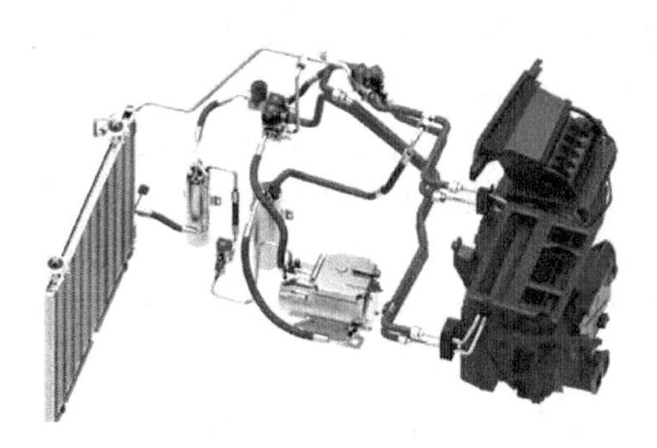

图 7-9 汽车空调系统

（2）列车空调

铁路列车空调装置是控制列车车厢内的温度、湿度、风速、清洁度，并使之达到规定标准的一种装置。与建筑空调工况相比，列车空调运行工况有很大不同。虽然列车内的控制温度是一定的，但是由于列车作为一种交通工具，搭乘的乘客数量不固定。特别是中国地理情况决定了很多长途列车跨越的地区气候状态变化较大，室外温度发生较大变化，这样会影响列车空调的负荷。根据我国实际情况，铁路列车空调可分为普速铁路空调、快速铁路空调、高速铁路空调。此外，地铁列车空调也是列车空调的一种。列车空调系统主要由空调机组和控制系统组成，空调机组由结构部分、系统部分和控制器组成，其中，结构部分包括空调外壳和机组防护罩等；系统部分包括蒸发器、冷凝器、节流结构和压缩机；控制器包括主控制器、人机交互控制器及紧急通风逆变模块；控制系统包括独立控制和集中控制，独立控制通过每节车厢安装的车控器对空调机组进行控制，同时，通过列车总线和通信将所有车控器系统连接，从而实现对所有空调机组的集中控制。

（3）飞机空调

飞机空调的作用在于使飞机增压舱中的空气保持在一个合适的压力、温度和新鲜度。飞机空调系统由空气冷却系统、温度控制系统、空气分配系统和增压控制系统组成。空气冷却系统充分利用飞机上的现有条件，引用来自飞机发动机的部分增压空气作为制冷工质，将迎飞机来的冲压空气作为压缩空气的冷却介质，被冷却的增压空气经过透平、膨胀降温后送到空气分配系统中。热空气可简单地引用来自发动机引来气体中的一部分，温度控制系统通过冷热空气在空气分配系统中的流量比来调节温度。

7.4.2 热泵技术及设备

热泵是一种充分利用低品位热能的高效节能装置，也是一种基于制冷技术来工作的设备。它不同于人们所熟悉的可以提高位能的机械设备——泵；热泵通常是先从自然界的空气、水或土壤中获取低品位热能，经过热力循环，然后再向人们提供可被利用的高品位热能。典型的热泵热力循环包括蒸气压缩式热泵和吸收式热泵。热泵系统可用于采暖、制取生活热水、热风干燥以及工业供热等场合，具有节能、环保等特点，是近年来发展较快的一种高效环保制热技术。

（1）蒸气压缩式热泵

蒸气压缩式热泵系统由压缩机、冷凝器、节流机构和蒸发器组成。它们之间用管道连接成一个封闭系统，热泵工质在系统内循环流动。其工作过程是：蒸发器内产生的低压低温热泵工质蒸气，经过压缩机压缩使其压力和温度升高后排入冷凝器；在冷凝器内热泵工质蒸气在压力不变的情况下与水或空气进行热量交换，放出热量而冷凝成液体；高压液体热泵工质流经节流机构，压力和温度同时降低后进入蒸发器；低压低温热泵工质液体在压力不变的情况下不断吸收低位热源（空气或水）的热量而汽化成低温蒸气，蒸气被压缩机吸入。热泵工质在系统内经过压缩、冷凝、节流和汽化四个过程完成一个热泵循环。

（2）吸收式热泵

吸收式热泵是利用由两种沸点不同的物质组成的溶液（通常称为工质对）的气液平衡特性来工作的。吸收式热泵由发生器、吸收器、冷凝器、蒸发器、节流阀以及溶液泵等组成。吸收式热泵有两类，分别是第一类吸收式热泵和第二类吸收式热泵。

第一类吸收式热泵也称增热型热泵，是利用少量的高温热源（如蒸汽、高温热水、可燃性气体燃烧热等）为驱动热源，产生大量的中温有用热能。即利用高温热能驱动，把低温热源的热能提高到中温，从而提高了热能的利用效率。第一类吸收式热泵的性能系数大于1，一般为1.5～2.5。如图7-10所示的烟气全热回收型吸收式热泵即为第一类吸收式热泵。

图7-10　烟气全热回收型吸收式热泵

第二类吸收式热泵也称升温型热泵，是利用大量中温热源产生少量高温有用热能。即利用中低温热能驱动，用大量中温热源和低温热源的热势差，制取热量少于但温度高于中温热源的热量，将部分中低热能转移到更高温位，从而提高了热源的利用品位。第二类吸收式热泵性能系数总是小于1，一般为0.4～0.5。两类热泵应用目的不同，工作方式亦不同。

（3）热泵干燥

随着社会和科学技术的不断发展，热泵技术逐渐应用于干燥领域。热泵的最早应用出现于20世纪20年代，到了50年代，才作为商品出现在市场上。但是，早期由于产品销售价高、可靠性差等原因，使热泵生产发展缓慢。70年代，随着石油危机的出现和热泵技术本身的不断改进和完善，热泵又以其独特的优势重新进入市场。

热泵干燥由热泵和干燥两大系统组成。热泵由压缩机、冷凝器、节流机构和蒸发器等组成闭式循环。热泵系统内的工质在蒸发器中吸收来自干燥过程排放的热量后，由液体蒸发为蒸气；经压缩机压缩后送到冷凝器中；在高压下热泵工质冷凝液化，放出高温的冷凝热加热来自蒸发器的降温去湿的低温干空气，把低温干空气加热到要求的温度后进入干燥室内作为干燥介质循环使用；冷凝液化后的热泵工质经节流机构再次回到蒸发器内，循环工作。废气中的大部分水蒸气在蒸发器中被冷凝下来直接排掉，从而达到除湿干燥的目的。

热泵干燥已广泛应用于木材干燥、烟叶干燥、茶叶干燥、污泥干燥、种子干燥、食品加工、陶瓷烘焙、纺织服装行业等领域，其具有如下优点：a. 高效节能；b. 干燥物品的品质好、色泽好、产品等级高；c. 热泵干燥介质可实现封闭循环；d. 结构形式多样。

（4）热泵热水器

如图 7-11 所示为空气源热泵热水系统，其能够通过消耗少量的电能把空气中的低品位热能通过制冷工质搬运到水中，从而有效地节省热水制备所需的能源，本质上是采用制冷循环原理工作。空气源热泵热水系统运行时，低温低压的液态制冷剂在流经蒸发器时从外界空气中吸收热量，变成低温低压的制冷剂蒸气；低温低压的制冷剂蒸气流入压缩机，经压缩机压缩做功后变成高温高压的制冷剂蒸气；高温高压的制冷剂蒸气流经冷凝器，并将热量通过冷凝器传递给冷水，从而提高水温，而高温高压的制冷剂蒸气则因冷水吸收热量的缘故冷凝成了液态制冷剂；液态制冷剂流经节流机构，压力下降，再次变为低温低压的液态制冷剂。该过程循环往复，制冷剂在蒸发器、压缩机、冷凝器、节流机构之间不断

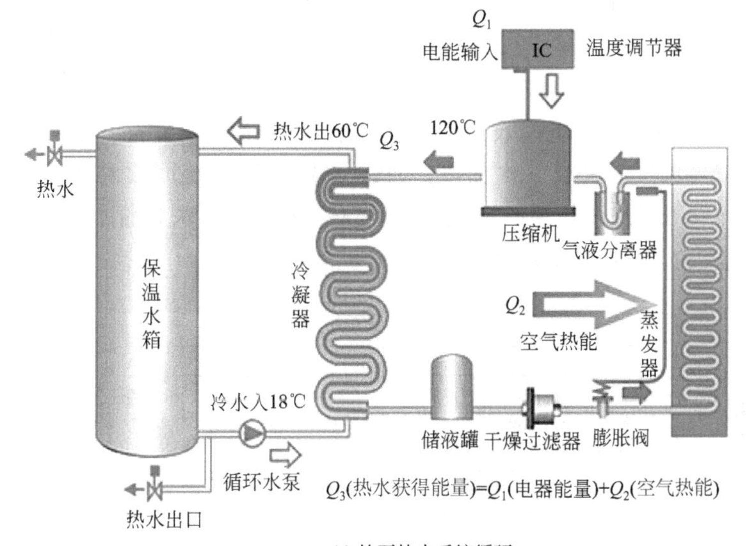

(a) 热泵热水系统循环

(b) 热泵热水系统安装图

图 7-11　空气源热泵热水系统

流动，低温冷水便可通过冷凝器不断地被加热，直至加热到设定的温度。

与传统的热水系统相比，空气源热泵热水系统具有以下优势：

① 与燃煤、燃气、太阳能等传统的热水系统相比，空气源热泵热水系统不受燃料供应因素的影响，且受夜晚或阴天、下雨及下雪等恶劣天气的影响也较小。

② 空气源热泵热水系统通过制冷工质交换热量进行加热，水电完全分离，无须燃煤或燃气，可实现一年四季、全天24h安全运行，不会对环境造成污染。

③ 传统的热水系统受能量转换效率的限制，制热系数均小于1；而空气源热泵热水系统仅通过消耗少量的电能便可驱动制冷工质吸收空气中大量的低品位热能，制热系数大于1，环境温度较高时，制热系数可达3～5。

7.4.3 制冷技术与冰雪运动

冰雪运动需要制冷系统的支持。以国家速滑馆（图7-12）为例，国家速滑冰场区域包括五块冰面：一个标准大道速滑道，宽度为5m＋4m＋5m；一个4m宽的速滑练习道；两个内场冰面，内含61m×30m标准冰面；一个9.2m×34m冰车停靠区；一个61m×30m临时冰场。北京冬季奥林匹克运动会采用CO_2新型环保制冷技术建设冰上场馆，是世界首次在12000m^2冰场采用CO_2跨临界制冷系统。制冷压缩机组配置多台半封闭式CO_2压缩机，CO_2制冷还能更高效地回收热能。过去的制冷系统，热回收无法直接达到浇冰车需求的75～80℃，需要二次加热，通过CO_2制冷系统回收的热则可以直接利用而不需二次加热。采用制冰余热回收解决运动员生活热水、融冰池融冰和冰面维护浇冰等能源需求，每年预计可节省约1.8×10^6 kW·h电能。

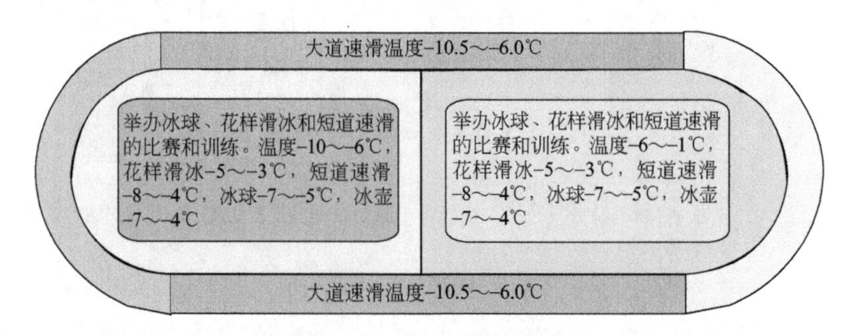

图7-12 国家速滑馆示意

国家雪车雪橇中心的造雪工程采用了氨制冷系统。雪车U形赛道由钢筋混凝土构件连接，内部是钢制的制冷剂管道。氨制冷系统的氨制冷机房位于赛道结束区南侧低点。该设备有5台氨制冷压缩机组，制冷系统的蒸发温度为－18℃，总制冷量达到6000kW。

7.5 ▸ 制冷低温技术与气体液化分离

气体工业对于钢铁行业、化工行业以及能源行业具有重要作用，如钢铁行业需要大量氧气，很多电子工业需要大量的氮气保护。氮气是一种工业中常用的价廉物美的气体，在一些化工行业中也具有重要的价值，常用的氮气和氧气一般都通过低温空分系统从空气中获得。在天然气贸易中，常采用液态天然气形式进行储运，因此采用低温流程和装置来制取液化天然气也是能源行业的一种重要应用。对于氢能来说，由于液氢具有更高的能量密度，因此采用低温液化氢气的方法来储运氢燃料也是氢能领域的重要研究方向。

7.5.1 低温空分系统和装置

自然界存在着多种气体混合物。例如空气是由氧、氮和少量氩以及微量氦、氖、氪、氙等组成；天然气由甲烷、乙烷、氮、二氧化碳、氧、氦等组成。某些工业部门的中间产品或废气也多为气体混合物。例如合成氨的弛放气中含有氢、氮、氩、甲烷等成分，炼焦厂的焦炉气中含有氢、二氧化碳、甲烷、氮、乙烷、乙烯、一氧化碳、丙烯等成分。为满足工业生产、国防建设及科学研究对纯气体的需要，就得设法将这些混合气体予以分离。

空分装置就是用来把空气中的各组分气体分离，分别生产空气组分的氧气、氮气、氩气等气体的一套工业装置。氧气、氮气是工业气体行业的主要产品，约占全部工业气体产品的90%左右，而空分气体主要包括氧气、氮气和氩气，故我国工业气体行业的快速发展，直接带动空分气体行业稳定增长。最常用的空气分离方法是低温精馏法分离。低温分离方法通过低温制冷循环方法（膨胀和节流）把空气变成液态，经过低温精馏，根据不同沸点从液态空气中逐步分离生产出氧气、氮气及氩气。其他空气分离方法，如膜分离法、变压吸附法（PSA）和真空变压吸附法（VPSA）等，主要应用于从空气中分离单一组分。而用于半导体器件制造的高纯氧、氮和氩需要低温精馏法。同样，稀有气体氖、氪和氙的可行来源也是使用低温精馏法，因此低温精馏法是最重要的空气分离方法。

1879年，Linde博士在德国创建了林德公司，并在1902年制造出了世界上第一台低温空气分离装置：$10m^3/h$（标况下，下同）的制氧机，世界空分发展至今已有100多年的历史。按照工艺分，空分产业经历了高压节流到中压带膨胀机，再到高低压带膨胀机，最后全低压的流程变化；按照产品分，空分产业经历了单一制氧到氧氮并存再到制取氩、氮、氧，最后氧、氮、稀有气体等多种气体全面开花的历程。节能和安全是当今工业的主旋律，世界空分产业正向着特大型、高纯度、高产出、自动化、低能耗方向发展。

1949年以前，中国没有自己的空分设备制造业，少数几个氧气厂合在一起也就几十套进口的$10\sim200m^3/h$的空分设备。直到1953年年底，哈尔滨制氧机有限责任公司前身哈尔滨制氧机厂自行研制出了2套$30m^3/h$的制氧机，两年后杭氧股份有限公司前身浙江铁工厂研制出了$30m^3/h$的制氧机，我国的空分产业才算由此诞生。1978年以后，随着股份制公司和民营制造企业的出现，才使我国的空分产业形成一个气体分离与设备制造的行业。随后空分行业飞速发展，截至2017年年底，我国空分设备的保有量高达$3.9\times10^7m^3/h$，新生产的成套空分设备折合制氧总容量约$2.0\times10^6m^3/h$。我国已可制造$10000\sim120000m^3/h$的空分设备，空分设备与空分技术已达到国际较高水平。

表7-3中列出了我国部分行业对空分设备规格的具体要求，现阶段空分气体的主要需求还是来源于冶金和化工等传统产业，冶金和化工两大行业需求占比超过50%，新兴产业需

求还相对不足。从国外空分气体行业的现状和发展趋势来看，国外空分气体下游需求中，冶金和化工行业总需求仅占市场需求的40%左右，这意味着未来我国空分气体市场上来自电子、食品、医药、新能源、煤化工等新兴产业的气体需求的增长将显著快于冶金、化工两大行业。2020年，中国工业气体年产值已经超过1300亿元，年增长速度约10%。

表 7-3　部分行业对空分设备规格的具体要求

下游应用	工艺/装置	参数要求
钢铁	高炉—转炉连铸—轧钢	每100万吨钢的年生产能力需配置的空气分离设备的制氧能力约为15000m^3/h
	熔融还原炼铁技术	每100万吨钢的年生产能力需配置的空气分离设备的制氧能力约为50000m^3/h
发电	IGCC(整体煤气化联合循环)装置	IGCC技术在煤气化过程中需要大量纯氧作为氧化剂，每30万千瓦时的发电能力需配置的空气分离设备的制氧能力约为60000m^3/h
化肥	煤气化技术生产合成氨	30万吨合成氨的年生产能力需配置的空气分离设备的制氧能力约为30000m^3/h
	使用天然气生产合成氨	30万吨合成氨的年生产能力需配置的空气分离设备的制氧能力约为40000m^3/h
	使用重质油生产合成氨	30万吨合成氨的年生产能力需配置的空气分离设备的制氧能力约为40000m^3/h
石化	乙烯装置	30万吨乙烯产能平均需配备15000m^3/h设备
	炼油装置	青岛1000万吨炼油厂配置85000m^3/h设备
煤化工	煤气化技术合成油	每100万吨合成油的年生产能力需配置的空气分离设备的制氧能力约为300000m^3/h
	煤气化生产甲醇	每100万吨的年生产能力需配置的空气分离设备的制氧能力约为120000m^3/h
	煤气化生产合成天然气	每1000万立方米每天的生产能力需配置的空气分离设备的制氧能力约为240000m^3/h
	煤直接液化技术合成油	每100万吨的年生产能力需配置的空气分离设备的制氧能力约为100000m^3/h
	煤制烯烃	180万吨甲醇/60万吨乙烯项目配置240000m^3/h制氧设备

空气的精馏一般分为单级精馏和双级精馏，单级精馏塔分离空气不能同时获得纯氧和纯氮，为了同时得到氧、氮产品，便产生了双级精馏塔。

(1) 单级精馏塔

单级精馏塔有两类，一类是制取高纯度液氮（或氮气）；一类是制取高纯度液氧（或氧气）。如图7-13所示。

图7-13(a) 所示为制取高纯度液氮（或氮气）的单级精馏塔，它由塔釜、塔板及筒壳、冷凝蒸发器三部分组成。压缩空气经换热器和净化系统除去杂质并冷却后进入塔的底部，并自下而上地穿过每块塔板，与塔板上的液体接触，进行热质交换。只要塔板数目足

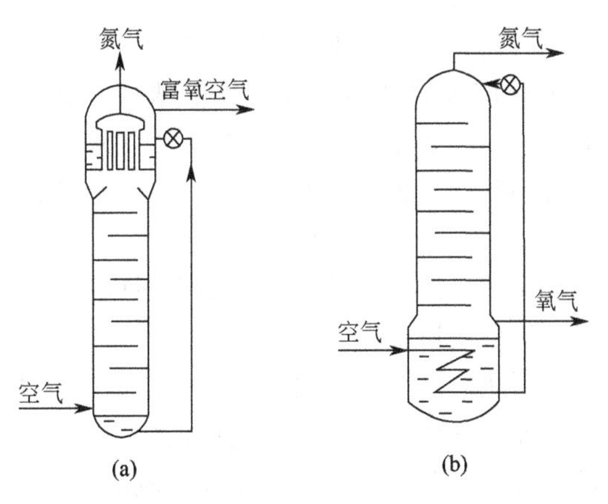

图 7-13　单级精馏塔

够多，在塔的顶部就能得到高纯度氮气（纯度为 99%以上）。该氮气在冷凝蒸发器内被冷凝而变成液体，一部分作为液氮产品，由冷凝蒸发器引出；另一部分作为回流液，沿塔板自上而下地流动。回流液与上升的蒸气进行热质交换，最后在塔底得到含氧较多的液体，叫富氧液空，或称釜液，其含氧量约 40%。釜液经节流阀进入冷凝蒸发器的蒸发侧（用来冷却冷凝侧的氮气）被加热而蒸发，变成富氧空气引出。如需获得氮气，可以从冷凝蒸发器顶盖下引出。

图 7-13(b) 所示为制取纯氧（99% 以上）的单级精馏塔，它由塔体及塔板、塔釜和釜中蛇管蒸发器组成。被冷却和净化过的压缩空气经过蛇管蒸发器时逐渐被冷凝，同时将它外面的液氧蒸发。冷凝后的压缩空气经过节流阀进入精馏塔的顶端。此时，由于节流降压，有一小部分液体汽化，大部分液体自塔顶沿塔板下流，与上升的蒸气在塔板上充分接触，含氧量逐步增加。当塔内有足够多的塔板时，在塔底可以得到纯的液氧。所得产品氧可以气态或液态引出。该塔不能获得纯氮。由于从塔顶引出的气体和节流后的液空处于接近相平衡状态，因而其浓度约为 93%N_2。

（2）双级精馏塔

图 7-14 为双级精馏塔的示意。它由上塔、下塔和冷凝蒸发器组成。上塔压力一般为 130～150kPa，下塔压力一般为 500～600kPa。但可根据用户需要，使上塔压力提高至 450～550kPa，下塔压力提高至 1100～1300kPa。

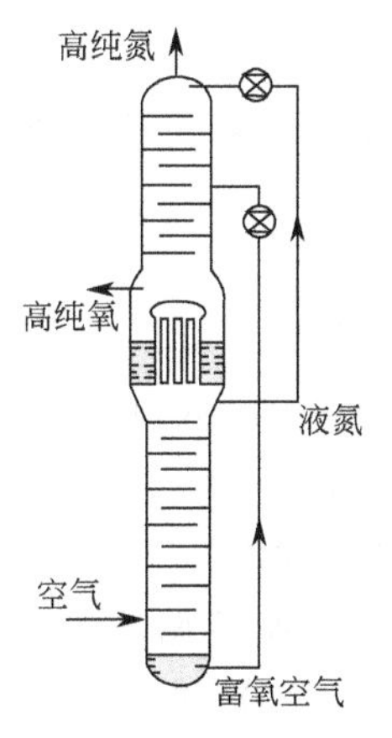

图 7-14　双级精馏塔

经过压缩、净化并冷却后的空气进入下塔底部，自下而上流过每块塔板，至下塔顶部便得到一定纯度的氮气。下塔塔板数越多，氮气纯度越高。氮进入冷凝蒸发器的冷凝侧时，被液氧冷却变成液氮，一部分作为下塔回流液，沿塔板流下，至下塔塔釜得到含氧36%～40%的富氧液空；另一部分聚集在液氮槽中，经液氮节流阀后送入上塔顶部作上塔的回流液。

下塔塔釜中的液空经节流阀后送入上塔中，沿塔板逐块流下，参加精馏过程。只要有足够多的塔板，在上塔的最下一块塔板上就可以得到纯度很高的液氧。液氧进入冷凝蒸发器的蒸发侧，被下塔的氮气加热蒸发。蒸发出来的氧气一部分作为产品引出，另一部分自下而上穿过每块塔板进行精馏。气体越往上升，其中氮浓度越高。

双级精馏塔可在上塔顶部和底部同时获得纯氮和纯氧；也可以在冷凝蒸发器的两侧分别取出液氧和液氮。上塔又分两段，从液空进料口至下塔底部称为提馏段；从液空进料口至上塔顶部称为精馏段。冷凝蒸发器是连接上下塔使二者进行热量交换的设备，对下塔是冷凝器；对上塔是蒸发器。

7.5.2 天然气液化系统和装置

天然气中甲烷的含量通常在80%以上，经预处理后甲烷的含量进一步提高，因此天然气的性质与甲烷相近。由于天然气的产地往往不在工业或人口集中地区，特别是海上天然气的开发，必须解决输送及贮存问题。以甲烷为主的天然气液化后的体积约为原来的1/625。因此，将天然气液化是大量贮存和远距离运输的一种主要手段。

天然气的主要成分甲烷的临界温度为190.58K，在常温下，无法仅靠加压将其液化。通常的液化天然气多贮存在温度为112K、压力为0.1MPa左右的低温储罐内。天然气液化及贮运技术于20世纪初就已提出，但直到20世纪40年代才建成世界上第一套工业规模的天然气液化装置，其液化能力（标况下）为每天$8.5\times10^{3}m^{3}$。1964年，世界上第一座液化天然气（LNG）工厂在阿尔及利亚建成投产。同年，第一艘载着1.2万吨LNG的船驶向英国，标志着世界LNG贸易的开始。此后，随着能源需求量的不断增加，LNG技术有了很大发展，已经形成一套包括天然气前处理、液化、贮存、运输、接收、再汽化（冷能利用）等过程的LNG工业链。2020年全球LNG贸易量达3.6亿吨，我国进口LNG达到6700万吨，LNG已成为我国能源产业的重要组成部分。

天然气液化循环主要有三种类型：a. 复叠式制冷液化循环；b. 混合制冷剂液化循环；c. 采用膨胀机制冷液化循环。

7.5.2.1 复叠式制冷天然气液化循环

复叠式制冷的液化循环由若干个在不同低温下工作的蒸气压缩制冷循环复叠组成。对于天然气的液化，一般是由丙烷、乙烯和甲烷为制冷剂的三个制冷循环复叠而成，来提供天然气液化所需的冷量，它们的制冷温度分别为－45℃、－100℃及－160℃。该循环如图7-15所示。净化后的原料天然气在三个制冷循环的冷却器中逐级地被冷却、冷凝液化并过冷，最后用低温泵将液化天然气（LNG）送入贮槽。

复叠式液化循环属于蒸气压缩制冷循环，是效率较高的一种天然气液化循环，此外，

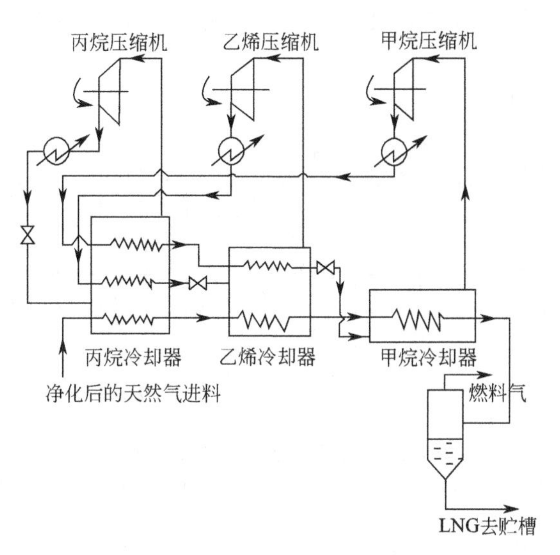

图 7-15　复叠式制冷液化循环

制冷循环与天然气液化系统各自独立，相互影响少，操作稳定。但由于该循环流程复杂、机组多，要有生产和贮存各种制冷剂的设备，各制冷循环系统间不能有任何渗透，管道及控制系统复杂，维修不方便，且不适用于含氮量较多的天然气，因此从 1970 年后这种循环在天然气液化装置上已很少应用。

7.5.2.2　混合制冷剂天然气液化循环

混合制冷剂液化循环是 20 世纪 60 年代末期由复叠式液化循环演化而来的。它采用一种多组分混合物作为制冷剂，代替复叠式液化循环中多种纯组分制冷剂。混合制冷剂一般是 $C_1 \sim C_5$ 的烃类化合物和氮等五种以上组分的混合物，其组成根据原料气的组成和压力而定。混合制冷剂的大致组成列于表 7-4。工作时利用多组分混合物中重组分先冷凝、轻组分后冷凝的特性，将它们依次冷凝、节流、蒸发得到不同温度级的冷量。根据混合制冷剂是否与原料天然气相混合，分为闭式和开式两类循环。

表 7-4　天然气液化及分离技术中所使用的混合制冷剂的大致组成

组分	氮	甲烷	乙烯	丙烷	丁烷	戊烷
体积/%	0～3	20～32	34～44	12～20	8～15	3～8

闭式混合制冷剂液化循环如图 7-16 所示。制冷剂循环与天然气液化过程分开，自成一个独立的制冷系统。被压缩机压缩的混合制冷剂，经水冷却后使重烃液化，在分离器 1 中进行气液分离，液体在热交换器 I 中过冷后，经节流并与返流的制冷剂混合，在热交换器 I 中冷却原料气和其他液体；气体在热交换器 I 中继续冷却并部分液化后进入分离器 2。经气、液分离后进入下一级热交换器 Ⅱ，重复上述过程。最后在分离器 3 中的气体主要是低沸点组分氮和甲烷，它经节流并在热交换器 Ⅳ 中使液化天然气过冷，然后经各热交换器复热返回压缩机。原料天然气经冷却并除去水分和二氧化碳后，依次进入热交换器 Ⅰ、Ⅱ 和 Ⅲ 被逐级冷却。热交换器间有气液分离器，将冷凝的液体分出。在热交换器 Ⅲ 中原料气冷凝后经节流进入分离器 6。液化天然气经热交换器 Ⅳ 过

冷后输出；节流后的蒸气依次经热交换器Ⅳ至Ⅰ复热后流出装置。

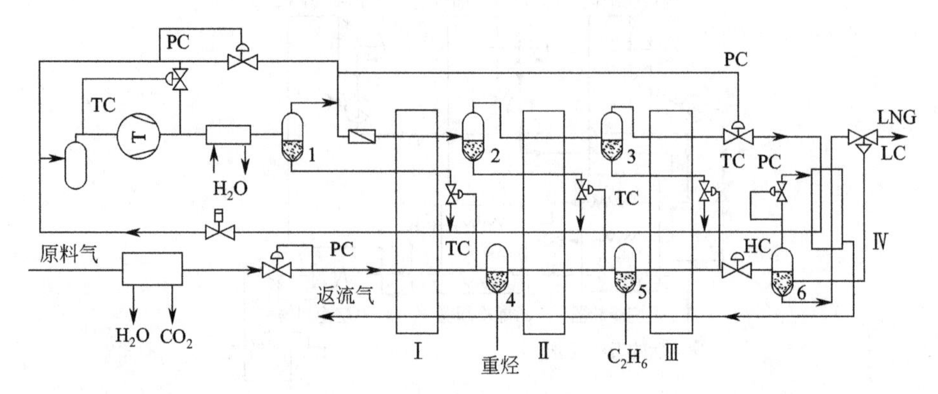

图 7-16 闭式混合制冷剂液化循环

TC—温度控制器；PC—压力控制；LC—液面控制；HC—手动遥控；Ⅰ、Ⅱ、Ⅲ、Ⅳ—热交换器

同复叠式液化循环相比，采用混合制冷剂循环的液化装置具有机组设备少、流程简单、投资较少、操作管理方便等优点。同时，混合制冷剂中各组分一般可部分甚至全部从天然气本身提取和补充，因而没有提供纯制冷剂的困难，且纯度要求也没有复叠式液化循环那样严格。其缺点是能耗比复叠式液化循环高出 15%～20%，混合制冷剂循环对混合制冷剂各组分的配比要求非常严格，流程设计计算相对较困难。

7.5.2.3 采用膨胀机制冷天然气液化循环

采用膨胀机制冷的天然气液化循环是利用气体在膨胀机中绝热膨胀来提供天然气液化所需的冷量。图 7-17 为直接式膨胀机天然气液化循环，输气管道内天然气在膨胀机中膨胀制取冷量，使部分天然气冷却后节流液化，循环的液化系数主要取决于膨胀机的膨胀比，一般为 7%～15%。这种循环特别适用于管线压力高、实际使用压力较低、中间需要降压的地方，其突出的优点是能充分利用天然气在输气管道的压力膨胀制冷，做到几乎不需要耗电。此外，还具有流程简单、设备少、操作及维护方便等优点。因此，这种循环得到了快速的发展。在这种液化装置中，天然气膨胀机十分关键，因为膨胀过程中天然气中

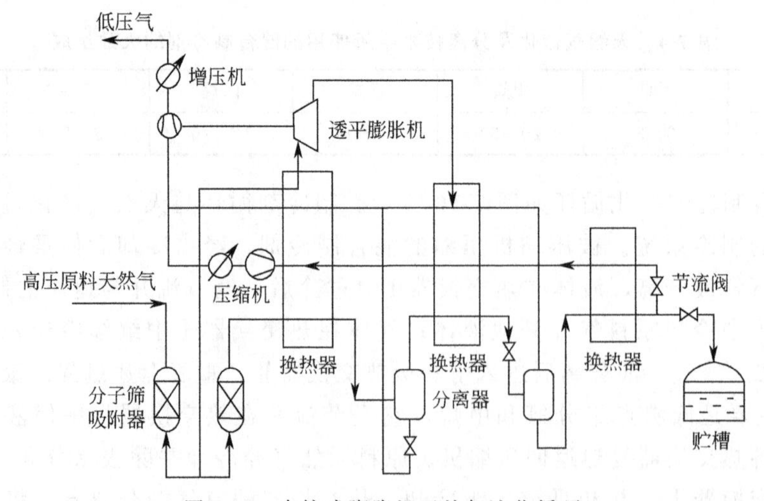

图 7-17 直接式膨胀机天然气液化循环

的一些沸点高的组分将会冷凝，致使膨胀机在带液工况下运行，这要求膨胀机要有特殊的结构。

7.6 ▶ 制冷低温技术与生命科学

低温制冷技术与生命科学的结合形成低温生物医学技术，根据不同应用目的，既可以保护或保存生物活体，同时也可以对生物活体进行破坏或者治疗。低温生物医学技术与低温保存、冷冻干燥、低温医疗、基因等领域密切相关，相应的低温保存箱、生物样本库、血液操作台、血液冰箱、低温治疗仪、药品干燥机等设备应运而生，并发展迅速。

低温能抑制生命体的新陈代谢，因而被广泛应用于生物组织、细胞、器官等的低温保护或保存。60 多年来，人体的一些重要细胞组织低温保存和移植的成功，使得低温制冷技术在临床医学精准治疗、动植物种质资源、新药研制和保护等方面的应用，已经给医学、生物、农业等带来了巨大的效益，同时也使得低温生物医学成为颇受人们关注的交叉学科。在我国，低温生物医学的研究从 1980 年代初开始兴起，至今已在离体生物细胞、组织和器官的低温保存等领域都取得了突破性进展。

尽管细胞、组织等可以在低温下实现长期保存，但如果操作不当，在细胞、组织的冷冻过程中也会造成低温损伤，包括常说的“两因素假说”，即冷却速率过慢导致溶液损伤，冷却速率过快导致胞内冰损伤。此外，深低温或玻璃化保存的生物样品在复温过程时，如果复温方式和复温速率不当，很可能存在因为过慢复温导致的再结晶（或反玻璃化）损伤或过快复温导致的热应力机械损伤，这也是较大体积生物材料深低温保存后没有成功复活的关键影响因素。当然，低温对于生物体来讲是一把“双刃剑”，众多研究者扬其长，避其短，利用低温造成细胞损伤开展低温治疗，推进了低温外科的快速发展。

低温生物医学的研究和应用，不仅促进了生物学、医学等基础学科发展，而且为农业、畜牧业、医药工业、肿瘤治疗、医学转化以及食品工业的发展带来巨大效益。特别是近几年，血液制品的低温保存、临床生物样本库的建设和管理、生物药品的冷冻干燥、低温外科以及与低温生物相关关键设备的研发等领域有了很大的进步，已成为该领域新的增长点。

7.6.1 生物样本低温保存及样本库建设与管理

生物细胞在医疗中的应用，表现在对机体原有细胞的补充或替代上，由于病人的组织相容性抗原的匹配问题、血型匹配问题、病人的身体状况及最佳应用时间等因素，使得生物细胞的应用多为择期使用，这就要求细胞在长时间内保持其生物学活性。特别是近些年，随着“个性化医疗”和“精准医疗”概念的提出，生物样本库成为低温技术在生物样本保存中的重要应用平台，反过来也必然促进了低温生物技术的快速发展。

(1) 低温保存的生物样本种类

低温保存的生物样本种类主要包括血液制品、干细胞保存、人类生殖细胞保存（精子、卵母细胞）、种质资源保存、组织工程材料保存以及临床医学样本保存等。

(2) 生物样本库的建设

生物样本库，其实质为一个有组织地收集人口或大规模族群生物材料及相关数据和信息并加以保存的机构。个性化医疗是近年被广泛关注的理念，它能为患者提供最适合的治疗方法，而个性化医疗依赖于高质量、信息完整的生物样本。建立生物样本库，严格标准化储存样本，并有效地为科学研究、疾病治疗做服务是广大科研机构工作的重点之一。

在疾病生物样本库中，肿瘤组织库最先开始发展。2004 年天津市肿瘤医院开始规范化、规模化建设肿瘤组织库。之后，国内各大肿瘤医院和大型综合医院陆续开始规范化、规模化建库。以规模较大的复旦大学附属肿瘤医院为例，样本以每年 1.5 万例的速度在增加，截至 2015 年 12 月共收集了 14.9 万例共计 140 万份样本，存储在 40 多台低温存储设备里。

(3) 临床医学样本的主要类型

临床医学的生物样本主要包括原始样本、分离提取物和分子衍生物三大类。其中，原始样本包括体液（如血液、脑脊液、胸水、腹水、房水等）、组织和器官（如穿刺活检或手术切除的肿瘤、肿瘤旁及正常组织，创伤切除的组织，骨髓穿刺得到的骨髓组织，关节置换产生的原关节，器官移植后的原器官，眼科手术产生的玻璃体、角膜等）和排泄物（如尿液、粪便、唾液、毛发、指甲等）。分离提取物是指从原始样本中，通过生物方法分离提取的二级样本，包括血液来源的血清、血浆、血细胞及其他体液离心产生的上清、沉渣及细胞；组织和器官来源的基础上制作的冰冻组织切片、石蜡包埋切片、组织芯片等；从组织器官提取的活细胞样本等；排泄物来源，如肠道微生物及尿液离心产生的上清及沉渣等。分子衍生物一般包含以上样本来源的 DNA、RNA、蛋白质、代谢小分子等。

(4) 生物样本库的分类

生物样本库的分类依据有多种，常见的有样本来源、管理机构、研究目的以及规模大小等。根据样本来源的分类如图 7-18 所示。

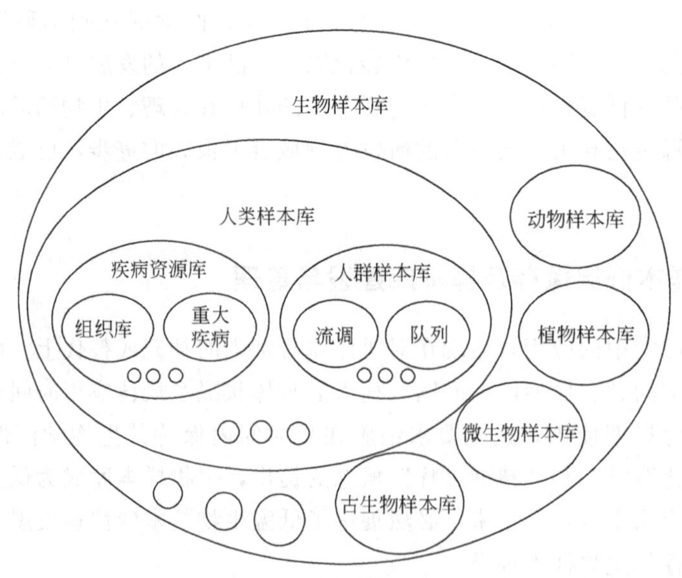

图 7-18　根据样本来源分类

（5）生物样本库的相关产业装备

生物样本库相关产业装备主要包括低温存储设备、样本过程处理装备以及配套信息化管理系统等，表 7-5 汇总了常见生物样本的推荐保存温度。低温存储设备用于满足样本推荐的保存温度，常用的样本库低温存储设备包括 4℃冰箱、－20℃冰箱、－80℃冰箱、－150℃冰箱以及液氮罐等。近年来，自动化低温存储设备也开始得到越来越多的关注，随着技术成熟、成本降低，结合其高效、统一、规范等特点，有望在不久的将来被广泛使用于大型及超大型的生物样本库。低温存储设备的市场需求巨大，随着样本库行业的迅猛发展，国内样本库每年平均采购近 2 万台低温存储容器用于样本储存。

表 7-5　常见生物样本的推荐保存温度

科研用途	样本类型	样本推荐保存温度
DNA 提取	新鲜组织	－20℃
		≤－80℃
	白细胞（先提）	≤－80℃
RNA 提取	新鲜组织（先提）	≤－80℃
	血浆（先提）	≤－80℃
微 RNA 的提取	血清、血浆（先提）	≤－80℃
蛋白质提取	组织（先提）	≤－80℃
	血清（先提）	≤－80℃
免疫组化	石蜡切片	常温
	OCT 冷冻切片	－20℃
免疫荧光	OCT 冷冻切片	－20℃

7.6.2　食品、药品及生物制品的冷冻干燥

冷冻干燥简称冻干，就是将含水物质先冻结成固态，而后使其中的水分从固态升华成气态，以除去水分而保存物质的方法。冻干的物料能在常温下长期保存，而且性能稳定、便于运输；干燥后的物料疏松多孔，保持了原来的结构且复水性极好；物料中的一些挥发性成分和受热变性的营养成分损失很小。

（1）冷冻干燥技术的主要应用领域

冷冻干燥技术在多个领域有着广泛的应用，主要分为以下几类。

① 冻干药品和生物制品：抗生素，抗毒素，干扰素，细菌，病毒，疫苗，菌苗，血液制剂，诊断制剂，生物标准品，酶制剂，维生素，激素，培养基等。

② 冻干食品：蔬菜类；水果类；鱼、肉类；方便食品类；调味品类；营养品类。

③ 其他应用：血液、细菌、动脉、骨骼、皮肤、角膜、神经组织等的长期保存等；陶瓷和金属粉末、微米和纳米级超细粉末等制备；动植物标本、植物生长和土壤研究、考古和古书画复原等。

（2）用于食品干燥的冷冻干燥装置

食品真空冷冻干燥时，首先将食品冻结，然后在高真空室内干燥，是一种低温、低压下具有移动相变边界的热质传输过程。冻结的方法一般有两种：自动法和预冻法。自动法

利用食品中水分蒸发时，吸收汽化潜热，促使食品温度下降，发生冻结，该种方法适用于对食品外观和形态要求不高的食品。预冻法是将食品先冻结，然后抽真空干燥。通常的真空干燥是将食品中的水分从液态转化成气态，冻结干燥则是从冰晶直接升华成水蒸气。

在冻结干燥过程中，单靠设备本身和外界的传热或辐射来获得热量的话，升华速度太慢。为了提高干燥速度，在真空室内还装有加热系统。加热系统放出的热量，通过固体传导、辐射及内部气流的对流传给食品，使其升温。加入热量要恰当，既要保证一定的升华速度，又要防止食品中的冻结部分融解而降低产品质量。

（3）食品冷冻干燥现状

冻干食品在国际市场的价格是热风干燥食品的4～6倍，是速冻食品的7～8倍，其产量以每年30%的速度递增。2018年，美国每年消费冻干食品600万吨，日本200万吨，法国160万吨。全球的冻干食品产量从20世纪70年代的20多万吨上升到现在的数千万吨。随着人们生活水平的提高，对冻干食品的需求会逐年上升，生产真空冷冻食品会成为食品加工的一个新热点，高真空冻结干燥装置的应用也会越来越广泛。国内冻干食品工业尚处于发展初期，产量还很低，国内外对冻干食品的巨大需求，为我国发展冻干食品工业提供了机遇。

（4）药品及生物制品冷冻干燥现状

冻干药品及生物制品由于其稳定性，便于储存等优势在药品中的比例越来越大。2018年，我国产冻干粉针剂超过47亿支，粉针制剂中有20%的药品为冻干制剂，在化学原料药中有5%～6%的药品为冻干药品，在生物制剂中，冻干药品的比重达30%。而在国外，粉针制剂中有50%～60%的药品为冻干制剂，化学原料药中有20%的药品为冻干药品。因此，我国冻干药品的比例还有大幅提高的空间。近年来，我国制药行业保持快速增长，尤其生物制药的增长率达到30%，作为制造医药产品的医药冻干机及其系统必将得到快速增长。

7.6.3 低温医疗装备

低温医疗即是通过低温方法对病变组织进行治疗，在治疗过程中，低温设备必不可少，而低温医疗设备的发展与制冷方法和制冷设备的发展息息相关。传统低温外科手术通常是采用液氮等低温介质来实现，利用液氮给手术刀降温，就成为“冷刀”，采用“冷刀”做手术，可以减少出血，手术后病人能更快康复，使用液氮为病人治疗皮肤病，效果也很好。近年来，基于“氩氦刀”的氩氦冷冻消融技术得到快速发展，对于肿瘤治疗具有重要意义。

（1）低温桑拿

在低温医学界研究人员的努力下，在桑拿领域内出现一种新型保健方法，即低温桑拿。其原理在于利用低温蒸汽对人体的冷刺激作用进行理疗。生理学研究表明，冷刺激有强烈的促使血管收缩的作用，还可改变血管的通透性，因而具有防止水肿及渗出作用。在对皮肤的影响方面，由于皮肤的冷觉感受器数目比热觉感受器多，因而对冷刺激要比热刺激较为敏感，利用冷刺激可以有效地调节人体的血液循环状况及神经、肌肉等的工作状态从而缓解人体疲劳程度。治疗过程中身体将沉浸在液氮产生的烟雾中，头部固定在冷气之上。这种疗法能够把血液循环的速度提高6倍，冲走乳酸和其他有害物质，加快身体的恢复。

（2）心脏冷冻消融术

冷冻消融是继射频消融之后治疗心律失常的一种新技术，其原理是通过液态制冷剂的吸热蒸发，带走组织的热量，使得消融部位温度降低，异常电生理的细胞组织遭到破坏，从而减除心律失常的风险。冷冻消融可以用来治疗房室结折返型心动过速（AVNRT）、房颤、房扑等，相比射频消融术而言，低温消融过程中患者疼痛度大幅降低。

（3）低温脑保护装备

脑中风、高（或低）体温症等病理状态中脑热失衡尤为严重，且是加剧脑损伤首要诱因。脑卒中或称脑血管意外（CVA）会对大脑组织造成突发性损坏，通常发生在向大脑输送氧气和其他营养物的血管爆裂之时，或发生在血管被血凝块或其他颗粒物质阻塞之时。如果神经细胞缺乏足够的氧气供给，几分钟内就会死亡。脑组织的代谢率决定脑局部血流的需求量。体温每升高1℃，脑代谢率大约增加8%，而局部脑冷却可以有效缓解氧气供给量的需求。中国每年有150万～200万新发卒中的病例。2015年，我国现存脑血管病患者约700余万人，而这些患者当中约70%为缺血性卒中患者。因此，脑低温保护对这类病理状态的改善和恢复具有重要的临床意义。特别是在一些急性脑血管疾病以及脑损伤抢救性治疗过程中，通过对大脑进行有效的选择性冷却，降低局部代谢率以减少氧气需求，从而延长抢救的时间窗口。

脑低温保护方法主要包括头盔式冰帽和管腔式主动冷却技术。冰帽降温的原理是通过头皮热传导方式将冷量输入大脑内部，该方法较为简单但冷却效果时效性较差。管腔式主动冷却技术是借助于鼻腔及血管（如通过静脉注射低温生理盐水）等腔道，将可控的冷剂量快速地输送至大脑内部，该技术临床操作相对复杂，但降温效果显著。

（4）低温减脂装备

低温减脂是将冷冻溶脂仪置于人体皮肤表面，使皮下组织冷却到4～5℃，由于只有脂肪细胞的结构对低温反应较为敏锐，因此可诱导脂肪细胞提前凋亡，并通过新陈代谢排泄出体外，达到瘦身目的，且冷冻溶脂不会影响皮肤、肌肉、血管、神经及其他细胞组织。

随着临床医学和相关高新技术的快速发展，低温医疗装备呈现出以下发展趋势：临床界对微创、高效、低副作用低温医疗装备的需求巨大，该领域将迎来新的发展机遇，呈快速增长趋势；低温医疗装备的应用对象也呈多样化发展趋势，如肿瘤病人、心血管病人、肥胖病人、亚健康人群等；低温医疗也会与其他治疗方式，以及医学影像技术、纳米材料、新制剂等相结合，从而促成医疗科技的协同发展。

7.7 制冷低温技术与国防航天

7.7.1 飞机环境控制及地面保障装备

由于现代飞机飞行速度很快，飞行高度很高，同时机载航电设备种类多、热负荷大以及需要满足乘客舒适性等要求，因此，飞机机舱的环境控制系统是飞机安全高效工作和乘员生命保障的关键。普通客机和军用飞机的机载环境控制系统采用空气作为工作介质，以承担机舱内设备和人员的热湿负荷和新风。而随着特殊用途飞机的服役，机载设备（例如雷达系统、惯导系统、火控系统等）的发热功率急剧增大，必须采用液冷方式，因此，机载环境控制系统增加了航空冷却液系统。

当飞机在进行地面滑行、待飞、测试和检修等工作时，考虑到航空发动机启动时的安全、尾气排放、噪声和经济性等因素，一般不启动航空发动机及机载环境控制系统，而采用地面保障系统为飞机提供所需要的冷/热空气或冷/热航空冷却液来保障飞机环境控制系统。飞机环境控制地面保障装备主要有飞机地面空调车和飞机地面液冷车以及具有类似功能的综合保障装备。

如图7-19所示的飞机地面空调车是指在飞机发动机停机状态下，向飞机设备舱或座舱提供符合要求的冷风或热风的地面保障设备。一般由动力系统、空气调节及供风系统、制冷系统、电气控制系统、车厢及底盘系统五部分组成，其中空气调节及供风系统、制冷系统和电气控制系统是核心。由于输送给飞机机舱的空气无法回收，因此，飞机空调车的空气调节及供风系统属于全新风空气调节系统；同时由于机舱狭长、送风管路复杂，因此送风压力可达35kPa，远高于普通空气调节系统。飞机空调车的制冷系统应具有广泛的环境适应性，在不同气候环境条件下，能高效稳定地提供冷量。

(a) 军用飞机地面空调车

(b) 民用飞机地面空调车

图7-19　飞机地面空调车

飞机地面液冷车是一种飞机环境控制地面保障装备，其主要控制参数是飞机液冷车向飞机供给冷却液的温度、压力、流量和洁净度。对飞机液冷车供液温度的精确控制，不仅可保证机载电子设备保持高效稳定工作，还可降低其故障率并延长工作寿命。飞机液冷车高度较低，而飞机较高，最高落差达9m；另外由于飞机机载液冷系统管路狭长而曲折，因此内阻很高，供液压力必须能够克服上述阻力，从而将冷却液输送给飞机各冷却单元。

7.7.2　低温火箭燃料

由于具有较大的热值，现代火箭一般采用液态氢作燃料，而液态氧则充当氧化剂，帮助燃烧，特别是在大气层稀薄的地方或者外太空。

长征五号运载火箭作为我国研制中运载能力最大的火箭，它还有个形象的称谓，叫“冰箭”。这源于其首次采用－252℃的液氢和－183℃的液氧作为推进剂，箭体内部极低温，还实现了无毒无污染。不同于使用化学燃料的常规火箭，“冰箭”采用液氢液氧作为推进剂，因为其燃烧产生的是水，实现了无毒无污染。在“冰箭”约 869t 的身体里，90%是−252℃的液氢和−183℃的液氧。

7.7.3 红外探测器的低温制冷装置

在过去 60 多年中，红外探测系统已经明确地和低温制冷结合起来。在许多探测器中低温制冷已经是其正常工作的必要条件。几十年来，空间低温制冷已经成为通过降低有效载荷质量和功耗使探测器正常工作的有效方法。焦平面阵列采用的材料及其应用与工作温度有直接的关系，如表 7-6 所列。现在大部分可视波段空间应用使用无定形硅，短红外波（SWIR）和长红外波（LWIR）应用采用 HgCdTe，超长波红外（VLWIR）应用采用 Si∶As。

表 7-6 焦平面阵列材料的工作范围

材料	光谱波段/μm	工作温度/K
Si	<1	300
PtSi	1～5	60～90
InSb	<6	35～90
PbSe	1～5	220
HgCdTe SWIR	<3	150～220
HgCdTe MWIR	2～6	100～120
HgCdTe LWIR	6～14	35～40
Si∶As	6～28	8～12
PbS	1～3	220～300

自 20 世纪 50 年代开始，低温研究工作者便一直积极寻求可维持数年以上的空间冷源，以期保证空间红外探测器的长寿命工作。其中两种类型的回热式低温制冷机，即斯特林制冷机和脉管制冷机，得到了较深入的研究并在实际应用中发挥了重要作用。

斯特林制冷机如图 7-20 所示，是一种利用膨胀气缸内气体周期性膨胀和压缩来制取冷量的气体机械制冷机。半个多世纪前，整体式斯特林制冷机一般由旋转电机通过曲柄连杆机构驱动，采用非金属弹性接触密封，制冷机结构复杂，振动和噪声大，尤其是运动部件的相互磨损和制冷工质气体的泄漏和污染，限制了制冷机的工作寿命。

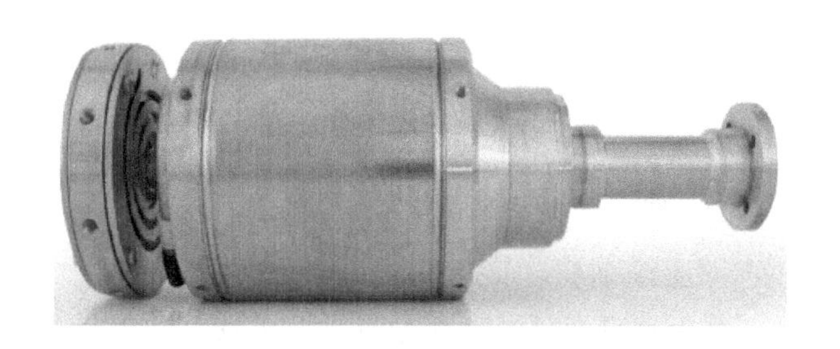

(a) 整体自由活塞斯特林制冷机

(b) 分置式斯特林制冷机

图 7-20 斯特林制冷机

20 世纪 70 年代末，英国牛津大学研制成功了牛津型长寿命斯特林制冷机。由于采用了线性直线电机驱动方案，使结构简化，突破了动态非接触间隙密封、摆线悬臂梁板状弹簧支撑、工质气体泄漏污染控制等关键技术，保证了压缩机活塞和回热器运动组件与气缸的完全非接触，消除了磨损，制冷机的工作寿命和可靠性得到显著提高，使得现代斯特林制冷机得到了长足发展和广泛应用。

相对于斯特林制冷机，脉管制冷机冷端取消了运动部件，具备结构简单、制造容易、成本低、冷头振动和电磁干扰小、可靠性高及预期寿命长等一系列显著优点，成为近 20 年来回热式低温制冷机研究的热点。自 20 世纪 80 年代末开始，脉管制冷机技术的突飞猛进和自身结构所赋予的优点引起了以美国为代表的西方发达国家空间技术主管部门的强烈关注并进行了持续的研发投入。1998 年 1 月，美国在其军事卫星上成功运用了两台脉管制冷机冷却红外探测器，标志着高频脉冲管制冷机在空间技术领域内的实用化。近年来，随着技术成熟度提高，脉管制冷机已逐渐成为新一代回热式空间制冷机的代表机型。

7.7.4 低温环境实验装置

在很多工业产品和国防装备的研制过程中，离不开各种环境试验装置，低温环境是一种常用的实验条件，常用的包括高低温环境试验箱、低温风洞以及空间环境模拟器等。

（1）高低温环境试验箱

如图 7-21 所示的高低温环境试验箱，是一种能够满足高温试验、低温试验、高低温冲击试验要求的装置。广泛应用于材料试验、电子电器性能试验、汽车和航天航空等领域装置设备的性能测试。一般通过采用远红外加热技术和 PTC 加热器实现高温环境，通过单级压缩制冷机、双级压缩制冷机、复叠压缩制冷机、空气膨胀制冷机、液氮制冷设备等降温方法实现低温环境。根据工作温区不同，由四种系列产品构成：a. 极高温试验室（200～400℃）；b. 高温试验室（40～100℃）；c. 大幅度高低温试验室（－150～100℃）；d. 普通高低温试验室（－60～80℃）。

图 7-21　高低温环境试验箱

（2）低温风洞

风洞是用来研究空气动力学的一种大型试验设施。风洞是一条大型隧道或管道，里面有一个巨型扇叶，能产生一股强劲气流。气流经过一些风格栅，减少涡流产生后进入试验室。最早风洞是由飞机制造业开始应用的，在各种飞机、导弹研制中具有非常重要的地位，图 7-22 为低温风洞在测试飞机气动性能。在汽车行业，风洞主要用来测量汽车的风阻，风洞不单是用来测量风阻，还可以研究气流绕过汽车时所产生的效应，如升力、下压力，还可以模拟不同的气候环境，如炎热、寒冷、下雨或下雪等情况。这样，工程师们便可以知道汽车在不同环境下的工作情况，特别是冷却水箱散热、制动系统散热等问题。

图 7-22 低温风洞测试飞机气动性能

风洞试验数据是研制新型飞行器和改进已有飞行器性能的基础。随着飞行器尺寸不断增大，风洞雷诺数能力不足变得越来越严重，雷诺数不满足要求的风洞提供的数据难以准确预报飞行器气动特性。提高风洞雷诺数能力有多种方法，其中降低试验气体温度具有独特的优势。如将风洞气流温度由 320K 降至 100K，在模型尺寸和总压相同时，雷诺数可提高约 5 倍，驱动气流循环所需功率可下降 45%。早在 1920 年就有人提出低温风洞概念，最初由于风洞气流流量极其巨大，限于当时缺乏实用的制冷技术，以及当时对高雷诺数试验的需求不迫切，该概念未被实用。20 世纪 70 年代，面临提高风洞雷诺数能力的紧迫需求，加上工业上已能大量生产液氮，基于液氮制冷的低温风洞开始出现，液氮低温风洞是通过在回路中喷入液氮降低试验气体温度来提高雷诺数，该类型低温风洞已经在多个国家成功实现运行。为了降低运行成本，提高可靠性，也有一些机构在开发非液氮制冷的低温风洞。

(3) 空间环境模拟器

空间环境模拟器是模拟太空的真空环境、太阳辐照环境、冷黑环境等的设备。其作用是对整个航天器或分系统、组件、部件、元器件以及材料在地面模拟的空间环境中进行试验。主要是检验产品在空间环境中的适应能力，是否达到规定的功能，符合设计要求，并暴露元器件材料、工艺、质量方面的缺陷。最终目的是为了减少或避免航天器在轨发生故障或失效，提高其在轨工作的可靠性。

我国的空间环境模拟器随着航天科技水平的提高而不断进步，如图 7-23 所示为我国研制最早的空间环境模拟器 KM1，目前已经发展到最新的 KM8。KM8 空间环境模拟器

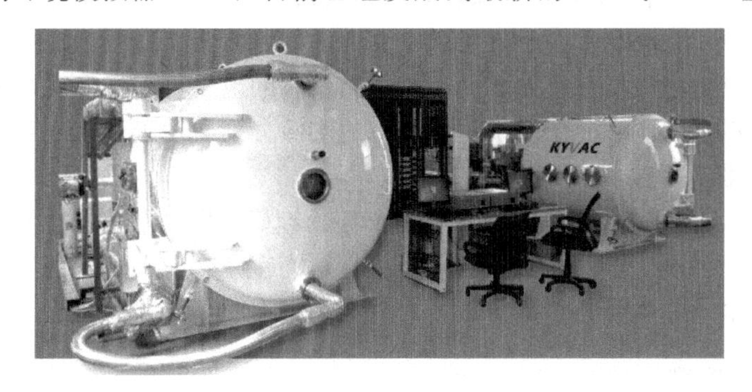

图 7-23 空间环境模拟器 KM1

将主要承担我国载人空间站、基于东五平台的大型通信卫星、大型遥感卫星等航天器的热平衡及热真空试验任务，KM8 也是中国空间技术研究院天津基地超大型航天器 AIT 中心的关键设备。

7.8 ▸ 制冷低温与高科技

制冷低温技术在高科技和国际重大科学装置中发挥重要作用。无论宏观世界，还是微观世界，物质形态和性能都与温度相关，特别是在某些特定温度条件下，还会表现出某些特殊的现象，如超导、超流等，因此，作为低温环境控制的有效手段，制冷与低温技术已经成为探索未知世界的基础科学和改造现实世界的高新科技发展的基础和保障。

7.8.1 基础前沿科学对制冷低温的需求

7.8.1.1 超导现象及其应用

1911 年，荷兰莱顿大学的昂内斯意外地发现，将汞冷却到−268.98℃时，汞的电阻突然消失；后来他又发现许多金属和合金都具有与上述汞类似的低温下失去电阻的特性，由于它的特殊导电性能，昂内斯称之为超导态。他凭这一发现获得了 1913 年诺贝尔奖。经过科学家 100 余年研究发展，超导已可以在液氢温度、液氮温度甚至到 100K 温区实现。

超导现象和超导材料的主要应用包括：

① 利用材料的超导电性可制作磁体，应用于电动机、高能粒子加速器、磁悬浮运输、受控热核反应、储能、医学核磁共振仪（MRI）等；可制作电力电缆，用于大容量输电(功率可达 10000MW)；可制作通信电缆和天线，其性能优于常规材料。

② 利用材料的完全抗磁性可制作无摩擦陀螺仪和轴承。

③ 利用约瑟夫森效应可制作一系列精密测量仪表以及辐射探测器、微波发生器、滤波器、逻辑元件等。利用约瑟夫森结作为计算机的逻辑和存储元件，其运算速度为高性能集成电路的 10～20 倍，功耗仅为 1/4。

7.8.1.2 量子反常霍尔效应

霍尔效应 1879 年由美国物理学家霍尔首次发现。它是将一个通电的导体置于垂直于电流方向的磁场中，在同时垂直于磁场和电流方向的导体两端会测到一个电压。

量子霍尔效应是强磁场环境下，处于量子霍尔态的电子可以在宏观距离保持无能耗的运动。整数量子霍尔效应和分数量子霍尔效应的实验分别发现于 1985 年和 1998 年，并获得诺贝尔物理学奖。

2012 年 10 月，清华大学物理系和中国科学院物理研究所联合团队在实验中首次发现量子反常霍尔效应，这一重大发现被著名物理学家杨振宁称为“诺贝尔奖级”的科研成果。

量子反常霍尔效应主要条件是：a. 磁性拓扑绝缘体薄膜；b. 100mK 下极低温。

7.8.1.3 暗物质探测

暗物质是一种比电子和光子还要小的物质，不带电荷，不与电子发生干扰，能够穿越电磁波和引力场，是宇宙的重要组成部分。这种看不见的物质约占宇宙质量的 3/4。

2010 年，美国佛罗里达大学科学家首次探测到暗物质粒子。在美国明尼苏达州北部的索丹铁矿地下约 610m，动用了 30 台高灵敏度探测仪，并将温度降低至−273.1℃。在这种实验环境下，当一种被称为“弱相互作用大质量粒子”（Wimp）撞击一个普通的原子时，这些探测仪将能够捕捉到撞击事件，从而确定 Wimp 粒子的存在。

7.8.1.4 量子计算机

量子计算机利用量子纠缠态进行计算，而量子纠缠态非常容易消失，消失过程称为退相干。退相干和环境关系很大，包括温度场、电场、磁场等，所以极低温属于一个必备条件。如图 7-24 所示为具有低温冷却装置的量子计算机。

图 7-24 量子计算机

7.8.2 大科学装置中的低温制冷技术

7.8.2.1 正负电子对撞机

北京正负电子对撞机（BEPC）于 1988 年 10 月在中国科学院高能物理研究所建成。由注入器（BEL）、输运线、储存环、北京谱仪（BES）和同步辐射装置（BSRF）等组成。

自 1990 年运行以来，BEPC 取得了一批在国际高能物理界有影响的重要研究成果，如：τ 轻子质量的精确测量、2～5GeV（$1eV=1.602\times10^{-19}J$）能区正负电子对撞强子反应截面（R 值）的精确测量、发现“质子-反质子”质量阈值处新共振态、发现 X（1835）新粒子等，引起了国内外高能物理界的广泛关注。

北京正负电子对撞机采用 3 种超导设备，即超导螺线管磁铁（SSM）、超导插入四极磁铁（SCQ）及超导加速腔（SRF）。超导设备需要大型氦低温系统，提供 4.5K 下 800W 的冷量和 60L/h 的液氦产量。

7.8.2.2 同步辐射光源

同步辐射是一种先进光源，其应用具有很高的现代科技融合性和集成性，因此同步辐射装置的建立为几乎所有的前沿科技研究提供了一个先进的、不可替代的实验平台。上海同步辐射光源是上海张江综合性国家科学中心的标志性大科学装置。

上海同步辐射光源中包括了三个超导射频腔（SCRF，499.65Hz/4.0MV），采用了一台制冷温度 4.5K，制冷量为 650W 的低温制冷机。

7.8.2.3 散裂中子源

现在世界上采用低温技术的散裂中子源装置有英国的 ISIS，美国的 SNS，日本的 J-PARC 和中国的 CSNS。中国散裂中子源（CSNS）落户东莞，第一期设计束流功率为 100kW，脉冲重复频率为 25Hz，它主要由一台 80MeV 负氢直线加速器、一台 1.6GeV 快循环质子同步加速器及其前后两条束流传输线、一个靶站和三台中子谱仪及相应的配套设施组成。

CSNS 低温系统由两个闭路循环系统组成：冷却中子所需的超临界氢循环系统和冷却氢所需的氦制冷系统，为中子慢化器提供 20K 温度下 2000W 制冷量。

7.8.2.4 天文望远镜

天文望远镜的深空探测器在对遥远目标进行探测时，地面接收系统接收到的信号非常微弱，如何提高地面设备的接收能力十分重要。理论分析表明：深空接收系统的噪声温度每降低 1/2，接收数据速率就能提高 1 倍，探测距离提高 20%以上。电子器件的噪声主要由电子的无规则运动产生，在低温情况下，器件的等效噪声温度将会减小。20K 温度下放大器的等效噪声温度只有常温时的 1/10～1/5。

7.9 ▸ 中国制冷低温行业的发展机遇与挑战

随着社会和经济的发展，我国的经济发展从解决“温饱”问题逐渐发展到提高国家竞争力、提高科学技术水平和人民生活质量。现代化水平的提高和人民生活质量的提高对制冷技术的各种需求也不断提高，由此加速了制冷行业的发展。

食品的冷冻冷藏和建筑与室内环境的空调制冷是制冷行业两个最主要的应用领域，关系到人的“食、住、行”。然而，随着社会进步和科技发展，制冷渗入到社会的各个领域和人民生活的各个角落，营造不同温度范围的环境以满足各种需要：制备接近 0K 绝对温度的环境以满足科学探索的需求；营造低于 120K 以下极低温环境而用于超导、气体分离液化及一些国防尖端技术中；为了生命科学的研究和医学需要而创造－40℃以下的低温环境。随着节能减排要求的提高，采用基于制冷原理的热泵技术高效地制取热量成为获取常温范围内热量的重要途径，于是制冷技术又在各类 30～150℃ 热量的制备中获得广泛应用。

2018 年以来，随着国际经济形势的变化，我国经济发展步入新常态，新常态下制冷行业具有如下特点：随着国家对民生的进一步关注，提高食品质量和确保食品安全性的要求将使全国的冷链建设进入快行道；我国提出的 2030 年碳达峰和 2060 年碳中和目标将提高能源领域对制冷技术与装备的节能环保产业升级需求；“互联网＋”和大数据技术的发展又将形成对数据中心冷却的巨大需求；全民健康工程的建设又会促进在生命科学和医学中制冷技术应用的飞速发展；现代化国防建设也不断对制冷行业提出新的需求和挑战。这样，就使得制冷行业的发展不会减速，而是面临更大的机遇和挑战。

7.9.1 节能减排与低碳发展

与降低能源消耗这一战略目标并行的就是减少温室气体排放的任务。我国的“双碳”目标已经非常明确地表明在应对气候变化这一全人类大事中要承担大国责任。与制冷行业相关的温室气体排放主要是制冷系统消耗能源造成直接和间接的碳排放，以及一些具有较大温室效应的制冷工质泄漏。积极开展制冷工质替换，是制冷行业在应对气候变化中需要承担的特殊使命。提高各类制冷设备和制冷系统的用能效率，降低运行能耗，是间接地减少碳排放的主要途径。此外，各类煤层气、低浓度油气等向大气排放，也属于温室气体排放。回收这些可燃气，变废为宝，不仅可部分替代燃煤，而且也减少了温室气体排放。制冷行业在气体分离、液化等回收利用这些低浓度燃气的技术和应用，也为减少温室气体排放做出积极贡献。

这些年来，雾霾现象是困扰我国社会和经济发展、改善民生的严峻问题。除了提高能效，降低制冷系统的运行能耗，从而间接地减少在发电时排放的污染物对雾霾的贡献外，制冷技术对减少造成雾霾的污染物排放还可以作出直接的贡献。我国北方冬季供暖的大量燃煤锅炉是冬季雾霾的重要污染源，其中农村的大量散煤土暖气消耗的燃煤尽管不到同期北方地区燃煤总消耗量的10%，但由于其没有任何消烟除尘措施，且燃烧效率低下，这些散煤造成的$PM_{2.5}$的直接排放约占到同期燃煤直接排放的$PM_{2.5}$总量的1/2以上。消除冬季农村土暖气的散煤，最有效的方式是用电驱动的空气源热泵进行采暖，热泵采暖有两方面好处。一方面，空气源热泵产生相同热量所消耗电力的折算煤耗量约为散煤土暖气煤耗量的50%；另一方面，相同量燃煤发电产生的$PM_{2.5}$的直接排放仅为散煤土暖气$PM_{2.5}$直接排放的6%～7%。如何把热泵供热技术大面积推广，真正实现农村采暖的“无煤化”，是制冷行业为缓解雾霾应承担的社会责任和机遇。

城镇建筑冬季采暖的燃煤燃气锅炉是生成雾霾的污染物排放的又一大类设备，燃煤锅炉直接排放大量$PM_{2.5}$，并排放会二次生成$PM_{2.5}$的硫化物和氮氧化物。燃气锅炉尽管直接排放的粉尘已经很少，但仍排放大量可二次生成$PM_{2.5}$的氮氧化物，同时所排放实际为水蒸气的大量白烟，也会促进雾霾生成。挖掘各类工业余热作为城镇供暖热源从而替代锅炉，回收燃气锅炉排放的水蒸气提高燃气锅炉效率并消除白烟和氮氧化物的排放，回收大型燃煤锅炉排烟中的潜热余热并对其进一步净化，这都需要多种制冷和热泵技术。这些技术在内蒙古、山西、山东和北京的很多城市的大量示范工程都取得了显著的节能与减少污染物排放的效果。让这些技术在北方全面应用推广，取消农村的小散煤炉，净化城里的大锅炉，制冷行业可以为治理冬季的雾霾做出突出的贡献。

7.9.2 新型城镇化和基础设施

2000年以来的城镇化建设和大规模基础设施建设是这一时期我国GDP持续增长的重要拉动力。这一时期，我国城镇化率从40%增长到60%以上。高铁从零起步，运行里程已经成为世界第一，地铁运行里程数也从2000年的不足500km发展到2020年的8000km。水电站、核电站的建设也在这段时间得到飞速发展。城镇化和基础设施的建设和发展，形成对制冷空调设备的巨大需求，从而也拉动了制冷行业的技术进步和规模扩大，这可能是2000年以来制冷行业的平均年增长率高于这段时间GDP的年增长率的主要原因。在可能的新建项目中，与制冷行业关系密切的有如下领域：

(1) 地铁和城市轨道交通

到 2025 年，我国 79 个城市轨道交通总里程数将发展到 13385km，世界上一多半的地铁都将建在中国。地铁是耗电大户，预计未来全国地铁耗电将达到每年 480 亿千瓦时，接近全国总用电量的 0.8%。而 50%以上的地铁用电是车站的辅助用电，其中空调和通风占车站耗电量的 70%以上。以前地铁空调沿用大型公建中央空调的方式，在系统结构上并不适合地铁的特点，导致系统复杂、投资大、占地多、能耗高。研究开发新的专门使用于地铁车站的空调系统和专用装备，是制冷空调行业节能减排的社会责任。

(2) 机场和高铁车站

全国规划和正在兴建的大型机场和高铁项目数量巨大，成为基础设施建设中的重要内容。建成的大型机场和高铁车站往往成为当地的耗电大户，空调制冷又是其高电耗的主要原因。对于这种高大空间、人员密集程度随时变化的交通枢纽建筑，也需要彻底改变空调制冷系统的形式，从而适应其建筑和人员流动特点，大幅度降低运行电耗。

(3) 大型数据中心

支持“互联网+”的信息平台也属于国家大力发展的新基建。面对大数据爆炸的发展趋势，建立大型数据中心，满足信息量爆炸式增长对硬件平台的需求，成为各相关行业争先发展的重要领域。大型数据中心设备用电密度高、设备发热量大，冷却系统是维持其安全运行的基础保障。大型数据中心单位面积发热量超过 $1kW/m^2$，每个项目需要的冷量都高达数十兆瓦，冷却系统用电占到整个数据中心的 30%～50%。由于数据中心完全是显热负荷，芯片只要在 40℃以下就可以正常工作，因此冷却系统工作状况与民用空调完全不同。利用集中式空调的设计参数和设备，就会导致高能耗状况。根据数据中心的具体要求，需要发展专用的机房冷却设备，也是制冷行业需要高度关注的领域。

7.9.3 保障民生建设，提高人民生活水平

在新常态下中国经济的发展将从大规模城镇建设和基础设施建设逐步转为进一步改善居民生活水平的内需驱动。深层次提高生活水平的重点将是医疗服务水平、食品安全与健康水平以及文化教育水平。在这些民生发展建设工程中，制冷与低温工程大有可为。

(1) 提高医疗服务水平

现代医学与制冷技术密切相关。全国正在兴建的血液、细胞、精子、皮肤等基础材料的储存库，需要快速冷冻技术和长期低温维持的环境；多种疫苗、试剂、药品也需要各种不同储存温度环境；采用制冷技术营造低温环境还是新发展起来的治疗手段；制冷技术还成为开发新型手术和治疗器械的新方向。建立现代化的生命科学研究体系需要低温技术提供基础保障，建立全民健康保障的医疗系统需要大规模的低温储存体系，发展现代医疗技术需要基于制冷技术的医学器械。这三方面都是全面改善医疗水平对制冷行业提出的需求。

(2) 提高食品安全水平

食品安全健康是人民追求美好生活的基本要求，但我国食品安全健康水平落后于经济发展水平和居民收入水平。相比发达国家的现状，尽管中国有“民以食为天”的文化，但

在食品加工和储藏保鲜上的人均投入却远低于发达国家。由于食品加工、储存和运输过程中造成的变质、腐烂和品质下降，既影响了居民的饮食水平，还造成食物的巨大浪费。在产地全面实行预冷、在加工过程实现速冷、在储运过程实现保冷以及在销售终端实现持续保冷保鲜，这是实现全过程高水平冷链的四大关键环节。制冷行业是冷链建设的主力军，怎样在这一大规模建设中全面形成冷链的规划建设、装备制造、运行管理能力，进而进军全球的冷链市场，是中国制冷行业需面对的重要课题。

(3) 发展文化教育事业

全面建设小康社会的又一项重要任务就是进一步发展我国的文化教育事业。扩大文体设施建设、改善贫困地区中小学办学环境，是发展文化教育事业的两个重要方面。空气源热泵是高效低成本解决中小学校教室夏季制冷和冬季采暖的最佳方案，可为学生的学习环境提供有力保障。为北方和长江流域农村大约7000万中小学生提供冬季教室的供暖设备，这是一项百亿投资的大工程。2022年冬季奥林匹克运动会在中国举办，利用这一机遇，国家提出开展全民冰雪运动，提高中华民族身体素质的倡议。这需要冰雪运动场馆、大量的制冰造雪装备，也是对制冷行业提出的重大需求。

7.9.4 制造业发展模式的转型

我国经济结构调整的一个重大举措就是改变制造业的发展模式。长期以来制造业靠巨量的低价产品实现走出国门，使中国成为世界第一的制造大国。国际市场的饱和使我们不可能继续靠增大产量来维持制造业的持续发展，必须实现由增量向增质的转变。这就将使整个制造业出现大的调整和变革，开展精品制造工程。面对这一形势，制冷行业一方面应该实现量到质的转变，通过创新，由世界上的制冷大国发展到制冷强国；另一方面也应抓住制造业全面升级换代的机会，提供各种适宜的工业制冷和空调产品。

(1) 高水平净化环境

现代高质量生产过程的重要标志之一就是对生产环境的高洁净要求。不仅是电子产品产业，纳米相关技术产业，现在正在兴起的生物制药和生物技术产业也是对环境净化程度要求极高的行业。我国在20世纪末已经全面具有营造高洁净环境的各项技术。但是，环控系统为这类产业的最主要能耗来源，如何降低运行能耗是高洁净环境技术面临的大问题。通过新的系统形式和相应的高效产品，洁净环境的运行能耗可以大幅度地下降。而这些低能耗高洁净度的装备和系统不仅可以促进工业领域节能，也为今后大量新建和改建的洁净环境室工程提供有竞争力的产品。

(2) 高精度恒温恒湿环境

机械制造等行业升级改造的重点则是加工环境的高精度恒温恒湿。同样，降低能耗成为工业用恒温恒湿环境营造的突出需要。根据初步调查，现在各种工业加工过程的恒温恒湿环境营造系统的运行能耗可以降低50%以上。避免冷热抵消、干湿抵消，是这种环境系统运行节能的主要途径。加快此类高效节能的系统和产品的研发，有利于迎接即将到来的制造业改造引发的对恒温恒湿环境的巨大需求。

(3) 极干燥环境

许多高新技术和产品的生产、实验和储藏环境需要低湿或极低湿环境，这也构成对制冷技术与产品的新需求。例如正在飞速发展的电池制造过程就要求极低的室内露点温度，如果只依靠转轮除湿，高温再生，大量的冷热抵消将导致高运行能耗。很多国防装备的生产、存放和使用也要求低湿环境。除湿产品和低湿环境营造正在成为制冷行业的新领域。

（4）人工气候实验环境

高性能高可靠性产品的研发需要开展热环境适应性实验，提供大范围温湿度变化的环境实验室也成为制造业发展的新需求。从登月装置实验、军工产品实验，到高压输电防冰雪实验，各行各业都要求各式各样的热环境实验室。随着制造业的全面调整改造，这类实验室将成为一些产业必备的实验环境，这也成为制冷行业的新市场。

（5）高污染过程的环境控制

一些工业生产过程需要升级改造的是生产过程生成大量污染物的室内环境控制。典型的是造车造船过程中的喷漆工艺。为保证喷漆质量需要控制环境的温湿度，同时还必须排除室内生成的大量油气污染物。此类生产车间大部分实行全面通风换气，环境控制往往成为全厂的主要能耗。降低这类生产过程的环控能耗，并进一步提高温湿度调控水平，是制造业升级改造中的重要任务，也是制冷行业应该积极配合提供合适的技术与产品的领域。

参考文献

[1] TIMMERHAUS K D, REED R P. Cryogenic engineering fifty years of progress [M]. New York: Springer, 2007.

[2] VENTURA G, RISEGARI L. The art of cryogenics (low-temperature experimental techniques) [M]. Amsterdam: Elsevier, 2008.

[3] BARRON R F. Cryogenic systems [M]. 2nd ed. Oxford: Oxford University Press, 1985.

[4] 陈光明，陈国邦. 制冷与低温原理 [M]. 2版. 北京：机械工业出版社，2009.

[5] 陈曦. 低温技术基础 [M]. 北京：中国电力出版社，2018.

[6] 陈国邦. 新型低温技术 [M]. 上海：上海交通大学出版社，2003.

[7] 顾安忠. 液化天然气技术 [M]. 北京：机械工业出版社，2004.

[8] 舒泉声. 低温技术与应用 [M]. 北京：科学出版社，1983.

[9] 王惠龄，汪京荣. 超导应用低温技术 [M]. 北京：国防工业出版社，2008.

[10] 潘秋生. 中国制冷史 [M]. 北京：中国科学技术出版社，2008.

[11] 吴业正. 制冷与低温技术原理 [M]. 北京：高等教育出版社，2004.

[12] 中国制冷学会. 制冷及低温工程学科发展报告（2010—2011）[M]. 北京：中国科学技术出版社，2011.

[13] 华泽钊. 冷冻干燥新技术 [M]. 北京：科学出版社，2006.

[14] 吴亦农，董德平，陆燕. 空间制冷技术 [M]. 北京：科学出版社，2016.

[15] 关志强，李敏. 食品冷冻冷藏原理与技术 [M]. 北京：化学工业出版社，2019.

[16] 张昌. 热泵技术与应用 [M]. 3版. 北京：机械工业出版社，2020.

[17] 刘秋新. 暖通空调节能技术与工程应用 [M]. 北京：机械工业出版社，2016.

[18] 段续. 食品冷冻干燥技术与设备 [M]. 北京：化学工业出版社，2017.

[19] 韩美顺. 2020年度中国制冷设备市场分析 [J]. 制冷技术，2021，41（增1）：67-86，94.

[20] 中国制冷学会. 制冷及低温工程学科发展报告（2018—2019）[M]. 北京：中国科学技术出版社，2020.

第 8 章 能源与环境

常规化石能源过度使用会造成环境问题。推动可持续发展是世界各国的共同责任和不懈追求。党的十八大以来，习近平总书记提出的绿色发展理念深刻地改变着中国，也为世界可持续发展提供了中国方案、中国智慧和中国力量。在低碳可持续发展的理论框架下，推动经济高质量发展、能源高效率利用和环境高水平保护是实现可持续发展的必由之路，其中经济高质量发展是可持续发展的必然要求，能源高效率利用是可持续发展的路径选择，环境高水平保护是可持续发展的奋斗目标。

8.1 常规化石能源开采利用过程引发的环境问题

我国“富煤、贫油、少气”的资源禀赋特点决定了煤炭作为我国基础能源的战略地位，我国煤炭消费主要用于电力、钢铁、化工和建材四大行业，其中电力行业的消费占比一直在 50%以上。2020 年我国的煤炭消费量占能源消费总量的比重为 56.8%，1t 标准煤燃烧约排放 2.6t 二氧化碳。2020 年，我国全年共排放 103.8 亿吨二氧化碳，煤炭燃烧排放的二氧化碳量占二氧化碳排放总量的 80%，约为 80 亿吨。过多二氧化碳排放，会造成全球气温明显升高，根据联合国官网数据，2020 年全球平均气温约为 14.9℃，比工业化前（1850～1900 年）水平高出了（1.2±0.1)℃。

8.1.1 煤炭开采过程引发的环境问题

（1）煤矿开采引起地面塌陷

煤矿开采引起的地面塌陷是煤矿矿区一种极为普遍的地质灾害。地面塌陷对矿区的开发和农业生产环境的危害都是非常大的。随着采煤量的增加，塌陷面积将逐步扩大。地表塌陷直接导致了地面建筑的损坏；影响居民的居住和生活，影响农田耕种，造成粮食减产；地表沉陷后，较浅处雨季积水、旱季泛碱，较深处则长期积水会形成湖泊；塌陷裂缝使地表和地下水流紊乱，地表水漏入矿井，还使城镇的街道、建筑物遭到破坏。开采沉陷盆地会形成地表常年积水，导致土地的盐碱化、荒漠化等。

(2) 煤矿开采引起工程地质损害

煤矿开采中引起的工程地质损害主要是因为矿物被开采后，上覆岩层内部剧烈移动变形传递到地表，破坏了地表斜坡的原始平衡。常常表现为地表裂缝、塌陷坑、岩溶塌陷、山体滑坡、崩塌、冲击地压、矿震、煤与瓦斯突出等灾害。

接近地表的煤层采用露天开采方法。露天采煤的结果为，平原采煤后矿区地表形成一道道交错起伏的脊梁和洼地，形如"搓板"；丘陵采煤后出现层层"梯田"。露天煤矿开采后使植被遭到破坏，地表丧失地力，地面被污染，水土流失严重，整个生态平衡被打破。

(3) 煤矿开采引起水环境损害

煤炭开采除了造成采空塌陷外，还危及地下水资源，会引起各种水迁移运动所造成的各种损害（如渗漏、水土流失、冲刷、污染等），加剧缺水地区供水紧张。大量地下水资源因煤系地层破坏而渗漏矿井并被排出，对矿区周边环境又造成了新的污染，严重影响了社会经济的可持续发展。同时地下水位的严重下降，也使区域内的作物大面积减产，抗御自然灾害能力下降，严重危害农业生产。煤炭开采过程中的矿井水、洗煤水和矸石淋溶水等未经完全净化就被直接排放，对四周水环境造成了严重的污染。此外，矿区洗煤过程中也排出含硫、酚等有害污染物的酸性水。大量酸性废水排入河流，致使河水污染。

(4) 煤矿开采利用引起大气污染

煤矿开采大气污染主要有大气烟尘污染和有害气体污染。大气烟尘主要来自煤矿爆破、矿山矿物运输、燃煤过程中排放的煤烟、粉尘。烟尘中的"炭黑"只有 0.6μm，大量的"炭黑"聚集在一起，吸收太阳的热能，加热周围空气，形成降雨，从而改变区域大气环流和水循环。矿山有害气体主要是以 SO_2、NO_x、CO_2 为主的化合物以及矸石山自燃产生的各种有害气体，给矿区的空气质量及人们的身体健康带来极大的危害。煤的开采、装卸、运输过程中，难免有大量细小的煤灰、粉尘飞扬，使矿区空气中的固体悬浮颗粒浓度增大，严重危害人体健康及矿区生态环境。

(5) 煤矿开采引起噪声污染

煤矿区地面及井下各种噪声大、振动强烈的设备多，如空气压缩机、风机、凿岩机、风镐、采煤机。据华北一些煤矿的调查测试，90dB 以上的设备占 70%，其中 90～100dB 的占 45%、100～130dB 的占 25%。

(6) 煤矿开采利用产生固体废物

煤矿生产过程中伴有大量的煤矸石外排，其利用率低，大量堆积构成煤矿矿区特有的固体废物污染，给矿区的环境治理带来极大困难。1t 煤燃烧产生炉渣约为 20%，2020 年我国原煤消费量为 40.4 亿吨，在此过程中产生大量煤渣。

8.1.2 石油和天然气开采利用过程引发的环境问题

(1) 对土地的毁坏

采煤、采油都要占用、浪费大量的土地资源。采油的钻台、设备占地面积是自身设备的几十倍，对土地的毁坏是不可逆的。气田开采过程中产生的底层水，含有硫、锂、钾、溴等元素，主要危害是使土壤盐渍化。地面下沉，致使山体滑坡、地震的可能性大大增加，地面建筑倒塌的危险大大增加。

（2）对水资源的破坏

油气加工利用过程中会产生一些炼油废水、废气（含二氧化硫、硫化氢、氮氧化物、烃类、一氧化碳和颗粒物）、废渣（催化剂、吸附剂反应后产物）。油田勘探开采过程中往往出现井喷事件，产生大量的采油废水、钻井废水、洗井废水以及处理人工注水产生的污水，会造成地下水位降低、水质变差等。

页岩气作为一种新兴资源，引起世界范围内广泛关注。开采和使用页岩气，成为一种潮流和趋势。页岩气开发时使用的压裂生产技术会消耗大量的水，水力压裂井比传统井需要更多的水。在美国密歇根的 Antrim 页岩气田，一个传统的井一次需要 5 万加仑（1 加仑＝3.785412L）水。然而据估计如果是水平钻井，一个水力压裂井一次需要 500 万加仑水，大约是一个 1000MW 煤电站 12h 用水量。

（3）对大气的污染

油气开采过程中排放的硫化氢，会对空气造成污染。石油工业会产生一定数量的有毒有害气体，废气来源有三：一是燃料燃烧，如车辆和内燃机设备的尾气；二是石油天然气开发、集输、储运、加工过程中，在井口挥发、放空或井喷泄漏的气体，输油管线、油罐泄漏气体，炼油厂和石油化工厂生产装置产生的不凝气、释放气和反应的副产品气体以及在废水与其他废弃物处理和运输中散发的恶臭和有害气体；三是石油天然气企业附属的机械厂和其他加工厂（管子站等）的气体废弃物（漆和涂料的挥发物等）。

2011 年，我国 187 个石油天然气开采企业共排放废气 1342 亿立方米。石油炼制装置的加工能力通常为百万吨级，因此废气排放量大，污染物成分复杂、毒性强、种类多、排放集中，危害性甚大。排放的污染物质在距生产装置 2km 处还可检出。例如，炼油厂催化裂化装置排出的再生烟气含粉尘、一氧化碳、氮氧化物和二氧化硫，由于排放高度一般在 100m 左右，污染物扩散范围较大。根据对某炼油厂催化裂化装置下风向 500m 处进行测试，二氧化硫浓度为 $0.15mg/m^3$，氮氧化物为 $0.079mg/m^3$，一氧化碳为 $0.211mg/m^3$。炼油厂添加剂生产装置间歇排放的含氯化氢气体，排放时在距装置 200m 处空气中氯化氢浓度为 $0.92mg/m^3$，附近的居民可以闻到令人不愉快的气味。

石油燃烧时会生成苯并芘，很容易被大气中的飘尘吸附，通过呼吸进入人体，在肺泡和支气管壁上长期滞留，可诱发癌变。城市大气中苯并芘的浓度每增加 $0.1\mu g/100m^3$，肺癌死亡率增加 5%。在城市工业区，苯并芘污染水平较高，例如北京的重工业区，大气中苯并芘的浓度最高时可达 $11.45\mu g/100m^3$，市区达 $4.70\mu g/100m^3$，而在林木茂密没有工业污染的清洁区，苯并芘浓度仅为 $0.24\mu g/100m^3$。石油和天然气燃烧也会产生大量的二氧化碳，2020 年我国石油和天然气燃烧的二氧化碳排放量占比分别为 15 亿吨和 5 亿吨。

（4）能源问题

石油天然气属不可再生能源。石油和天然气是古生物的遗体被掩压在地下深层中，经过漫长的地质年代而形成的，一旦被燃烧耗用后，不可能在数百年乃至数万年内再生。

8.2 ▸ 能源利用与环境协调发展

20 世纪，人类在经济增长、城市化、人口、资源等所形成的环境压力下，开始重新思考人类社会发展模式。1981 年，美国布朗（Lester R. Brown）出版《建设一个可持续发展的社会》，提出以控制人口增长、保护资源基础和开发再生能源来实现可持续发展。1987 年，世界环境与发展委员会出版了一份《我们共同的未来》报告，正式提出可持续发展概念，将可持续发展定义为：既能满足当代人的需要，又不对后代人满足其需要的能力构成危害的发展。可持续发展的定义包含两个基本要素或两个关键组成部分："需要"和对需要的"限制"。满足需要，首先是要满足贫困人民的基本需要。对需要的限制主要是指对未来环境需要的能力构成危害的限制，这种能力一旦被突破，必将危及支持地球生命的自然系统的大气、水体、土壤和生物。全球持续的经济增长，人类向大气中排放了过量的温室气体。为了将大气中的温室气体含量稳定在一个适当的水平，进而防止气候变化对人类造成伤害，1997 年，在日本京都由联合国气候变化框架公约参加国制定了《联合国气候变化框架公约的京都议定书》，简称《京都议定书》。2015 年，在第 21 届联合国气候变化大会（巴黎气候大会）上通过了《巴黎气候变化协定》，简称《巴黎协定》，由全世界 178 个缔约方共同签署，是对 2020 年后全球应对气候变化的行动作出的统一安排。《巴黎协定》的长期目标是将全球平均气温较前工业化时期上升幅度控制在 2℃以内，并努力将温度上升幅度限制在 1.5℃以内。

作为负责任大国，我国历来高度重视经济能源环境协同发展，党的十八大以来，习近平总书记在国内外多个场合多次论述了经济发展、能源节约和环境保护之间的关系，提出"绿水青山就是金山银山""保护生态环境就是保护生产力、改善生态环境就是发展生产力""摒弃损害甚至破坏生态环境的发展模式""要坚持节约资源和保护环境的基本国策""像保护眼睛一样保护生态环境，像对待生命一样对待生态环境""环境就是民生，青山就是美丽，蓝天也是幸福"等科学论断，为实现更高质量、更有效率、更加公平、更可持续的发展指明了方向和路径。2020 年，习近平总书记宣布中国将提高国家自主贡献力度，力争二氧化碳排放 2030 年前达到峰值，2060 年前实现碳中和。

8.2.1 我国全面建设社会主义现代化国家之路

党的十九大提出，从 2020 年到本世纪中叶的 30 年，全面建设社会主义现代化国家分"基本实现社会主义现代化"和"建成富强民主文明和谐美丽的社会主义现代化强国"两个阶段来安排，每个阶段 15 年。其中：

第一个阶段基本实现社会主义现代化的经济能源环境主要目标要求包括经济将保持中高速增长、产业迈向中高端水平，经济发展实现由数量和规模扩张向质量和效益提升的根本转变；生态环境根本好转，美丽中国目标基本实现。清洁低碳、安全高效的能源体系和绿色低碳循环发展的经济体系基本建立，生态文明制度更加健全。

第二个阶段建成富强民主文明和谐美丽的社会主义现代化强国的经济能源环境主要目标要求包括拥有高度的物质文明，社会生产力水平大幅提高，核心竞争力名列世界前茅，经济总量和市场规模超越其他国家，建成富强的社会主义现代化强国；拥有高度的生态文明，天蓝、地绿、水清的优美生态环境成为普遍常态，开创人与自然和谐共生新境界，建成美丽的社会主义现代化强国。

8.2.2 推动经济能源环境协同是实现可持续发展的必由之路

可持续发展理论强调经济发展、能源利用和环境保护三者之间应协调发展，经济、能源、环境协同发展通过经济子系统、能源子系统、环境子系统三大系统协调发展实现“高效益、低能耗、低排放”的经济增长模式，是实现低碳可持续发展的必由之路，为中长期加快低碳可持续发展推动经济高质量发展、能源高效率利用和环境高水平保护（“一低推三高”）提供了科学支撑。

（1）经济高质量发展是可持续发展的必然要求

我国经济已由高速增长阶段转向高质量发展阶段，正处在转变发展方式、优化经济结构、转换增长动力的攻关期，建设现代化经济体系是跨越关口的迫切要求和我国发展的战略目标。从发展方式看，经济高质量发展要求从主要依靠资源消耗的粗放型向主要依靠科技创新的集约型转变；从经济结构看，经济高质量发展要求从资源密集型、劳动密集型产业为主向知识密集型、技术密集型产业为主转变；从增长动力看，经济高质量发展要求从要素投入向全要素生产率提升转变。通过经济高质量发展可以进一步促进能源安全高效利用、要素投入产出效率提升、新旧动能顺利转换，有利于破解能源环境等要素的瓶颈约束，为可持续发展提供内在动力。

（2）能源高效率利用是可持续发展的路径选择

能源安全是关系国家经济社会发展的全局性、战略性问题，对国家繁荣发展、人民生活改善、社会长治久安至关重要。党中央、国务院高度重视能源问题，始终把能源工作放在突出位置，明确提出“四个革命、一个合作”的能源安全新战略，有力推动了能源高质量发展，保障了国民经济和社会发展的需要。在实现“新两步走”战略的过程中，保障能源安全是关系着百年目标能否实现的重大基础性工程，承载着支持经济增长、实现生态文明、提高人民福祉的重要任务。随着城镇化和现代化进程不断加快，能源约束将进一步趋紧，经测算，我国城镇化率每提高 1 个百分点，将增加能源消耗 8000 万吨标准煤，破解能源约束的关键是提高能源利用效率。

（3）环境高水平保护是可持续发展的奋斗目标

我们要建设的现代化是人与自然和谐共生的现代化，既要创造更多物质财富和精神财富以满足人民日益增长的美好生活需要，也要提供更多优质生态产品以满足人民日益增长的优美生态环境需要。预期到 2035 年“生态环境根本好转，美丽中国目标基本实现”，到 21 世纪中叶把我国建成富强民主文明和谐美丽的社会主义现代化强国，生态文明全面提升的愿景，为未来中国的生态文明建设和绿色发展指明了方向、规划了路线。通过环境高水平保护可以增强贯彻绿色发展理念的自觉性和主动性，正确处理好经济发展与生态环境保护的关系，加快建设资源节约型、环境友好型社会，推动形成绿色发展方式和生活方式，推进美丽中国建设，为可持续发展提供目标方向。

8.2.3 经济能源环境三者之间相辅相成

经济高质量发展、能源高效率利用和环境高水平保护三者之间有着密不可分的关系，相辅相成，缺一不可。

（1）经济高质量发展离不开能源高效率利用和环境高水平保护的支撑

从经济增长模型来看，经济发展既离不开资本、劳动力、土地、能源和环境等供给要素的投入，也离不开技术进步等创新要素的投入，能源高效率利用和环境高水平保护有利于促进经济高质量发展，能源短缺和环境污染无疑会制约经济健康可持续发展。若对能源环境等要素供给质量和效率进行有效提升，受提高能源利用效率等技术进步效果短期内难以显现影响，短期内可能会导致经济增长放缓，但放缓的幅度不大。通过创新驱动提高能源利用效率和生态环境保护水平，长期来看有助于进一步促进经济高效益增长，符合长期可持续发展的理念，与经济高质量发展要求的“低能源消耗、低环境污染、高经济效益”模式相吻合。

（2）能源高效率利用离不开经济高质量发展和环境高水平保护的倒逼

从能源跟经济环境的关系来看，能源的发展要以经济增长和环境容量为前提，经济增长和环境容量可以促成能源大规模开发和利用，经济高质量发展和环境高水平保护有利于促进能源高效率利用。随着我国经济步入高质量发展阶段，产业结构正在从高能耗高污染向低能耗高质量转型，有助于促进能源结构更加清洁低碳，能源综合利用效率更加经济高效。从环境高水平保护来看，绿色发展是在生态环境容量和资源承载能力的制约下，通过保护自然环境实现可持续科学发展的新型发展模式和生态发展理念，亟须补齐全面小康的生态环境短板，倒逼能源高效率利用。在推动供给侧结构性改革方面需要淘汰一大批污染重、能耗高、技术水平低的企业，加快发展一大批绿色生态产业，优化升级一大批传统产业。

（3）环境高水平保护离不开经济高质量发展和能源高效率利用的促进

从环境跟经济能源的关系来看，环境是经济发展的物质条件，是人类赖以生存发展的空间，人类社会的经济活动和能源活动将给环境带来压力，经济高质量发展和能源高效率利用有利于促进环境高水平保护。从经济高质量发展来看，按照“低消耗、低污染、高效益”的经济发展方式要求，亟须以直接关系到人们生活质量和身体健康的大气、水、土壤污染问题为核心，切实提高生态环境质量。经济高质量发展的重点依然是发展，通过加快推进经济结构的转型升级、新旧动能的接续转换，协同推动经济高质量发展和环境高水平保护，在经济高质量发展中实现环境高水平保护，在环境高水平保护中促进经济高质量发展。能源行业亟须坚持把高质量发展作为根本要求，加快实现能源发展质量变革、效率变革和动力变革，切实扭转规模数量型、粗放浪费型的传统能源生产消费模式，同时把推进美丽中国建设作为责任担当，深刻把握能源在生态文明建设中的重要作用，着力推动能源绿色发展，坚决摒弃“黑色增长”，通过优化能源绿色供给结构，满足人民美好生活的环境质量需求。

参考文献

[1] 周乃君．能源与环境［M］．长沙：中南大学出版社，2008.
[2] 李润东，可欣．能源与环境概论［M］．北京：化学工业出版社，2013.
[3] 方梦祥，金滔，周劲松．能源与环境工程概论［M］．北京：中国电力出版社，2009.
[4] 肖宏伟，温志超．新时代经济能源环境高质量协同发展的逻辑内涵［J］．中国物价，2021（06）：9-11.

第9章

节能与能源安全

能源是国民经济发展重要支撑，能源安全直接影响国家安全、可持续发展以及社会稳定。随着工业化和城市化进程不断推进，我国能源消费总量已跃居世界第一位，伴随经济增长有日益扩大之趋势，能源对中国经济社会发展的瓶颈制约日益显现，能源供给相对不足、能源结构不合理及由此带来的环境污染等问题日益凸显，节能减排依然形势严峻、任务艰巨，保障能源安全是维护经济安全和国家安全、实现现代化建设战略目标的必然要求。

9.1 煤炭安全

9.1.1 我国煤炭供给安全的现状

(1) 原煤产量增速略有回落，同比增长1.4%

2020年，全国原煤产量38.4亿吨，同比增长1.4%，原煤生产增速有所回落。数据显示，"十三五"期间，全国累计退出煤矿5500处，退出落后煤炭产能10亿吨/年以上；2020年全国30万吨/年以下煤矿数量及产能较2018年下降均超40%。在淘汰落后产能的同时，全国煤炭供给质量显著提高，截至2020年年底，全国煤矿数量减少到4700处，全国煤矿平均单井规模由每年35万吨增加到每年110万吨。

(2) 优质产能持续释放，生产向资源富集地区进一步集中

从产煤地区看，煤炭生产开发进一步向大型煤炭基地集中。2020年，14个大型煤炭基地产量占全国总产量的96.6%。2020年，全国规模以上企业煤炭产量38.4亿吨，有8个省区原煤产量超过亿吨，山西、内蒙古原煤产量分别高达10.63亿吨、10.1亿吨，占全国规模以上企业原煤产量的比重分别为27.66%、26.04%。同时，大型现代化煤矿已成为全国煤炭生产的主体。全国建成年产120万吨以上大型现代化煤矿1200处以上，产量占全国80%左右。

（3）煤炭消费量增长0.6%，所占比重下降0.9个百分点

据国家统计局初步核算，2020年全国煤炭消费量增长0.6%，煤炭消费量占能源消费总量的56.8%，比上年下降0.9个百分点。2010～2020年，煤炭在我国一次能源消费结构中的比重从69.2%降至56.8%，但占比仍过半。根据中国煤炭工业协会测算，电力行业、钢铁行业、建材行业、化工行业等主要耗煤行业耗煤分别同比增长0.8%、3.3%、0.2%、1.3%。

（4）煤炭清洁高效利用水平持续提升

总体上，我国85%以上的煤炭消费已经基本实现清洁高效利用和超低排放。近年来，煤炭生产、运输、消费等环节煤炭清洁高效利用取得了一系列重大成果。2020年，我国原煤入洗率达到74.1%，比2015年提高8.2个百分点；矿井水综合利用率、煤矸石综合利用处置率、井下瓦斯抽采利用率比2015年分别提高11.2%、8%、9.5%。

散煤治理是煤炭清洁高效利用的关键。“十三五”期间散煤综合治理和煤炭减量替代成效显著，散煤用量消减超过2亿吨。目前，我国民用散煤用量已压缩到2亿吨以内。“十三五”期间，北方地区冬季清洁取暖率达到60%以上，替代散煤1.4亿吨以上。

9.1.2 保障我国煤炭供应安全的措施

（1）优化产能，提升煤炭供给质量

自2016年启动煤炭化解过剩产能工作以来，全国扎实推进各项工作，已淘汰落后煤矿5500处左右，退出落后产能10亿吨/年以上，远超此前退出产能8亿吨/年的规划目标。

2020年6月，国家发展改革委、国家能源局发布《关于做好2020年能源安全保障工作的指导意见》，提出大力提高能源生产供应能力，2020年再退出一批煤炭落后产能，煤矿数量控制在5000处以内，大型煤炭基地产量占全国煤炭产量的96%以上。同月，国家发展改革委等六部门印发《2020年煤炭化解过剩产能工作要点》(后简称《工作要点》)，要求在巩固现有成果的基础上，持续推动结构性去产能，系统性优产能。《工作要点》提出，以煤电、煤化一体化及资源接续发展为重点，在山西、内蒙古、陕西、新疆等大型煤炭基地，谋划布局一批资源条件好、竞争能力强、安全保障程度高的大型露天煤矿和现代化井工煤矿。

（2）新一轮煤企整合开启煤炭战略重组新局面

2020年6月，国家发展改革委等六部门发布的《关于做好2020年重点领域化解过剩产能工作的通知》提出，推动钢铁、煤炭、电力企业兼并重组和上下游融合发展，提升产业基础能力和产业链现代化水平，打造一批具有较强国际竞争力的企业集团。

我国煤炭企业整合速度明显加快，2020年多个地方煤企开展了实质性的合并重组工作：山东能源与兖矿集团重组，重组后的山东能源集团是我国第三个煤炭年产量超2亿吨的煤企；山西同煤、晋煤和晋能集团联合重组，新成立的晋能控股集团成为巨型现代化能源企业；山西潞安集团、阳煤集团、晋煤集团的煤化工业务宣布整合为潞安化工集团。

（3）绿色开采与生态矿区建设进一步加强

煤炭工业生态建设是煤炭绿色开采、清洁利用的主要内容。国家发展改革委等八部门于2020年2月联合印发《关于加快煤矿智能化发展的指导意见》提出，新建煤矿要按照绿色矿山建设标准进行规划、设计、建设和运营管理，生产煤矿要逐步升级改造，达到绿

色矿山建设标准，努力构建清洁低碳、安全高效的煤炭工业体系，形成人与自然和谐共生的煤矿发展格局。

(4) 煤矿智能化建设全面提速

煤矿智能化是煤炭工业高质量发展的核心技术支撑，代表着煤炭先进生产力的发展方向。国家层面，2020 年 2 月，国家发展改革委等八部门联合印发《关于加快煤矿智能化发展的指导意见》，明确提出煤矿智能化发展原则、目标、任务和保障措施。根据指导意见，到 2035 年，各类煤矿基本实现智能化，构建多产业链、多系统集成的煤矿智能化系统，建成智能感知、智能决策、自动执行的煤矿智能化体系。为实现该目标，指导意见同时提出两个分阶段目标。7 月，国家能源局、国家煤矿安全监察局印发《关于开展首批智能化示范煤矿建设推荐工作有关事项的通知》，正式从国家层面组织相关单位开展首批智能化示范煤矿建设工作。11 月，国家能源局、国家煤矿安全监察局印发《关于开展首批智能化示范煤矿建设的通知》，确定我国首批 71 处智能化示范建设煤矿。据统计，截至 2020 年年底，全国建成 400 多个智能化采掘工作面，采煤、钻锚、巡检等 19 种煤矿机器人在井下实施应用。

(5) 煤炭法修订草案公开征求意见

2020 年 7 月，国家发展改革委发布《中华人民共和国煤炭法（修订草案）》（征求意见稿），并就修订内容进行说明。征求意见稿中，新增煤炭市场建设、价格机制等条款，同时新增统筹煤炭产供储销体系建设，保障煤炭安全稳定供应。在新增煤炭市场建设、价格机制等条款中，征求意见稿提出建立和完善统一开放、层次分明、功能齐全、竞争有序的煤炭市场体系和多层次煤炭市场交易体系，以及由市场决定煤炭价格的机制；市场主体应该依法经营、公平竞争；优化煤炭进出口贸易等内容，以推动现代煤炭市场体系的建立，优化和提升资源配置效率。

9.2 ▸ 石油安全

时至今日，无论是在军事战争中还是在大国经济博弈中石油资源都具有十分重要的战略地位。因此，引发了关于完善石油安全政策与加强石油安全监管的思考。从国内角度来看，我国的石油供给安全问题十分严峻，同时，我国对外石油依赖的程度不断提高。保证我国石油供给安全既是对国民生产、生活的有力保障，也是我国在对外关系中掌握主动权的重要保障。如何保证我国石油供给安全，如何做到可持续发展，如何在国际油价大变动时不受其波及，在当前显得尤为重要。

9.2.1 我国石油供给安全的现状

我国原油生产主要集中在东北、西北、华北、山东和渤海湾等地区，消费覆盖全国，中心主要集中在环渤海、长江三角洲及珠江三角洲等地区。我国原油主要消费在工业部门，其次是交通运输业、农业、商业和生活消费等部门。其中，工业石油消费占全国石油消费总量的比重一直保持在 50%以上；交通运输石油消费量仅次于工业，占 25%左右。

根据《中国能源大数据报告（2021）》，2004～2020 年，我国原油产量从 1.74 亿吨上升至1.95亿吨，大庆、长庆、胜利、新疆等主力油气田产量持续增长，其中长庆油田油气年产量突破6000万吨油当量，约占国内产量的1/6。我国海上油气产量突破6500万吨油气当量，创历史新高，其中海上石油增产240万吨。原油消费量从3.23亿吨上升至7.02亿吨，为世界第二大石油消费国。

1993年我国成为石油产品净进口国，1996年成为原油净进口国。随着国内需求的不断增加，原油进口量也在逐年攀升。据中国海关数据统计，2004～2020年，我国原油进口量从1.23亿吨上升至5.4亿吨，我国已成为全球第一大原油进口国。

2020年，位列前十的原油进口来源国为沙特阿拉伯、俄罗斯、伊拉克、巴西、安哥拉、阿曼、阿联酋、科威特、美国、挪威。2020年，沙特阿拉伯全年向我国出口原油约8492万吨，排在第二位的俄罗斯全年向我国出口原油约8357万吨，伊拉克全年对我国的原油出口达到6012万吨。2020年，我国炼油能力持续较快增长，当年净增2580万吨，总能力升至8.9亿吨/年。

我国石油供给安全总体表现如下。

（1）石油消费量不断增加

近年来，随着我国经济的高速发展，城市化水平不断提高，工业化进程不断加快，许多的现代工业例如航天军工等一系列现代工业都需要以石油来作为工业生产能源和原料。从石油当中提炼出的汽油、柴油、石蜡、沥青等化工产品更是广泛应用到人们日常生活生产当中。因此，石油消费量多年来只增不减、居高不下。2020年我国石油表观消费量为7.02亿吨，比上年增长5.6%。

（2）国内石油供给不足

自20世纪80年代以来，由于资金短缺、已探知的石油储量增长程度减慢、老油田的产油量减少及设备更新缓慢等多种原因，中国石油产量增速日益趋缓。1954～1959年，中国原油产量年均增速为73.6%；1959～1964年，又增长了26%。然而在1979～1985年间增速明显减缓，年均只有3.6%。1985～1990年间进一步减缓至2.0%的水平；1990～1995年间，石油产量年均只增长了1.6%；1995～2000年间年均增速则只有1.5%。1991～2010年间，国内石油生产量的平均增速仅为1.67%。2010～2020年间，国内石油生产量呈现了负增长，2010年国内石油产量为2.030亿吨，2020年国内石油产量为1.95亿吨，而同期的消费量却不断上升，2010年我国石油消费量为4.447亿吨，2020年我国全年石油消费总量达7.02亿吨，国内石油供需缺口逐年增大。

（3）对外石油依存度不断加大

对进口石油依赖程度的高低，从数量关系的角度来看是一个国家或地区进口石油消费量占本国石油消费总量的比重，比重越高，表明对外石油依赖程度很高；反之则低。在一般情况下，对进口石油依赖程度过高，表明本国石油供应安全存在着极大的隐患。自1993年以来，我国石油消费已经依赖于进口石油，而且进口量不断增加。2020年我国对外石油依存度已经达到了73.5%，创了历史新高。

9.2.2 我国石油供给安全存在的问题

我国地域辽阔，物质资源丰富多样，但是结合人口基数大的基本国情来看，人均可供使用资源较为贫乏，人均拥有石油开采资源和人均产量远低于世界平均水平。

同时，石油价格异常波动，不仅对石油消费和进口大国的经济安全造成了十分重大的影响，也对其政治及军事安全构成了巨大的威胁。我国的原油进口需求巨大，原油消耗领域十分广泛，消耗量也居高不下。按照 2015 年我国石油净进口量 3.28 亿吨来计算，如果油价每上升 1 美元/桶，我国的石油进口将会多耗费 22.96 亿美元。若原油价格与成品油价格差距过大，短期来看将给企业的生产及运营成本等方面带来巨大的压力，影响国民经济稳健发展。长远来看，可能会影响实现节能减排、建设低碳社会的目标。此外，高昂的油价也影响着能源供应系统的稳定，扰乱能源市场，催生更为复杂的经济问题。

我国石油需求巨大、本国石油供应不足，建立健全完善的战略石油储备体系是十分必要的。充足的石油储备，可以在油价高位运行时，稳定石油价格，减轻其对本国经济的运行造成的不良冲击；并在全球爆发军事及经济危机时，能够维持本国军队的正常运作，保障国家社会生产生活的稳定。石油战略储备是一个国家能源安全体系最重要的一个环节，如果不储存足够的石油，一旦石油通道发生问题或者石油供应发生问题，大量的石油供应就会被切断，没有足够的石油经济国家就会陷入瘫痪。所以，要保证经济安全稳定持续的运行必须保证有足够的安全战略储备。

9.2.3 我国石油供给安全问题的对策

首先，建立健全战略石油储备制度。从国际社会而言，国际能源机构（IEA）成员国当前有三种石油储备体制以保障石油安全。第一种是公司储备，包括：a. 强制性储备，保证最基本的石油供应量；b. 商业性储备，要拥有充足的且能够维持其生产往来的石油消费量。第二种是政府储备，由政府提供财政支持，保障石油储备充足稳定，应对突发的石油危机。第三种是机构储备，是一种较为特殊的储备形式，一部分储备成本由公用机构承担，另一部分则由私营机构承担，两者进行成本与资源的共享，从而高效且低风险地进行石油储备。

其次，广泛开展石油外交。无论是从缓解中国的石油和天然气资源的短缺，解决因经济的快速发展所导致的油气资源供给不足的角度出发，还是为了应对全球绿色、低碳经济的发展趋势对中国节能减排的具体要求，抑或是承担保护全球气候和环境的责任，我国都应广泛开展石油外交，与全球各国建立油气资源合作关系。

最后，优化能源结构，开发可再生能源。要推陈出新，与时俱进，创新能源供应的形势，在保证实现低碳目标的前提下，支持可再生能源改革加速进行。另外，要注重能源发展的区域性。根据主体功能区的结构，协调东、中、西部各地区的能源平衡关系，从而进行综合的开发和利用。以经济发展较为迅猛的东部地区为例，应当适量减少煤炭资源的开发，加快海上油气带建设，大力发展核电、风电、生物质能等清洁能源。

9.3 ▸ 天然气安全

9.3.1 我国天然气供给现状

（1）天然气消费增长降速

据国家发展改革委运行快报统计，2020 年我国天然气表观消费量 3240 亿立方米，同比增长 5.6%。在疫情、经济和市场等综合因素影响下，天然气消费量继续保持增长态势，但增速较此前四年明显下降。分领域看，发电用气同比增长 7.7%，主要由宏观经济回暖等因素带动；工业燃气同比增长 9.3%，增长的驱动力来自气价较低、减税降费等因素；城市燃气同比增长 5.1%，其中商业、服务业用气受疫情冲击明显下降；化工用气同比增长 4.5%，其中化肥用气快速增长，甲醇用气大幅下降。

分地区看，长江三角洲和东北地区天然气消费增长大幅放缓，而东南沿海、中西部和环渤海地区天然气消费增长较快，增幅均在 10%以上，其中环渤海地区是国内最大的天然气消费区域，地区天然气消费增长主要来自居民和工业用气推动。

（2）天然气产量稳步提升

国家统计局数据显示，2020 年我国天然气产量达到 1925 亿立方米，同比增长 9.8%，增量 163.26 亿立方米，天然气连续四年增产超过 100 亿立方米，增储上产效果明显。页岩气、煤层气、煤制气等非常规气全面增产、贡献突出，其中煤制气产量 40 亿立方米、煤层气产量 65 亿立方米、页岩气产量超过 200 亿立方米。大庆、长庆、胜利、新疆等主力油气田产量持续增长。2020 年我国新增天然气探明地质储量达到 1.29 万亿立方米。

（3）天然气进口增速回落

海关总署数据显示，2020 年，我国进口天然气 10166 万吨（约 1403 亿立方米），同比增长 5.3%。其中，液化天然气进口量 6713 万吨，同比增长 11.5%，气态天然气进口量 3453 万吨，同比下降 4.9%。受国产气快速增长和需求增速放缓影响，我国天然气进口增速回落。天然气对外依存度约 43%，较 2019 年回落约 2 个百分点。

我国天然气进口主体和进口来源均呈现出多元化的特点。进口主体中，中石油、中石化、中海油以外的企业，如城市燃气、电力企业等，形成了液化天然气进口的第二梯队，2020 年进口量占比 11%，创历史新高。进口来源中，液化天然气进口来源国共 24 个，其中澳大利亚仍居首位，进口量占比 46%，卡塔尔居第二位，其后是马来西亚和印度尼西亚；管道气进口来源国前五名分别为土库曼斯坦、乌兹别克斯坦、哈萨克斯坦、缅甸、俄罗斯。

9.3.2 对天然气供应安全担忧的原因

天然气安全主要指天然气供应安全，是指天然气供给的保障情况，主要包括数量是否充足、稳定可靠性高低和价格是否合理三个维度。如果消费者需要天然气时能够及时足量获得，供应持续稳定可靠，价格上可承受、可负担，则天然气供应安全是有保障的。过去 20 多年，我国天然气市场经历了高速增长，无论国内生产、进口、基础设施建设和消费利用都大踏步向前。供应紧张、价格波动和进口依存度增加是导致对天然气供应安全担心的直接因素，背后更深层次的原因则是天然气需求增加过快和基础设施建设不足。

（1）“双碳”目标下天然气消费需求旺盛

过去 20 多年天然气市场总体在高速发展，这得益于市场自发需求增长，也得益于政府政策拉动。天然气是清洁低碳、灵活高效的优质能源，随着经济发展、人民生活水平改善和人民对美好生活环境的向往，我国政府先后推出大气污染防治和蓝天保卫行动计划。以天然气替代燃煤是最便捷有效的实施办法，然而一些地方在推广天然气替代燃煤过程中没有统筹考虑到实际供应能力情况，导致天然气需求呈现爆发式增长，加剧短期供需矛盾。2000年，我国天然气消费量仅为245亿立方米，到2020年我国天然气消费量高达3240亿立方米。

（2）天然气基础设施不足

天然气基础设施包括管道、储气库和LNG接收站等，设施不足最主要体现在储气库上。经过多年建设，我国地下储气能力依然只相当于年度天然气消费量的4%左右，远低于国际上超过12%的平均水平，和欧洲主要天然气消费国30%左右的储气能力相比差距更大。

9.3.3 保障我国天然气供应安全的建议

国内外的天然气资源潜力、政策导向和能源市场发展趋势都有利于我国扩大天然气消费利用，有利于保障天然气供应安全。但要进一步提高天然气供应安全，做到天然气的长期可持续发展，需要通过深化国内改革，努力实现天然气增供应和降成本，发挥价格机制的调节作用，同时积极参与全球能源治理，促进全球天然气市场融合，推动塑造良好的国内外发展环境。

（1）加快推动上游市场主体多元化竞争

虽然国内天然气生产增长较快，但和需求增长比起来仍然不足。需要通过深化改革，加大国内勘探开发和生产力度，释放资源潜力。通过竞争提效率、降成本、增供应。

（2）发挥价格机制的调节作用

天然气供应安全包含着价格可承受可负担的含义，这并不等于天然气价格不能上涨，而是要求天然气价格的变动不能离谱，不能严重脱离供需基本面实际情况，不能超出消费者的承受能力和忍耐限度。我国天然气价格改革进程要和产业链体制改革进程相匹配，在加强垄断环节监管的同时，有序放开可竞争环节形成市场竞争，根据市场竞争发育程度逐步减少价格管制，同步强化对串谋和滥用市场支配地位等不正当竞争行为的监管，逐步形成由市场来决定天然气在不同季节、不同时段、不同区域、不同用户的差别价格体系，通过合理价格变动来调节供应和需求，发挥市场的自我调节功能。

（3）着力加大储气设施能力建设

提升储气能力是解决季节性供需矛盾的主要举措：一是鼓励现有油气企业引入社会资本参股地下储气库建设，按比例分享储气能力权益；二是加快放开储气地质构造的使用权，鼓励符合条件的市场主体利用枯竭油气藏、盐穴等建设地下储气库，尽快提高社会储气能力；三是配套完善油气、盐业等矿业权转让、废弃核销机制以及已开发油气田、盐矿作价评估机制，确保新市场主体进入储气库领域的政策能够有效落地；四是鼓励探索多种储气库运营模式，调动储气库建设积极性；五是支持LNG储罐集约规模化建设。

（4）加强管网建设投资和互联互通

一是以国家油气管网公司组建为契机，优化跨省长输管网规划布局，加大管网互联互通投资与建设；二是统筹协调跨省管网和省内长输管网的运行调度关系，全面实现天然气运输和销售分离，禁止天然气运输企业统购统销；三是确保管道开口和管输能力的公平有序开放；四是加强对管输环节监管，保障安全运行，提高运行效率，保证服务到位，控制成本费用，保证合理收益。

（5）确保 LNG 进口设施公平开放

一是鼓励现有 LNG 接收站项目扩大接卸能力、存储能力和气化外输能力；二是新建接收站岸线资源优先向新市场主体开放，接收站项目确保能够和国家管网公司所属管网系统联通；三是保障国家管网公司控制的 LNG 接收站向社会公平开放使用。

（6）加大海外天然气资源多元化引进力度

一是支持各类资本参与海外天然气气田开发和天然气液化项目投资；二是鼓励以多种合作形式将境外天然气资源引进回国；三是在保障国家石油公司合作主体地位的前提下，支持其他市场主体开展与俄罗斯、蒙古和中亚国家的天然气合作项目，拓宽合作渠道和合作方式；四是在政府指导下组建 LNG 国际采购联盟，提高集体贸易谈判能力。

（7）依托国际组织促进国际天然气市场共同安全

支持国际能源组织倡导天然气市场的公平有序发展，支持全球天然气市场的共享共治，打造更加广泛的利益共同体，保障供需双方的共同天然气安全；发挥中国对国际天然气联盟的领导力和影响力，促进天然气推广利用，推动行业标准规范的协调和技术经验的交流共享；推动提升全球天然气市场的透明度、天然气贸易的市场流动性和天然气价格的联动性，缩减区域性价差，促进全球天然气市场进一步融合。

9.4 “双碳”目标背景下的能源安全

在全球逐步实现碳中和的大背景下，构建以新能源为主体的新型电力系统是电力行业转型的大势所趋、实现“双碳”目标的关键，是要在保障能源安全的前提下逐步减少煤炭消费、提升新能源占比。2020 年我国的二氧化碳排放量约 103.8 亿吨，其中煤炭燃烧排放的二氧化碳量约为 80 亿吨，石油和天然气的二氧化碳排放量占比分别只有 15%和 5%。要实现碳达峰，就必须煤炭率先达峰。中央财经委员会第九次会议讲到我国能源转型的目标就是要控制化石能源的消费总量，用非化石能源来逐步取代化石能源。控制化石能源，首先就是要控制煤炭，煤炭要尽早达峰，并且尽快下降。

（1）中长期煤炭消费总量预测分析

到 2030 年我国二氧化碳排放达到峰值。即到 2030 年，我国煤炭消费量要比 2013 年峰值减少 10%左右，总量控制在 38 亿吨左右。到 2035 年，煤炭消费总量控制在 30 亿吨以下。按照美国、欧盟、日本承诺，到 2030 年，这些国家温室气体排放总量中煤炭消费量要比峰值水平减少 65%左右。以同等水平来测算，到 2050 年我国温室气体排放总量也要比峰值水平减少 65%以上，煤炭消费量控制在 15 亿～20 亿吨。到实现碳中和时保留多少煤炭，既要取决于届时的能源结构，还要看碳汇、碳封存和碳捕集的技术能力。仅就电力行业，虽然大部分企业达到了国家大气污染物控制的排放标准，但整个电力行业大气污染物排放量占全国大气污染物排放总量的 25%以上，是排放量最大的单一部门，仍需在减排方面花很大力气。

根据我国煤炭和煤电消费与全球水平对比，从 1965 年至今，全球煤电发展虽有增长，但速度很缓慢，中国是主要贡献国。

2021 年 4 月 22 日，习近平总书记在“领导人气候峰会”上表示，中国正在制定碳达峰行动计划，广泛深入开展碳达峰行动，支持有条件的地方和重点行业、重点企业率先达峰。中国将严控煤电项目，“十四五”时期严控煤炭消费增长、“十五五”时期逐步减少。2021年9月21日，在第七十六届联合国大会一般性辩论上，习近平总书记再次强调，中国将大力支持发展中国家能源绿色低碳发展，不再新建境外煤电项目。这不仅是对国际的承诺，也是对国内工作的具体要求和推进。应该说，减煤是决定我国能源转型成败的关键之一。不能只是控制能源消费总量，还要保障经济增长和人民生活水平的提高不受影响，所以要尽快从控制能源消费总量向控制化石能源消费总量进行政策转变，推动非化石能源的增长。需要指出的是，要处理好转型和能源安全的关系，构建以新能源为主体的新型电力系统，一定要做到先立后破，发挥好煤电托底作用。即使按照2060年碳中和思考，仍需要2万亿～3万亿千瓦时的燃煤或燃气发电量，按照每年运行时间1500～2000h计算，也需要15亿千瓦左右的火力发电装机容量。因此对于燃煤燃气发电，“十四五”期间应增容少增量；“十五五”期间宜增容不增量，以后可减量不减容，以备不时之需。

（2）可再生能源增量预测分析

根据国家统计局发布的《中华人民共和国2020年国民经济和社会发展统计公报》，2020年全国能源消费量约为49.8亿吨标准煤，实现了《能源发展“十三五”规划》中“2020年我国能源消费总量控制在50亿吨标准煤以内”的目标，清洁能源消费占比提高至24.3%，煤炭消费占比下降到56.8%，扣除天然气占比，2020年非化石能源占比提高至15.6%左右。自2013年以来，我国非化石能源占比平均每年提高0.7个百分点，其中90%的非化石能源用于发电。

“双碳”目标下，减煤毋庸置疑，新能源产业发展一片欣欣向荣，同时也肩负着重大责任和压力。目前可再生能源占比不到15%，根据规划要在2060年实现碳中和必须要让可再生能源在2050年实现60%以上的占比。未来30年，可再生能源占比要增长45个百分点，以后可再生能源占比每年要提高1.5个百分点。因此，可再生能源行业要奋勇向前，努力开拓，把精力放在怎么把可再生能源更快、更健康、更稳定地发展起来。

（3）新型电力系统“维稳”方法

随着碳达峰、碳中和目标的提出，构建以新能源为主体的新型电力系统已成为我国实现“双碳”目标的共识。未来，电能将逐步取代其他能源，成为推动社会经济发展的最终动力。其中，“绿电”即非化石能源发电将成为未来的主流发电方式。

非化石能源发电是新型电力系统的基本特征，虽然核电、水电、生物质发电都在同步发展中，但占比仍较小。目前非化石能源发电量占比增量部分基本上来自风电和光伏发电，风光发电占比约10%，2050年这一比例将达50%，2060年达60%才能实现相关的目标，但风光等非化石能源发电的稳定性是目前新型电力系统面临的最大隐患。因此，风光高比例装机的情况下，如何保障电网的安全可靠运行是当下一大挑战。

首先，要加快煤电转型步伐。大部分燃煤发电要逐步改造成为灵活调度和深度调峰的电站，为高比例的可再生能源发电提供重要技术支撑；发挥电网企业枢纽型、平台型、共享型配置资源的作用，按照绿色调度、效率优先的原则，实现能源清洁化、低碳化和智能化的转型目标。

其次，加强能源供应安全和能源普遍服务。2020年年初突如其来的寒流，暴露了我国普遍服务，特别是电力普遍服务的短板，也暴露了我国能源供应不平衡和不充分的问题。我国农村、城乡接合部、电网末梢等能源基础设施建设还存在不足。这些问题应该得到妥善解决，能源和电力供应安全问题也要进行城乡统筹、东西部统筹、发达地区和欠发达地区统筹，实现能源普遍服务。

再次，提前部署一批碳中和的示范区域。按照中央提出的2060年碳中和目标，以及各地提出的各自碳中和目标，选择一些条件成熟地区，进行碳中和或者零碳电力系统的试点示范，例如在浙江舟山、福建平潭、广东南澳进行县级规模的碳中和试点试验，在青海、云南、海南进行省级碳中和的试点，进行技术、体制机制上的探索，为全国碳中和积累经验。

最后，能源转型过程中离不开价格机制的转变。要改革现有电价形成机制，并提高消费侧用户为绿色电力支付更高价格的意愿，形成绿色低碳生活新时尚。

9.5 ▸ 我国工业节能技术与余热利用

工业是中国能源消耗和二氧化碳排放的最主要领域。构建绿色低碳的工业体系，不仅是实现应对气候变化目标的必要手段，对工业可持续发展同样意义重大。2020年，我国能源消费总量49.8亿吨标准煤，其中工业占比超过60%。工业能否率先碳达峰是2030年达峰目标实现的关键，工业领域实施低碳行动势在必行。

9.5.1 我国工业节能技术

工业节能技术是指采用新工艺、新设备、新技术和综合利用等方法，提高能源利用率，如提高能源的一次利用率等。煤炭是我国的基础能源和重要原料，2020年煤炭消费占我国总能源消费的56.8%，煤炭工业关系国家经济命脉和能源安全，必须做好煤炭清洁高效可持续开发利用。

立足煤炭稳定供应，发展煤制油气、醇类燃料替代，对我国发挥煤炭资源优势、缓解石油资源紧张局面、保障能源安全、保护生态环境，具有重要战略意义。2016年12月，神华宁夏煤业集团400万吨/年煤炭间接液化项目油品A线打通全流程，产出合格油品，实现煤炭“由黑变白”、资源“由重变轻”的转变。这一重大项目建成投产，对我国增强能源自主保障能力、推动煤炭清洁高效利用、促进民族地区发展具有重大意义。

随着新能源开发规模不断扩大，我国燃煤发电占比虽持续下降，但仍是最重要的电力供应来源。我国燃煤发电装机容量由1978年的不到4000万千瓦，增至2019年的10.4亿千瓦。我国已建成全球最大的清洁高效煤电供应体系，燃煤发电机组大气污染物的超低排放标准高于世界主要发达国家和地区，燃煤发电已不再是我国大气污染物的主要来源。2015年，泰州电厂3号机组成为世界首台成功运用二次再热技术的百万千瓦超超临界燃煤发电机组，实现供电标准煤耗266g/(kW·h)，成为全球煤电新标杆。2019年，全国百万千瓦超超临界燃煤发电机组有111台在运行，超过其他国家的总和，平均供电标准煤耗约280g/(kW·h)，引领世界燃煤发电技术发展方向。

9.5.2 工业余热利用技术

工业余热资源来源于工业生产中各种炉窑、余热利用装置和化工过程中的反应等。这些余热能源经过一定的技术手段加以利用，可进一步转换成其他机械能、电能、热能或冷能等。利用不同的余热回收技术回收不同温度品位的余热资源对降低企业能耗，实现我国节能减排、环保发展战略目标具有重要的现实意义。工业企业有着丰富的余热资源，广义上讲，凡是温度比环境高的排气和待冷物料所包含的热量都属于余热。可以将余热分为以下6大类：a. 高温烟气余热；b. 可燃废气、废液、废料的余热；c. 高温产品和炉渣的余热；d. 冷却介质的余热；e. 化学反应余热；f. 废气、废水的余热。

余热按温度水平可以分为三类：高温余热，温度高于650℃；中温余热，温度为230～650℃；低温余热，温度低于230℃。余热利用的途径主要有3个方面，即余热的直接利用、发电、综合利用。余热的直接利用通常有以下几方面：a. 预热空气；b. 干燥；c. 生产热水和蒸汽；d. 制冷。利用余热发电通常有以下几种方式：a. 用余热锅炉（又称废热锅炉）产生蒸汽，推动汽轮发电机组发电；b. 高温余热作为燃气轮机的热源，利用燃气轮机发电机组发电；c. 如余热温度较低，可利用低沸点工质，如正丁烷，来达到发电的目的。余热的综合利用是根据工业余热温度的高低，采用不同利用方法，实现余热梯级利用，以达到“热尽其用”的目的。

9.5.3 典型工业余热回收系统

（1）余热锅炉发电

余热锅炉是余热发电系统中的重要设备。根据用途不同，余热锅炉可细分为电站余热锅炉和工业余热锅炉。2019年，宝钢集团宝山基地三烧结余热发电项目正式投产，年发电量达到1616万千瓦时。余热资源的利用效率和余热资源的温度有关，一般情况温度越高，利用效率越高。余热锅炉发电一般适用于高温余热，热泵回收系统则适用于低温余热。鞍钢灵山供暖改造工程的压缩式热泵机组回收工业余热为住宅区供暖。

（2）溴化锂吸收式机组和热泵

溴化锂吸收式机组是利用余热资源作为机组动力，通过驱动机组达到制冷或供热的目的。2019年，宝武集团鄂城钢铁推动完成宽厚板厂溴化锂空调制冷项目，取消生产现场、配电室原有电空调，建设溴化锂机组及空调制冷系统，充分利用生产过程中产生的余热蒸汽，在满足制冷需要的同时降低电力消耗。热泵机组回收余热则是利用热泵系统提取低温余热资源，以达到充分利用余热目的。

溴化锂吸收式机组工作原理：溴化锂制冷机是以热能为动力源，以水为制冷剂，以溴化锂溶液为吸收剂，制取冷源水。其热源主要有蒸汽、热水、燃气和燃油等，可分为直燃型、蒸汽型和热水型。蒸汽型机组可利用蒸汽余热，如城市集中供热热网，热电冷联供系统，纺织、化工、冶金等行业；热水型机组，可利用65℃以上的热水，如工业领域工艺过程产生的余热热水制取冷水。由于是“以热制冷”，溴化锂制冷机可以利用工业废余热为工业提供工艺所需冷水或空调。

压缩式热泵工作原理：热泵系统是通过换热介质，从低温热源吸取热量，然后在高温处释放出热量；热泵系统一般由蒸发器、压缩机、冷凝器和膨胀阀四大部件组成。低佛点换热工质流经蒸发器时蒸发，从低温位处吸收热量，经过压缩机压缩后升温升压；然后流经冷凝器，在冷凝器冷凝中，将从蒸发器中吸取的热量和压缩机耗功所相当的那部分热量释放；释放出的热量就传递给高温热源，使其温度提高。蒸气冷凝降温后变成液相，流经节流阀膨胀后，低压液相工质流入蒸发器，如此不断往复循环，热泵系统就能使低温热量连续不断地传递到高温热源处。

参考文献

[1] 中国能源研究会．中国能源大数据报告（2021）[M]．北京：清华大学出版社，2021.
[2] 曹轶．中国石油安全的现状与对策研究 [J]．经济研究导刊，2018（02）：5-6.
[3] 田瑞，闫素英．能源与动力工程概论 [M]．北京：中国电力出版社，2008.
[4] 李润东，可欣．能源与环境概论 [M]．北京：化学工业出版社，2013.
[5] 国家节能中心．重点节能技术应用典型案例 2017 [M]．北京：中国发展出版社，2017.
[6] 中国工程院．减排降耗技术 [M]．北京：高等教育出版社，2013.

第 10 章

能源发展新纪元

能源作为人类活动的物质基础，攸关国计民生和国家安全，关系人类生存和发展，对促进经济社会发展、增进人民福祉至关重要。中华人民共和国成立以来，在中国共产党领导下，我国逐步建成较为完备的能源工业体系，能源发展取得了举世瞩目的历史性成就。改革开放以来，我国适应经济社会快速发展需要，推进能源全面、协调、可持续发展，成为世界上最大的能源生产消费国和能源利用效率提升最快的国家。党的十八大以来，我国能源发展进入新时代，坚持创新、协调、绿色、开放、共享的新发展理念，以深化供给侧结构性改革为主线，构建多元清洁的能源供应体系，实施创新驱动发展战略，持续推进能源领域国际合作，逐渐进入高质量发展新阶段。

10.1 ▸ 构建多元清洁的能源供应体系

新时代下多元清洁供能体系的构建，需要立足基本国情和发展阶段，确立生态优先、绿色发展的导向，坚持在保护中发展、在发展中保护，深化能源供给侧结构性改革，优先发展非化石能源，推进化石能源清洁高效开发利用，健全能源储运调峰体系，促进区域多能互补协调发展。

10.1.1 优先发展非化石能源

开发利用非化石能源是推进能源绿色低碳转型的主要途径。我国将把非化石能源放在能源发展优先位置，大力推进低碳能源替代高碳能源、可再生能源替代化石能源。

(1) 推动太阳能多元化利用

按照技术进步、成本降低、扩大市场、完善体系的原则，全面推进太阳能多方式、多元化利用。统筹光伏发电的布局与市场消纳，集中式与分布式并举开展光伏发电建设，实施光伏发电“领跑者”计划，采用市场竞争方式配置项目，加快推动光伏发电技术进步和成本降低，光伏产业已成为具有国际竞争力的优势产业。完善光伏发电分布式应用的电网接入等服务机制，推动光伏与农业、养殖、治沙等综合发展，形成多元化光伏发电发展模式。通过示范项目建设推进太阳能热发电产业化发展，为相关产业链的发展提供市场支撑。推动太阳能热利用不断拓展市场领域和利用方式，在工业、商业、公共服务等领域推广集中热水工程，开展太阳能供暖试点。

（2）推进风电可持续发展

按照统筹规划、集散并举、陆海齐进、有效利用的原则，在做好风电开发与电力送出和市场消纳衔接的前提下，有序推进风电开发利用和大型风电基地建设。积极开发中东部分散风能资源，稳妥发展海上风电，优先发展平价风电项目，推行市场化竞争方式配置风电项目。为实现风电可持续健康发展，我国提出了“友好型”“综合解决策略”“利益格局重构”的风电开发路线。“友好型”就是生产优质能源及优质电力，这需要先进的发展理念和技术手段，采用更加先进的风电设备，电站及控制技术，提高风电出力预测技术；“综合解决策略”就是做到实现发展规模及布局与电网和电源建设发展统一规划、统筹协调，项目核准及建设进度安排合理衔接，阶段性规划目标和年度发展规模均衡；“利益格局重构”就是风电大规模发展之后，传统电源发电市场份额减少，调峰调频要求提高，跨区消纳风电的利益分配和成本分组等方面合理重构。

（3）推进水电绿色发展

水电是我国能源结构的中坚力量，未来发展空间仍相当可观，但在发展过程中依然存在水电上网电价区域差异化、水电上网电价缺失准许成本机制等问题。为此，可从以下几方面推进水电持续发展：a. 结合水电开发对西南地区的重要扶贫作用，综合考虑移民安置成本，按照准许成本收益的原则，制定按价保量收购电量的竞价机制，确保水电企业绿色发展；b. 建立全国一体化电力市场，高效利用西南水电能源，根据可再生能源全额保障性的收购制度，加强电网建设，扩大可再生能源配置范围，提高消纳可再生能源的能力；c. 坚持生态优先、绿色发展，科学有序推进水电开发，做到开发与保护并重、建设与管理并重，有序推进流域大型水电基地建设，合理控制中小水电开发；d. 完善水电开发移民利益共享政策，坚持水电开发促进地方经济社会发展和移民脱贫致富，努力做到绿色发展。

（4）推动核电安全有序发展

我国将核安全作为核电发展的生命线，坚持发展与安全并重，实行安全有序发展核电的方针，加强核电规划、选址、设计、建造、运行和退役等全生命周期管理和监督，坚持采用最先进的技术、最严格的标准发展核电。完善多层次核能、核安全法规标准体系，加强核应急预案和法制、体制、机制建设，形成有效应对核事故的国家核应急能力体系。强化核安保与核材料管制，严格履行核安保与核不扩散国际义务，始终保持着良好的核安保记录。迄今为止，我国在运核电机组总体安全状况良好，未发生国际核事件分级二级及以上的事件或事故。

（5）因地制宜发展生物质能、地热能和海洋能

采用符合环保标准的先进技术发展城镇生活垃圾焚烧发电，推动生物质发电向热电联产转型升级。积极推进生物天然气产业化发展和农村沼气转型升级。坚持不与人争粮、不与粮争地的原则，严格控制燃料乙醇加工产能扩张，重点提升生物柴油产品品质，推进非粮生物液体燃料技术产业化发展。创新地热能开发利用模式，开展地热能城镇集中供暖，建设地热能高效开发利用示范区，有序开展地热能发电。积极推进潮流能、波浪能等海洋能技术研发和示范应用。

10.1.2 清洁高效发展化石能源

（1）推进煤炭安全智能绿色开发利用

面对新形势、新局面，立足工作实际，现代化煤炭工业实现高效清洁开发利用智能化，可以从以下4个方面着手：a. 建立政企合作机制，将5G技术与人工智能、决策控制、定位跟踪、安全防护等技术结合，革新井下生产模式，促进煤矿实现矿井无人化、自动化、可视化运行，向着全面智能化发展；b. 加强大型及特大型现代化矿井各类现场地质条件相关资料收集、分析，建立工作面开采范围内的地质模型，优化工作面自动化及采煤机记忆截割程序等内容，逐步解决5G信号覆盖受巷道断面、巷道起伏度、巷道墙壁光滑度、巷道煤尘等因素影响等难题；c. 遵循“因矿施策、示范先行”的原则，鼓励先进企业和试点煤矿，有步骤、分阶段开展工作，稳健推进5G技术在井下的开发应用。

（2）清洁高效发展火电

火力发电，尤其是以煤电为主的电力结构格局在我国将是一个长期稳定的局面。随着国家能源政策法规对排放标准的一再提升，产业结构发展方式的转变，多地建立起独立的发电能源模式，逐渐降低化石能源使用容量，扩大天然气、风能以及地热能等清洁能源在发电能源结构的比例，以能源多样化的实现积极应对当前的火力发电存在的能源消耗问题。例如，利用火电、风电机组相结合的方式，实现风能的清洁无污染的特性，降低火力发电废气排放的污染量，规避风力发电的能量供应不稳定的风险，还能利用火力发电实现供电商的利润；此外，还可采用燃料电池、煤炭加工、烟气净化、煤炭转化优化火力发电。

（3）提升石油勘探开发与加工水平

加强国内勘探开发，深化体制机制改革、促进科技研发和新技术应用，加大低品位资源勘探开发，推进原油增储上产。发展先进采油技术，提高原油采收率，稳定松辽盆地、渤海湾盆地等东部老油田产量。以新疆地区、鄂尔多斯盆地等为重点，推进西部新油田增储上产。加强渤海、东海和南海等海域近海油气勘探开发，推进深海对外合作。推进炼油行业转型升级。实施成品油质量升级，提升燃油品质，促进减少机动车尾气污染物排放。

（4）提高天然气生产能力

加强基础地质调查和资源评价，加强科技创新、产业扶持，促进常规天然气增产，重点突破页岩气、煤层气等非常规天然气勘探开发，推动页岩气规模化开发，增加国内天然气供应。完善非常规天然气产业政策体系，促进页岩气、煤层气开发利用。以四川盆地、鄂尔多斯盆地、塔里木盆地为重点，建成多个百亿立方米级天然气生产基地。

10.1.3 加快建设储运调峰体系

（1）加强能源输配网络建设

① 煤炭运输。2010年以后随着我国煤炭供求格局的变化，我国煤炭水路运输的基本格局由“国内煤炭北煤南运＋外贸出口”转变为“国内煤炭北煤南运＋外贸煤炭进口”。“十三五”期间，面对国家加大能源结构调整力度和国内经济下行压力，沿海港口煤炭运输仍保持了较为稳定的增长，北方主要煤炭下水港格局加速调整，外贸进口规模显著提升，海进江煤炭运量快速增长，有力地弥补了中游地区加快淘汰煤炭落后产能后带来的供应缺口，保障了国家能源安全和区域经济健康发展。随着“去除落后产能”任务的完成，

“十四五”期间沿海沿江地区煤炭缺口将基本稳定，北煤南运和西煤东运的格局进一步强化，海运煤炭“北煤南运＋外贸煤炭进口”的格局将长期保持。

② 天然气运输。随着近几年西气东输、中俄输气管道等有关项目的完成，天然气已成为我国不可或缺的主要能源之一，逐渐占领了能源市场的主体地位。运输天然气是天然气供应使用中不可避免且至关重要的一环，影响着天然气的后续使用及所能产生的经济效益。因此，应着眼全局，上中下游一起抓，进行统一的规划调度，实行严格的一体化管理，解决供气调峰问题，安全高效地进行天然气供给，确保天然气资源实现经济效益与社会效益最大化。

③ 高比例可再生能源并网。由于电源增长与负荷增长不匹配，或系统调峰能力有限、外送通道不畅，高比例可再生能源的消纳一直都是世界性难题。高比例可再生能源并网下，电力系统运行方式多样化促进输电网规划考虑多场景，电力电量平衡概率化促进输电网规划概率化，电力系统源-荷界限模糊化促使输电网规划考虑与电源协同，电网潮流双向化促使输电网规划考虑与配电网相协同。因此，有必要提出面向高比例可再生能源的输电网规划理论与方法，在计算效率效果、适用性和协同对象上对传统的输电网规划做出改进。以绿色发展、净零排放和碳中和等为目标，我国输电网规划方法也需要不断进步和发展。

（2）完善能源调峰体系

坚持供给侧与需求侧并重，完善市场机制，加强技术支撑，增强调峰能力，提升能源系统综合利用效率。加快抽水蓄能电站建设，合理布局天然气调峰电站，实施既有燃煤热电联产机组、燃煤发电机组灵活性改造，改善电力系统调峰性能，促进清洁能源消纳。推动储能与新能源发电、电力系统协调优化运行，开展电化学储能等调峰试点。推进天然气储气调峰设施建设，完善天然气储气调峰辅助服务市场化机制，提升天然气调峰能力。完善电价、气价政策，引导电力、天然气用户自主参与调峰、错峰，提升需求侧响应能力。健全电力和天然气负荷可中断、可调节管理体系，挖掘需求侧潜力。

（3）健全能源储备应急体系

我国能源应急管理体系建设涉及能源生产事故应急管理和能源应急保障。新冠疫情对我国能源应急管理体系建设提出的新挑战有：对能源跨区运输的影响、对能源供需结构的影响、对能源系统转型的影响、对能源系统的衍生性影响、对能源应急管理智库的需求。我国未来能源应急管理体系现代化建设的路径有：a. 建立国家储备与企业储备相结合、战略储备与商业储备并举的能源储备体系，提高石油、天然气和煤炭等储备能力；b. 完善国家石油储备体系，加快石油储备基地建设；c. 建立健全地方政府、供气企业、管输企业、城镇燃气企业各负其责的多层次天然气储气调峰体系；d. 完善以企业社会责任储备为主体、地方政府储备为补充的煤炭储备体系，健全国家大面积停电事件应急机制，全面提升电力供应可靠性和应急保障能力；e. 建立健全与能源储备能力相匹配的输配保障体系，构建规范化的收储、轮换、动用体系，完善决策执行的监管机制。

10.2 ▸ 推动能源技术创新

10.2.1 创新能源技术

在能源危机和全球气候变化成为国际主流议题的大背景下，世界主要国家把清洁能源技术视为新一轮科技革命和产业变革的突破口，不约而同地将能源技术创新放在了能源战略核心位置，以可再生能源为主的现代能源体系已经成为国际社会的共识。我国也非常重视能源科技创新能力和技术装备自主化，开发高能效技术和能源系统集成技术，在煤炭、油气资源、太阳能、生物质能、核能、储能、风能、水能、智能电网与能源网的融合等能源领域上的技术水平已大幅提升，部分实现了跨越式发展，部分达到了国际先进水平。

(1) 煤炭利用技术

煤炭清洁燃烧利用所涉及的超超临界技术，燃煤工业锅炉，民用散煤，煤电深度节水技术，碳捕获、利用和封存技术，煤电废物控制技术六类技术与国外对比，我国在超超临界、煤电深度节水、煤电废物控制等技术领域已处于世界先进水平。然而，也仍有部分技术和关键设备需要进一步研发和改进。燃煤工业锅炉装备总体水平较低，运行效率不理想，缺乏有效的控制民用散煤污染物排放的技术措施。在二氧化碳的运输管道建设、化学链燃烧等前沿技术的基础研究领域，与美国等发达国家相比还较为落后。因此，煤炭领域需专注于煤炭高效燃烧技术、煤电废物控制技术、终端散煤利用技术、二氧化碳捕集与利用技术以及磁流体联合循环发电技术。

(2) 油气资源利用技术

基于我国能源需求、能源结构及能源行业发展，在 2035 年前需采用稳油兴气的发展战略，这面临着较多的勘探开发技术难题或关键技术需求。常规陆上地震勘探技术成熟，特殊复杂山地地震勘探技术先进，页岩气、煤层气、可燃冰等非常规油气资源开采技术尚处于起步阶段。深海技术和深水钻井技术快速发展，已具备水深超过 1650m 的深水钻完井工程方案设计、深海冷海钻井装置优化设计研究能力。然而，对于基于微机电系统的全方位高分辨多波多分量地震勘探技术，尚不具备实验测试等条件；钻完井技术在以智能化为主的技术发展潮流中，受制于国家在高端微纳传感器技术和智能材料技术领域的短板，技术发展已进入创新瓶颈期并且导致难动用储量占比持续增大。因此，油气领域需专注于全波地震勘探技术、精确导向智能钻井技术、智能完井采油技术和仿生钻采系统技术。

(3) 太阳能利用技术

我国太阳能光伏发电技术不断创新，已形成包括多晶硅原材料、硅锭/硅片、太阳电池/组件和光伏系统应用、专用设备制造等比较完善的光伏产业链。我国商业化单晶硅电池效率达到 20%以上，多晶硅电池效率超过了 18%，实现高效率低成本晶体硅太阳电池的生产。然而，硅基薄膜电池在新材料、关键设备和工艺水平等方面，与国外相比还有很大差距。因此，应加强新型可穿戴的柔性轻便太阳电池技术突破，进行示范应用；人工光合成太阳能燃料方面仍需加大基础研究的力度，早日在关键基础科学问题上取得原创性突破；大力发展和推广降低硅太阳电池成本，提高电池效率的技术和工艺，全面提升晶硅电池产业链；加快薄膜太阳能电池发展，加强硅基薄膜电池产业化技术研发，充分发挥薄膜电池柔性、轻便、灵活等独特优势，填补对空间、面积和质量敏感的发电市场。

(4) 风能利用技术

我国风电机组整机制造技术基本与国际同步，风电设备产业链已经形成，兆瓦级以上风电机组配套的叶片、齿轮箱、发电机、电控系统等已经实现国产化和产业化。以大数据和互联网为基础对风电场设计、运行及维护进行改进及优化已经成为风力发电降低成本、提高发电量和提高效率的重要手段。国外在此领域已经具备成熟的解决方案，与国外相比，国内在风电大数据标准、分析以及风电场设计与智能运维技术方面差距较大。未来，基于大数据开发出适用于不同类型风电场的设计及运维技术，将为我国大型风电基地以及分散式风电系统的优化布局和可靠运行提供技术支撑。风能领域需专注于风能资源评估以及监测、大功率风电机组整机设计；风机运维与故障诊断；大功率无线输电的高空风力发电技术。

（5）水能利用技术

大力发展水电，应坚持生态环境保护优先，积极、科学、合理开发利用的原则，在保护中开发，在开发中保护，正确处理好生态环境保护与水电开发的关系，贯彻落实科学发展观，促进人与自然和谐相处。然而，我国在水能开发过程中，巨型水轮机及其系统的稳定性问题未得到很好的解决，超高水头、引水式电站开发技术仍需攻关，需要开展超高水头超大容量冲击式机组、大容量高水头贯流式机组稳定性方面的关键技术和科学问题研究；在抽水蓄能电站方面，仍需研究变速抽水蓄能技术、海水抽水蓄能电站关键技术、抽水蓄能与其他能源协调控制技术等。水能领域需专注于高水头大流量水电技术、水电站筑坝技术、环境友好型水能利用技术、大坝维护技术以及水电站智能设计、智能制造、智能发电和智能流域综合技术。

（6）核能利用技术

我国核电与国际最高安全标准接轨，并持续改进，机组安全水平和运行业绩良好，安全风险处于受控状态。自主三代压水堆核电技术落地国内示范工程，并成功走向国际，已进入大规模应用阶段。四代核电技术全面开展研究工作，快堆示范工程即将开工，高温气冷堆示范工程开始建造。然而，我国铀资源勘查程度低，燃料组件制造产能不足；乏燃料干式储存、后处理和废物处置落后世界水平；延寿和退役工作正在起步，技术储备不足。核能领域需专注于先进深部铀资源开发技术、压水堆优化和规模化推广利用技术、快堆及四代堆开发利用技术，同时注重核燃料循环前端和后端技术匹配发展、模块化小堆多功能应用以及可控核聚变技术研发。

（7）生物质能利用技术

我国生物质能开发潜力巨大，但其开发利用存在利用效率低、产业规模小、生产成本高、工业体系和产业链不完备、研发能力弱、技术创新不足等问题。生物质直燃发电技术在锅炉系统、配套辅助设备工艺等方面与欧洲国家相比还有不小差距，生物质发电在原料预处理及高效转化与成套装备研制等核心技术方面仍存在瓶颈。生物柴油技术已进入工业应用阶段，但在生物质液体燃料的转化机理、高效长寿命催化剂、酶转化等方面的基础研究薄弱，固体成型燃料的黏接机制和络合成型机理尚不清楚。因此，生物质能领域需专注于城乡废物协同处置与多联产；生物质功能材料制备；能源植物选种、育种以及种植。

（8）储能技术

电化学储能是最常用和成熟的化学储能技术，需持续开展储天然气、储氢研究，我国在若干类型的物理和化学储能技术上取得了长足进步，形成了自主知识产权，走在世界前列。目前我国锂离子电池大部分材料实现了国产化，由追赶期开始向同步发展期过渡，本土总产能居世界第一。在液流电池材料、部件、系统集成及工程应用关键技术方面取得重大突破。铅炭电池的作用机理研究、高性能炭材料开发、电池设计和制造技术等取得较大进步。在钠硫电池和锂硫电池领域已经进入实用化的初级阶段。超级电容器的电极材料、电解质和模块化应用方面都取得了很大进步。储能领域需专注于高能量比和安全性的锂电池技术、高循环次数的铅碳电池技术、液流型钠硫电池技术、锂硫电池技术以及固体氧化物电解池水电解氢储能。

（9）智慧电网技术

我国在特高压输电、柔性直流输电、大容量储能、大电网调度、主动配电网、微电网、能源转化设备等电网智能化技术方面处于国际领先水平。但当前电网与能源网长期保持着独立运行、条块分割的局面，系统间的行业壁垒严重，市场交易机制缺失，极大制约了不同种类能源间互联互通、相互转换、自主交易所带来的能效提升和优化运行的优点。随着我国一次能源占比要求的不断提高，以及智能材料与通信技术的发展，智能电网与能源网的融合将向智能化、透明化、智慧化的层次递进发展。智能电网与能源网融合领域需专注于提升远距离输电能力技术、提升高比例新能源消纳技术、提升大电网自动化技术；高效能源转换技术、透明电网/能源网技术；基于功能性材料的智能装备、基于生物结构拓扑的智能装备、泛在网络与虚拟现实技术。

10.2.2 发展“互联网+”智慧能源

“互联网＋”智慧能源（能源互联网）是一种互联网与能源生产、传输、存储、消费以及能源市场深度融合的能源产业发展新形态。在全球新一轮科技革命和产业变革中，我国能源互联网应适应和引领经济社会发展新常态，着眼能源产业全局和长远发展需求，以改革创新为核心，以“互联网＋”为手段，以智能化为基础，紧紧围绕构建绿色低碳、安全高效的现代能源体系，促进能源和信息深度融合，推动能源互联网新技术、新模式和新业态发展，推动能源领域供给侧结构性改革，支撑和推进能源革命。

（1）推动建设智能化能源生产消费基础设施

① 推动可再生能源生产智能化。鼓励建设智能风电场、智能光伏电站等设施及基于互联网的智慧运行云平台，实现可再生能源的智能化生产。鼓励用户侧建设冷热电三联供、热泵、工业余热余压利用等综合能源利用基础设施，推动分布式可再生能源与天然气分布式能源协同发展，提高分布式可再生能源综合利用水平，促进可再生能源与化石能源协同生产，推动对散烧煤等低效化石能源的清洁替代。

② 推进化石能源生产清洁高效智能化。鼓励煤、油、气的开采、加工及利用全链条智能化改造，鼓励建设与化石能源配套的电采暖、储热等调节设施，鼓励发展天然气分布式能源，实现化石能源高效梯级利用与深度调峰。加快化石能源生产监测、管理和调度体系的网络化改造，建设市场导向的生产计划决策平台与智能化信息管理系统，完善化石能源的污染物排放监测体系，以互联网手段促进化石能源供需高效匹配、运营集约高效。

③ 推动集中式与分布式储能协同发展。开发储电、储热、储冷、清洁燃料存储等多类型、大容量、低成本、高效率、长寿命储能产品及系统。推动在集中式新能源发电基地配置适当规模的储能电站，实现储能系统与新能源、电网的协调优化运行。推动建设小区、楼宇、家庭应用场景下的分布式储能设备，实现储能设备混合配置、高效管理、友好并网。

④ 加快推进能源消费智能化。鼓励建设以智能终端和能源灵活交易为主要特征的智能家居、智能楼宇、智能小区和智能工厂，支撑智慧城市建设。加强电力需求侧管理，普及智能化用能监测和诊断技术，加快工业企业能源管理中心建设，建设基于互联网的信息化服务平台。构建以多能融合、开放共享、双向通信和智能调控为特征，各类用能终端灵活融入的微平衡系统。建设家庭、园区、区域不同层次的用能主体参与能源市场的接入设

施和信息服务平台。

（2）加强多能协同综合能源网络建设

① 推进综合能源网络基础设施建设。建设以智能电网为基础，与热力管网、天然气管网、交通网络等多种类型网络互联互通，多种能源形态协同转化、集中式与分布式能源协调运行的综合能源网络。加强统筹规划，在新城区、新园区以及大气污染严重的重点区域率先布局，确保综合能源网络结构合理、运行高效。建设高灵活性的柔性能源网络，保证能源传输的灵活可控和安全稳定。建设接纳高比例可再生能源、促进灵活互动用能行为和支持分布式能源交易的综合能源微网。

② 促进能源接入转化与协同调控设施建设。推动不同能源网络接口设施的标准化、模块化建设，支持各种能源生产、消费设施的“即插即用”与“双向传输”，大幅提升可再生能源、分布式能源及多元化负荷的接纳能力。推动支撑电、冷、热、气、氢等多种能源形态灵活转化、高效存储、智能协同的基础设施建设。建设覆盖电网、气网、热网等智能网络的协同控制基础设施。

（3）推动能源与信息通信基础设施深度融合

① 促进智能终端及接入设施的普及应用。发展能源互联网的智能终端高级量测系统及其配套设备，实现电能、热力、制冷等能源消费的实时计量、信息交互与主动控制。丰富智能终端高级量测系统的实施功能，促进水、气、热、电的远程自动集采集抄，实现多表合一。规范智能终端高级量测系统的组网结构与信息接口，实现和用户之间安全、可靠、快速的双向通信。

② 加强支撑能源互联网的信息通信设施建设。优化能源网络中传感、信息、通信、控制等元件的布局，与能源网络各种设施实现高效配置。推进能源网络与物联网之间信息设施的连接与深度融合。对电网、气网、热网等能源网络及其信息架构、存储单元等基础设施进行协同建设，实现基础设施的共享复用，避免重复建设。推进电力光纤到户工程，完善能源互联网信息通信系统。在充分利用现有信息通信设施基础上，推进电力通信网等能源互联网信息通信设施建设。

③ 推进信息系统与物理系统的高效集成与智能化调控。推进信息系统与物理系统在量测、计算、控制等多功能环节上的高效集成，实现能源互联网的实时感知和信息反馈。建设信息系统与物理系统相融合的智能化调控体系，以“集中调控、分布自治、远程协作”为特征，实现能源互联网的快速响应与精确控制。

④ 加强信息通信安全保障能力建设。加强能源信息通信系统的安全基础设施建设，根据信息重要程度、通信方式和服务对象的不同，科学配置安全策略。依托先进密码、身份认证、加密通信等技术，建设能源互联网下的用户、数据、设备与网络之间信息传递、保存、分发的信息通信安全保障体系，确保能源互联网安全可靠运行。提升能源互联网网络和信息安全事件监测、预警和应急处置能力。

（4）营造开放共享的能源互联网生态体系

① 构建能源互联网的开放共享体系。充分利用互联网领域的快速迭代创新能力，建立面向多种应用和服务场景下能源系统互联互通的开放接口、网络协议和应用支撑平台，支持海量和多种形式的供能与用能设备的快速、便捷接入。从局部区域着手，推动能源网络分层分区互联和能源资源的全局管理，支持终端用户实现基于互联网平台的平等参与和能量共享。

② 建设能源互联网的市场交易体系。建立多方参与、平等开放、充分竞争的能源市场交易体系，还原能源商品属性。培育售电商、综合能源运营商和第三方增值服务供应商等新型市场主体。逐步建设以能量、辅助服务、新能源配额、虚拟能源货币等为标的物的多元交易体系。分层构建能量的批发交易市场与零售交易市场，基于互联网构建能量交易电子商务平台，鼓励交易平台间的竞争，实现随时随地、灵活对等的能源共享与交易。建立基于互联网的微平衡市场交易体系，鼓励个人、家庭、分布式能源等小微用户灵活自主地参与能源市场。

③ 促进能源互联网的商业模式创新。搭建能源及能源衍生品的价值流转体系，支持能源资源、设备、服务、应用的资本化、证券化，为基于"互联网+"的B2B、B2C、C2B、C2C、O2O等多种形态的商业模式创新提供平台。促进能源领域跨行业的信息共享与业务交融，培育能源云服务、虚拟能源货币等新型商业模式。鼓励面向分布式能源的众筹、PPP等灵活的投融资手段，促进能源的就地采集与高效利用。开展能源互联网基础设施的金融租赁业务，建立租赁物与二手设备的流通市场，发展售后回租、利润共享等新型商业模式。提供差异化的能源商品，并为灵活用能、辅助服务、能效管理、节能服务等新业务提供增值服务。

（5）发展智慧用能新模式

① 培育用户侧智慧用能新模式。完善基于互联网的智慧用能交易平台建设。建设面向智能家居、智能楼宇、智能小区、智能工厂的能源综合服务中心，实现多种能源的智能定制、主动推送和资源优化组合。鼓励企业、居民用户与分布式资源、电力负荷资源、储能资源之间通过微平衡市场进行局部自主交易，通过实时交易引导能源的生产消费行为，实现分布式能源生产、消费一体化。

② 构建用户自主的能源服务新模式。逐步培育虚拟电厂、负荷集成商等新型市场主体，增加灵活性资源供应。鼓励用户自主提供能量响应、调频、调峰等灵活的能源服务，以互联网平台为依托进行动态、实时的交易。进一步完善相关市场机制，兼容用户以直接、间接等多种方式自主参与灵活性资源市场交易的渠道。建立合理的灵活性资源补偿定价机制，保障灵活性资源投资拥有合理的收益回报。

③ 拓展智慧用能增值服务新模式。鼓励提供更多差异化的能源商品和服务方案。搭建用户能效监测平台并实现数据的互联共享，提供个性化的能效管理与节能服务。基于互联网平台，提供面向用户终端设施的能量托管、交易委托等增值服务。拓展第三方信用评价，鼓励能源企业或专业数据服务企业拓展独立的能源大数据信息服务。

10.3 ▸ 共建"一带一路"能源绿色可持续发展

为推进"一带一路"建设，促进各国能源务实合作迈上新的台阶，2017年国家发展和改革委员会和国家能源局共同制定并发布《推动丝绸之路经济带和21世纪海上丝绸之路能源合作愿景与行动》。中国践行绿色发展理念，遵循互利共赢原则开展能源国际合作，努力实现开放条件下能源安全，助推能源全球化发展，积极参与全球能源治理，引导应对气候变化国际合作，推动构建人类命运共同体，共建"一带一路"能源绿色可持续发展。

10.3.1 能源国际合作面临的机遇与安全的思考

当前，随着国际能源局势和地缘政治形势的不断变化及我国能源需求的持续高速增长，我国在未来相当长一段时间内将面临非常严峻的能源安全形势。在研究“一带一路”沿线国家能源合作现状前景的基础上，提出构建国际能源合作机制创新模式等有针对性的对策建议，对于我国深化与“一带一路”沿线国家的能源合作，应对疫情对世界能源产业链和国际能源合作市场的影响，保障我国未来的能源安全，提供一定的参考作用和决策价值。

“一带一路”能源合作机制创新面临众多机遇，一是为“一带一路”国家构建公平合理、合作共赢的能源价格机制。中国凭借自身能源消费大国的影响力，推动“一带一路”能源合作，与在国际能源市场上缺少话语权的发展中国家共同构建互惠互利的新原油价格体系和结算制度。二是国际能源投资的便利性将进一步提升，近年来，国内能源公司加快了“走出去”的步伐，国外投资数量持续增加，在“一带一路”背景下，沿线政府之间更有效的协同，让能源项目的运营更加安全。三是国际能源合作将持续保障合作国家能源安全，中国的化石能源大部分输入均来源于“一带一路”区域国家，这种能源合作也能够保障这些国家的石油天然气长期平稳的输入，进而确保我国的石油天然气储备安全。四是推动与“一带一路”国家新能源合作，有助于改善全球能源消费结构，发展绿色清洁能源。加强中国与“一带一路”沿线国家共同开展清洁能源建设，有助于实现优势互补，促进清洁能源发展和能源转型，有利于改善能源消费结构，加强能源集约化发展。

为应对能源国际合作面临的机遇和对安全的思考，在“一带一路”背景下实现国际能源合作机制创新模式的路径选择。一是针对资源国开放程度，深化上游能源资源开发合作，针对不同国家对于本国油气能源开放程度，我国需要采取不同的合作方式，争取双边或多边能源合作利益的最大化。二是不断加强中游输送管道基础建设领域合作，依托“一带一路”国家能源合作基础设施互联互通的理念，不断加强能源运输设备的基础建设。中游领域的能源输送管道建设不仅能向他国提供我国强大的基建制造能力，提高管道建设效率，还能为我国的油气输入提供设施安全保障。三是拓宽下游终端销售和能源贸易领域合作，拓宽下游领域合作包括加强能源金融及碳金融建设，有利于我国能源公司防范未来不确定的金融风险。四是加大构建全产业链框架，促进上中下游产业协调发展，加强与资源国的能源全产业链合作。在加强与“一带一路”沿路国家的上游领域油气勘探投资开发的基础上，加大与其中下游领域的合作，实现优势互补、共同发展。

10.3.2 构建人类能源命运共同体

习近平总书记提出“一带一路”倡议，就是要实践人类命运共同体理念。构建人类命运共同体，是习近平总书记着眼人类发展和世界前途提出的中国理念、中国方案，中国借助古代丝绸之路的历史符号，高举和平发展的旗帜，以“一带一路”为抓手，秉承共商、共享、共建原则，把合作共赢的理念、人类命运共同体的思想、中国梦和世界各国梦融通的种子播撒到“一带一路”沿线国家，实现沿线国家乃至世界各国的共同发展和进步。

（1）能源命运共同体“中国方案”

① 推动能源全球化。“一带一路”建设总体布局，既能推动能源国际合作，也是在助推能源全球化。中国推动能源全球化进程的路径：一是加强政策沟通，促进各国联合制定

合作规划和实施方案，共同协商解决合作中的问题，为推进务实合作提供政策支持；二是促进贸易畅通，积极推动传统能源资源贸易便利化，降低交易成本，增强能源供应抗风险能力，形成开放、稳定的全球能源市场；三是提升产能国际合作，开展能源投资并购、装备制造、工程建设、技术研发和标准规范的合作，推进建设全球能源互联网；四是重视能源普惠，推动人人享有可负担、可依靠、可持续能源服务，促进各国清洁能源投资和开发利用，开展提高能效的国际合作；五是完善能源治理，优化全球能源治理结构，整合各种碎片化能源组织，凝聚各国力量，共同构建绿色低碳、安全高效的全球能源治理体系。

② 积极参与全球能源治理。全球能源治理是全球治理体系中的一个重要组成部分，然而现行的全球能源治理体系，在维护国际能源市场稳定供给、公平竞争、民主参与、绿色环保、可持续发展等方面难以满足当前能源发展形势的要求。中国在全球政治经济领域影响力不断增大，国际地位和国际影响力显著提升，世界各国对中国参与全球治理，承担大国责任的呼声更加强烈。中国坚定支持多边主义，积极支持国际能源组织和合作机制在全球能源治理中发挥作用，在国际多边合作框架下积极推动全球能源市场稳定与供应安全、能源绿色转型发展。中国融入多边能源治理，积极参与联合国、二十国集团、亚太经合组织、金砖国家等多边机制下的能源国际合作，与 90 多个国家和地区建立了政府间能源合作机制，与 30 多个能源领域国际组织和多边机制建立了合作关系。

（2）构建绿色“一带一路”

中共中央关于制定《中华人民共和国国民经济和社会发展第十四个五年规划和 2035 年远景目标的建议》中明确提出“推动共建‘一带一路’高质量发展”。中国秉持人类命运共同体理念，与其他国家团结合作、共同应对全球气候变化，积极推动能源绿色低碳转型。中国积极推动绿色“一带一路”建设：一是重视可再生能源开发利用，推动区域可再生能源发展，可以有效地帮助缺乏化石能源的发展中国家提高电力可获得性，缓解能源贫困问题；二是参与高效、节能技术装备合作，以推动煤炭高效清洁利用为重点，加大高效、节能技术输出力度，加强煤炭清洁利用领域合作、节能技术合作，积极参与铁路电气化改造、生物柴油提炼以及电动汽车研发中相关技术合作；三是推动能源技术创新合作机制建设，建立能源技术对接机制，加强能源技术合作中的知识产权保护和有效运用，完善能源技术涉密相关规定，加强通用能源标准制定；四是加强人才培训国际合作，加强能源领域外国留学生培养工作，设立专项基金，加强对合作国员工的培训。

10.4 ▸ 中国碳中和计划的机遇与挑战

生态兴则文明兴。面对气候变化、环境风险挑战、能源资源约束等日益严峻的全球问题，中国树立人类命运共同体理念，促进经济社会发展全面绿色转型，在努力推动本国能源清洁低碳发展的同时，积极参与全球能源治理，与各国一道寻求加快推进全球能源可持续发展新道路。在新冠肺炎疫情后复杂的国际政治经济格局中，中国的“碳达峰、碳中和”目标承诺更彰显了我国构建人类命运共同体的大国责任与担当，这为我国应对气候变化、推动绿色发展提供了方向指引、擘画了宏伟蓝图，体现了我国在应对气候变化问题上的决心和雄心，为疫后实现全球绿色复苏注入新的活力，对全球气候行动起到重要推动作用。

碳中和正在成为世界发展的大趋势，继我国2020年提出“双碳”计划后，美国、日本等国政府也都陆续出台了各自的碳中和目标和时间表。从时间轴上看，欧盟、美国等西方国家和地区是在工业化已完成且实现碳达峰后才提出碳中和，而我国目前仍处于工业化的中后期，并且是世界上最大的新兴经济体，在发展中面临着巨大的碳排放增量压力。我国要在不到10年的时间内实现碳达峰并在其后的30年内实现碳中和，需要比欧美等发达国家付出更多的努力。

10.4.1 碳中和的概念与挑战

（1）碳中和概念

碳中和中的“碳”，是指多种温室气体（包括二氧化碳）的排放，即二氧化碳当量。联合国气候部门规定将二氧化碳当量作为度量温室效应的基本单位。其他温室气体折算二氧化碳当量的数值称为全球增温潜能值（GWP）。我国规定了7种需要控制的温室气体，分别是二氧化碳（CO_2）、甲烷（CH_4）、氧化亚氮（N_2O）、氢氟碳化物（HFCs）、全氟化碳（PFCs）、六氟化硫（SF_6）、三氟化氮（NF_3）。所谓碳中和是由人类活动造成的二氧化碳排放量与人为的二氧化碳吸收量在一定时间段内达到平衡。碳中和可通过植树造林、节能减排等多种途径将产生的温室气体排放量加以抵消，来实现二氧化碳的零排放。“碳达峰，碳中和”涉及能源、经济、社会全方位绿色低碳转型的发展问题，包括低碳技术发展、碳汇水平提升、碳交易市场完善等。

（2）碳中和面临挑战

我国处于工业化发展阶段，能源消耗量、碳排放量巨大。2019年全球CO_2排放330亿吨，我国排放约100亿吨，约占全球1/3，是美国的2倍、欧盟排放总量的近3倍。2019年我国能源消费、碳排放比2006年分别提高了69.7%和47.2%。而近几年主要发达国家已经处于工业化后期，CO_2排放量已经逐步下降，美国于2007年达到能源消费高峰，同年达到碳排放高峰；欧盟于2006年达到能源消费高峰，同年达到碳排放高峰；加拿大、日本也均已实现碳达峰。

我国碳中和的过渡期远短于发达国家，时间紧任务重。美国、欧盟等发达国家和地区从CO_2排放达到峰值到碳中和普遍有50～70年的过渡期，而我国从2030年达到峰值，再到2060年实现碳中和的过渡期只有30年。考虑到我国人口数量、发展速度、经济规模以及资源禀赋，用30年走完欧美国家走了六七十年的道路，其难度可想而知。主要表现在如下两方面：

① 能源消费结构以煤为主，高碳化石能源占比过高。我国能源结构是以高碳的化石能源为主，占比达到85%。其中，煤炭的占比达到57%。2018年，我国煤炭碳排放量占能源总碳排放量的79.8%，相当于煤炭占能源消费总量比重59.0%的1.35倍。而美国和欧盟煤炭消费比重仅为12%和11%。

② 能源利用效率偏低，能耗偏高。中国与欧盟、美国等具有不同的产业结构类型，工业与制造业在国民经济生产结构中占比高，经济发展和就业高度依赖工业与制造业。而工业与制造业对能源消费需求量大，能源消费占比要高于增加值占比，导致我国单位GDP能耗仍然较高，为世界平均水平的1.4倍、发达国家的2～3倍。

10.4.2 碳中和背景下我国能源动力学科建设

动力工程及工程热物理学科涵盖热力循环理论与系统仿真、热流体力学与叶轮机械、内燃机燃烧与排放控制、汽车动力总成与控制、工程热物理、制冷空调中的能源利用、低温系统流动传热、煤的多相流燃烧热物理、新能源转化与储能等，碳中和背景下，国家能源战略规划对学科发展又提出了新的时代要求。2021 年 7 月，教育部印发了关于《高等学校碳中和科技创新行动计划》，提出充分发挥高校基础研究深厚和学科交叉融合的优势，加快构建高校碳中和科技创新体系和人才培养体系，着力提升科技创新能力和创新人才培养水平，加快碳中和科技成果在重点领域、重点行业和重点区域的示范应用，构建教育、科技和产业统筹推进、融合发展的格局，为构建清洁低碳安全高效的能源体系和应对气候变化国际合作等提供科技支撑和人才保障，扎实推进生态文明建设。

（1）加强能动领域碳中和人才培养

推进碳中和未来技术学院和示范性能源学院建设，布局适应未来技术研究所需的科教资源和数字化资源平台，打造引领未来科技发展和有效培养复合型、创新型人才的能源动力类教学科研高地。加大在能源动力学科建设中的支持力度，鼓励高校与科研院所、骨干企业联合设立碳中和专业技术人才培养项目，协同培养各领域各行业高层次碳中和创新人才。加强与人工智能、互联网、量子科技等前沿方向深度融合，推动碳中和相关交叉学科与能动类专业建设。加快与哲学、经济学、管理学、社会学等学科融通发展，培养碳核算、碳交易、国际气候变化谈判等专业人才。加快制定碳中和领域能源动力人才培养方案，建设一批国家级碳中和相关一流本科专业，加强能源碳中和、资源碳中和、信息碳中和等相关教材建设，鼓励开设碳中和通识课程，将碳中和理念与实践融入人才培养体系。

（2）推进能动学科中碳中和科研创新平台建设

优化布局一批碳中和领域省部重点实验室和工程研究中心，开展碳中和应用基础研究和关键技术攻关；建设若干碳中和领域前沿科学中心，探索碳减排、碳零排、碳负排等关键技术的共性科学问题；建设碳中和领域关键核心技术集成攻关大平台，开展从基础研究、技术创新到产业化的全链条攻关。加强国家重点实验室、国家技术创新中心、国家工程研究中心等国家级碳中和创新平台的培育，组建一批攻关团队，持续开展关键核心技术攻关，打造若干碳中和技术创新的战略科技力量。

（3）助力碳中和科技成果转化行动

支持高校能动类学院联合科技企业建立技术研发中心、产业研究院、中试基地、产教融合创新平台等，积极参与创新联合体建设，促进跨行业、跨领域、跨区域碳中和关键技术集成耦合与综合优化，加快创新链与产业链深度融合，推动能源深度脱碳、工业绿色制造、农业非二氧化碳减排以及建筑、交通等重点领域低碳发展。不断深化校地合作，支持高校联合地方建设一批碳中和领域省部共建协同创新中心和现代产业学院，构建碳中和技术发展产学研全链条创新网络，建设一批绿色低碳示范企业、示范园区、示范城市。

（4）加强与国际能动类院校碳中和技术合作交流

推进与世界一流能源动力类大学和学术机构的合作交流，开展碳中和科技领域高水平人才联合培养和科学研究；建设一批高校碳中和领域创新引智基地，大力吸引汇聚海外高层次人才参与我国碳中和学科建设和科学研究。支持学校举办高层次碳中和国际学术会议或论坛，主动加强应对气候变化国际合作，推进国际规则标准制定，共同打造绿色“一带一路”。支持建设碳中和国际科技合作创新平台，推动学校参与国际碳中和领域大科学计划和大科学工程。

当今世界正经历百年未有之大变局。生态环境事关人类生存和永续发展，需要各国团结合作，共同应对挑战。中国将加强全方位能源国际合作，助力构建人类命运共同体，同时将秉持负责任大国的历史担当，扎实有序推进“碳中和”计划实施，提高参与全球能源和气候治理的能力，推动形成合理的国际能源和气候治理体系，为世界可持续发展贡献中国力量；加强与“一带一路”沿线国家的多层次合作，立足能源基础设施互联互通的良好基础，不断创新合作领域和合作模式。中国将秉持人类命运共同体理念，继续与各国一道，深化全球能源治理合作，推动全球能源可持续发展，维护全球能源安全，努力实现更加普惠、包容、均衡、平等的发展，建设更加清洁、美丽、繁荣、宜居的世界。

参考文献

[1] 丁宣升，曹勇，刘潇潇，等．能源革命成效显著能源转型蹄疾步稳——中国能源“十三五”回顾与“十四五”展望 [J]．当代石油石化，2021，29 (02)：11-19.

[2] 才秀敏．可再生能源发展格局或将进入新阶段 [J]．电器工业，2021 (06)：1.

[3] 杨勇平，段立强，杜小泽，等．多能源互补分布式能源的研究基础与展望 [J]．中国科学基金，2020，34 (03)：281-288.

[4] 焦亮，李波．让智能化为煤炭行业赋能 [N]．中国矿业报，2021-03-02 (001)．

[5] 李伟．谈煤炭开采技术及绿色开采技术 [J]．当代化工研究，2021 (09)：96-97.

[6] 刘彪．石油勘探开发技术的发展趋势 [J]．石化技术，2018，25 (07)：101.

[7] 张阳阳．天然气的运输方式及其特点 [J]．石化技术，2021，28 (03)：189-190.

[8] 柳璐，程浩忠，吴耀武，等．面向高比例可再生能源的输电网规划方法研究进展与展望 [J]．电力系统自动化，2021，45 (13)：8.

[9] 文旭，杨可，毛锐，等．高水电占比西南电力调峰辅助服务市场构建 [J]．全球能源互联网，2021，4 (03)：309-319.

[10] 薛美美．数字化推动能源行业高质量发展 [N]．国家电网报，2019 (008)：12-17.

[11] 曾胜．中国智慧能源发展趋势研究 [J]．智慧中国，2021 (04)：80-81.

[12] 谢邦鹏，秦玥，郭璟，等．互联网技术在智慧综合能源服务中的应用 [J]．电子技术，2021，50 (05)：162-163.

[13] 林伯强．能源互联网助力中国能源绿色低碳转型 [J]．煤炭经济研究，2020，40 (11)：1.

[14] 杨松梅，王婕．全球能源格局发展现状及未来趋势 [J]．国际金融，2014 (03)：44-51.

[15] 贾林娟．全球低碳经济发展与中国的路径选择 [D]．大连：东北财经大学，2014.

[16] 郭海涛，刘力，王静怡．2020 年中国能源政策回顾与 2021 年调整方向研判 [J]．国际石油经济，2021，29 (02)：53-61.

[17] 胡春磊，徐红艳．综合智慧能源管理系统架构探究 [J]．电子世界，2020 (13)：126-127.

[18] 张所续．中国与“一带一路”沿线国家能源合作研究 [J]．国土资源情报，2021 (02)：22-29.

[19] 石硕．“一带一路”背景下的中国与哈萨克斯坦能源合作分析 [D]．北京：北京外国语大学，2017.

[20] 朱雄关．能源命运共同体：全球能源治理的中国方案 [J]．思想战线，2020，46 (01)：140-148.

[21] 黄清．能源全球化与命运共同体 [J]．中国发展观察，2018 (07)：48-49.

[22] 中华人民共和国国务院新闻办公室．新时代的中国能源发展 [N]．人民日报，2020-12-22.

[23] 刘建国．绿色“一带一路”建设助力全球应对气候变化及可持续发展 [J]．中国远洋海运，2021 (04)：54-56.

[24] 张雅欣，罗荟霖，王灿．碳中和行动的国际趋势分析 [J]．气候变化研究进展，2021，17 (1)：88-97.

[25] 胡鞍钢．中国实现 2030 年前碳达峰目标及主要途径 [J]．北京工业大学学报 (社会科学版)，2021，21 (03)：1-15.